本书得到国家重点研发计划课题"大规模救援现场场景仿真与搜救培训演练模拟技术系统（2018YFC1504405）"资助

# 地震灾害之兵棋推演

## ——新一代地震应急救援虚拟仿真训练系统

王东明　著

天津大学出版社

TIANJIN UNIVERSITY PRESS

**图书在版编目(CIP)数据**

地震灾害之兵棋推演：新一代地震应急救援虚拟仿真训练系统 / 王东明著. -- 天津：天津大学出版社，2024.4

ISBN 978-7-5618-7301-4

Ⅰ.①地… Ⅱ.①王… Ⅲ.①地震灾害－救援－仿真系统 Ⅳ.①P315.95

中国版本图书馆CIP数据核字(2022)第159666号

DIZHEN ZAIHAI ZHI BINGQI TUIYAN—XIYIDAI DIZHEN YINGJI JIUYUAN XUNIFANGZHEN XUNLIAN XITONG

| | |
|---|---|
| 审 图 号 | GS（2024）1196号 |
| 出版发行 | 天津大学出版社 |
| 地　　址 | 天津市卫津路92号天津大学内（邮编:300072） |
| 电　　话 | 发行部:022-27403647 |
| 网　　址 | www.tjupress.com.cn |
| 印　　刷 | 廊坊市瑞德印刷有限公司 |
| 经　　销 | 全国各地新华书店 |
| 开　　本 | 787 mm×1092 mm 1/16 |
| 印　　张 | 27.25 |
| 字　　数 | 681千 |
| 版　　次 | 2024年4月第1版 |
| 印　　次 | 2024年4月第1次 |
| 定　　价 | 150.00元 |

# 前　　言

　　每一次灾难无不推动历史的进步,在与自然相处的漫长岁月里,人类不仅逐渐增长着与自然灾害斗争的本领,更学会了如何与自然和谐相处。如今,由于科技的进步和人类对自然规律认识的不断深入,人类已经能对干旱、台风、暴雨、洪水等自然现象进行较为准确的预测、预报和预警,并能通过综合防范与合理应对,最大限度地减轻这些自然灾害造成的损失。与此形成鲜明对比的是,地震灾害已上升为诸多自然灾害之首,一次重特大地震可以在几秒或者几十秒内摧毁一座城市,可谓"山河改观,生灵涂炭",其对人类社会的安全与可持续发展的威胁日趋严重。防范和应对地震灾害,已成为人类社会面对的共同挑战。

　　我国地处欧亚板块的东南部,受环太平洋地震带和欧亚地震带的影响,我国地震频发、灾害严重。改革开放以来,随着我国经济社会的高速发展,城市和各种工程系统变得更加庞大,灾害链条也变得更加复杂,财富和人口聚集效应使地震灾害防治的形势变得更加严峻和艰难,地震灾害对经济社会可持续发展和人民生活的威胁与影响更加严重。为了最大限度地减少地震灾害带来的损失,在过去很长时间里,我国都十分注重震后的快速响应和高效应急处置,强化对受灾民众开展系统性的紧急救助,高度重视恢复重建工作,确保社会稳定。习近平总书记高度重视防灾、减灾和救灾工作,提出了"两个坚持""三个转变"重要论述,并亲自谋划部署了自然灾害防治"九项重点工程"。通过实施地震灾害风险普查与隐患排查工程和地震易发区房屋设施加固工程,彻底摸清全国地震灾害风险底数,加强地震灾害风险管理和应急管理效能,提升城市和城市群抗震韧性水平,确保国家安全和实现社会可持续高质量发展。

　　知彼知己,百战不殆。科学认知地震孕育发生的规律和地震灾害的形成机理,科学总结有效防范地震灾害风险和应对突发地震事件的经验,有助于人类实现与地震风险共处。地震是一种地球上常见的自然现象,本身并无"恶意",但其作用于人类社会就会造成各种灾害,导致人员伤亡和经济损失。从这个角度来看,地震灾害是一种"对抗性矛盾",地震是我们的"敌人",我们需要与这个"敌人"进行系统性的斗争:找准"危险源"、排查"风险源"、强化风险评估和评价,做好工程性和非工程性的防御措施,积极做好应急备灾,确保"敌人"一旦露头,我们有足够的抵御能力,以达到从最大程度减小地震灾害损失向最大程度减轻地震灾害风险转变。当人类面临"对抗性矛盾"时,最为激烈的形式非军事战争莫属,这使作者产生了在和地震这个"敌人"战斗中能否借鉴军事斗争思想的想法,以此来强化地震灾害风险管理和应急救灾能力,这是撰写本书的初衷。兵棋推演作为一种作战模拟与训练手段,能够综合体现战场环境的偶然性和复杂性,直观呈现作战指挥员的决策部署,并能够对作战结果进行裁决和评判,将其借鉴到我国的防震减灾工作中是作者一直思考的问题。目前,现代化军队的 $C^4ISR$[ 指挥( C )- 控制( C )- 通信( C )- 计算机( C )- 情报( I )- 监视( S )- 侦察( R )] 系统已实现了同步感知多维战场态势、按需求优化配置和使用资源等功能使军队的指挥控制呈现出实时化、精确化、自适应、自协调的特点,达到了"如心使臂""如臂使指"的境界。局部大震巨灾场景异常惨烈,其突发性和处置的复杂性不亚于一场局部高强度战争。那么我们该如何开展地震灾害系统性仿真并在此基础上进行人员能力提升训练呢?

本书即针对以上问题,在国家重点研发计划项目"大规模救援现场场景仿真与搜救培训演练模拟技术系统"(项目号:2018YFC1504405)的资助下,瞄准地震紧急救援训练和培训过程中存在的大规模实体地震应急救援训练场景难构建、动态复杂场景难设置、训练科目设置和调整灵活性差、综合培训演练支撑技术缺乏的客观现状,研发了具有278个功能点的新一代地震应急救援虚拟仿真训练系统。该系统是本书所述的"能力提升训练器"在地震应急救援中的示范,应用该系统可有效提升地震应急指挥、搜索、营救、紧急医疗等的综合训练水平。

本书包括以下几部分内容。①系统介绍了地震灾场物理模拟,即通过建立合理的震源模型、地下波速结构模型、近地表场地模型和工程结构弹塑性反应模型,采用物理技术手段,模拟任意设定地震(包括历史地震)形成的工程结构震害空间分布的地震灾场。②构建了地震灾情模拟器,其可在任意设定地震下按照时间轴顺序给出最可能的或指定的地震灾情集,包括不同要素、不同灾情演化后的情景。③以系统动力学方法将重特大地震灾害要素组成复杂的灾害链/网,模拟灾害全过程的可能情景。④构建了能力提升训练器,其依据任意设定的训练目标,确定训练各要素,进而构建一次地震完整的发生、致灾和形成最终灾场的模拟过程,并为其提供恰当的地震灾情演化下的复杂灾害链/网。通过将模拟结果展示于训练设定的时间轴上,并进行训练科目席位、角色、设定等系统性导调设置,受训人员个体或集体可在训练器构建的全过程虚拟仿真环境中进行人机交互并进行能力提升训练,所有训练过程自动记录并实现效能动态评估。本书介绍了能力提升训练器的定义、理念、基本架构。⑤详细介绍了新一代"地震应急救援虚拟仿真训练系统",较为详细地说明了该系统的设计目标、总体架构、功能模块、导调模式、训练或演练机制、实用虚拟工具等,并对营救等实际操作性训练建立了虚拟现实培训模式。该系统目前已经实现所有主要设计功能,有望给未来大规模演练和单项训练带来巨大的新变化,作者希望和读者一起总结与展望该训练系统的未来。

本书中的相关内容尤其是与能力提升训练器相关的内容可切实应用于提升政府、社会、产业、行业、企业、民众的灾害认知能力、地震灾害风险感知能力、工程防御能力、风险防控能力、应急响应能力、现场应急处置能力、紧急救援能力、恢复重建能力。但这八大能力的提升是个复杂的系统性工程,鉴于该提升训练器的研发涉及地震工程、相似性理论、系统动力学理论、计算机仿真、虚拟现实、演练科学等多学科,以及众多高新技术的融合,因此构建整套培训体系本身是个浩大工程。尽管需求十分迫切,但现在就要求做到尽善尽美仍是愿景,仍需不断努力完善。同时,作者接下来最想开展的就是关于风险感知能力和灾害认知能力这两个能力的提升训练器研究,期待接下来和南开大学金融学院密切合作,建立一个基于虚拟仿真技术的地震灾害模拟和灾害体验教学综合实验室,也希望这个实验室建成后成为民众地震灾害风险意识觉醒的有益工具。

由衷感谢天津大学巴振宁教授撰写了本书第2章的2.1节和2.2节地震动场模拟方法,

感谢作者团队王婷、高永武、陈敬一、李永佳、王程誉等人在收集整理资料、制作图表、修改文字、格式排版和文字校核方面所做的大量卓有成效的工作。

　　本书可供从事地震灾害风险防治、地震应急救援等人员使用，亦可供自然灾害相关领域的研究者借鉴。本书出版若能对各类读者有所帮助，作者将深感欣慰。在本书撰写过程中，还有许多领导、专家和同事给予了指导与帮助。本书的出版得到了中国地震灾害防御中心和天津市地震局等单位的大力支持，并得到了国家重点研发计划"大规模救援现场场景仿真与搜救培训演练模拟技术系统"（项目号：2018YFC1504405）的资助，在此一并衷心感谢。

　　由于作者水平有限，不足之处敬请各位读者不吝赐教。

王东明

2024 年 1 月

# 目　　录

# 第 1 章　绪论

## 1.1　全球及我国地震灾害

随着社会经济的快速发展，人口和财富迅速向城市集聚，一旦发生重大自然灾害，将造成重大的人员伤亡和巨大经济损失，直接影响社会的可持续发展。根据 EM-DAT[①] 及美国地质勘探局( US Geological Survey，USGS )给出的全球范围内的灾害数据，1900—2018 年，全球共发生了 1 397 次 7 级及以上的地震。进入 21 世纪以来，地震造成的经济损失和人员伤亡比干旱、极端温度、极端气候、洪水、滑坡、火山活动、火灾等自然灾害造成的都要多( 贾晗曦等，2019 )。表 1-1 中列出了 20 世纪因自然灾害而严重破坏的城市，其中的 80% 是因为地震。可见，地震灾害是能给人类社会造成重大损失的最主要自然灾害( 高孟潭，2017；中国地震局震害防御司，1995；中国国家标准化管理委员会，2016 )。

**表 1-1　20 世纪中被自然灾害严重破坏的主要城市及原因**

| 序号 | 时间 | 国家 | 城市 | 致灾原因 |
|---|---|---|---|---|
| 1 | 1902 年 4 月 23 日 | 法国 | 圣皮埃尔 | 火山 |
| 2 | 1906 年 4 月 18 日 | 美国 | 旧金山 | 地震 |
| 3 | 1908 年 12 月 28 日 | 意大利 | 摩西那 | 地震 |
| 4 | 1911 年 1 月 3 日 | 哈萨克斯坦 | 阿拉木图 | 地震 |
| 5 | 1920 年 12 月 16 日 | 中国 | 海原 | 地震 |
| 6 | 1923 年 9 月 1 日 | 日本 | 东京、横滨 | 地震 |
| 7 | 1959 年 12 月 2 日 | 法国 | 弗雷伊斯 | 水库垮坝 |
| 8 | 1960 年 2 月 29 日 | 摩洛哥 | 阿加迪尔 | 地震 |
| 9 | 1960 年 5 月 22 日 | 智利 | 蒙特港 | 地震 |
| 10 | 1961 年 10 月 31 日 | 伯利兹 | 伯利兹城 | 飓风 |
| 11 | 1963 年 7 月 26 日 | 南斯拉夫 | 斯科普里 | 地震 |
| 12 | 1964 年 3 月 28 日 | 美国 | 安克雷奇 | 地震 |
| 13 | 1970 年 5 月 31 日 | 秘鲁 | 容加依 | 冰川泥石流 |
| 14 | 1972 年 12 月 23 日 | 尼加拉瓜 | 马拉瓜 | 地震 |
| 15 | 1976 年 7 月 28 日 | 中国 | 唐山 | 地震 |
| 16 | 1978 年 9 月 16 日 | 伊朗 | 塔巴斯 | 地震 |
| 17 | 1979 年 8 月 11 日 | 印度 | 莫尔比 | 水库垮坝 |

---

① 美国的外国灾难援助办公室( Office of Foreign Disaster Assistance，OFDA )和比利时的灾害流行病学研究中心( Center for Reasearch on the Epidemiology of Disasters，CRED )共同建立的紧急灾难数据库( Emergency Events Database )。

| 序号 | 时间 | 国家 | 城市 | 致灾原因 |
|---|---|---|---|---|
| 18 | 1980 年 10 月 10 日 | 阿尔及利亚 | 阿斯南 | 地震 |
| 19 | 1988 年 12 月 7 日 | 苏联 | 列宁纳坎 | 地震 |
| 20 | 1993 年 9 月 30 日 | 印度 | 齐拉里镇 | 地震 |

　　全球主要有 3 个地震带：环太平洋地震带、欧亚地震带和洋中脊地震带。我国地处欧亚板块、印度洋板块和太平洋板块的交会处，位于环太平洋地震带和欧亚地震带之间（图1-1），地震十分活跃，是全球大陆地震最频发、地震灾害最严重的国家之一。世界十大地震灾害排名中（表 1-2），中国占 3 席；20 世纪，全球因地震死亡的总人数近 120 万，中国有近60 万，约占 50%；世界上造成死亡人数最多的地震（1556 年发生的陕西华县地震）亦发生在中国（刘启方，2020）。地震灾害严重是中国的基本国情之一。

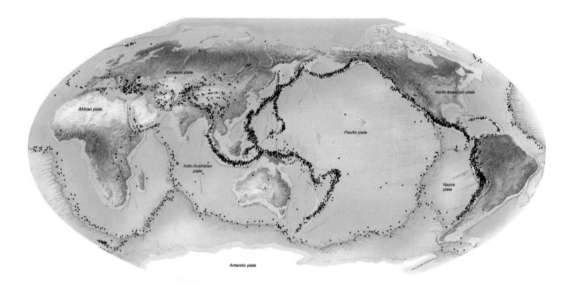

**图 1-1　全球地震带分布图**

图片来源 https://www.zhihu.com/question/476123964

**表 1-2　世界十大地震灾害排名**

| 次序 | 年份 | 地点 | 震级 | 死亡人数（万人） |
|---|---|---|---|---|
| 1 | 1556 | 中国 陕西华县 | 8~8.3 | 83 |
| 2 | 1733 | 印度 加尔各答 | — | 30 |
| 3 | 2004 | 印度洋（海啸） | 9.2 | 29 |
| 4 | 2010 | 海地 | 7.0 | 27 |
| 5 | 1920 | 中国 宁夏海原 | 8.5 | 27 |
| 6 | 526 | 叙利亚 安提俄克 | >7.0 | 25 |

续表

| 次序 | 年份 | 地点 | 震级 | 死亡人数（万人） |
|---|---|---|---|---|
| 7 | 1976 | 中国 河北唐山 | 7.8 | 24 |
| 8 | 1908 | 意大利 墨西拿 | 7.5 | 16 |
| 9 | 1923 | 日本 关东 | 7.9 | 14.2 |
| 10 | 2018 | 日本 北海道 | 6.9 | 13.7 |

数据来源：http://news.youth.cn/jy/201602/t20160216_7639619.htm

近年来，地震灾害的强度和频度不断增加，给我国造成了难以估量的损失。根据国家统计局的数据，21 世纪以来我国地震灾害情况见表 1-3。2008 年，在汶川大地震中，共有69 227 人罹难，374 643 人受伤，17 923 人失踪，直接经济损失达 8 451 亿元；此外，地震还引发了多次山体崩塌、滑坡、泥石流及堰塞湖等次生灾害（中国地震信息网，2012a）。2010 年，青海玉树发生 7.1 级强烈地震，造成 2 698 人死亡，270 人失踪，12 135 人受伤，经济损失达125 亿元（中国地震信息网，2012b）。2013 年，雅安地震共计造成 196 人死亡，21 人失踪，11 470 人受伤，震中芦山县龙门乡 99% 以上的房屋垮塌。2016 年，杂多地震造成 1 人死亡，5 816 人失去住所，直接经济损失达 28 466 万元。2017 年，九寨沟地震造成 25 人死亡（其中24 名遇难者身份得到确认），525 人受伤，6 人失联，176 492 人（含游客）受灾，73 671 间房屋不同程度受损（倒塌 76 间）。2021 年，玛多地震共造成果洛、玉树两州 6 县 26 个乡镇的32 431 人受灾，18 人受伤。可见，我国发生破坏性地震的风险极高（郑山锁，2019）。

表 1-3 2000—2020 年中国历年地震灾害情况统计

| 年份 | 次数 | | | | | 死亡人数 | 直接经济损失（亿元） |
|---|---|---|---|---|---|---|---|
| | 4.0~4.9级 | 5.0~5.9级 | 6.0~6.9级 | 7.0级以上 | 合计 | | |
| 2000 | 1 | 7 | 2 | 0 | 10 | 10 | 14.68 |
| 2001 | 0 | 8 | 2 | 1 | 11 | 9 | 14.85 |
| 2002 | 0 | 4 | 0 | 0 | 4 | 2 | 1.48 |
| 2003 | 0 | 10 | 6 | 1 | 17 | 319 | 46.6 |
| 2004 | 0 | 7 | 1 | 0 | 8 | 7 | 9.09 |
| 2005 | 2 | 9 | 2 | 0 | 13 | 15 | 26.28 |
| 2006 | 1 | 9 | 0 | 0 | 10 | 25 | 8.00 |
| 2007 | 1 | 1 | 1 | 0 | 3 | 3 | 20.19 |
| 2008 | 5 | 6 | 4 | 2 | 17 | 69 283 | 8 594.96 |
| 2009 | 1 | 5 | 2 | 0 | 8 | 3 | 27.38 |
| 2010 | 7 | 4 | 0 | 1 | 12 | 2 705 | 236.11 |
| 2011 | 4 | 11 | 2 | 1 | 18 | 32 | 602.09 |
| 2012 | 1 | 8 | 3 | 0 | 12 | 86 | 82.88 |
| 2013 | 0 | 10 | 3 | 1 | 14 | 294 | 995.36 |
| 2014 | 1 | 14 | 4 | 1 | 20 | 623 | 332.61 |
| 2015 | 0 | 13 | 1 | 0 | 14 | 30 | 179.19 |

| 年份 | 次数 | | | | | 死亡人数 | 直接经济损失（亿元） |
| --- | --- | --- | --- | --- | --- | --- | --- |
| | 4.0~4.9级 | 5.0~5.9级 | 6.0~6.9级 | 7.0级以上 | 合计 | | |
| 2016 | 4 | 8 | 4 | 0 | 16 | 1 | 66.87 |
| 2017 | 4 | 4 | 3 | 1 | 12 | 38 | 147.66 |
| 2018 | 4 | 7 | 0 | 0 | 11 | 0 | 30.27 |
| 2019 | 5 | 9 | 2 | 0 | 16 | 17 | 91.00 |
| 2020 | 0 | 3 | 2 | 0 | 5 | 5 | 20.54 |

注：数据来自国家统计局。

随着我国社会主义现代化建设的推进，人口和经济的集约化程度越来越高，然而由我国历史地震震中分布统计结果可知（王静爱等，2006），中国各省、自治区、直辖市都发生过5级以上破坏性地震，41%的国土、50%的城市、70%百万以上人口的大、中城市，都位于七度或七度以上的高烈度地震区，致使数亿人口面临大地震的威胁（中国地震局震害防御司，1995；高孟潭，2020）。根据近年来我国部分震害救援投入情况（表1-4），一旦再发生破坏力较强的地震，需要紧急调集并组织大量人力物力参与救援。面对我国地震巨灾风险高，地震频度高、强度大、致灾力强且难以准确预测的现状（张培震等，2013），迫切需要做好震后应急救援工作，最大限度地减轻地震灾害损失、减少人员伤亡，保障国家安全和社会可持续发展（邓砚等，2008；徐德诗等，2004）。

**表1-4　近年来中国部分地震的救灾人力物力投入情况**

| 事件 | 国家应急响应等级 | 通信和交通情况 | 救援投入 |
| --- | --- | --- | --- |
| 汶川地震 | I级 | 灾区交通和通信完全中断，省会成都通信基本中断；交通大部分中断，由于雨量较大，到处是塌方险情 | 军人114 006人，武警22 970人，民警及特警28 067人、专业救援队5 257人，医务人员93 857人以及深入灾区的志愿者300万人以上。中央和各级政府共投入230.33亿元。向灾区调运的救灾帐篷共计71.29万顶、活动板房13.78万套、被子441.12万床、衣物1 153.82万件、燃油65万吨、煤炭135万吨、大型设备5 847台、发电机11 607台、卫星电话3 054部、应急通信车145辆、饮水设备1 074套、消毒药品3 669.86吨、药品及常用医疗器械94.61吨、高价值医疗器械及监测器械6 356套 |
| 玉树地震 | I级 | 震区的移动和固定电话通信基本中断，医疗设施不足，震中距离省会有800 km且交通不便，对救援造成极大困难 | 16 000多名人民解放军指战员和武警部队官兵、3 700多名公安干警和消防边防官兵、2 700多名民兵预备役人员、1 400多名专业救援人员。中央及青海省财政共安排抗震救灾资金73.02亿元 |
| 雅安地震 | I级 | 雅安芦山县、天全县、宝兴县部分移动和固定电话由于通信机房、基站和光缆的损坏导致通信中断。宝兴县境内道路严重损毁，一度成为"孤岛" | 中国人民解放军、消防、武警官兵18 000多人；国家卫生应急队的180多名医务人员及车载移动医院；中国红十字会成都救灾备灾中心调拨的500顶帐篷 |

| 事件 | 国家应急响应等级 | 通信和交通情况 | 救援投入 |
|------|------|------|------|
| 九寨沟地震 | Ⅱ级 | 成都铁路局紧急扣停部分旅客列车 | 四川省军区集结民兵队伍快速赶往震中漳扎镇;西部战区应急指挥所 33 人携带海事卫星等通信设备赶赴震中;阿坝州统筹组织九寨沟县和松潘县 3 支专业医疗队伍赶赴灾区现场施救;武警、消防、公安、民兵预备役人员向九寨沟机动。中国红十字会总会向灾区紧急调拨家庭包 1 000 个、棉被 2 000 床、帐篷 200 顶 |
| 杂多地震 | Ⅲ级 | 当地水电、通信正常,部分房屋开裂,县城主干道交通一度发生拥堵 | 州县两级安排抢险救灾资金 500 万元。县城区设立临时集中安置点 9 处,各乡镇和村社分别设立安置点,对应急抢险期间第一时间排查出的 3 421 户、11 900 余人全部进行了紧急安置。省民政厅调拨并发放 12 m²、20 m² 棉帐篷共 3 195 顶,折叠桌 1 000 套,棉被 3 000 床,行军床、折叠床 1 000 张,救灾面粉 20 吨,大米 20 吨,以及部分棉衣、棉皮鞋;向囊谦县调拨 20 m² 棉帐篷 200 顶;向玉树州调拨 20 m² 棉帐篷 500 顶;省红十字会捐赠帐篷 160 顶。总计折合人民币 1 629 万元 |
| 玛多地震 | Ⅱ级 | 部分道路、桥梁等不同程度受损;电力主线局部受损,运行正常 | 云南和青海消防救援总队投入 173 辆消防车、777 名指战员,转移疏散群众 5 211 人,搭建救灾帐篷 853 顶 |

## 1.2　地震灾害应对对策与业务体系

为预防和减轻地震灾害,大力推进新时代防震减灾事业的现代化建设,需要用全面的思路构建包括地震监测预报预警、地震灾害防御以及地震应急救援在内的综合防震减灾业务体系,强化地震灾害风险管理和应急备灾,不断提升对地震灾害的综合防范与应对能力。

### 1.2.1　地震的监测、预报和预警

抗震设防对于减轻地震的破坏和人员伤亡无疑具有极为重要的作用,对此各界并没有异议。但是大面积抗震设防是不现实的,对于我国的国情更是如此。许多地震( 如 1995 年日本阪神地震 )的实际情况表明,抗震设防并不能完全避免地震造成的破坏,特别是地震造成的次生灾害( 刘启元,2003 )。地震预测作为预防性工作,其最重要的价值在于可以提前采取必要的防范措施,这对于减轻地震灾害、保持社会稳定具有重要意义。因此,提高地震监测预报和预警水平对防灾减灾工作的开展具有重要作用。

#### 1.2.1.1　地震监测、预报和预警的原理

地震监测是指地震发生后地震台网监测地震波信息,并在第一时间通过专业软件或网络、广播、电视等媒体渠道传递给群众,进而为其躲避地震灾难赢得时间。地震监测是防震减灾工作的关键环节,是地球科学研究的重要方向。早在公元 132 年,东汉的张衡就发明了世界上第一台可以感应地震的仪器"候风地动仪",并成功记录了陇西大地震。目前,我国已建立起国家级测震站 147 座,区域站 1 206 座,实现了对全国大部分区域的覆盖,建立了

规模化及科学化的地震监测网络。

地震预报是依据地球物理、地球化学、地壳形变、地质调查等观测数据,预测未来可能发生地震的时间、地点和震级大小等"三要素",目的是提前预判与地震有关的情况,并依据其可能的危险程度发布不同的预警信号,为社会采取最广泛的应对措施赢得时间。由于地震预报的复杂性,地震预报部门需要在地震监测过程中不断积累各方面的经验,进而改进今后的预报工作(王卓识等,2019)。

地震预警是指在地震发生后,利用 P 波和 S 波的速度差、电磁波和地震波的速度差,以及地震观测台站的实时地震数据监测记录,快速计算出震源位置、震源深度、震级大小等参数,并利用地面震动预测方程快速给出预警目标区的预测烈度,同时进行阈值判断和预警警报发布,在破坏性地震波到达预警目标区之前通知相关人员采取措施,以达到避免重大人员伤亡和经济损失的目的(魏本勇,2018)。

#### 1.2.1.2 地震监测、预报和预警技术的现状

随着国家对地震预报工作的愈发重视,以及对地震监测台网、观测技术的投入的不断增加,地震监测技术的数字化、网络化、自动化水平不断提升,观测资料日益丰富,相关研究工作取得了较大成就。

地震监测预报在防范地震灾害方面发挥了重要作用,但由于地震发生机理的复杂性,目前地震监测和预报工作还存在很多技术性难题。因为地震过程的复杂性、地壳的不可入性、地震事件的小概率性,当前的地震监测和预报主要还是依据相关既往资料及对地质情况的判断,局限性较大。通过对既往地震的分析,长期地震预报结果较为可靠,但目前对短、临地震的预报仍未取得质的突破。地震预报在目前或相当长的时间内都无法做到精确地对三要素进行预报(魏柏林,2021),这就要求在预警方面加强建设力度,使人民群众能够在地震发生的第一时间获得相关预警信息,将人员伤亡及财产损失降到最低。

近几十年来,随着地震观测仪器和可用于发布警报的通信技术的进步,世界上多个国家和地区相继建设了地震预警系统(Allen et al.,2019)。我国的"国家地震烈度速报与预警系统"由中国地震局主导建设,依托"国家地震烈度速报与预警工程"于 2018 年正式实施,预计 2023 年全面完成。该系统按照"全国一张网、一套处理系统、一套处理结果、一套发布平台、多级信息服务"的技术架构开展建设,将在全国范围内建设超过 1.5 万个观测站点。系统建成后,将在华北、南北地震带,东南沿海,新疆天山中段以及拉萨周边地区等重点地区形成秒级地震预警能力,在全国范围内形成分钟级的地震烈度速报能力,可以通过多种通信渠道以最小的延迟和简单易懂的消息传播给境内居民,并大大降低震后火灾等次生灾害的诱发风险(王俊等,2021)。

### 1.2.2 地震灾害防御

地震灾害防御是指在破坏性地震发生前,采取一定的措施来减轻地震所造成的损失。地震灾害防御工作主要包括以下几个方面:防震减灾规划、地震区划、结构抗震设计、地震灾

害风险评估以及地震灾害风险防治。地震灾害防御是防震减灾工作的重中之重,是减轻地震灾害风险的核心关键,是强化社会管理、拓展公共服务的重要领域。

### 1.2.2.1　防震减灾规划

《国家防震减灾规划》是政府统一部署防震减灾工作的指导性文件,是一个阶段内的防震减灾事业发展战略蓝图,是各级政府开展防震减灾工作的行动纲领。第一个《国家防震减灾规划》的制订始于 1966 年的邢台地震,之后各版本基本上和国家各个"五年规划"同步制订,由中国地震局负责组织编制并发布实施。自 1999 年起,各省( 自治区、直辖市 )及地、市开始编制地区性的防震减灾规划,使我国的防震减灾规划体系逐步完善。以《习近平新时代中国特色社会主义思想学习纲要》为指导,深入贯彻落实习近平总书记关于防灾减灾救灾重要论述和防震减灾重要指示,着眼防灾减灾工作全局,立足解决防灾减灾综合问题,进一步提高综合防灾减灾救灾能力,各省区市相继发布防灾减灾方面的"十四五"规划。相关规划的出台,为城市规划建设用地的选择与城市建设的抗震防灾提供了相应的对策和依据。

### 1.2.2.2　地震区划

地震区划指按地震危险的程度将国土划分为若干区,对不同的区规定不同的抗震设防标准。编制《中国地震动参数区划图》( 简称地震区划图 )主要是为了满足建设工程抗震设防的需求,为工程抗震提供科学依据和基本要求。《中华人民共和国防震减灾法》明确规定,一般建设工程必须按照地震区划图给出的抗震设防要求进行抗震设防。发展地震区划技术,定期更新地震区划图对防控地震风险,保障人民安居乐业和国家社会经济发展至关重要,是地震科学技术发展的根本目的之一( 高孟潭,2021 )。

### 1.2.2.3　结构抗震设计

抗震设计是对处于地震区的工程结构进行的一种专项设计,以满足地震作用下工程结构安全与经济的综合要求。抗震设计参数是影响抗震设计的重要因素,主要包括抗震设防烈度、设计基本地震加速度、设计地震分组、反应谱特征周期。抗震设计参数选取的正确性和合理性直接影响建筑物的抗震能力。现行有关抗震参数的规范性标准主要有《建筑抗震设计规范》( GB 50011—2010,2016 年版 )和《中国地震动参数区划图》( GB 18306—2015 )。

### 1.2.2.4　地震灾害风险评估

地震灾害风险评估是对某地区遭受不同强度地震灾害的可能性及其可能造成的后果进行的定量分析和估计,是地震风险管理中的重要内容,可以为有效应对地震灾害、减少地震灾害造成的损失提供基础依据。地震灾害风险评估包括面向不同尺度精度需求的地震灾害风险评估与区划、承灾体地震易损性分析、不同区域地震直接经济损失和人员伤亡评估、不同空间范围的概率地震灾害风险评估、地震重点危险区年度地震灾害风险量化评估和地震现场损失评估等业务工作,具体流程如图 1-2 所示。

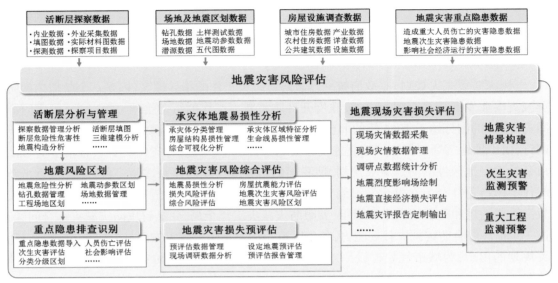

图 1-2　地震灾害风险评估流程图

### 1.2.2.5　地震灾害风险防治

地震灾害风险防治就是通过预防和治理来防范、化解地震灾害风险，坚持预防为主，努力把地震灾害的风险和损失降至最低，最大限度地保护人民群众的生命和财产安全，具体包括：全国地震灾害风险防治的标准化、技术支撑与服务；针对不同区域、不同概率水平的地震灾害风险区划，提供活动断层避让、抗震设防标准、抗震加固和地震应急准备等方面的风险隐患防治措施及关键技术信息；为抗震防灾规划、应急避难场所规划和抗震新技术应用等提供技术支撑和指导；开展地震灾害风险防治效益综合评价；为高效经济地为地震安全水平提供技术指导。地震灾害风险防治的具体流程如图 1-3 所示。

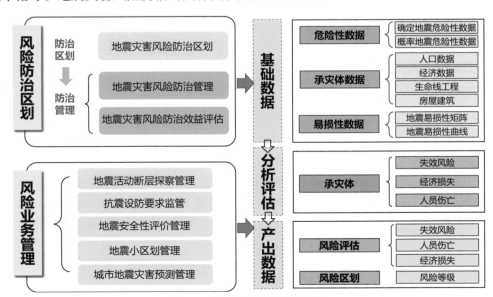

图 1-3　地震灾害风险防治流程

### 1.2.3　地震应急救援

地震应急救援包括震前应急备灾和震后应急救援等内容。震前应急备灾是指在地震发生之前,按照地震应急预案做好各项临震紧急避险和震后抢险救灾准备。震后应急救援是指根据破坏性地震发生后对地震信息(发震时间、地点、震级)的快速测定和对地震灾害等级的估计,组织实施相应等级的地震应急预案,开展抢险救灾。自 2000 年建立地震应急救援体系以来,地震应急部门围绕"快速、高效、有序"的工作目标,逐步构建了应急指挥预案体系、应急救援现场工作体系和应急保障体系。深化应急管理体制机制的改革,在"全灾种、大应急"框架下不断提升地震灾害应急救援能力,是防震减灾工作不可或缺的重要组成部分。常态化应急备灾是和地震灾害风险评估相结合的,按照不同风险水准进行应急备灾是科学的备灾,否则过犹不及。目前,地震局主要依据地震预测预报意见,开展危险区预评估工作,2015—2022年,采取派出专家组实际调研、抽样调查等形式对危险区整体状况进行把握,通过大量预设地震给出地震灾害预评估结果,进而给出地震应急处置建议。该工作的目标是地震一旦在此危险区发生,有相对准确的损失评估结果和针对性的应急对策。地震发生后,各级政府、应急部门、地震部门都会立刻响应,开展应急指挥工作,工作的依据就是地震部门提供的地震灾情快速评估产出的应急产品。地震发生后,应依据研判的灾情严重度派遣各方应急救援力量抵达地震现场进行有效处置,救援队伍的主要任务是搜索与营救废墟压埋人员,地震部门专业应急力量则开展损失调查与评估、烈度调查与评定、地震现场房屋安全性鉴定、流动监测、应急科考等现场工作。地震应急救援工作在 2018 年应急管理部成立之前是地震主管部门的三大业务之一,是地震主管部门所有业务的集中应用展示。目前,我国已建立了比较完整的地震应急救援业务体系,包括技术体系和标准体系(图 1-4),形成了各类地震应急专业的技术系统平台,服务于政府、社会、民众的应急产品发展也比较迅猛。

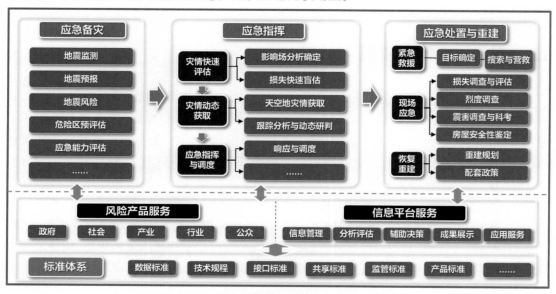

图 1-4　地震应急救援全链条业务体系示意图

#### 1.2.3.1　地震应急预案

地震应急预案是在破坏性地震发生前预先制订的,应对地震灾害发生时和发生后紧急避险、抢险救灾的计划方案。编制地震应急预案可以提高对地震灾害的快速反应能力,对科学有序地开展地震灾害应急救援,最大限度地减少人员伤亡和经济损失,消除社会影响,维护社会稳定具有重要的作用。1988 年,澜沧—耿马 7.6 级大地震后,为高效、有序地应对地震灾害事件,中国地震局借鉴国外优秀经验做法,率先在国内重点地震危险区组织开展了地震应急预案编制工作,于 1991 年推出了我国第一部应急预案《国内破坡性地震应急反应预案》(贾群林等,2021)。我国地震应急预案的制订坚持"纵向到底、横向到边"。纵向到底指各级人民政府都已经制订了地震应急预案;横向到边指所有政府部门、各行业企事业单位都要编制地震应急预案,成为同级政府地震应急预案的细化。当前,我国地震应急预案已覆盖全国各地区、各部门和基层组织,以《国家地震应急预案》为核心的全国地震应急预案体系已基本形成。

#### 1.2.3.2　地震应急演练

地震应急演练是模拟地震发生在指定区域,通过假想发生的灾害情景,而做出的接近真实的抗震救灾指挥决策和实施的行动。地震应急演练既可以检验各级各类的地震应急预案,使预案更贴近地震发生的实际,更加具有可操作性和指导性,同时还可以锻炼地震应急指挥和抢险救灾队伍的实际操作能力,有助于提高地震应急救援处置速度和效率。

#### 1.2.3.3　地震现场应急

地震现场应急是指为保证开展应急抢险救灾工作,保证震区的社会稳定以及积累地震科学资料,地震部门在震区进行的各项地震工作。地震现场应急服务灾区抗震救灾的全过程,是一项特殊时段的任务,其工作内容多、时间要求紧、技术含量高、工作强度大,要求地震现场工作人员要在一个较短的应急时间内全面、准确、科学、规范地完成各项工作任务,为各级政府的抗震救灾行动提供科学可靠的基础资料。

## 1.3　兵棋推演及其应用

兵棋推演作为一种作战模拟与训练手段,能够综合考虑战场环境的偶然性和复杂性,直观呈现作战指挥者的决策部署,并能够对作战结果进行裁决和评判,从而为作战训练提供了近似实战的对抗平台(牛莉博等,2021)。学术界普遍认为,第一套兵棋是由我国古代著名军事家孙武发明的"围海",也就是我们熟悉的围棋、象棋等游戏的前身(欧微等,2018)。在 1811 年,普鲁士宫廷战争顾问冯莱茨维兹发明了由沙盘、棋子、地图和计算表等组成的,可模拟军队交战过程的棋类博弈工具,并取名为兵棋(War Game)(刘进,2014;曹占广等2021)。大震巨灾形成的灾场范围极大,造成的破坏和损失绝不亚于一场中等规模战争。在地震应急救援领域,我们也可将地震假想为"敌人",可借鉴兵棋推演的思想,构建地震应急救援兵棋推演模型和系统,对地震应急救援进行模拟和训练。

## 1.3.1　兵棋推演在军事中的应用

一般来说,兵棋推演是在确定的规则下对作战形势进行模拟推算,从而全面展现各种决策方针对战争结果的影响,因而其在军事教育、作战中的策略方针制定及军队指挥官日常演练中有非常重要的作用(王晓明,2019)。美军对兵棋推演的定义是:运用规则、数据和程序描述实际或假定的态势,对敌对双方或多方的军事行动进行的模拟的统称(Dunnigan,1997)。我国的《军语》对兵棋的定义为,供沙盘或图上作业使用的军队标号、图形,及表示人员、兵器、地物等的模型式棋子(王桂起,2012)。目前,兵棋推演已被德国、日本、美国、英国等广泛用于作战计划的制订和评估(Ozaki et al.,2001;Perla,1990)。从第一次世界大战起,德、美、英、日、俄等国家相继利用兵棋进行战争推演,在第一次世界大战和第二次世界大战中发挥了重要作用。在 20 世纪 90 年代爆发的海湾战争中,美军充分运用兵棋系统对其作战计划和各种作战行动进行了大量的推演,为战争的胜利做出了重大贡献(朱元锋等,2008)。

兵棋推演采用统计学、博弈论、概率论等科学方法尝试推测未来,其通过科学判断并对历史数据进行更深层次的分析,以为决策提供依据。20 世纪末,随着信息技术的进步,由地图、棋子、骰子和规则表构成的传统兵棋已发展为计算机兵棋系统(韩志军等,2011a)。现代计算机兵棋系统是建立在军事科学、军事运筹学、军事系统工程、系统仿真和现代信息技术基础上的特殊作战模拟系统,它将人类对于战争基本规律的认识和经验总结为兵棋运行的规则,并采用对抗推演的方式来充分发挥推演者的智慧和经验(石崇林等,2011)。而计算机兵棋推演更是结合了计算机强大的运算能力,模拟兵棋推演中的相关规则、各种装备及其运行状态等,它具备更高的灵活性和更强的实时性,能够充分反映战争中的动态过程,同时仿真度高、操作简便、计算快速、数据统计精准,尤其具备易于部署的特点,大幅提高了系统的普及率,因此计算机兵棋推演系统已成为当前兵棋推演的主要发展趋势。

历史上第一个计算机兵棋推演系统产生于 20 世纪 80 年代末,当时美国国防部成立了项目小组,对苏联的部队编装、武器系统、战术等进行精确的评估,逐一将其量化并输入计算机数据库。同时,美国国防部也将美国自身的相关军备、兵力数据换算成参数,并从多次海外战争中撷取经验,来验证计算机兵棋相关参数的正确性(韩志军等,2011b)。随后,作为诸多兵棋研发机构和企业的聚集地,美国研制了诸多作战模拟系统,这些系统从设计理念、技术含量、演习及实战检验等各个方面都较为先进,其中比较有代表性的有美军联合战区级仿真(Joint Theater Level Simulation,JTLS)系统、扩展防空仿真(Extended Air Defense Simulation,EADSIM)系统、联合建模与仿真系统(Joint Modeling and Simulation System,JMASS)、协同分析系统(Joint Analysis System,JAS)、军团作战模拟(Corps Battle Simulation,CBS)系统、战术模拟(Tactical Simulation,TACSIM)系统、联合仿真系统(Joint Simulation System,JSIMS)、战争综合演练场(Synthetic Theater of War,STOW)仿真系统和新一代半自动兵力生成(One Semi-Automated Forces,One SAF)仿真系统等(胡晓峰,2010;金伟新,2004;石崇林,2012)。

JTLS 系统用于兵棋推演领域的辅助军事训练与作战方案分析，其事后分析（After Action Review，AAR）模块可对推演数据进行处理和分析（Bolling，1995）。该系统的功能包括：①根据推演需要及时重推想定方案的某一部分，并能以可控速度向前或者向后查看推演中的事件；②可以对模型、数据和用户指令进行校验，保证推演数据的正确性和完整性；③数据实时分析的结果可以导出到文档，或者导出到用户自己开发的系统，以便进行再分析；④具有运行时的断点保存和装载功能，可以在仿真运行时载入以往的断点，并能在这种模式下继续收集新的数据，为多方案比较的探索性分析提供了可能；⑤可测定影响范围，即可以确定哪些实体被部署在武器影响区域内，哪些实体被部署在传感器范围之外；⑥具有能生成便于决策者分析的报告、统计分析图表等的交互工具。

EADSIM 系统是一个用于战区导弹防御和防空系统作战能力和作战效能评估分析的全方位、扩展型防空仿真系统，该系统实现了空战、导弹战、空间战的"多对多"平台级仿真（殷兴良，1993）。EADSIM 系统的数据分析工具包括回放和后处理两个工具：回放工具由完整的分析和想定生成工具组成，能够对自动生成的想定方案进行可视化显示；后处理工具可以生成侦察、通信和交战方面的统计报告。

JMASS 基于美国空军电子战数字评估系统发展而来，因其具备良好的体系结构和成熟的标准体系，被扩展到各个军种并建立多军种通用的体系结构和相关标准（陈丽等，2007；Handley et al.，2000）。JMASS 包括开发模式、装备模式、配置模式、执行模式和事后处理模式五种工作模式。其中，事后处理模式提供自动化研究工具（FAST）和可视化分析工具（Sim View）。FAST 可分布于局域网中的多个运行仿真，快速进行参数统计分析、数据采集等，分析人员可通过改变仿真实验运行的单个或者多个输入数据，对多台计算机上分布运行的实验结果进行分析。Sim View 用立体视图的方式展示 JMASS 中仿真角色的行为，可对记录的模型空间数据进行回放，并具备回放速度调整、视角选取和局部放大功能。

JAS 是一个典型的面向战役分析的系统，使用以指挥、控制、通信、计算机、情报及监视与侦察（Command，Control，Communication，Computer，Intelligence，Surveillance，Reconnaissance，C⁴ISR）系统为核心的联合战役模型，综合战略机动性、战区后勤和联合作战，支持作战计划的制订和执行、作战能力评估分析、武器系统效能评估等，同时提供逼真的作战模拟环境（李宁等，2008）。JAS 提供单想定分析和多想定分析，单想定分析构成微分析（micro-analysis）模式，可跟踪各种作战单元，显示各种作战单元之间的交互关系以及传感器感知的运动情况。多想定分析构成宏分析（macro-analysis）模式，宏分析注重仿真结果的最终累积统计，利用该分析模式可获得作战过程、兵力规模和系统权衡的统计数据。

CBS 系统是一个战区级模拟系统，支持联合、合成、军、师、旅级的指挥参谋军官集体训练（Mertens，1993；Zedo，2004）。CBS 系统的主要功能包括：地面作战、陆军航空兵、炮兵、核生化战、地面机动、防空、渗透、特种作战部队、空中战术行动、工兵、后勤等。

TACSIM 系统是美国陆军的主要情报模拟系统，可模拟从国家到师级的任何战术情报传感系统，针对情报收集管理员、分析员和参谋人员进行训练（Wood，1973；Smith et al.，1994）。TACSIM 系统提供了强大的推演分析能力，可以为用户提供即时的反馈。

JSIMS 是一个分布式的任务级综合仿真系统，可用于联合训练、演习、教育、开发战术、制订和评估作战计划等（Bennington，1995）。JSIMS 中的数据分析模块能够形成相关的实验数据并支持对已经生成数据的在线分析，通过演习控制器来解决数据选择和数据格式等问题。同时，JSIMS 能够支持使用可控的速度重新运行仿真训练的某一部分，并提供标准的或特定的查询和输出功能。

STOW 仿真系统是由美国国防部高级研究计划署主持研制的先期概念技术示范项目，其仿真实体数最高可达 50 000 个（Budge et al.，1998；赵沁平，2001）。STOW 仿真系统具有友好的数据分析功能，可在二维和三维地图上进行关键事件的重演，演算统计战损率、运动速率等军事性能数据，并可进行专门效能／性能测度数据回放。

One SAF 仿真系统是新一代可重组的计算机生成兵力系统，能够精准有效地描述部队的作战、作战保障、作战勤务保障、行动过程，以及指挥、控制、通信、计算机与情报流程，也能表现地理环境及其对仿真行为和活动的影响（Wittman et al.，2001，2002）。同时，该系统具备一定的数据采集和分析能力，可使用多媒体技术的标准软件包输出显示图形、文本和电子表格，以及部队和环境的状况报告，对每个主要对象的历史时间进行详细的跟踪和调试，当运行过程中发生异常事件时，可辅助决策制定。

在指挥控制系统的建设与发展中，C⁴ISR 系统逐渐形成（李文举，2018）。美军 C⁴ISR 系统的建设经历了独立发展、平台式发展和一体化发展三个阶段。在初期的独立发展阶段，各军兵种的 C⁴ISR 建设标准没有规范、缺少理论支撑，导致各军兵种之间的 C⁴ISR 系统不能互联、互通、互操作。在平台式发展阶段，美军致力于打通各兵种独立开发的 C⁴ISR 系统之间的壁垒，形成互联、互通的通路，建设共用的互操作信息平台。在一体化发展阶段，美军奉行理论先行、系统跟进的建设原则，将 C⁴ISR 系统架构在全新的体系上，使其能真正实现全球范围内的一体化。可见，兵棋推演系统已成为军事战略分析的重要工具，可为各类作战情景构设、武器装备评估、作战效能检验等提供方法和手段。

### 1.3.2　兵棋推演在应急管理中的应用

随着城市化进程的加快和各种自然灾害频发，灾害应急问题已成为影响城市安全的重大问题。基于"救灾如同作战"的基本理念，兵棋推演逐渐被引入各类自然灾害的应急管理中，成为能够在灾前准备时对灾害应急救援加以设想、推断的重要工具（陈鹏等，2018；孔维学，2011；Darken et al.，2005）。美国联邦紧急事务管理署（Federal Emergency Management Agency，FEMA）将兵棋推演引入针对灾害危机管理的重要发展项目中（李云龙等，2012）。依据美国 FEMA 的经验，中国台湾地区的环境与灾害政策学会利用兵棋思想构建了符合当地环境与灾害特点的推演体系，推演了各灾害应急部门应对灾害的行动与资源分配过程（陈鹏等，2011）。

兵棋推演结合统计学、博弈论、概率论等科学方法，可实现各类灾害模拟和人员行为模拟，推演灾害发生、发展过程，及人在灾害环境中可能做出的各种反应。随着计算机技术的快速发展，研究者以编程技术，地理信息系统的技术、方法为基础，综合构建了应急演练推演平台，实现了兵棋推演规则构建、地图绘制及双方对战模拟，在低成本的情况下评估和发现预定方案的漏洞,为提高城市灾害应急管理水平提供决策依据(马英涛等,2013;陈鹏等,2011;Perlap,2012;徐学文等,2001)。

在城市灾害应急管理中,李竞等(2009)建立了以时间为标准的评价体系与推演规则,实现了城市灾害应急管理的兵棋推演模型。杨钰等(2020)针对大面积停电的应急抢修,构建了一套兵棋推演系统,给出了该系统的三层结构形式,并对兵棋各要素进行了分析和建模。承敏钢等(2014)利用兵棋推演构建了一套城市危机应急管理体系框架。陈鹏等(2016)采用兵棋推演对城市内涝灾害应急救援过程进行了模拟,提出当前城市应急管理的不足和应对城市内涝的方法。宋玉豪(2020)针对自然灾害和突发事件,从宏观角度就应急管理兵棋的基本要素、系统设计及推演实施进行了介绍。牛莉博等(2021)将兵棋推演的理论与技术应用于核应急救援领域,提出了核应急救援兵棋推演系统的基本框架。

采用兵棋系统进行应急管理的推演、训练、教学和理论研究,能够有效利用传统经验和精确模拟数据,在高真实的模拟环境中提高应急管理人员的指挥决策、组织协同和突发事件处理的处理能力;同时,也有利于应急管理理论研究、应急管理保障能力评估、应急管理装备性能检验和应急管理训练改革创新等。因此,将兵棋推演应用到应急管理领域具有重要的现实价值和理论意义。

## 1.4　物理模拟器介绍

地震灾场的物理模拟是指通过建立合理的震源模型、地下波速结构模型、近地表场地模型,针对目标地区建立精确可靠的区域地震动场,进而针对目标城市建筑开展区域建筑震害模拟。以下将分别针对地震动模拟和区域建筑震害进行现状介绍。其中,在强地震动场的模拟方面,能综合考虑震源破裂、地震波地壳层传播和场地效应这些物理过程的地震动模拟方法(又称地震学方法)有三种:确定性方法、随机方法和混合方法。

### 1.4.1　地震动模拟的确定性方法

地震动模拟的确定性方法是传统意义上的地震学方法,确定性地震模拟中的关键问题是震源滑动的时空表达(震源模型)和动力格林函数的计算。下面将分别从震源模型和动力格林函数两方面进行研究现状的介绍。

目前,震源模型主要包括运动学震源模型和动力学震源模型。动力学震源模型以断层面上及其周围的应力场为基本研究参数,从应力场的演化过程角度来探究地震孕育、发生和停止的过程。其中,断层面指岩层断裂后出现相对位移的破裂面。模拟动力学震源破裂的关键是设置断层面摩擦准则,目前根据摩擦准则的不同可将动力学断层模型细分为滑动弱化摩擦准则模型、速率弱化摩擦准则模型和速率-状态相依摩擦准则模型。运动学震源模型是指依据震源动力学研究成果,基于有限断层面上的错动量分布、破裂速度、各子源时间函数和上升时间及滑动角等震源参数,利用相对简单的数学表达描述颇为复杂的震源破裂的过程。运动学震源模型又根据描述断层面上的滑动不均匀分布,细分为确定性震源模型、随机震源模型和混合震源模型。目前,确定性震源模型在长周期( 小于 1 Hz )地震动中得到较好的应用,但其难以模拟高频的强地震动;随机震源模型虽然能模拟高频的强地震动,但震源参数缺乏一定的物理基础;混合震源模型能同时具备描述上述两种震源模型的应用条件,近些年来被广泛应用于区域尺度宽频带地震动模拟。

获取动力格林函数的主流方法是用各种数值方法:如有限差分法( Finite Difference Method,FDM )、有限元法( Finite Element Method,FEM )和谱单元法( Spectral Element Method,SEM )等。有限差分法( FDM )是一种普遍用于地震波场数值模拟的传统数值方法,具有数理概念直观、表示方式简单、空间离散化简易、计算效率较高、占用内存较少等优点,该方法可以对三维复杂地质构造中的地震进行较为准确的模拟。有限元法( FEM )是一种普遍用于地震波场数值模拟的传统数学方法,该方法求解时对整个问题区域进行分解,在每个子区域( 即单元 )上建立平衡方程,在模拟几何复杂区域时具有较高的灵活性,为地震动模拟,尤其为分析具有非均匀性和复杂地形特征的场地,提供了一个强有力的工具。谱单元法( SEM )结合了 FEM 法的灵活性和谱方法的准确性,最早应用于流体动力学分析,后被逐渐引入地震波传播模拟。该方法采用高阶拉格朗日( Lagrange )内插点和高斯－洛巴托－勒让德( Gauss-Lobatto-Legendre,GLL )积分方法形成对角质量矩阵,不需要对矩阵求逆,极大地减少了计算成本,且单元划分灵活,可对复杂地质构造进行模拟。基于上述数值方法已开发出了相应的开源程序,如 AWP-ODC、SW4、CG-FDM( FDM ),Hercules、SeisSol、EDGE( FEM )以及 SPECFEM3D、SPEED( SEM )。上述开源程序已经在地震学和地震工程学领域得到了较为广泛的应用。

目前,基于确定性方法进行历史地震和情景地震的地震动模拟已取得了突破性进展,模拟区域范围从几十千米到几百千米,元素或单元的总数从数百亿到数千亿,模拟的频率从 2 Hz 到 5 Hz、10 Hz 或更高,已基本可以覆盖工程结构的敏感频段。通用图形处理器( General Purpose computing on Graphics Processing Units,GPGPU )、混合中央处理器( Central Processing Unit,CPU )和 GPU 系统以及许多集成核心( Many Integrated Core,MIC )体系结构等新技术的出现,进一步加速区域和全球地震波传播模拟发展。目前,确定性方法从现有已实现的 1~2 Hz 分辨率拓展到工程结构敏感的 5~10 Hz 或更高频率,成为现代地震工程的地震动模拟的重要发展方向。

## 1.4.2 地震动模拟的随机方法

地震动模拟的随机方法是将地震动的傅里叶( Fourier )幅值谱用震源、传播介质和场地三者的乘积来表示,用高斯白噪声方法获得相位谱,在频域内合成地震动。相对于确定性方法,这种方法的计算效率较高,在高频段( 一般认为 1 Hz 以上 )模拟得到的地震动反应谱和实际记录的反应谱拟合较好。目前,随机方法又可以分为随机点源模拟( Stochastic-Method Simulation,SMSIM )法及随机有限断层法两种。其中,SMSIM 法仅用来生成小震远场的地震动,只考虑了随着距离的衰减,未能计入地壳的速度结构对地震波传播的影响,并且需要保证场址距离发震断层足够远。随机有限断层法克服了 SMSIM 法的缺点,适用于场址离发震断层较近的近场地震动模拟,可分为基于静力学拐角频率的有限断层模型 FINSIM 及基于动力学拐角频率的有限断层模型 EXSIM 两种。FINSIM 合成的地震动受子断层尺寸影响很大,不同子断层尺寸得到的地震动时程、反应谱、高频辐射能等都有很明显的差异,需要严格限制子断层尺寸与矩震级的关系式,使地震过程中的地震矩保持定值。EXSIM 则以变化的子断层地震矩为基础,通过考虑高频标定因子来消除子断层尺寸对合成结果的影响,该方法相对而言更符合地震动特性,现为主流的随机有限断层地震动模拟方法。目前,基于 EXSIM 方法开发的随机有限断层方法程序包括由 Boore 开发的 EXSIM_dmb 以及由 Motazedi 开发的 EXSIM_beta。

目前,随机有限断层法是模拟近场高频地震动的主要方法,该方法符合工程上采用的高频地面运动是随机性运动的观点,被广泛应用于地震工程领域。随机有限断层法与基于物理的确定性方法相比,更加简单、实用,并且在地震记录比较匮乏的地区仍然适用。

## 1.4.3    地震动模拟的混合方法

地震动模拟的混合方法是为了扬长避短,充分发挥随机方法在短周期段精度高,确定性方法在长周期段精度高的特点。分别对高频段地震动($>1\,Hz$)采用地震动随机方法,对低频段地震动($<1\,Hz$)采用地震动确定性方法,然后在时域中调整幅值并叠加,得到宽频地震动;也有在频域内用权函数调整傅里叶谱幅值再叠加,得到宽频地震动。前者应用更为广泛,具体做法是先在频域内使用交叉频域分别对低频、高频地震动进行低通、高通滤波,然后返回时域进行叠加。目前,国内外进行混合地震动模拟时,低频方法主要采用数值方法中的有限差分法(FDM)、有限元法(FEM)、谱单元法(SEM)和频率波数域(Frequency wave number, FK)法;高频方法主要采用随机有限断层(Stochastic Finite Fault, SFF)法,经验格林函数(Empirical Green's Function, EGF)法,散射格林函数(Scatter Green's Function, Sc-GF)法,随机格林函数(Stochastie Green's Function, St-GF)法。低频方法和高频方法合成中选用的交叉频率一般为 $1\,Hz$。该方法由于包含了确定性和随机地震动模拟方法的优势,目前已成为一种主要的宽频带地震动模拟方法。

但值得注意的是,在混合方法下的地震动模拟中,低频、高频地震动的叠加是一种工程做法,并无严谨的逻辑基础。更为重要的问题在于,混合方法常用随机合成法计算高频地震动,随机合成结果仅是一条方向未知的水平向加速度时程;而合成低频地震动的数值方法能够获得三分量地震动。显然,两者的叠加具有不协调之处,难以满足多维宽频带地震动输入的需求。此外,地震动的时域叠加是一种数学处理方法,合成低频、高频地震动的方法在物理层面上存在不一致。例如,由于模型存在区别,两种方法表达含义相同的一些参数时具有不一致现象。上述问题表明,混合方法是一个值得探索的方向,需要进一步研究并解决目前存在的问题,其在未来可能会成为利用区域地壳速度结构数据进行地区近场强地震动模拟预测的主要方法。

### 1.4.4 区域建筑震害分析法

目前,国内外针对区域建筑震害分析主要采用易损性矩阵方法、参数映射法、能力需求分析法和时程分析法。

#### 1.4.4.1 易损性矩阵方法

易损性矩阵方法通过历史震害数据来计算不同类型的建筑在不同强度的地震下达到各种破坏程度的概率。1985 年,美国应用技术委员会( Applied Technology Council, ATC )将这一方法推广到加州,用于进行区域地震损失评估。易损性矩阵方法的应用相对较早,使用最为简便,对于震害资料丰富的地区可以得到较为准确的预测结果。由于该方法的基础是历史震害数据,因此其优缺点也均源于此。

#### 1.4.4.2 参数映射法

参数映射法通过已有震害数据,建立结构震害与结构强度等参数的联系,进而对结构进行未来地震的震害预测。该方法由于考虑了结构本身的强度,因此可以更好地进行推广,而且不同规范与不同时期的建筑承载力的区别也能够得以体现。但是这类方法也存在不能够综合考虑地震动的时域、频域特性和结构周期等因素的影响问题。

#### 1.4.4.3 能力需求分析法

能力需求分析法根据所考察地震动的需求曲线以及建筑自身的能力曲线,寻找建筑在该地震动下的性能点,并以此作为该建筑在给定地震动下的响应结果。这一方法也存在理论上的不足。所谓的地震动需求曲线实际上主要与地震动的反应谱相关,因此难以充分考虑地震动的时域特性;而建筑自身的能力曲线则一般依靠建筑的静力推覆曲线获得。因此,该类方法一般适用于分析在地震作用下变形模式以一阶振型为主导的建筑,如低、多层建筑。而对于高阶振型主导或存在薄弱层的建筑,这类方法会由于理论所限而不能很好地表征建筑的动力特性。所以,能力需求分析法较难充分考虑建筑物的高阶振型以及地震动的持续时间和脉冲影响。

#### 1.4.4.4 时程分析法

时程分析法基于结构动力学理论,将各类建筑进行简化用于时程分析,使计算量降低到合理的范围。时程分析法在 1943 年就已经拥有了基本的理论与应用,但是由于计算条件的不足,当时的时程分析法能够应用的范围十分受限。随着计算机技术的发展,时程分析法在区域震害分析方面的应用得以实现。该法可以充分考虑地震动的时域及频谱特性,并能合理考虑结构的动力学行为,因此正在逐步得到广泛应用。

## 1.5 情景模拟器介绍

情景一词最早出现在 1967 年 Herman Kahn 和 Anthong J.Wiener 合著的《2000 年》( *The*

*Year 2000* )中,认为情景是对未来情形以及事态由初始状态向未来状态发展的一系列事实的描述。国内,非常规突然事件领域的研究者将情景又进行了进一步的定义,更倾向于将情景定义为某一事件发生、发展的态势。减灾界目前对地震情景无严格或标准定义,但值得注意的是,地震情景构建不是预测地震,而是协助人们更好地认识地震的影响,进而更好地规划防震备灾的研究手段或工具(苏桂武等,2020)。科学合理的情景推演有助于我们对地震灾情做出救援安排,关于情景模拟器的研究主要集中在应急管理和应急资源需求两个方面。

### 1.5.1    应急管理方面

非常规突发事件的紧急处置往往面临信息沟通不畅、次生衍生灾害信息分析不够、事先欠缺可用经验或者应急预案无效、资源调度缺乏全局统筹等现实困境,采用科学、高效的"情景 - 应对"模式显得尤为重要。重大突发事件情景构建理论与方法作为当前应急管理学科最前沿的研究方向之一,是应急管理的重要基础,规划重大突发事件情景可为应急准备规划、应急预案编制和应急培训演练工作提供依据。

目前,我国在应急管理领域关于突发事件情景的研究虽起步较晚,但已取得了较大的成果。舒其林(2012)给出了"情景 - 应对"决策范式下非常规突发事件应急决策方案的生成过程。姜卉等(2009)提出了情景演变的网络表达方式并建立了罕见重大突发事件情景演变的分析流程。傅琼等(2013)以模糊情景演化分析方法来解析非常规突发事件的演化过程。王慧敏等(2012)提出了基于情景依赖的非常规突发水灾害事件动态应急决策模式。袁晓芳等(2011)利用贝叶斯网络理论构建非常规突发事件的情景演变分析模型。张辉等(2012)提出了"情景 - 应对"型应急决策理论和方法,构建了三层交互的应急管理开放集成研究平台。王旭坪等(2013)构建了非常规突发事件情景构建与推演方法体系,包括关键要素及其作用机理提取与表示、多源信息融合下的应急情景链构建、面向"情景 - 应对"的应急情景推演和情景推演结果评判和应对时效评估四个部分。Dettinger et al.(2012)基于19世纪和20世纪的历史数据,以美国加利福尼亚州为背景构建了一个极端的冬季风暴情景。Rivas-Medina et al.(2014)在观测2011年洛尔卡地震数据的基础之上,构建了一个损毁情景模型,从而为相似程度的地震提供处理依据。

### 1.5.2    应急资源需求方面

应急资源是指应对突发事件过程中所使用的各类资源的总称。应急资源需求是指为了有效应对突发事件对受灾群众的侵害而产生的最低资源要求。所谓有效是指应对突发事件的总效益要高,也指物资的使用效率高;最低是指成功应对突发事件的条件下需求的数量最小,即在给定突发事件情景条件下,成功应对突发事件的最少资源需求量。张永领等(2011,2014)根据非常规突发事件类型,从突发事件特点、资源需求特点出发,从综合持续、卫生防疫、资源缓增、控势疏散、紧急处置和快速恢复6个需求层面构建非常规突发事件的应急资源需求情景,对于进一步研究以应急需求为基础的应急资源的储备模式,以及应急资源的筹措、配置和调度等具有重要意义。

## 1.5.3　地震救援领域的现状

应用可视化仿真技术可将地震灾害情景分析结果直观清晰地展示出来,为地震应急救援指挥调度和现场救援模拟演练提供逼真的宏观灾场和现场搜救仿真场景,并向具有不同专业背景的参演人员提供切实有意义的建筑地震灾害信息。

起初,关于区域建筑震害的可视化仿真研究多集中于地理信息系统(Geographic Information System, GIS)的二维可视化方面。余世舟等(2003)采用 GIS 系统给出 3 种地震次生灾害影响范围随时间变化的动态过程的二维平面信息。Kassaras et al.(2015)在 GIS 软件中采用多边形表达建筑物,并以不同颜色展示区域建筑地震破坏程度。为改善二维可视化展示在表达建筑物的空间特征方面的不足,直观反映建筑物震害实体特征,多种三维建模软件被应用于建筑物震害三维可视化仿真研究中,以直观反映建筑物震害实体特征(张晓妹,2018)。杨泽等(2012)采用 ArcGIS 和 3D Studio Max 实现了砖平房震害的三维可视化仿真。谷国梁等(2012)采用三维建模软件和贴图法研究了不同震害等级的建筑物三维可视化仿真技术。随后,三维可视化技术以及云计算技术的发展促进了区域建筑震害可视化仿真方面的研究。于济恺(2017)采用 CityEngine 平台实现了城市级别的砌体结构震害模拟可视化仿真。孙柏涛(2010)结合 ArcGIS 和 3D Studio Max 软件实现了城市区域震害模拟以及可视化展示。丰彪等(2010)基于 GIS 系统对地震灾情场景模拟系统的自动三维建模方法和场景生成技术进行了研究。周柏贾(2013)利用虚拟仿真三维建模技术和可视化技术构建了具有不同细节度的区域建筑物地震灾害三维场景。近年来,高性能计算方法使得城市地震灾害场景动态响应的可视化仿真得以实现。Yamashita et al.(2011)基于城市 3D-GIS 模型研究了城市建筑地震动态响应结果可视化方法。在此基础上,许镇等(2014)应用城市建筑群的三维几何模型和多重纹理技术表达了建筑物的不同表面特征。熊琛等(2016a)开发建筑对象识别算法和楼面外形生成算法,结合建筑位移插值和建筑外形网格重划分处理方法,实现建筑外形数据自动获取和城市震害响应高真实感可视化。为进一步增加 3D 城市模型的真实感, Xu et al.(2020)提出了基于无人机倾斜摄影的震害场景可视化方法。

随着地震灾害风险与社会的耦合愈加复杂、紧密,地震灾害造成的影响愈加严重,而地震情景构建技术可协助人们认识地震可能造成的影响以及相应的应对措施,为政府提供防灾减灾、应对和恢复等方面的指导和技术支撑,因此受到各国政府和学术界的重视(苏桂武等,2020)。1978 年,日本中央防灾委员会发布了 1923 年关东 7.9 级大地震重演情景报告,该报告详细分析了此次地震重演假设对当代东京造成的影响,为提高区域防震减灾能力提供了依据(Katayama,1992)。20 世纪 70 年代,美国开展了一系列以地震损失评估为技术核心的情景构建工作(Algermissen,1972,Hopper et al.,1975)。此后,美国联邦应急管理局还研发了用于地震情景快速分析的灾害损失评估软件 HAZUS(Whitman et al.,1989)。20 世纪 90 年代,国际地质灾难协会采用地震情景构建的方法在多个发展中国家和地区开展了地震影响分析和损失评估研究,并基于情景分析结果给出了防灾减灾建议措施,以协助这些国家和地区降低地震灾害风险(Ojha et al., 2018)。目前,针对由美国地质调查局主导构建的 ShakeOut 地震情景的研究最为广泛,该研究领域包含活动构造、地震动模拟、次生地质灾害和次生火灾、房屋和生命线破坏等情景地震及其影响,以及对策建议及其应用产品等(Savage, 1996; Scawthorn, 2008; Hudnut et al., 2018),而且 ShakeOut 地震情景已应用于百万人参与的应急演练,以改善区域地震应急准备与响应现状(Perry et al., 2011)。我国的地震灾害损失预测研究始于 1976 年唐山 7.8 级地震后,逐步形成了较为完善的理论方法体系,并研发了一系列有针对性的技术系统平台,有效支持了区域减灾规划、防灾准备和地震应急等(杨玉成,1985;尹之潜, 1995;陈洪富等,2013)。随着情景构建技术在防震减灾工作中的作用越来越显著,2016 年,中国地震局设立了"大中城市地震灾害情景构建"重点专项,围绕北京、上海、沈阳、大同等典型地区开展工程结构破坏分析及损失评估方法研究,进行大中城市地震救援情景构建与应急准备能力评估,以期提升区域的防灾、减灾、备灾、救灾能力。

## 1.6　能力提升训练

能力提升训练是指采用特定工具、场所等对受训人员进行培训,以使其特定能力得到培养和提升,其思想及应用在航天、消防和竞技体育等各个领域均有体现。例如,在航天领域,对宇航员进行的飞机飞行训练,失重训练,超重训练,航天生活环境训练,应急救生训练,飞船模拟飞行、对接和着陆训练等,使航天员提升自身能力,以便能够胜任极其复杂艰苦的航天工作;又如,在消防领域消防员接受的技术训练、战术训练、心理素质训练和综合训练等一系列训练项目;在竞技体育中,为提高运动员的竞技能力和运动成绩,教练员会指导运动员采用重复训练法、变换训练法、间歇训练法、竞赛法、综合训练法等进行有计划的体育训练,以提高运动员的身体机能,发展运动素质,提高成绩。

按照能力提升方式分类,能力提升训练模式主要可分为实战演练、桌面演练、虚拟现实演练,以下针对这几种模式及其在地震救援领域的现状进行简要介绍。

### 1.6.1　实战演练

实战演练是指参演者利用应急处置涉及的设备和物资,针对事先设置的地震事件情景及其后续的发展情景,通过实际决策、行动和操作,完成真实应急响应过程。

在应急管理领域,实战演练是多险情、多力量、多场景的检验性综合应急救援演练,参演队伍以专业应急救援队伍为主,社会应急救援力量为辅。通过模拟地区应急事件发生时出现的群众被困或被掩、区域内房屋受损、矿山巷道坍塌、生化公司罐体破裂导致的危化物质泄漏、道路阻断、群众落水、通信信号中断等紧急情况,锻炼救援队伍根据复杂情况实施救援措施的能力。实战演练能够起到充分锻炼队伍的应急救援实战能力和协同作战能力的作用。但实战演练的组织难度大、地震场景的真实性差、人员安全无法得到完全保证,且需要动用大量人力、物力、资金和时间,难以成为常态演练模式。

## 1.6.2 桌面演练

桌面演练是指利用地图、沙盘、流程图、计算机模拟、视频会议等辅助手段,针对实现假定的演练情景,讨论和推演应急决策及现场处置过程。

例如,在军事领域,沙盘、兵棋和仿真等桌面推演技术可以逼真地反映实际作战过程,从而为作战计划制订和指挥决策等提供科学依据;在应急管理领域,桌面推演通过模拟应对突发事件的活动,可达到检验应急预案、完善应急准备、锻炼应急队伍、磨合应急机制、普及应急知识等综合效果;在教育培训领域,桌面推演通过角色扮演、案例分析、情景模拟等手段,可实现学员在理论知识、专业技能、沟通协调和团队合作等方面的综合培训。

桌面演练的应急救援训练模式起源于国外。在日本,桌面演练已成为每年国民灾害宣传教育中必不可少的环节。日本有针对不同受众人群而制订的不同类型的演练方案,如指挥官、作战员、社区义工、居民等;同时还成立了针对桌面演练方案制订、桌面演练组织实施的专门研究机构和队伍。这些研究机构和队伍在桌面演练方面开展了深入细致的调查研究,定期开展桌面演练的调研并撰写报告,积累了丰富的案例资料,特别是建立了桌面演练培训体系,编制了演练实施手册和光盘,在桌面演练方面形成了一套较为完善的理论和模式。在美国,美国国土安全部在国土安全演练与评估项目( Home Security Exercise & Evaluation Program, HSEEP )的基础上,形成了一套针对各类突发事件的应急演练文档,为应急管理人员和专家在如何开展和组织应急演练方面提供了较为完整的参考资料。其中,包括了桌面演练的定义、方式、特点、组织策划和评估方法。此外,联合国也使用了桌面演练作为应急处置训练的重要组成部分。例如,在人道主义协调办公室( OCHA )下属的国际搜索与救援咨询团( INSARAG )的协同训练中,桌面演练是不可或缺的,为平时不能在一起训练的各国救援队员和受援国政府更好地提高救灾效率,提供了重要的沟通手段。我国的桌面演练始于 2004 年,最早是应用于地震灾害的应急处置,后推广至各行各业的应急处置训练方法。2004—2007 年,我国开展了大量地震应急演练,特别是由省、市政府组织的大型综合地震应急演练,参与部门和人员多、计划周密、场面宏大,为宣传应急预案、普及防震减灾知识起到了很大的作用。但同时,也存在很多问题,如耗费了大量资源,干扰正常的社会生活,甚至可能造成不必要的地震恐慌。经历了汶川、玉树地震后,各级政府和各部门日益重视突发事件应急演练工作,先后制订了各类应急预案,并且针对地震灾害的各种应急演练出现了井喷式的增长。几年间,全国针对各类应急预案进行的应急演练多达百万次,其中桌面演练形式达到 50% 以上,地震等相关部门通过开展地震应急演练,达到检验预案、完善准备、锻炼队伍、磨合机制和科普宣教的目的,地震应急演练工作日趋常态化。

桌面演练的优势在于:投入少、难度低,在没有时间压力的情况下,可明确各方职责,锻炼发现问题、解决问题的能力;易操作,不受时间和天气的影响;成本低,演练准备相对简单,需要的时间和精力比较少,较为容易组织实施;效果好,是一种有效的评审预案、程序和政策的方法,也是参演者熟悉应急职责、程序,相互熟悉的好途径。但是桌面演练的真实性差,所用的突发事件的场景均为虚拟场景,演练的结果和可行性无法检验,并且效果有限,只能提供一个表面上的预案、程序和对人员能力的预测,不能检测应急管理系统的真正能力。

### 1.6.3　虚拟现实演练

随着计算机仿真技术、电子信息技术、三维模拟技术以及虚拟现实技术等的发展,虚拟与现实相结合的应急模拟演练逐渐被重视,以期在"真实"与"成本"之间找到平衡。因此,虚拟现实演练成为当前应急演练领域的研究热点。

基于虚拟仿真技术的地震应急救援演练系统可弥补传统演练存在的不足。国外较早将虚拟仿真技术运用在自然灾害和重大事故的应急演练工作中,并开展了相关研究。美国应急演练模拟中心研发了应急演练仿真模拟所需的疾病传播模型、人员疏散模型等各类模型,并基于情景模型、能力模型和决策模型开发了供多人参与的电脑模拟演练系统。澳大利亚的列车客运系统联合墨尔本大学开发了一种用于员工训练的虚拟仿真系统,该系统通过设定火灾、爆炸等不同紧急情况的训练,提高员工的应急处置反应能力。近年来,我国也陆续开发了应用虚拟仿真技术的救援培训演练系统。中国地震灾害防御中心针对地震应急队员地震现场损失调查与评估、烈度调查与评定等培训需求,研发了基于客户端 / 服务器(C/S)的地震现场灾害评估虚拟仿真培训系统和基于浏览器 / 服务器(B/S)的中国地震灾害损失调查评估培训系统,提出或建立了地震灾场仿真概念模型、单体建筑三维数字化震害建模技术方法、建筑震害仿真控制模型、地震灾场仿真模型、考评知识体系模型、灾情推演与演练模型(Web GIS)、多方案快速预估模型、模拟实战演习效果评估模型,解决了题库结构、体系架构、功能模块、管理模式、界面设计等问题,从而获得了地震灾害损失调查培训系统的理论体系架构和关键技术。上述两个系统是我国地震灾害评估行业培训、资格认证和综合管理的技术支撑平台。2012—2018 年,中国地震局震灾应急救援司每年都会利用上述系统在杭州组织一次地震应急现场工作专项演练。中国地震应急搜救中心针对各类救援人员的不同地震救援训练需求开发了相应的地震救援虚拟现实系统,如适用于指挥人员的"地震现场指挥决策训练系统"和"指挥员训练虚拟现实系统",适用于救援队员的"地震现场救援训练系统"及适用于公众的"地震应急避险逃生游戏"等。

采用虚拟仿真技术构建应急救援演练系统可有效解决传统演练中存在的问题,这种系统可为参演者提供高逼真度的地震灾害现场虚拟仿真场景,在视觉、听觉、触觉与指挥等方面开展全方位的近似于实战的锻炼,在增强参演者沉浸感的同时,保障了演练过程的绝对安全。此外,虚拟训练不受时间地点限制,具有极强的自主性;系统搭建完成后可以重复使用,可减少各类实地演练设备设施的投入,节省大量的财力物力,具有较强的经济性。

### 1.6.4　能力提升训练在地震救援领域的现状

地震作为一种自然现象,在地球上频繁发生,在人类历史上导致了无数灾难。进入 21 世纪以来,全球因地震及其引发的海啸造成的死亡人数超过 100 万,直接经济损失达数千亿美元,给灾区人民的生理和心理都造成了无法估量的伤害和创伤。人类应对地震灾害,除了采用先进的地震预测技术在其发生之前进行预报之外,震后快速、高效的地震应急处置能最大程度地减少地震灾害带来的人员伤亡和财产损失。如何高效快速应对地震灾害,并在第一时间做出科学、正确的指挥决策,越来越被各国政府所重视。近年来,一些国家为了探索减轻地震灾害损失的有效途径,开展了多种形式、多种层次的地震应急演练。中国、日本、美国等国家已开始通过实战演练、桌面演练和虚拟现实演练等方式,提高应对地震灾害的处置效率,有效地减轻了地震灾害带来的损失。

针对上述实战演练、桌面演练和虚拟现实演练中存在的优缺点,基于"情景－应对"型决策模式的理论体系提出的地震情景构建技术,可对地震灾害的形成过程进行全方位的分析与研究,寻找灾害的关键环节并制订相应的应对策略,上述过程已成为进行地震风险评估和开展应急准备的主要工作范式之一。1978 年,日本中央防灾委员会发布了 1923 年关东7.9 级地震重演情景报告。该报告耗时十多年,完成了此次地震重演对当代东京的影响分析,有助于应对区域地震灾害并提高防震减灾能力。20 世纪 70 年代起,美国开展了一系列以地震损失评估为核心的情景构建工作,美国联邦应急管理局还研发了可用于地震情景快速分析的灾害损失评估软件——HAZUS。20 世纪 90 年代,国际地质灾难协会采用地震情景构建方法,在多个发展中国家和地区开展了地震影响分析和损失评估研究,并基于情景分析结果,给出了防灾减灾建议措施,以协助其降低地震灾害风险。目前,由美国地质调查局主导构建的 ShakeOut 地震情景的应用最为广泛,其研究领域包含活动构造、地震动模拟、次生地质灾害和次生火灾、房屋和生命线破坏等的地震影响,以及对策建议和大量对策应用产品等。Shakeout 地震情景已被应用于百万人规模的应急演练,改善了区域地震应急准备与响应现状。

我国地震灾害损失预测研究始于 1976 年唐山 7.8 级地震后,已逐步形成了较为完善的理论与方法体系,并研发了一系列有针对性的技术系统平台,有效支持了区域减灾规划、防灾准备和地震应急等。随着情景构建技术在防震备灾工作中的作用日趋显著,中国地震局设立了"大中城市地震灾害情景构建"重点专项课题,围绕北京、上海、沈阳、大同等典型区域开展工程结构破坏分析及损失评估方法研究,进行大中城市地震救援情景构建与应急准备能力评估,提升区域综合防灾、减灾、备灾、救灾能力。

## 1.7　内容及章节安排

本书从地震灾害应对的角度提出了"三器理论",即地震灾害物理模拟器、地震灾情模拟器和能力提升训练器,如图 1-5 所示。其中,地震灾害物理模拟器和地震灾情模拟器是地震灾害情景构建的基础,是本书的主要理论部分。应对地震灾害的最终关键因素是人的能力,因此本书对能力提升训练器进行了理论阐述,并着重介绍了能力提升训练器提升地震应急救援能力的理念、方法、技术方案等。此外,本书介绍了按照"三器理论"研发的地震应急救援虚拟仿真训练系统,包括该系统的关键技术、主要架构、主要功能组成和功能展示。

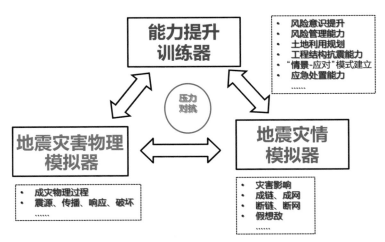

图 1-5　应急救援推演训练仿真训练系统功能框架

本书的章节安排如下。

第 1 章,针对我国地震灾害现状,结合地震应急救援演练的迫切需求,提出建设以地震灾害情景构建为基础的应急救援推演仿真训练系统。

第 2 章,主要对地震灾害物理模拟器的定义、原理及功能进行介绍。该物理模拟器对断层破裂、地震波传播、场地效应、工程结构振动成灾进行全过程物理仿真模拟,利用合理的震源模型、地下波速结构模型、近地表场地模型和工程结构弹塑性反应模型,并采用物理的技术手段,模拟任意设定地震(包括历史地震)形成的地震灾场情景。

第 3 章,主要对地震灾情模拟器的定义、原理及功能进行介绍。该灾情模拟器可根据任意设定地震,对灾害的自然演化、抢险救灾行动及其综合作用的演变路径和发展趋势进行合理有效的预测,而预测结果是能力提升训练过程中与训练目标、训练科目紧密对接的,不可或缺的关键情景注入逻辑和事件集。

第 4 章,主要对能力提升训练器的定义、原理及功能进行介绍,从提升人的防震减灾能力这个切实需求出发,将先进的培训或训练理念、模式融入先进的计算机虚拟仿真技术,将地震灾害物理模拟器和地震灾情模拟器进行计算机实现。在此基础上,针对不同对象的不同能力提升需求设定多层次、多目标、多科目的训练、培训、演练并进行综合评估,确保人的防震减灾能力得到不断提升。此外,该章还针对地震应急救援能力提升训练器进行了系统性的思考和设计。

第 5 章,主要阐述地震应急救援能力提升训练器的理论部分,介绍了地震应急救援虚拟仿真训练系统的设计目标、总体架构、功能实现模式和系统功能,并对系统应用情况进行介绍。

# 第2章 地震灾害物理模拟器

有效识别于何地、何时发生地震是防震减灾中人们的期望目标,但目前这仍是世界性的科技难题。因此,地震监测预报预警、震害防御和地震应急救援是当前做好防震减灾工作业务体系中的主要方面。做好这三个方面的工作需要工作者们清晰认知地震灾害的机理,便于以系统观点、整体思维角度高效强化业务体系建设。当然,地震发生、地震波传播、场地效应、工程结构振动成灾的物理过程颇为复杂,需要建立合理的模型体系。本章提出地震灾害物理模拟器这一概念,其是指通过建立合理的震源模型、地下波速结构模型、近地表场地模型和工程结构弹塑性反应模型,采用物理的技术手段,模拟任意设定地震(包括历史地震)形成的,反映工程结构震害空间分布的地震灾场。地震灾害物理模拟器的工作流程如图2-1所示。

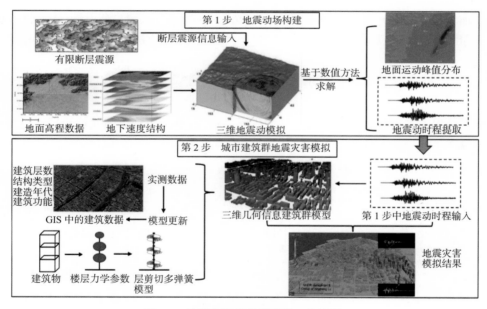

**图2-1 地震灾害物理模拟器工作流程**

图2-1中包括的工作是目前城市及城市群大震巨灾情景构建的关键,核心技术是针对目标城市建立精确可靠的区域地震动场,为城市建筑灾害仿真模拟提供地震动输入,进而针对目标城市建筑开展动力弹塑性时程分析,构建城市建筑地震动力灾变情景。应该看到,随着高速计算机的普及以及模拟和可视化技术的成熟,地震灾害物理模拟工作近些年来有了显著的积极进展,大型城市(人口超百万)的建筑群弹塑性反应分析在一台图形工作站上就能完成。所得的展示结果看似极其科学,但是这并不代表其所用模型的实用性得到了实质性提高。不过,这些用计算机展示的地震灾害物理过程和灾场空间分布成果可直接为城市

防震减灾规划、地震灾害风险评估、地震灾害损失预评估、应急预案编制、救援力量预置等提供技术支撑。本章主要对区域地震动场的构建和城市建筑动力弹塑性分析进行系统性介绍。

## 2.1 地震动场构建的地震学方法

精确可靠的地震动输入是开展城市建筑群地震灾害仿真模拟的核心问题之一。目前，除美国加州、日本全境和中国台湾，世界上大多数地区的强震观测台站数量较少且强震动记录不够丰富。对于缺乏强震动记录的地区，地震动模拟是获取未来大地震产生的地震动的重要途径。地震动模拟有两大理论体系，即常说的地震学方法和工程方法。地震学方法致力于发掘地震的物理本质，考虑地表振动发生、传播及平息的全过程。工程方法以随机过程理论和现有的强震记录为依据，从数学角度分析地震动参数的统计特征，从而总结出假设模型。本节介绍地震动模拟的地震学方法，而在下节介绍地震动模拟的工程方法。

从目前国内外对强地震动模拟的研究方法来看，能综合考虑震源破裂、地震波地壳层传播和场地效应这些物理过程的地震动模拟方法（又称地震学方法）有三种：确定性方法、随机方法和混合方法。以下对地震动模拟的确定性方法、随机方法和混合方法进行介绍。

### 2.1.1 确定性方法模拟地震动

确定性地震动模拟是传统意义上的地震学方法，其基本原理是弹性位错理论，它将断层滑动位错产生的地面上任意一点的位移表示为震源时空函数和动力格林函数在断层面上的卷积（Aki et al.，2002）。该方法的表达式为

$$u_n(\boldsymbol{x},t) = G_{np,q}(\boldsymbol{x},t) * M_{p,q}(t) \tag{2-1}$$

式中：* 代表卷积运算；$u_n(\boldsymbol{x}, t)$ 为地震在点 $\boldsymbol{x}$ 处 $n$ 方向产生的位移；$M_{p,q}(t)$ 为地震矩张量的分量，表达震源的作用；$G_{np,q}(\boldsymbol{x}, t)$ 为格林函数，表达为单位强度的 $(p, q)$ 方向力偶引起的地表点 $\boldsymbol{x}$ 处 $n$ 方向的位移。

由式（2-1）可知，确定性方法中的关键问题是震源滑动时空的表达（即震源模型）和动力格林函数的计算。目前动力格林函数的主流计算方法是各种数值方法，如有限差分法（FDM）、有限元法（FEM）、谱单元法（SEM）和频率波数域（FK）方法等。

综合考虑震源、路径和场地效应的区域尺度地震动模拟始于 20 世纪 90 年代。Frankel et al.（1992）采用 FDM 模拟了 1989 年美国加利福尼亚州 Loma Prieta 地震中 Santa Clara 河谷的地面运动，该模拟为理解高度非均匀介质中三维地震波传播特征提供了一种可行的方法。随后 FDM 的应用获得了快速的发展。Olsen（1995）模拟了圣安德烈亚斯断层上 7.75 级地震的地面运动，该模拟覆盖了整个大洛杉矶地区 230 km × 140.4 km 的范围，是首次使用并行计算机在区域范围内模拟地面运动的研究工作之一。20 世纪末，研究者又开发出了应用于震源破裂和地震波传播的 FEM 程序。Bao et al.（1998）采用并行 FEM 应用程序模拟了加利福尼亚州圣费尔南多山谷对 1994 年北岭地震余震的地面响应，该模拟采用 Cray

T3D 型计算机（256 个处理器），耗时 7.2 h 完成。同时期，Komatitsch et al.（1998）发展了大尺度复杂场地地震动模拟的 SEM，并采用该方法模拟了整个地球上传播的地震波的结果，该模拟包括了具有 55 亿个网格点的三维地壳模型的全部复杂性。

超级计算技术的发展进一步推动了各数值方法在区域尺度地震动模拟方面的发展。目前，研究者已在历史地震和情景地震的地震动模拟方面取得巨大进展，部分代表性成果见表 2-1。这些研究的模拟区域范围从几十到几百千米，元素或单元的总数从数百亿到数千亿；模拟的频率从 0.5 Hz、5 Hz 到 10 Hz 或更高，已基本可以覆盖工程结构敏感频段。通用图形处理单元（GPGPU）、混合 CPU 和 GPU 系统以及多集成核心（MIC）体系结构等新技术的出现，进一步加速区域和全球地震波传播模拟的发展。目前，确定性方法已从现有的 1~2 Hz 分辨率拓展到工程结构敏感的 5~10 Hz 或更高频率，成为现代地震工程地震动模拟的重要发展方向。事实上，美国劳伦斯利弗莫尔国家重点实验室的 Rodgers et al.（2020）最新证实了 0~10 Hz 的宽频模拟可采用完全确定性物理的技术实现。我国研究者也借助于神威太湖之光超级计算机，实现了整个华北地区的宽频（0~18 Hz）非线性地震动模拟，该成果获得了国际高性能计算应用领域的最高奖——"戈登·贝尔"奖（Fu et al.，2017）。

表 2-1　国内外一些区域尺度地震动模拟

| 作者及年份 | 方法 | 地区/国家 | 模型尺寸（km × km × km） | 最高频率（Hz） |
|---|---|---|---|---|
| Wald et al.，1998 | FDM | Los Angles，CA，USA | 232 × 112 × 44 | 1.6 |
| 高孟潭等，2002 | FDM | 北京市，中国 | 450 × 300 × 100 | 1.6 |
| Komatitsch et al.，2004 | SEM | Los Angles，CA，USA | 516 × 507 × 60 | 0.5 |
| Chaljub et al.，2010 | FDM | Grenoble，France | — | 2.5 |
| Chaljub et al.，2010 | SEM | Grenoble，France | — | 2.0 |
| Chaljub et al.，2010 | SEM | Grenoble，France | — | 3.0 |
| Chaljub et al.，2010 | dG | Grenoble，France | — | 3.0 |
| Bielak et al.，2010 | FEM | CA，USA | 600 × 300 × 80 | 0.5 |
| Bielak et al.，2010 | FDM | CA，USA | 500 × 250 × 50 | 0.5 |
| Bielak et al.，2010 | FDM | CA，USA | 600 × 300 × 80 | 0.5 |
| Komatitsch et al.，2010 | SEM | Bolivia | 地球的一块区域 | 0.7 |
| Cui et al.，2010 | FDM | CA，USA | 810 × 405 × 85 | 2.0 |
| Taborda et al.，2013 | FEM | Chino Hills，CA，USA | 180 × 135 × 32 | 4.0 |
| Heinecke et al.，2014 | DG | Lander，CA，USA | — | 10.0 |
| 于彦彦，2016 | SEM | 四川盆地，中国 | 340 × 152 × 33 | 0.5 |
| Fu et al.，2017 | FDM | Tangshan，China | 320 × 312 × 40 | 18.0 |
| Lee et al.，2009 | FDM | Taiwan，China | 135 × 90 × 30 | 1.4 |
| Rodgers et al.，2020 | FDM | CA，USA | 120 × 80 × 30 | 10.0 |
| 刘启方等，2020 | SEM | 渭河盆地 | 400 × 200 × 60 | 0.5 |

　　近些年来，国内外研究者针对常见数值方法开发出了相应的开源程序，部分代表性开源程序见表 2-2。FDM 方面：美国南加州地震中心（SCEC）开发的 AWP-ODC 经过近十年的发展，已支持 GPU 加速和非线性模拟；美国劳伦斯利弗莫尔国家实验室开发的 SW4，可模拟各向异性、品质因子的非弹性衰减，且内置的曲线网格生成器，可根据用户提供的地形自动生成曲线网格；中国科学技术大学的陈晓非等开发了 CG-FDM 软件，使用牵引力镜像法处理自由表面条件，同样可使用曲线网格模拟复杂地形，该软件已在太湖之光超级计算机上模拟了 1976 年 8.0 级唐山大地震，模型的网格分辨率为 8 m，模拟的频率最高可达 18 Hz。FEM 方面：Tu 和 Bielak 等开发的 Hercules，具有处理非结构化的六面体网格的能力；德国路德维希马克西米兰大学（LMU）与慕尼黑工业大学（TUM）联合开发的 SeisSol，通过应用精确的黎曼求解器解决了由于相邻元素之间的不连续解导致的特征性高阶广义黎曼问题（GRPs），利用 DG-FEM 将数值问题转换为计算密集矩阵运算，提高了数值计算的效率，近期又升级为 EDGE。SEM 方面：美国加州理工学院的 Komatitsch 开发了 SPECFEM3D-GLOBE 和 SPECFEM3D-Cartesian 两个软件包，其中 SPECFEM3D-GLOBE 模拟全球和区域的地震波传播，SPECFEM3D-Cartesian 模拟声波（流体）或地震波在任何类型（弹性体、多孔弹性体）的六面体形网格中的传播（结构化与非结构化）；意磊利米兰理工大学 Mazzieri 开发的 SPEED 结合了间断 Galerkin 方法的灵活性，通过与区域分解范式连接在一起，使用高阶多项式的谱元素块，极大地利用了显式时间集成框架中的并行性，并利用开源库 METIS 和 MPI 实现网格划分和消息传递，从而提供了最佳的可伸缩性特性。

表 2-2　数值计算软件及下载网址

| 方法 | 软件 | 下载网址 |
|---|---|---|
| FDM | AWP-ODC（Mu et al., 2016） | https://github.com/HPGeoC/awp-odc-os |
| | SW4（Petersson et al., 2016） | https://github.com/geodynamics/sw4 |
| FEM | SeiSol（Käser and Dumbser et al., 2016） | http://www.seissol.org/ |
| | Hercules（Bielak et al., 2010） | https://github.com/CMU-Quake/hercules |
| SEM | SPCEFEM3d（Komatitsch et al., 2010） | https://github.com/geodynamics/specfem3d |
| | SPEED（Mazzieri et al., 2013） | http://speed.mox.polimi.it/download/ |

### 2.1.1.1　确定性地震动模拟的工作流程

　　确定性地震动模拟的工作流程包括以下步骤或元素：
- 选择感兴趣的区域和确定模拟区域；
- 选择震源模型和材料模型；
- 建模参数的定义（最大频率和最小速度等）；
- 求解方法的实施和模拟引擎的运行；
- 模拟的执行和结果的整理。

　　地震动模拟的典型工作流程如图 2-2 所示。位于工作流程的顶层是模拟所需的输入数据，即模拟区域、震源模型、材料模型和模拟参数。震源模型以其位置、方向和滑动历史的形式提供有关断层破裂特征的信息。地震动模拟目前多选择运动学震源模型,然而完全解决断层面上破裂演化和触发波传播问题的动态破裂模拟也可以与地面运动模拟相结合。材质模型提供有关所选模拟域中包含的材质特性的信息。材质模型通常被简单地称为地震速度模型,因为这些模型中的大多数只提供有关纵波和横波速度以及介质密度的信息。然而,对材质的完整描述应提供有关其耗散特性和能力的信息。输入数据还包括模拟参数,在最基本的层面上,这些参数包括模拟中的最大目标频率($f_{max}$,单位为 Hz)和最小横波传播速度($V_{Smin}$,单位为 m/s)。

图 2-2 所示工作流程的第二层涉及数值方法、计算机程序和模拟引擎。模拟引擎可以是个人计算机、集群或超级计算机。考虑到区域尺度模拟所需的计算资源,以并行计算机代码实现此类模拟引擎以及使用计算机集群和超级计算机已成为基于物理的地震动模拟中的常见做法。图 2-2 所示的工作流程的最后一层是模拟执行和结果收集。以下将着重介绍常见数值方法(FEM、FDM 和 SEM)和震源模型。

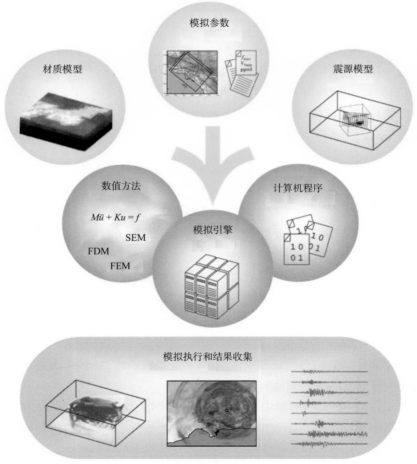

**图 2-2　地震动模拟的典型工作流程**

### 2.1.1.2 常见数值方法介绍

1. 有限元法（FEM）

笛卡儿坐标下表示的动力平衡方程为

$$\sigma_{ij,j} + f_i = \rho \ddot{u}_i \tag{2-2}$$

式中：$\sigma_{ij}$ 为柯西应力张量；$\rho$ 为质量密度；$f_i$ 和 $u_i$ 分别为有界区域 $\Omega$ 内 $i$ 方向上的体力和位移；$\ddot{u}_i$ 为加速度，位移 $u$ 上的两点表示对时间的二阶导数；下标 $i$ 和 $j$ 为张量符号，用来表示笛卡儿坐标系的 $x$、$y$ 和 $z$，当一个下标跟在一个逗号后面时，表示空间中相对于相应索引的偏导数。

对于弹性各向同性介质情况，应力张量可以按照胡克弹性定律用应变表示，而应变则可以用位移表示，因而应力张量的表达式为

$$\sigma_{ij} = \lambda u_{k,k} \delta_{ij} + \mu(u_{i,j} + u_{j,i}) \tag{2-3}$$

式中：$\lambda$ 和 $\mu$ 是 Lamé 系数；$\delta_{ij}$ 是 Kronecker 函数。

将式（2-3）代入式（2-2）得

$$\lambda u_{k,kj} \delta_{ij} + \mu(u_{i,jj} + u_{j,ij}) + f_i = \rho \ddot{u}_i \tag{2-4}$$

式（2-4）即为纳维尔（Navier）方程。使用标准伽辽金方法可得到该方程的弱形式，以便对其空间离散。这个过程首先需要引入一组任意的测试函数 $\upsilon$。测试函数是辅助函数，将有助于得到位移 $u$ 的近似解 $\hat{u}$ 的函数，称为试函数。然后使用一组全局分段线性基函数 $f$ 在空间中对区域 $\Omega$ 进行离散，将区域 $\Omega$ 划分为离散元素 $\Omega_e$。因此，测试函数和试函数分别都变为了全局基函数的线性组合，表达式分别为

$$\upsilon_h(x,y) = \sum_{i=1}^{N} \phi_i(x,y) \upsilon_{h,i} \tag{2-5}$$

$$\hat{u}_h(x,y) = \sum_{i=1}^{N} \phi_i(x,y) \hat{u}_{h,i} \tag{2-6}$$

式中：下标 $h$ 用于表示区域 $\Omega$ 的近似离散域 $\Omega_h$，其由 $\Omega_e$ 的所有单元组成，其中 $h$ 是离散化参数（例如单元尺寸）。

有限元法中，单元沿它们的边和顶点相互连接，单元的顶点称为节点。节点和单元构成一个有限元网格，其中 $N$ 是总的节点数。索引 $i$ 表明 $u$ 和 $\hat{u}$ 在节点处使用关联全局函数 $\phi_i$ 求解。可以证明，将式（2-5）和式（2-6）代入式（2-4）可得下式：

$$M\ddot{u} + Ku = f \tag{2-7}$$

式中：$M$ 和 $K$ 分别是集整的总质量和刚度矩阵；$f$ 是集整的体力向量（由震源模型决定）；$u$ 是有限元网格中节点处的位移组成向量。

为简洁起见，在接下来的推导中不涉及试函数。式（2-7）中的矩阵 $M$ 和 $K$ 以及向量 $f$ 由与有限元网格中单元的节点相对应的项组成。这些矩阵和向量的第 $i$ 行和第 $j$ 列元素可表示为

$$M_{ij} = \int_{\Omega} \rho \phi_i \phi_j \mathrm{d}\Omega \tag{2-8}$$

$$K_{ij} = \int_{\Omega} (\mu + \lambda) \phi_i \phi_j^{\mathrm{T}} \mathrm{d}\Omega + \int_{\Omega} (\mu + \phi_i^{\mathrm{T}} \phi_j) \mathrm{d}\Omega \tag{2-9}$$

$$f_i = \int_\Omega \phi_i f \mathrm{d}\Omega \tag{2-10}$$

然而,对于整个模拟域 $\Omega$,矩阵 $\boldsymbol{M}$ 和 $\boldsymbol{K}$ 难以显示表达。通常的做法是,在单元 $\Omega_e$ 上使用局部基函数 $\psi_i$ 来求解 $\boldsymbol{M\ddot{u}}$ 和 $\boldsymbol{Ku}$,而不是用全局基函数 $\phi_i$。这将形成 $\sum_e \boldsymbol{M}^e \boldsymbol{\ddot{u}}^e$ 和 $\sum_e \boldsymbol{K}^e \boldsymbol{u}^e$,其中 $\boldsymbol{M}^e$ 和 $\boldsymbol{K}^e$ 分别是使用局部基函数构建的每个单元的质量和刚度矩阵,而 $\boldsymbol{\ddot{u}}^e$ 和 $\boldsymbol{u}^e$ 是相应的每个单元的加速度和位移向量。

当在单元中使用局部基函数时,式(2-7)中的常微分方程组可以重写为

$$\sum_e \boldsymbol{M}^e \boldsymbol{\ddot{u}}^e + \sum_e \boldsymbol{K}^e \boldsymbol{u}^e = \sum_e \boldsymbol{f}^e \tag{2-11}$$

这里,求和符号表示有限元网格中所有元素 $e$ 的集合。对任意时间步 $n$,加速度 $\boldsymbol{\ddot{u}}_n$ 可通过二阶中心差分来表示。这样对第 $n$ 个时间步,式(2-11)变为

$$\sum_e \boldsymbol{M}^e \left( \frac{\boldsymbol{u}^e_{n-1} - 2\boldsymbol{u}^e_n + \boldsymbol{u}^e_{n+1}}{\Delta t^2} \right) + \sum_e \boldsymbol{K}^e \boldsymbol{u}^e_n = \sum_e \boldsymbol{f}^e_n \tag{2-12}$$

式中:$\Delta t$ 是时间步长。

此外,方程(2-12)可使用对角集中质量矩阵进行解耦,在这种情况下,质量矩阵的元素可表示为:当 $i=j$,$m_{ij}=m_i$;当 $i \neq j$,$m_{ij}=0$。使得第 $n+1$ 个时间步上的位移可以逐步显式求解。这样网格中每个节点 $i$ 的解可以写为

$$u^i_{n+1} = \frac{\Delta t^2}{m_i} f^i_n - (u^i_{n-1} - 2u^i_n) - \frac{\Delta t^2}{m_i} \left( \sum_e \boldsymbol{K}^e \boldsymbol{u}^e_n \right)_i \tag{2-13}$$

式中:$m_i$ 是节点 $i$ 处的集中质量;$\boldsymbol{u}^i_n$ 是节点 $i$ 在第 $n$ 时间步时的位移;括号内的求和项为共享节点 $i$ 所有单元刚度贡献的和。

值得注意的是,式(2-2)到式(2-7)均未提到边界条件。在有限元法中,自由表面的零应力条件自然满足,无须特殊处理。然而,对于区域的侧面和底面,需要采取适当的措施来有效减少或消除有限边界上的伪反射。在有限元法中有几种措施,最简单的方法是在边界上的节点处放置阻尼器,以吸收局部压缩和剪切平面波。这种近似虽不尽理想,但已被应用于大规模模拟并得到了可接受的效果(Bielak et al.,2010),其他的更为精确的吸收边界包括完美匹配层(Perfectly Matched Layer,PML)等(Ma et al.,2006)。

上述式(2-7)到式(2-13)给出了弹性介质中正向波传播问题的基本公式,其中模拟区域的几何不规则或材料不均匀性通过离散来近似。在地震动模拟中,网格划分准则是根据最大模拟频率($f_{max}$)、每波长所需点数($p$)和由剪切波速($V_S$)定义的局部材质特性共同决定的。单元 $e$ 的尺寸大小需满足下式:

$$e_{max} \leqslant \frac{V_S}{p f_{max}} \tag{2-14}$$

每个波长上的点数是否足够取决于所用有限元的类型和模拟的精度要求。一阶(线性)情况下 $p$ 的可接受最小值在 8 到 12 之间变化,但建议每个波长至少有 10 个点,除非使用高阶(二次)元素。

然而,通过设置足够小的单元尺寸,并不一定能处理所有的几何不规则和材料不均匀

性,如地表地形、材料不均匀性、连接和内部结构界面等。从网格划分的角度来看,有限元法处理这些问题中的最佳选择是使用一致性网格。一致性网格通过调整单元的形状和尺寸,从而调整节点的位置,以符合介质几何体和材料属性中的特定特征。从这个意义上讲,尽管一致性网格功能强大,但有时更难构建,并且需要更多计算机内存(如果要存储单元的刚度矩阵)或更长的计算时间(如果需要刚度矩阵则需对每个时间步重新构建存储)。另一方面,非一致性网格仅依赖于单元的尺寸,以便在一定程度上捕捉几何形状和材料属性的变化。由于网格可以由材料特性确定,这使不相容的网格非常有效(Tu et al.,2006)。但这种方法在处理几何非常不规则或材料性质变化剧烈时需特别注意,其中的一些问题可通过多种单元类型和网格划分方式来克服(Hermann et al.,2011)。

2. 有限差分法(FDM)

在有限差分法的解中,微分方程中的导数用离散网格上的有限差分来近似。以水平分层介质中垂直传播的平面 SH 波(水平偏振横波)为例,可近似将波动方程式(2-4)简化为一维出平面应变问题,表达式为

$$\mu \frac{\partial^2 u_x}{\partial z^2} + f_x = \rho \ddot{u}_x \tag{2-15}$$

为消除二阶导数,可将式(2-15)采用"速度 - 应力"形式表示:

$$\rho \frac{\partial v}{\partial t} = \frac{\partial \tau}{\partial z} + f_x \tag{2-16}$$

$$\frac{\partial \tau}{\partial t} = \mu \frac{\partial v}{\partial z} \tag{2-17}$$

式中:$x$ 方向的速度替换为 $v$;剪切应力分量 $\sigma_{xz}$ 替换为 $\tau$。

有限差分求解需在时间和空间上进行双重数值离散(图 2-3;Moczo et al.,2004)。将空间离散为以 $\Delta z$ 为增量的 $z_0$、$z_1$、$z_2$、$\cdots$、$z_j$ 等的数值网格;将时间离散为以 $\Delta t$ 为增量的 $t_0$、$t_1$、$t_2$、$\cdots$、$t_n$ 等的数值网格。式(2-16)和式(2-17)在点 $j$ 和时间步长 $n$ 处的偏导数可分别用式(2-18)和式(2-19)近似

$$\frac{\partial v_j^n}{\partial t} \approx \frac{v_j^{n+1} - v_j^n}{\Delta t} \tag{2-18}$$

$$\frac{\partial \tau_j^n}{\partial z} \approx \frac{\tau_{j+1}^n - \tau_j^n}{\Delta z} \tag{2-19}$$

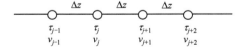

**图 2-3 "速度 - 应力"形式的常规空间网格**

式(2-18)和式(2-19)表示的近似值可采用正向差分公式求解。将式(2-18)和式(2-19)代入式(2-16),并省略体力项可得

$$\rho \frac{v_j^{n+1} - v_j^n}{\Delta t} = \frac{\tau_{j+1}^n - \tau_j^n}{\Delta z} \tag{2-20}$$

对式（2-17）中的时间和空间导数使用近似关系可得

$$\frac{\tau_j^{n+1} - \tau_j^n}{\Delta t} = \mu \frac{v_{j+1}^n - v_j^n}{\Delta z} \tag{2-21}$$

由式（2-20）和式（2-21），在 $n+1$ 时刻的速度和应力可由 $n$ 时刻的速度和应力分别表示为

$$v_j^{n+1} = v_j^n + \frac{\Delta t}{\rho} \frac{\tau_{j+1}^n - \tau_j^n}{\Delta z} \tag{2-22}$$

$$\tau_j^{n+1} = \tau_j^n + \mu \Delta t \frac{v_{j+1}^n - v_j^n}{\Delta z} \tag{2-23}$$

求解波动方程的解时，须知 $n=0$ 时刻的初始速度和应力，即 $v_j^0$ 和 $\tau_j^0$。对于所有 $j$，分别采用式（2-22）和式（2-23），并令 $n=1,2,3,\cdots$ 直到所要求解时刻的速度和应力均通过迭代得到。

式（2-22）和式（2-23）表示的有限差分格式是有条件稳定的，其解只有在 Courant 数（$C$）满足下式时收敛：

$$C = \frac{\beta \Delta t}{\Delta z} \leqslant C_{max} \tag{2-24}$$

式中：$\beta$ 为剪切波速，$\beta = \sqrt{\mu / \rho}$。

对于式（2-22）和式（2-23）表示的有限差分格式，$C_{max}=1$。式（2-24）被称为柯朗－弗雷德里希－列维（Courant-Friedrichs-Lewy，CFL）条件。

正向差分公式的一个缺点是，式（2-18）给出的时间导数和式（2-19）给出的空间导数关于网格点是不对称的。为获得更为准确的解，可使用中心差分公式获得式（2-16）和式（2-17）中偏导数的近似值，表达式分别为

$$\frac{\partial v_j^n}{\partial t} \approx \frac{v_j^{n+1} - v_j^{n-1}}{2\Delta t} \tag{2-25}$$

$$\frac{\partial \tau_j^n}{\partial z} \approx \frac{\tau_{j+1}^n - \tau_{j-1}^n}{2\Delta z} \tag{2-26}$$

此时，产生了一个既取决于当前时间步长 $n$，也取决于前一个时间步长 $n-1$ 值的数值格式：

$$v_j^{n+1} = v_j^{n-1} + \frac{2\Delta t}{\rho} \frac{\tau_j^{n+1} - \tau_{j-1}^n}{2\Delta z} \tag{2-27}$$

$$\tau_j^{n+1} = \tau_j^{n-1} + 2\Delta t \mu \frac{v_{j+1}^n - v_{j-1}^n}{2\Delta z} \tag{2-28}$$

求解式（2-27）和式（2-28）时，必须知道 $n=0$ 和 $n=1$ 时的初始值，此外存储值来自当前和上一时间步的速度和应力，会增加内存需求。因而，使用中心差分公式近似空间导数，使用正向差分公式近似时间导数似乎是一种好的选择。然而，这种组合导致了有限差分方案是无条件不稳定的，即无论 Courant 数的值如何，它都不会收敛。数值格式的稳定性分析通常使用基于傅里叶分解的冯·诺依曼方法分析。

通过在时间和空间网格上将应力和速度进行交错，可得到一种更有效的数值格式，如图

2-4 所示（ Moczo et al., 2002 ）。通过将速度 $v$ 在时间上移动 1/2 个网格点，同时应力 $\tau$ 在空间上移动 1/2 个网格点，式（ 2-16 ）和式（ 2-17 ）可以近似用下式代替。

$$\rho \frac{v_j^{n+1/2} - v_j^{n-1/2}}{\Delta t} = \frac{\tau_{j+1/2}^n - \tau_{j-1/2}^n}{\Delta z} \tag{2-29}$$

$$\frac{\tau_{j+1/2}^n - \tau_{j+1/2}^{n-1}}{\Delta t} = \mu \frac{v_{j+1}^{n-1/2} - v_j^{n-1/2}}{\Delta z} \tag{2-30}$$

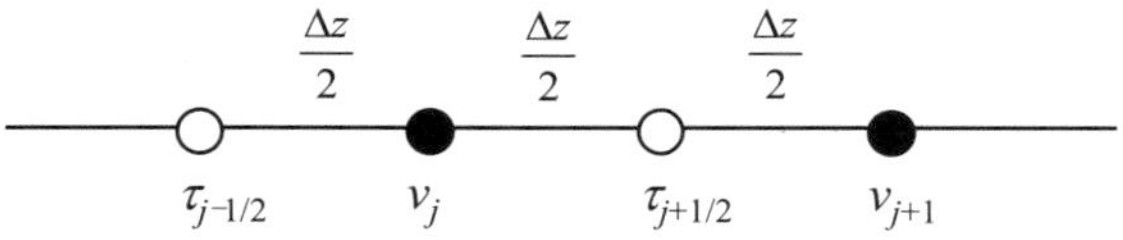

**图 2-4 "速度－应力"形式的交错空间网格**

该方案所需的初始条件为 1/2 时刻的速度 $v^{1/2}$ 以及在时间 0 的应力 $\tau_j^0$。正向迭代时，时刻 $n$ 时的应力首先使用下式确定：

$$\frac{\tau_{j+1/2}^n - \tau_{j+1/2}^{n-1}}{\Delta t} = \mu \frac{v_{j+1}^{n-1/2} - v_j^{n-1/2}}{\Delta z} \tag{2-31}$$

然后采用下式确定 $n+1/2$ 时刻的速度

$$v_j^{n+1/2} = v_j^{n-1/2} + \frac{\Delta t}{\rho} \frac{\tau_{j+1/2}^n - \tau_{j-1/2}^n}{\Delta z} \tag{2-32}$$

正向差分公式（式（ 2-19 ））表示一阶空间导数的一阶近似值，而中心差分公式（式（ 2-26 ））表示二阶近似值。二者都可以通过用泰勒展开式替换 $f(z_0 \pm \Delta z)$ 处的函数值来得到，展开式为

$$f(z_0 \pm \Delta z) = f(z_0) \pm f'(z_0)\Delta z \pm f''(z_0)\frac{\Delta z^2}{2} \pm f'''(z_0)\frac{\Delta z^3}{3!} + O(\Delta z^4) \tag{2-33}$$

数值格式的阶数由截断误差的阶数决定，截断误差的定义为精确解和有限差分近似值之间的差异。也可采用高阶近似，如空间中的四阶近似与时间上的二阶近似已成为模拟地面运动的常用方法（ Olsen, 1994；Graves, 1996 ）。

上述式（ 2-22 ）和式（ 2-23 ）、式（ 2-27 ）和式（ 2-28 ）、式（ 2-31 ）和式（ 2-32 ）给出的有限差分公式均是显式的，即当前网格点和时间步处的速度（或应力）仅由前一个时间步处的应力和速度就可导出。而在隐式有限差分格式中，当前时间步处的速度（或应力）取决于当前和上一时间步处的速度和应力。隐式有限差分格式相对更难求解，且不常用于地面运动模拟。

二维和三维有限差分格式的推导与一维类似，只是计算网格中的速度向量和应力张量中的每个元素可能与其他元素交错（ Graves, 1996 ）。

上述导出的有限差分解只讨论了连续介质中的波传播。现实中，在非均匀介质中，自由表面、计算域边界以及两种不同介质之间的交界面都会遇到介质不连续。此内部材料的不连续性可使用同构或异构方法处理。在同构方法中，使用单独的有限差分方案，使界面处或附近的边界条件显式离散化，这不是一个简单问题。因此，大多数地震动模拟程序使用异构方法，即所有内部网格点仅使用一个有限差分方案，而不考虑其与内部界面的距离（ Moczo et al.，2004）。这种异构方法通常定义有效的材料参数，以提高界面附近的精度（Zahradnik et al.，1993）。

考虑一个基岩上单一水平沉积层 SH 波垂直入射的例子。假设界面与图 2-4 定义应力 $\tau_{j+1/2}$ 的网格点重合。界面处的边界条件可以通过将界面处的剪切模量定义为上、下两种介质剪切模量的调和平均值来满足（Moczo et al.，2002）：

$$\mu_{j+1/2}^{H} = \cfrac{2}{\cfrac{1}{\mu_j} + \cfrac{1}{\mu_{j+1}}} \tag{2-34}$$

如果界面与定义速度 $v_j$ 的网格点重合（图 2-4），则考虑界面处的密度时，必须用两种材料的算术平均值替换式（2-32）中的密度，因此密度表达式为

$$\rho_j^A = \frac{1}{2}\left(\rho_j - \frac{1}{2} + \rho_j + \frac{1}{2}\right) \tag{2-35}$$

目前，研究中使用的大多数异构二维和三维有限差分代码都采用了类似的平均方法（Cui et al.，2010；Graves，1996）。

与有限元法相比，使用有限差分法时，还需要特别注意自由表面。自由表面的边界条件为零应力，即 $\tau$=0。在前面描述的简单一维情况下，可以定义自由表面的位置，使其与剪切应力的位置相交（图 2-5（a））或速度位置相交（图 2-5（b））。在前一种情况下，在每次迭代期间，表面处的剪切应力明确设置为 $\tau_0$=0，并且使用式（2-32）计算表面下方半个网格点的速度。如果自由面与速度 $v_0$ 的位置（图 2-5（b））一致，则使用反对称性来确保自由面处的边界条件为（Levander，1988）

$$\tau_{-1/2} = -\tau_{+1/2} \tag{2-36}$$

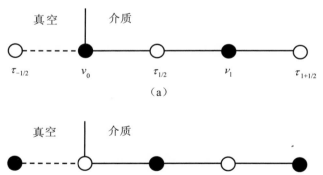

**图 2-5　自由面定义为与剪切应力或速度为零的位置**
（a）剪切应力　（b）速度

当交错有限差分网格在二维和三维中定义时，平面自由表面的剪切应力和速度位置相交。在这种情况下，两种方法（与剪切应力或速度位置相交）都用于确保应力在自由表面上消失（Moczo et al.，2004；Graves，1996；Gottschammer et al.，2001）。

不规则（非平面）自由表面边界条件在虚拟域（Fictitious Domain，FD）中更难实现。通常，针对不规则自由表面，需要对波场进行更精细的采样以获得准确的结果（Robertson，

1996；Ohminato et al.，1997）。

　　与有限元法类似，吸收边界条件需要设置在模型的边界。黏性边界和完全匹配层这两种吸收边界已在 FD 代码中实现，用于模拟强地面运动（Cerjan et al.，1985；Marcinkovich et al.，2003）。

　　3. 谱元法（SEM）

　　谱元法结合了有限元法的灵活性和谱方法的准确性。谱元法采用了运动方程的弱形式，在六面体网格单元上求解，该网格适用于非平面的自由表面以及场地模型内部的交界面和不连续面，这使谱元法便于处理非平面自由表面和空间变量非弹性衰减，能够在任意几何形状的非均匀场地模型中精确模拟复杂地震作用下的动力响应。谱元法采用高阶拉格朗日插值对单元上的波场进行离散，并采用 GLL 积分规则对单元进行积分（Kaneko et al.，2008）。谱元法的最大特点是构造了完全对角的质量矩阵，因此可采用显式积分方法，并不需要对矩阵求逆，这极大地简化了计算实施过程并减少了计算成本。谱元法的灵活度很高，研究者进一步开发了非连续网格（Chaljub et al.，1998）、三角形网格（Stupazzini et al.，2009）和多种耦合方法（Komatitsch et al.，2004），使得谱元法可以对复杂地质构造进行建模模拟。此外，谱元法也允许进行并行计算。谱元法的详细推导过程可参考相关文献（Komatitsch et al.，2004；Dimitri et al.，1999；Olsen et al.，1997）。下面对谱元法原理及基本公式进行简要介绍。

　　谱元法最早应用在计算流体动力学中，后因其高度并行的特点和处理复杂异质方面的优势被逐渐引至求解二维和三维地震波的传播问题。谱元法的亮点在于采用高阶 Lagrange 内插点和 GLL 积分方法形成对角质量矩阵，有效控制了存储需求并提高了求解效率。在谱元法中，对于给定模型和震源激励产生的位移场可表示为

$$\rho \partial_t^2 \boldsymbol{u} = \nabla \cdot \boldsymbol{T} + \boldsymbol{f} \tag{2-37}$$

式中：$\rho$ 为介质密度；$\boldsymbol{u}$ 和 $\boldsymbol{T}$ 分别为位移向量和应力张量；$\boldsymbol{f}$ 为外力项，表示点震源，$\boldsymbol{f}$ 可用力偶张量表示为

$$\boldsymbol{f} = -\boldsymbol{M} \cdot \nabla \delta(\boldsymbol{x} - \boldsymbol{x}_s) S(t) \tag{2-38}$$

式中：$S(t)$ 为描述震源破裂过程的震源时间函数；$\boldsymbol{x}$ 和 $\boldsymbol{x}_s$ 分别为任一场点和震源位置。

　　结合自由表面的零应力条件，可将式（2-38）改写为关于计算域的弱解形式

$$\int_\Omega \rho \boldsymbol{w} \cdot \partial_t^2 \boldsymbol{s} \mathrm{d}^3 \boldsymbol{x} = -\int_\Omega \boldsymbol{M} : \nabla \boldsymbol{w}(\boldsymbol{x}_s) S(t) \mathrm{d}\boldsymbol{x} + \int_\Gamma \rho \boldsymbol{T} \cdot \hat{\boldsymbol{n}} \cdot \boldsymbol{w} \mathrm{d}^2 \boldsymbol{x} - \int_\Omega \nabla \boldsymbol{w} : \boldsymbol{T} \mathrm{d}^3 \boldsymbol{x} \tag{2-39}$$

式中：$\boldsymbol{w}$ 为引入的任意试函数。

　　以此，模型表面的零应力条件已自动满足。此外，采用六面体对三维计算域进行离散，进而谱单元 $\Omega_e$ 上的函数可用其上的插值节点表征，表达式为

$$f(\boldsymbol{x}(\xi, \eta, \zeta)) \approx \sum_{\alpha, \beta, \gamma=0}^{n_l} f^{\alpha\beta\gamma} l_\alpha(\xi) l_\beta(\eta) l_\gamma(\zeta) \tag{2-40}$$

式中：$f^{\alpha\beta\gamma}$ 为参考点处的权值。

　　因此，函数 $f$ 在谱单元上的积分可利用 GLL 积分法则简化为

$$\int_{\Omega_e} f(\boldsymbol{x})\mathrm{d}^3\boldsymbol{x} = \int_{-1}^{1}\int_{-1}^{1}\int_{-1}^{1} f(\boldsymbol{x}(\xi,\eta,\zeta))J_e^{\alpha\beta\gamma}\,\mathrm{d}\xi\mathrm{d}\eta\mathrm{d}\zeta$$
$$\approx \sum_{\alpha,\beta,\gamma=0}^{n_l} f^{\alpha\beta\gamma}J_e^{\alpha\beta\gamma}\omega_\alpha\omega_\beta\omega_\gamma \tag{2-41}$$

式中：$J_e^{\alpha\beta\gamma}$ 表示谱单元 $\Omega_e$ 与其对应参考单元的雅可比（Jacobian）矩阵。

进一步通过方程集整，叠加邻接谱单元对共享节点的贡献，可建立起关于整体位移向量 $\boldsymbol{U}$ 的常微分方程，表达式为

$$\boldsymbol{M\ddot{U}} + \boldsymbol{C\dot{U}} + \boldsymbol{KU} = \boldsymbol{F} \tag{2-42}$$

式中：$\boldsymbol{M}$、$\boldsymbol{C}$ 和 $\boldsymbol{U}$ 分别为对角质量矩阵、吸收边界矩阵和刚度矩阵。

方程（2-42）可采用显式 Newmark-$\beta$ 法高效求解。

谱元法模拟波动传播时，涉及相对周期误差（物理频散）和数值阻尼误差，前者是对波传播过程中由于网格尺寸、积分方法和单元类型的改变导致对波速的错误估计造成的。通常利用 CFL 条件对显式方法中的步长施加约束：$\Delta t \leqslant \gamma \Delta x_{\min}/v_{\max}$。其中，$\gamma$ 为严格小于 1 的正常数；$\Delta x_{\min}$ 和 $v_{\max}$ 为模型 GLL 节点间最小距离和最大波速。此外，网格尺寸应满足条件：$s \leqslant \lambda_{\min} N/ppw$。其中，$\lambda_{\min}$ 为介质中传播最短波长；$N$ 和 $ppw$ 分别为多项式阶数和每个波长内网格节点数。

考虑在吸收带宽内波速的频散性，需对介质模量进行修正，方法为

$$\frac{\mu(\omega)}{\mu(\omega_0)} = 1 + \frac{2}{\pi Q_\mu}\ln\left(\frac{\omega}{\omega_0}\right) \tag{2-43}$$

式中：$\omega_0$ 是给定的介质参数对应的参考圆频率；$\omega$ 是模型网格分辨率决定的中心频率；$Q_\mu$ 为剪切品质因子。

4. 频率波数域（FK）方法

作为一种半解析方法，频率波数域格林函数用于解决水平成层介质内源引起的动力响应问题，不需要划分网格，可以直接计算地表点的位移，因此计算效率远高于数值格林函数方法（如 FDM、FEM 和 SEM 等）；而且该方法考虑了区域地壳结构的分层特性和介质的衰减效应，无须生成相位谱，相较于随机合成法采用的简化衰减模型和随机相位谱具有明显的优势。

剪切位错源作用下地壳层半空间动力响应计算模型如图 2-6 所示，模型自下而上依次为黏弹性半无限空间、黏弹性地壳层和近地表覆盖层，地层及覆盖层的厚度和亚层数可为任意多个（所用格林函数由修正刚度矩阵方法推导），所有材料参数包括质量密度 $\rho$、横波/纵波（P/S）波速 $V$ 和品质因子 $Q$。震源可为任意的剪切位错源，其性质由断层参数（走向、倾角和滑动角）或地震矩张量进行描述。为便于分析，以震源在地表的投影为原点建立北东下（North East Down，NED）坐标系，可计算地表及地壳任意位置的地震反应。由此，便构建了一个从高波速地壳尺度（几十乃至几百千米级）到低波速岩土尺度（几至几十米级）的剪切位错源宽频地震波多尺度传播模型。

FK 方法的总体思路：首先利用傅里叶-汉克尔（Fourier-Hankel）变换，将柱坐标系下的波动方程由时间-空间域转换到频率-波数域内并给出一般解；然后，根据震源作用处的位

移－应力间断条件,由修正刚度矩阵方法求得剪切位错源引起的动力响应;最后,由 Fourier-Hankel 逆变换得到时间－空间域内的地震反应。

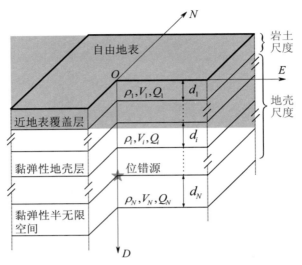

**图 2-6　剪切位错源作用下的地壳层半空间动力响应计算模型**

若仅考虑波的传播,不考虑体力,则在柱坐标系下,弹性介质的三维平衡微分方程可表示为

$$
\begin{cases}
\dfrac{\partial \sigma_{rr}}{\partial r} + \dfrac{\partial \sigma_{r\theta}}{r\partial \theta} + \dfrac{\partial \sigma_{rz}}{\partial z} + \dfrac{\sigma_{rr}-\sigma_{\theta\theta}}{r} = \rho \dfrac{\partial^2 u_r}{\partial t^2} \\[3mm]
\dfrac{\partial \sigma_{\theta r}}{\partial r} + \dfrac{\partial \sigma_{\theta\theta}}{r\partial \theta} + \dfrac{\partial \sigma_{\theta z}}{\partial z} + \dfrac{2\sigma_{\theta r}}{r} = \rho \dfrac{\partial^2 u_\theta}{\partial t^2} \\[3mm]
\dfrac{\partial \sigma_{zr}}{\partial r} + \dfrac{\partial \sigma_{z\theta}}{r\partial \theta} + \dfrac{\partial \sigma_{zz}}{\partial z} + \dfrac{\sigma_{zr}}{r} = \rho \dfrac{\partial^2 u_z}{\partial t^2}
\end{cases}
\tag{2-44}
$$

式中:$\sigma_{ij}(i,j=r,\theta,z)$ 表示作用在以 $j$ 为法线的平面上沿 $i$ 方向的应力;$u_r$、$u_\theta$ 和 $u_z$ 分别为三个方向的位移分量;$t$ 为时间变量;$\rho$ 为介质的质量密度。

本构方程(应力－应变关系)可表示为

$$
\begin{bmatrix} \sigma_{rr} \\ \sigma_{\theta\theta} \\ \sigma_{zz} \\ \sigma_{rz} \\ \sigma_{\theta z} \\ \sigma_{r\theta} \end{bmatrix}
=
\begin{bmatrix}
\lambda+2\mu & \lambda & \lambda & & & \\
\lambda & \lambda+2\mu & \lambda & & & \\
\lambda & \lambda & \lambda+2\mu & & & \\
& & & \mu & & \\
& & & & \mu & \\
& & & & & \mu
\end{bmatrix}
\begin{bmatrix} \varepsilon_{rr} \\ \varepsilon_{\theta\theta} \\ \varepsilon_{zz} \\ \varepsilon_{rz} \\ \varepsilon_{\theta z} \\ \varepsilon_{r\theta} \end{bmatrix}
\tag{2-45}
$$

几何方程(应变－位移关系)可表示为

$$
\begin{cases}
\varepsilon_{rr}=\dfrac{\partial u_r}{\partial r}, \quad \varepsilon_{rz}=\dfrac{\partial u_r}{\partial z}+\dfrac{\partial u_z}{\partial r}, \quad \varepsilon_{r\theta}=\dfrac{1}{r}\dfrac{\partial u_r}{\partial \theta}+\dfrac{\partial u_\theta}{\partial r}-\dfrac{1}{r}u_\theta \\[3mm]
\varepsilon_{\theta\theta}=\dfrac{1}{r}\dfrac{\partial u_\theta}{\partial \theta}+\dfrac{u_r}{r}, \quad \varepsilon_{\theta z}=\dfrac{\partial u_\theta}{\partial z}+\dfrac{1}{r}\dfrac{\partial u_z}{\partial \theta}, \quad \varepsilon_{zz}=\dfrac{\partial u_z}{\partial z}
\end{cases}
\tag{2-46}
$$

式中:$\varepsilon_{ij}(i,j=r,\theta,z)$ 表示应变;$\lambda$ 和 $\mu$ 为材料的两个拉梅常数,$\lambda=Ev/(1+v)(1-2v)$ 表示压

缩性，$\mu=G=E/2(1+\nu)$ 表示剪切模量，$\nu$ 为泊松比。

当考虑阻尼作用时，可引入复拉梅常数 $\lambda^*=\lambda(1+2\mathrm{i}\zeta)$ 和 $\mu^*=\mu(1+2\mathrm{i}\zeta)$，此处 $\mathrm{i}=\sqrt{-1}$ 为虚数单位，$\zeta$ 为材料阻尼比。

结合式（2-44）至式（2-46），可得以位移形式表示的波动方程为

$$
\begin{cases}
(\lambda+2\mu)\left(\dfrac{\partial^2 u_r}{\partial r^2}+\dfrac{1}{r}\dfrac{\partial u_r}{\partial r}-\dfrac{u_r}{r^2}\right)+\mu\dfrac{1}{r^2}\dfrac{\partial^2 u_r}{\partial\theta^2}+\mu\dfrac{\partial^2 u_r}{\partial z^2}+(\lambda+\mu)\times \\
\qquad\left(\dfrac{1}{r}\dfrac{\partial^2 u_\theta}{\partial r\partial\theta}+\dfrac{1}{r^2}\dfrac{\partial u_\theta}{\partial\theta}\right)-2(\lambda+2\mu)\dfrac{1}{r^2}\dfrac{\partial u_\theta}{\partial\theta}+(\lambda+\mu)\dfrac{\partial^2 u_z}{\partial r\partial z}=\rho\dfrac{\partial^2 u_r}{\partial t^2} \\[2mm]
\mu\left(\dfrac{\partial^2 u_\theta}{\partial r^2}+\dfrac{1}{r}\dfrac{\partial u_\theta}{\partial r}-\dfrac{u_\theta}{r^2}\right)+(\lambda+2\mu)\dfrac{1}{r^2}\dfrac{\partial^2 u_\theta}{\partial\theta^2}+\mu\dfrac{\partial^2 u_\theta}{\partial z^2}+(\lambda+\mu)\times \\
\qquad\left(\dfrac{1}{r}\dfrac{\partial^2 u_r}{\partial r\partial\theta}-\dfrac{1}{r^2}\dfrac{\partial u_r}{\partial\theta}\right)+2(\lambda+2\mu)\dfrac{1}{r^2}\dfrac{\partial u_r}{\partial\theta}+(\lambda+\mu)\dfrac{1}{r}\dfrac{\partial^2 u_z}{\partial\theta z}=\rho\dfrac{\partial^2 u_\theta}{\partial t^2} \\[2mm]
\mu\left(\dfrac{\partial^2 u_z}{\partial r^2}+\dfrac{1}{r}\dfrac{\partial u_z}{\partial r}+\dfrac{1}{r^2}\dfrac{\partial^2 u_z}{\partial\theta^2}\right)+(\lambda+2\mu)\dfrac{\partial^2 u_z}{\partial z^2}+(\lambda+\mu)\times \\
\qquad\left(\dfrac{\partial^2 u_r}{\partial r\partial z}+\dfrac{1}{r}\dfrac{\partial u_r}{\partial z}+\dfrac{1}{r}\dfrac{\partial^2 u_\theta}{\partial\theta\partial z}\right)=\rho\dfrac{\partial^2 u_z}{\partial t^2}
\end{cases}\tag{2-47}
$$

为解耦上述偏微分方程，在求解中引入两个势函数 $F$ 和 $\chi$（Ba et al.，2020）。同时借助对时间分量和空间水平分量的 Fourier-Hankel 变换，将时间 - 空间域内的波动方程转化为频率 - 波数域内的波动方程，得到关于 $z$ 的常微分方程。Fourier-Hankel 变换的转换式为

$$
\tilde{f}_m^m(k,z,\omega)=\int_{-\infty}^{\infty}\mathrm{e}^{-\mathrm{i}\omega t}\mathrm{d}t\int_0^{\infty}\sum_m f_m(r,z)J_m(kr)r\mathrm{d}r \tag{2-48}
$$

式中：$k$ 为水平波数，为 Hankel 常数，计算时应取其实部；$\tilde{f}_m^m$ 中的"~"表示进行一次 Fourier-Hankel 变换，上标"$m$"表示 $m$ 阶径向 Hankel 变换，下标"$m$"表示 $m$ 阶周向 Fourier 级数展开，具体表示为

$$
f(r,\theta,z)=\sum_m f_m(r,z)\mathrm{e}^{\mathrm{i}m\theta} \tag{2-49}
$$

采用上述方法对式（2-48）进行求导计算，可得频率 - 波数域内位移解的一般表达式为

$$
\begin{cases}
\tilde{u}_r(k,z,r)=\sum_m\left(\dfrac{1}{k}J_m(kr)_r\tilde{u}_m+\dfrac{\mathrm{i}m}{kr}J_m(kr)\tilde{v}_m\right)\mathrm{e}^{\mathrm{i}m\theta} \\[2mm]
\tilde{u}_\theta(k,z,r)=\sum_m\left(\dfrac{\mathrm{i}m}{kr}J_m(kr)\tilde{u}_m+\dfrac{1}{k}J_m(kr)_r\tilde{v}_m\right)\mathrm{e}^{\mathrm{i}m\theta} \\[2mm]
\tilde{u}_z(k,z,r)=\sum_m(-\mathrm{i}\tilde{w}_m J_m(kr))\mathrm{e}^{\mathrm{i}m\theta}
\end{cases}\tag{2-50}
$$

结合本构方程和几何方程，可得频率 - 波数域内应力解的一般表达式为

$$
\begin{cases}
\tilde{\sigma}_{rz}(k,z,r)=\sum_m\left(\dfrac{1}{k}\dfrac{\partial J_m(kr)}{\partial r}\tilde{\sigma}_{xz}+\dfrac{m}{kr}J_m(kr)\tilde{\sigma}_{yz}\right)\mathrm{e}^{\mathrm{i}m\theta} \\[2mm]
\tilde{\sigma}_{\theta z}(k,z,r)=\sum_m\left(\dfrac{m}{kr}J_m(kr)\tilde{\sigma}_{xz}+\dfrac{1}{k}\dfrac{\partial J_m(kr)}{\partial r}\tilde{\sigma}_{yz}\right)\mathrm{e}^{\mathrm{i}m\theta} \\[2mm]
\tilde{\sigma}_{zz}(k,z,r)=\sum_m(-J_m(kr)[\mathrm{i}\tilde{\sigma}_{zz}])\mathrm{e}^{\mathrm{i}m\theta}
\end{cases}\tag{2-51}
$$

值得说明的是,这里的位移幅值 $\tilde{v}_m$、$\tilde{u}_m$ 和 $\tilde{w}_m$ 分别与二维情况下的平面外运动和平面内运动幅值相同,应力幅值 $\tilde{\sigma}_{xz}$、$\tilde{\sigma}_{yz}$ 和 $\tilde{\sigma}_{zz}$ 也与二维情况一致。

一个剪切位错的作用可按等效体力形式表示为

$$F = -\nabla\left[M\delta(r-r_s)\right] \tag{2-52}$$

式中:$\nabla$ 为纳普拉(Nabla)算子;$M$ 为地震矩张量,其分量满足 $M_{ij}=M_{ji}$;$\delta(r-r_s)$ 为狄拉克(Dirac)delta 函数;$r_s$ 为源的位置矢量。

为将等效体力 $F$ 解耦,引入一组具有正交性和完备性的基矢量:

$$\begin{cases} R_k^m = -Y_m e_z \\ S_k^m = \dfrac{1}{k}\nabla Y_m = \dfrac{1}{k}\dfrac{\partial Y_m}{\partial r}e_r + \dfrac{1}{kr}\dfrac{\partial Y_m}{\partial \theta}e_\theta \\ T_k^m = Y_m \times e_z = -\dfrac{1}{kr}\dfrac{\partial Y_m}{\partial \theta}e_r + \dfrac{1}{k}\dfrac{\partial Y_m}{\partial r}e_\theta \end{cases} \tag{2-53}$$

式中:$Y_m$ 为柱谐函数, $Y_m = J_m(kr)\mathrm{e}^{im\theta}$。

对等效体力 $F$ 做面谐向量展开,展开后的表达式为

$$\begin{cases} \tilde{F}_{1m} = \dfrac{1}{2\pi}\int_{-\infty}^{\infty}\mathrm{e}^{i\omega t}\mathrm{d}t\int_0^{+\infty}r\mathrm{d}r\int_0^{2\pi}\left[\sum_m S_m^k \mathrm{e}^{im\theta}\right]^* \cdot F\mathrm{d}\theta \\ \tilde{F}_{2m} = \dfrac{1}{2\pi}\int_{-\infty}^{\infty}\mathrm{e}^{i\omega t}\mathrm{d}t\int_0^{+\infty}r\mathrm{d}r\int_0^{2\pi}\left[\sum_m T_m^k \mathrm{e}^{im\theta}\right]^* \cdot F\mathrm{d}\theta \\ \tilde{F}_{zm} = \dfrac{1}{2\pi}\int_{-\infty}^{\infty}\mathrm{e}^{i\omega t}\mathrm{d}t\int_0^{+\infty}r\mathrm{d}r\int_0^{2\pi}\left[\sum_m R_m^k \mathrm{e}^{im\theta}\right]^* \cdot F\mathrm{d}\theta \end{cases} \tag{2-54}$$

式中:$\tilde{F}_{1m}$ 和 $\tilde{F}_{zm}$ 表示平面内纵波-转换波(P-SV)运动体系中的体力分量;$\tilde{F}_{2m}$ 表示平面外水平偏振横波(SH)运动体系中的体力分量。

特别指出的是,由于面谐向量展开是在柱坐标系下进行的,因此须将式(2-53)中的矩张量由笛卡儿坐标系对应转换到柱坐标系,具体关系如图2-7所示。

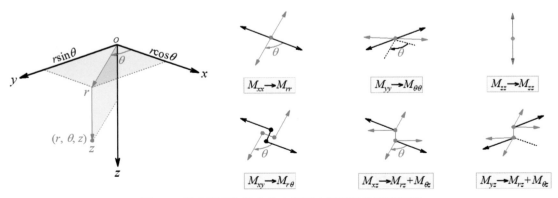

**图2-7 柱坐标系和笛卡儿坐标系中矩张量的对应关系**

一个等效力可用水平面的位移和应力间断代替而产生相同波场,因此可用位移-应力

间断向量将震源作用进一步表征为

$$S(k,z)\big|_{z_s^+}^{z_s^-} \equiv S\left(z_s^+\right) - S\left(z_s^-\right) = G + CH \tag{2-55}$$

式中：$G = \left[\sum_m G_m^{\text{P-SV}}, \sum_m G_m^{\text{SH}}\right]^{\text{T}}$，$H = \left[\sum_m H_m^{\text{P-SV}}, \sum_m H_m^{\text{SH}}\right]^{\text{T}}$，二者可通过体力向量求得，体力向量的表达式为

$$\tilde{F}_{im} = G_m \delta\left(z - z_s\right) + H_m \frac{\partial}{\partial z} \boldsymbol{\delta}\left(z - z_s\right) \tag{2-56}$$

式（2-55）中的 $C = \left[C_m^{\text{P-SV}}, C_m^{\text{SH}}\right]^{\text{T}}$ 是一个与频率和波数相关的系数矩阵，可通过将解耦后的波动方程以及本构方程中关于 $z$ 的偏微分项移到等式左侧求得：

$$\frac{\partial}{\partial z}\begin{bmatrix} \tilde{u}_x \\ \mathrm{i}\tilde{u}_z \\ \tilde{\sigma}_{xz} \\ \mathrm{i}\tilde{\sigma}_{zz} \\ \tilde{u}_y \\ \tilde{\sigma}_{yz} \end{bmatrix} = \begin{bmatrix} 0 & k & \dfrac{1}{\mu} & 0 & 0 & 0 \\ -\dfrac{\lambda k}{\lambda+2\mu} & 0 & 0 & \dfrac{1}{\lambda+2\mu} & 0 & 0 \\ (\lambda+2G)k^2 - \rho\omega^2 - \dfrac{\lambda^2 k^2}{\lambda+2\mu} & 0 & 0 & \dfrac{\lambda k}{\lambda+2\mu} & 0 & 0 \\ 0 & -\rho\omega^2 & -k & 0 & 0 & 0 \\ 0 & 0 & 0 & 0 & 0 & \dfrac{1}{\mu} \\ 0 & 0 & 0 & 0 & k^2 G - \rho\omega^2 & 0 \end{bmatrix}\begin{bmatrix} \tilde{u}_x \\ \mathrm{i}\tilde{u}_z \\ \tilde{\sigma}_{xz} \\ \mathrm{i}\tilde{\sigma}_{zz} \\ \tilde{u}_y \\ \tilde{\sigma}_{yz} \end{bmatrix} \tag{2-57}$$

利用 Dirac delta 函数及贝塞尔（Bessel）函数的性质，结合式（2-19）、式（2-21）和式（2-23）可推导出式（2-55）中的 $G$ 和 $H$。

$$G_m^{\text{P-SV}} = \begin{cases} \left[0, 0, -\dfrac{\mathrm{i}k}{4\pi}\left(M_{xx} + M_{yy}\right), 0\right]^{\text{T}}, & m = 0 \\[2mm] \left[0, 0, 0, \pm\dfrac{k}{4\pi}M_{zx} - \dfrac{\mathrm{i}k}{4\pi}M_{zy}\right]^{\text{T}}, & m = \pm 1 \\[2mm] \left[0, 0, \dfrac{\mathrm{i}k}{8\pi}\left(M_{xx} - M_{yy}\right) \pm \dfrac{k}{8\pi}\left(M_{xy} + M_{yx}\right), 0\right]^{\text{T}}, & m = \pm 2 \end{cases} \tag{2-58}$$

$$G_m^{\text{SH}} = \begin{cases} \left[0, -\dfrac{\mathrm{i}k}{4\pi}\left(M_{xx} - M_{yy}\right)\right]^{\text{T}}, & m = 0 \\[2mm] [0, 0]^{\text{T}}, & m = \pm 1 \\[2mm] \left[0, \pm\dfrac{k}{8\pi}\left(M_{xx} - M_{yy}\right) - \dfrac{\mathrm{i}k}{8\pi}\left(M_{xy} + M_{yx}\right)\right]^{\text{T}}, & m = \pm 2 \end{cases} \tag{2-59}$$

$$H_m^{\text{P-SV}} = \begin{cases} \left[0,0,0,-\dfrac{1}{2\pi}M_{zz}\right]^{\text{T}}, & m = 0 \\[2mm] \left[0,0,-\dfrac{1}{4\pi}M_{xz}\pm\dfrac{\text{i}}{4\pi}M_{yz},0\right]^{\text{T}}, & m = \pm 1 \\[2mm] [0,0,0,0]^{\text{T}}, & m = \pm 2 \end{cases} \tag{2-60}$$

$$H_m^{\text{SH}} = \begin{cases} [0,0]^{\text{T}}, & m = 0 \\[2mm] \left[0,-\dfrac{1}{4\pi}M_{xz}\pm\dfrac{\text{i}}{4\pi}M_{yz}\right]^{\text{T}}, & m = \pm 1 \\[2mm] [0,0]^{\text{T}}, & m = \pm 2 \end{cases} \tag{2-61}$$

将式（2-58）至式（2-61）代回式（2-55），即可得到表征位错源作用的位移－应力间断向量。

实质上，位错源可视为广义上的荷载，因而可借鉴层状半空间荷载动力格林函数的求解思路进行求解，总体思路如下。

首先，将剪切位错层固定，求得层内解和固定端面反力；然后，将固定端面反力反加于层状半空间求得其动力响应；最后，叠加固定层内解和固定端面反力，解得总动力响应，即地壳层半空间位错源地震反应。具体求解流程如图 2-8 所示。

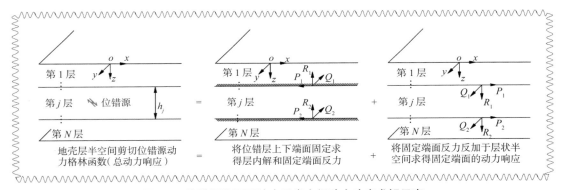

图 2-8　位错源作用下地壳层半空间动力响应求解示意

如图 2-8 所示，设一位错源埋置在厚度为 $h_j$ 的第 $j$ 层地壳中，参照 Wolf（1985）的方法，首先构建位移和应力与上下行波幅值的关系式：

$$[u_1, \text{i}w_1, u_2, \text{i}w_2, v_1, v_2]^{\text{T}} = D[\hat{A}_{\text{P}}, \hat{B}_{\text{P}}, \hat{A}_{\text{SV}}, \hat{B}_{\text{SV}}, \hat{A}_{\text{SH}}, \hat{B}_{\text{SH}}]^{\text{T}} \tag{2-62}$$

$$[\tau_{zx,1}, \text{i}\sigma_{zz,1}, \tau_{zx,2}, \text{i}\sigma_{zz,2}, \tau_{zy,1}, \tau_{zy,2}]^{\text{T}} = T\,[\hat{A}_{\text{P}}, \hat{B}_{\text{P}}, \hat{A}_{\text{SV}}, \hat{B}_{\text{SV}}, \hat{A}_{\text{SH}}, \hat{B}_{\text{SH}}]^{\text{T}} \tag{2-63}$$

式中，$D$ 和 $T$ 为两个六阶矩阵，可被分解为分别对应于 P-SV 分量的四阶子矩阵和 SH 分量的二阶子矩阵，具体如下：

$$\boldsymbol{D}_{4\times4}^{\text{P-SV}}=\begin{bmatrix} l_x & l_x & -m_x t & m_x t \\ -l_x s & l_x s & -m_x & -m_x \\ l_x e^{\gamma_\alpha h_j} & l_x e^{\gamma_\alpha h_j} & -m_x t e^{\gamma_\beta h_j} & m_x t e^{\gamma_\beta h_j} \\ -l_x s e^{\gamma_\alpha h_j} & l_x s e^{\gamma_\alpha h_j} & -m_x e^{\gamma_\beta h_j} & -m_x e^{\gamma_\beta h_j} \end{bmatrix} \tag{2-64}$$

$$\boldsymbol{T}_{4\times4}^{\text{P-SV}}=\begin{bmatrix} 2ikl_z\mu^* & -2ikl_z\mu^* & ikm_x(1-t^2)\mu^* & ikm_x(1-t^2)\mu^* \\ ikl_x(1-t^2)\mu^* & ikl_x(1-t^2)\mu^* & -2ikm_x t\mu^* & 2ikm_x t\mu^* \\ 2ikl_z\mu^* e^{\gamma_\alpha h_j} & -2ikl_z\mu^* e^{\gamma_\alpha h_j} & ikm_x(1-t^2)\mu^* e^{\gamma_\beta h_j} & ikm_x(1-t^2)\mu^* e^{\gamma_\beta h_j} \\ ikl_x(1-t^2)\mu^* e^{\gamma_\alpha h_j} & ikl_x(1-t^2)\mu^* e^{\gamma_\alpha h_j} & ikm_x(1-t^2)\mu^* e^{\gamma_\beta h_j} & 2ikm_x t\mu^* e^{\gamma_\beta h_j} \end{bmatrix} \tag{2-65}$$

$$\boldsymbol{D}_{2\times2}^{\text{SH}}=\begin{bmatrix} 1 & 1 \\ e^{\beta h_j} & e^{\beta h_j} \end{bmatrix} \tag{2-66}$$

$$\boldsymbol{T}_{2\times2}^{\text{SH}}=\begin{bmatrix} ikt\mu^* & -ikt\mu^* \\ ikt\mu^* e^{\beta h_j} & -ikt\mu^* e^{\beta h_j} \end{bmatrix} \tag{2-67}$$

式中：$s=-i\sqrt{1-l_x^{-2}}=-i\sqrt{1-\omega^2/c_s^2 k^2}$；$t=-i\sqrt{1-m_x^{-2}}=-i\sqrt{1-\omega^2/c_p^2 k^2}$。

注意到，在式（2-62）和式（2-63）中，已将波幅值 $A_\text{P}$、$A_\text{SV}$、$A_\text{SH}$ 用 $\hat{A}_\text{P}=A_\text{P}e^{-\gamma_\alpha h_j}$、$\hat{A}_\text{SV}=A_\text{SV}e^{-\gamma_\beta h_j}$、$\hat{A}_\text{SH}=A_\text{SH}e^{-\gamma_\beta h_j}$ 进行修正，以适应大波数、高频和层厚大的动力问题。这与反射透射矩阵方法是类似的，正是由于避免了正、负指数项同时存在，有利于获得更稳定和高分辨率的数值结果。

通过组装这些子矩阵，可得到描述外荷载与位移关系的层刚度矩阵 $\boldsymbol{S}_{\text{P-SV}}^\text{L}$ 和 $\boldsymbol{S}_{\text{SH}}^\text{L}$，表达式为

$$\begin{bmatrix} \boldsymbol{S}_{\text{P-SV}}^\text{L} & \\ & \boldsymbol{S}_{\text{SH}}^\text{L} \end{bmatrix}=\begin{bmatrix} -\boldsymbol{T}_{4\times4}^{\text{P-SV}} & \boldsymbol{0} \\ \boldsymbol{0} & \boldsymbol{T}_{2\times2}^{\text{SH}} \end{bmatrix}\begin{bmatrix} \boldsymbol{D}_{4\times4}^{\text{P-SV}} & \boldsymbol{0} \\ \boldsymbol{0} & \boldsymbol{D}_{2\times2}^{\text{SH}} \end{bmatrix}^{-1} \tag{2-68}$$

在整体坐标系中，位错层上下界面特解对应的外荷载幅值可表示为 $P_1=-\tau_{zx,1}$，$Q_1=-\tau_{zy,1}$，$R_1=-\sigma_{zz,1}$（上界面）和 $P_2=\tau_{zx,2}$，$Q_2=\tau_{zy,2}$，$R_2=\sigma_{zz,2}$（下界面）。由此，整体动力刚度矩阵 $\boldsymbol{S}_{\text{P-SV-SH}}$ 便可通过求解以下离散动力平衡方程获得：

$$[P_1,iR_1,Q_1,\cdots,P_{(N+1)},iR_{(N+1)},Q_{(N+1)}]^\text{T}=\boldsymbol{S}_{\text{P-SV-SH}}[u_1,iw_1,v_1,\cdots,u_{(N+1)},iw_{(N+1)},v_{(N+1)}]^\text{T}$$

$$=\begin{bmatrix} \boldsymbol{S}_{11}^{\text{L1}} & \boldsymbol{S}_{12}^{\text{L1}} & & & \\ \boldsymbol{S}_{21}^{\text{L1}} & \boldsymbol{S}_{22}^{\text{L1}}+\boldsymbol{S}_{11}^{\text{L2}} & \boldsymbol{S}_{12}^{\text{L2}} & & \\ & \boldsymbol{S}_{21}^{\text{L2}} & \boldsymbol{S}_{22}^{\text{L2}}+\boldsymbol{S}_{11}^{\text{L3}} & & \\ & & & \ddots & \\ & & & \boldsymbol{S}_{22}^{\text{L}(N-1)}+\boldsymbol{S}_{11}^{\text{L}N} & \boldsymbol{S}_{12}^{\text{L}N} \\ & & & \boldsymbol{S}_{21}^{\text{L}N} & \boldsymbol{S}_{22}^{\text{L}N}+\boldsymbol{S}^\text{R} \end{bmatrix}\begin{bmatrix} u_1 \\ iw_1 \\ v_1 \\ \vdots \\ u_{(N+1)} \\ iw_{(N+1)} \\ v_{(N+1)} \end{bmatrix} \tag{2-69}$$

对于震源所在层，动力响应包括特解（以上标 p 表示）、齐次解（以上标 h 表示）和反力

解（以上标 r 表示），对于其他层，仅存在反力解。位移和应力特解即外荷载作用时的全空间解，可通过位移和应力幅值系数间关系结合由剪切位错作用产生的上下行 P、SV 和 SH 幅值系数确定，其中第 $j$ 层波幅值与位移 - 应力间断满足如下关系：

$$\boldsymbol{S}(k,0) = [u^+ - u^-, \mathrm{i}w^+ - \mathrm{i}w^-, v^+ - v^-, \tau_{zx}^+ - \tau_{zx}^-, \mathrm{i}\sigma_{zz}^+ - \mathrm{i}\sigma_{zz}^-, \tau_{zy}^+ - \tau_{zy}^-]^{\mathrm{T}}$$

$$= \begin{bmatrix} l_x & -l_x & -m_x t & -m_x t & 0 & 0 \\ -\mathrm{i}l_x s & -\mathrm{i}l_x s & -\mathrm{i}m_x & \mathrm{i}m_x & 0 & 0 \\ 0 & 0 & 0 & 0 & 1 & -1 \\ 2\mathrm{i}kl_z\mu^* & 2\mathrm{i}kl_z\mu^* & \mathrm{i}km_x(1-t^2)\mu^* & -\mathrm{i}km_x(1-t^2)\mu^* & 0 & 0 \\ -kl_x(1-t^2)\mu^* & kl_x(1-t^2)\mu^* & 2km_z\mu^* & 2km_z\mu^* & 0 & 0 \\ 0 & 0 & 0 & 0 & \mathrm{i}kt\mu^* & \mathrm{i}kt\mu^* \end{bmatrix} \begin{bmatrix} \hat{A}_{\mathrm{P},j} \\ \hat{B}_{\mathrm{P},j} \\ \hat{A}_{\mathrm{SV},j} \\ \hat{B}_{\mathrm{SV},j} \\ \hat{A}_{\mathrm{SH},j} \\ \hat{B}_{\mathrm{SH},j} \end{bmatrix}$$

$$（2-70）$$

为使位错层固定，需反向施加特解位移幅值于位错源层，定义此解为齐次解。利用各层的动力刚度矩阵，齐次解对应的外荷载幅值可表示为

$$[P_1^{\mathrm{h}}(0), \mathrm{i}R_1^{\mathrm{h}}(0), Q_1^{\mathrm{h}}(0), P_2^{\mathrm{h}}(h_n), \mathrm{i}R_2^{\mathrm{h}}(h_n), Q_2^{\mathrm{h}}(h_n)]^{\mathrm{T}} = \boldsymbol{S}_{\mathrm{P\text{-}SV\text{-}SH}}^{LN}[-u_1^{\mathrm{p}}(0), -\mathrm{i}w_1^{\mathrm{p}}(0), -v_1^{\mathrm{p}}(0),$$
$$-u_2^{\mathrm{p}}(h_n), -\mathrm{i}w_2^{\mathrm{p}}(h_n), -v_2^{\mathrm{p}}(h_n)]^{\mathrm{T}}$$

$$（2-71）$$

将特解和齐次解对应的外荷载叠加并反号，即可得到作用在整个层状体系上的总外力：

$$[P_1^{\mathrm{r}}, \mathrm{i}R_1^{\mathrm{r}}, Q_1^{\mathrm{r}}, P_2^{\mathrm{r}}, \mathrm{i}R_2^{\mathrm{r}}, Q_2^{\mathrm{r}}]^{\mathrm{T}} = \{-P_1^{\mathrm{p}} - P_1^{\mathrm{h}}, -\mathrm{i}R_1^{\mathrm{p}} - \mathrm{i}R_1^{\mathrm{h}}, -Q_1^{\mathrm{p}} - Q_1^{\mathrm{h}},$$
$$-P_2^{\mathrm{p}} - P_2^{\mathrm{h}}, -\mathrm{i}R_2^{\mathrm{p}} - \mathrm{i}R_2^{\mathrm{h}}, -Q_2^{\mathrm{p}} - Q_2^{\mathrm{h}}\}^{\mathrm{T}}$$

$$（2-72）$$

借助整体动力刚度矩阵，可求得固定端面反力产生的动力响应，定义此部分响应为固端反力解：

$$\boldsymbol{S}_{\mathrm{P\text{-}SV\text{-}SH}}[u_1^{\mathrm{r}}, \mathrm{i}w_1^{\mathrm{r}}, v_1^{\mathrm{r}}, \cdots, u_{(N+1)}^{\mathrm{r}}, \mathrm{i}w_{(N+1)}^{\mathrm{r}}, v_{(N+1)}^{\mathrm{r}}]^{\mathrm{T}} = [P_1^{\mathrm{r}}, \mathrm{i}R_1^{\mathrm{r}}, Q_1^{\mathrm{r}}, \cdots, P_{N+1}^{\mathrm{r}}, \mathrm{i}R_{N+1}^{\mathrm{r}}, Q_{N+1}^{\mathrm{r}}]^{\mathrm{T}} \quad （2-73）$$

以上推导过程在频率 - 波数域中进行，时间 - 空间域内的解答可由 Fourier-Hankel 逆变换求得。

### 2.1.1.3 震源模型

震源模型表达了断层面上地震的破裂发生过程，震源建模是地震动合成的重点和难点。确定性地震动模拟方法通常采用运动学震源模型和动力学震源模型来描述地震发生的物理过程。下面分别对两种震源模型进行介绍。

1. 动力学震源模型

动力学震源模型以断层面上及其周围的应力场为基本研究对象，从应力场的演化过程角度来探究地震孕育、发生和停止的过程。动力学震源模型依据弹性回跳理论来构造应力在震源区内的积累，当应力超过断层摩擦强度时即产生地震。由于断层面间在破裂之后存在着较复杂的摩擦过程，故模拟动力学震源的关键是构造发震断层的初始应力场，以及根据地壳岩石波速和强度等参数，模拟断层从某一点开始破裂直至传播到整个断层面的过程，如

图 2-9 所示( Olsen et al., 1997 )。

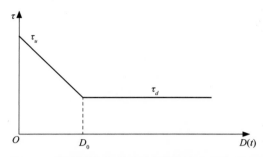

**图 2-9　滑动弱化准则下断层面剪应力状态示意**

动力学震源建模的主要步骤包括：

● 根据断层勘探确定发震断层的位置以及产状；

● 基于岩石性质设置发震断层面的初始应力场以及成核区，即初始发生破裂的位置；

● 设置断层面上的摩擦准则，根据摩擦准则确定动力学震源破裂释放应力的过程，并控制断层破裂传播开始和停止的方式。

由上述建模过程可见，动力学震源破裂模拟的关键是设置断层面摩擦准则。根据摩擦准则的不同，可将描述动力学断层的模型细分为滑动弱化摩擦准则模型、速率弱化摩擦准则模型和速率－状态相依摩擦准则模型，以下具体介绍不同摩擦准则。

（1）滑动弱化摩擦准则

滑动弱化摩擦准则是在线性模型的基础上提出的，实际上描述了断层面发生相对错动时，断层面上剪应力的演化，其数学表达式为( Ida, 1972; Andrews, 1976 )：

$$\tau = \begin{cases} \left[ \mu_s - \dfrac{(\mu_s - \mu_d)L}{d_c} \right]\sigma_n, & L < d_c \\ \mu_d\sigma_n, & L \geqslant d_c \end{cases} \qquad (2\text{-}74)$$

式中：$\mu_s$ 和 $\mu_d$ 分别为断层面之间的静摩擦系数和动摩擦系数；$L$ 为接触断层两盘之间的相对滑动量（位错）；$d_c$ 为特征滑动量，表示从静摩擦系数下降到动摩擦系数所需要的滑动距离；$\sigma_n$ 为断层面上的正应力。

由式（2-74）可以看出当断层面上的剪切应力低于最大静摩擦力时，断层保持闭锁状态。若断层两侧之间出现滑动，摩擦力就随着位错增大而线性减小，一旦位错达到特征滑动量时，摩擦系数就减小为滑动摩擦系数，此时摩擦力最小，断层出现持续的滑动。

$\tau$ 为剪应力（摩擦应力），其随滑移量弱化，如图 2-10 所示。图 2-10（a）显示了 Landers 断层表面断裂线、断层预破裂和为数值模拟定义的简化三段断层线（粗实线），箭头表示不同断层面上的水平最大主应力的方向；图 2-10（b）显示了断层平面模型，其中包括小尺度断层粗糙度，以及局部的复杂断层表面投影剪切和正态应力；图 2-10（c）显示了岩石的性质，包括深度变密度、P 波和 S 波速度、内聚和摩擦角，其用于动力学断层破裂的模拟。

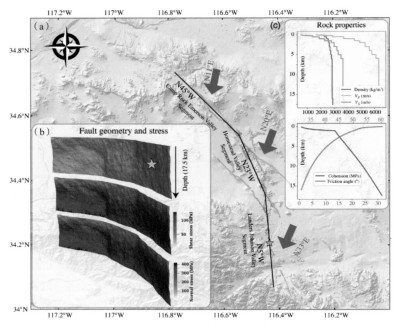

**图 2-10　动力学震源模型应用示例**

（2）滑动速率弱化摩擦准则

岩石物理实验发现,岩石在高速滑移摩擦时会出现明显的速率弱化行为,即岩石的摩擦系数随着断层位错滑动速率的增大而减小,研究者根据上述现象提出了滑动速率弱化准则,其数学表达式为（Beeler et al.,2008）

$$\tau = \begin{cases} \left[ \mu_{d} - \dfrac{(\mu_{s} - \mu_{d})v_{0}}{v} \right] \sigma_{n}, & v \geqslant v_{0} \\ \mu_{d}\sigma_{n}, & v < v_{0} \end{cases} \tag{2-75}$$

式中:$\mu_{s}$ 和 $\mu_{d}$ 分别为断层面之间的静摩擦系数和动摩擦系数;$\sigma_{n}$ 为断层面上的有效正应力;$v$ 为滑动速率;$v_{0}$ 为参考滑动速率。速率弱化如图 2-11 所示。

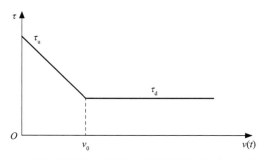

**图 2-11　滑动速率弱化摩擦准则下断层面剪应力变化示意**

式（2-75）表明,当滑动速率 $v$ 逐渐增大到超过 $v_{0}$ 时,摩擦系数迅速下降到 $\mu_{d}$。当 $v$ 减小时,摩擦系数重新增大,摩擦系数增大可能迫使地震破裂自动停止,因此滑动速率弱化摩擦准则可以反映断层的自我愈合。

（3）速率－状态相依摩擦准则

在滑动和滑动速率弱化摩擦准则的基础上，综合考虑断层面上滑移量和滑移速率对断层面上摩擦应力的影响，研究者提出了速率－状态相依摩擦准则（唐荣江等，2020）。速率－状态相依摩擦准则如图 2-12 所示。图中，$D_0$ 为滑移弱化距离。对于速率－状态摩擦关系，根据断层状态量的不同可以进一步分为速率－状态摩擦关系中的老化定律和滑动定律。

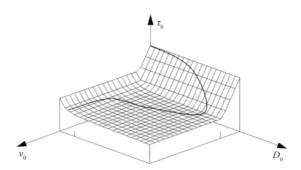

**图 2-12　速率－状态相依摩擦准则下断层面剪应力变化示意**

1）速率－状态相依摩擦准则中的老化定律。速率－状态相依摩擦准则中的老化定律由 Dieterich（1978）提出，并在岩石物理实验中得到验证，摩擦系数由滑动速率 $v$ 和状态量 $\varphi$ 共同控制，其基本形式为

$$\tau = \begin{cases} \left[\mu_0 + a\ln\left(\dfrac{v}{v_0}\right) + b\ln\left(\dfrac{\varphi v_0}{L}\right)\right]\sigma_n \\ \dfrac{\mathrm{d}\varphi}{\mathrm{d}t} = 1 - \dfrac{\varphi v}{L} \end{cases} \tag{2-76}$$

式中：$\mu_0$ 为参考摩擦系数；$a$ 和 $b$ 为无量纲摩擦参数，其大小由断层面上的岩石物理属性决定；$\sigma_n$ 为断层面上的有效正应力；$v$ 为滑动速率；$v_0$ 为参考滑动速率；$L$ 为特征滑动量，但与滑动弱化摩擦关系中的 $d_c$ 物理意义不同，表示控制状态量演化速率的特征长度。

当 $v$ 较小且为定值时，状态量 $\varphi$ 也会自行演化，并随时间增长，因此该定律被称作老化定律或慢度定律。假设初始状态量为 $\varphi_0$，初始时间为 0，求得式（2-76）常微分方程的解析解为

$$\varphi = \frac{L}{v} + \left(\varphi_0 - \frac{L}{v}\right)\mathrm{e}^{-vt/L} \tag{2-77}$$

式（2-77）表明，当滑动速率较小，出现 $\varphi_0 < L/v$ 时，$\varphi$ 与时间正相关，式（2-76）中的 $b\ln(\varphi v_0/L)$ 项亦随时间的增长而增大，这样摩擦阻力也随之增大，这时需要更大的剪切应力才能使断层滑动，所以该过程为速率强化过程。反之，随着滑动速率 $v$ 逐渐变大，当 $\varphi_0 > L/v$ 时，$\varphi$ 将随时间增长而减小，导致 $b\ln(\varphi v_0/L)$ 越来越小，摩擦系数也随着时间减小，所以这一过程称为速率弱化过程。

当 $\mathrm{d}\varphi/\mathrm{d}t = 0$ 时，$\varphi$ 不随时间变化，系统处于稳定状态，此时的状态量为

$$\varphi = \frac{L}{v} \tag{2-78}$$

将式（2-78）代入式（2-76），得到稳态（用上标 s 表示）情况下的摩擦力为

$$\tau^{\mathrm{s}} = \left[ \mu_0 + (a-b)\ln\left(\frac{v}{v_0}\right)\right]\sigma_{\mathrm{n}} \qquad (2\text{-}79)$$

2）速率－状态相依摩擦准则中的滑动定律。速率－状态相依摩擦准则中的滑动定律是由 Ruina（1983）对 Dieterich（1978）的摩擦准则的进一步修改，其基本形式为

$$\tau = \begin{cases} \left[\mu_0 + a\ln\left(\dfrac{v}{v_0}\right) + \varphi\right]\sigma_{\mathrm{n}} \\[4mm] \dfrac{\mathrm{d}\varphi}{\mathrm{d}t} = -\dfrac{v}{L}\left[\varphi + b\ln\left(\dfrac{v}{v_0}\right)\right] \end{cases} \qquad (2\text{-}80)$$

式（2-80）中各参数的物理意义与老化定律中的一致，但是此时的状态量 $\varphi$ 不再具有物理量纲，没有具体的物理意义。假设初始状态量和初始时间均为 0，求得上述方程组中的常微分方程的解析解为

$$\varphi = -b\ln\left(\frac{v}{v_0}\right) + b\ln\left(\frac{v}{v_0}\right)\mathrm{e}^{-vt/L} \qquad (2\text{-}81)$$

当 $\mathrm{d}\varphi/\mathrm{d}t = 0$ 时，系统处于稳定状态，此时的状态量为

$$\varphi = -b\ln\left(\frac{v}{v_0}\right) \qquad (2\text{-}82)$$

将式（2-82）代入式（2-80），得到稳态情况下的摩擦力与在老化定律条件下用式（2-79）得到的结果相同。

2. 运动学震源模型

运动学震源分析是指依据震源动力学的研究成果，用有限断层面上的错动量分布、破裂速度、各子源时间函数和上升时间及滑动角等震源参数通过相对简单的数学表达，建立运动学震源模型，进而描述颇为复杂的震源破裂过程。目前，运动学震源模型被广泛应用于大地震和近断层地震动合成。总体上，运动学震源模型的建模包含两部分：错动的空间分布和错动的时间过程。运动学震源模型的示例如图 2-13 所示。其中图 2-13（a）显示了 1994 年北岭 6.7 级地震的有限滑动量，包括 $140 \times 140$ 个次级断层；图 2-13（b）显示了具有独立几何结构和震源时间函数的双耦合点震源的次级断层模型；图 2-13（c）显示了时间上的典型滑动速率函数。

依据描述断层面不均匀分布的方法，运动学震源模型又分为确定性震源模型、随机震源模型和混合震源模型。确定性震源模型最初由 Trifunac et al.（1974）提出，其以确定性方式考虑滑动函数和破裂传播在断层面上不规则的分布，Irikura et al.（2001）发展了一个完全确定性的凹凸体破裂模型。随机震源模型最初由 Mikumo et al.（1978）首先提出，其假设震源参数在断层面上随机分布，有利于产生高频地震动。Mai et al.（2002）调整随机错动分布使其具有 $k^{-2}$ 波数谱。混合震源模型的主要思想是利用凹凸体模型生成低波数部分的滑动量，表达凹凸体对滑动量分布的控制，利用随机方法生成高波数段的滑动量，描述由于认知不够深入导致的随机性。目前，混合震源模型主要包括：反演滑动模型 $+k$ 平方滑动模型（Hisada，2001；Gallovič et al.，2003），凹凸体模型 +k 平方滑动模型（王海云，2004），采用半随机方法调整随机错动分布使其具有 $k^{-2}$ 波数谱（Graves et al.，2010，2016）。目前，由于确定性震源模型只在长周期（大于 1 Hz）地震动模型中得到较好的应用，但难以模拟高频的强地震动；随机震源模型虽然能模拟高频强地震动，但震源参数缺乏一定的物理基础；混合震源模型能同时具备上述两种震源模型的应用条件，近些年来被广泛应用于区域尺度宽频带地震动模拟之中。综上，本节基于混合震源模型的定义，着重介绍混合震源模型的建模流程和参数设置。运动学混合震源模型的建模流程如图 2-14 所示。

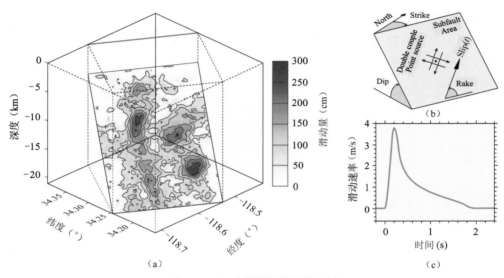

图 2-13　运动学震源模型的示例

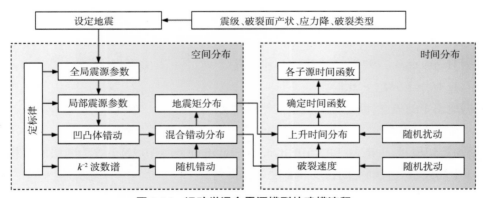

图 2-14　运动学混合震源模型的建模流程

运动学震源模型建模的主要步骤包括：
● 根据区域地壳结构、地震活动分布或"定标律"，确定断层的全局参数；
● 根据震级确定凹凸体的数量后，根据定标律确定断层的局部参数；
● 根据断层面全局参数将断层面划分为若干子断层，根据局部参数将凹凸体定位在断

层面上,结合随机波数谱进一步得到子断层的滑动量;

● 分别根据断层面错动分布和破裂速度确定各次级断层的上升时间和破裂时间,进而根据选择的震源时间函数确定每个子断层的破裂过程。

根据上述运动学震源模型的建模流程,下面将具体介绍上述流程中的参数设置。

有限断层震源参数可以分为全局参数和局部参数两类。全局参数描述破裂面的宏观特征,局部参数描述错动量在断层面上的不均匀分布。对于一个设定地震,破裂面的产状(走向、倾角和埋深)和破裂类型(滑动角)通常是根据地震活断层探测推断的,而全局参数则由区域地壳结构、地震活动性分布和一组定标律确定(刘海明等,2013)。震源参数的定标律是基于地震的自相似性建立的,由曾发生地震反演得到的震源数据统计拟合确定,表达不同震源参数之间存在的物理联系,可以用于未来地震的震源建模(姜伟等,2017)。下面将分别详细介绍震源参数中全局参数和局部参数的确定。

(1)全局参数的确定

全局参数包括断层面长度 $L$、宽度 $W$ 和平均错动量 $D$。一般情况下,$L$ 和 $W$ 可以由与断层类型和震级相关的定标律进行确定(表 2-3),平均错动量 $D$ 则由矩震级和地震矩计算得到,通过对上述定标率及公式的计算,保证长度、宽度和平均错动与地震矩之间的对应关系。

表 2-3 震级和断层尺寸的经验公式("其他"代表断层类型不确定情况)

| 断层类型 | 断层长度(km) | 断层宽度(km) |
|---|---|---|
| 走滑断层 | $\lg L=-2.57+0.62M_w$ | $\lg W=-0.76+0.27M_w$ |
| 逆断层 | $\lg L=-2.42+0.58M_w$ | $\lg W=-1.61+0.41M_w$ |
| 正断层 | $\lg L=-1.88+0.50M_w$ | $\lg W=-1.14+0.35M_w$ |
| 其他 | $\lg L=-2.44+0.59M_w$ | $\lg W=-1.01+0.32M_w$ |

数据来源:王海云. 近场强地震动预测的有限断层震源模型 [D]. 中国地震局工程力学研究所,2004.

根据 Hanks et al.(1979),地震矩 $M_0$ 和矩震级 $M_w$ 之间的关系为

$$\lg M_0 =1.5M_w +16.1 \tag{2-83}$$

根据地震矩的概念,断层面上的平均错动量 $D$ 为

$$M_0 = \mu SD \tag{2-84}$$

式中:$\mu$ 为剪切模量,一般取 $3.0 \times 10^{11}$ dyne/cm²(1 dyne $=1 \times 10^{-5}$ N);$S$ 为断层面面积,可根据表 2-3 中的经验公式确定的长度和宽度计算得到。

(2)局部参数的确定

确定断层局部参数时,需要确定断层面上错动量的不均匀分布以及破裂起始点的位置,如图 2-15 所示。根据表 2-4 中的局部参数定标率,确定凹凸体的面积、长和宽、位置、平均错动量以及断层破裂的起始位置;并且对于混合震源还需进一步根据定标率计算拐角波数,生成破裂面的不均匀分布(曹泽林,2020)。

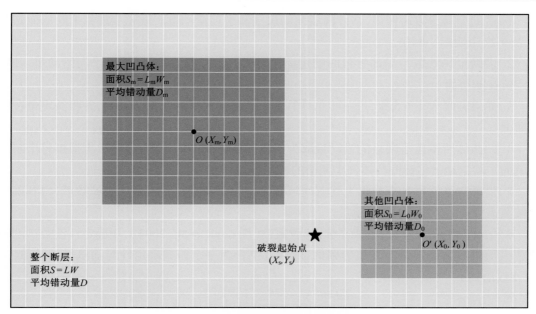

图 2-15　运动学震源凹凸体分布示意

表 2-4　震源局部参数定标律

| 局部参数 | | 定标律 |
|---|---|---|
| 最大凹凸体 | 面积 $S_m$ | $\lg S_m = \lg S - 0.80$ |
| | 平均错动量 $\overline{D}_m$ | $\lg \overline{D}_m = \lg \overline{D} + 0.39$ |
| | 长度 $L_m$ | $\lg L_m = \lg L - 0.45$ |
| | 宽度 $W_m$ | $W_m = S_m / L_m$ |
| | 沿走向 $X_m$ | $\lg X_m = \lg L - 0.31$ |
| | 沿破裂面向下 $Y_m$ | $\lg Y_m = \lg W - 0.35$ |
| 其他凹凸体 | 面积 $S_0$ | $\lg S_0 = \lg S - 1.15$ |
| | 平均错动量 $\overline{D}_0$ | $\lg \overline{D}_0 = \lg \overline{D} + 0.32$ |
| | 长度 $L_0$ | $L_0 = S_0 / W_0$ |
| | 宽度 $W_0$ | $W_0 = W_m \sqrt{S_0 / S_m}$ |
| | 沿走向 $X_0$ | $X_0 = \varsigma(L - X_m - 0.5 L_m)$ |
| | 沿破裂面向下 $Y_0$ | $Y_0 = \varsigma W$ |
| 拐角波数 | 沿走向 $k_{cx}$ | $\lg k_{cx} = 1.89 - 0.5 M_w$ |
| | 沿破裂面向下 $k_{cy}$ | $\lg k_{cy} = 2.09 - 0.5 M_w$ |
| 破裂起始点 | 沿走向 $X_s$ | $\lg X_s = \lg L - 0.31$ |
| | 沿破裂面向下 $Y_s$ | $\lg Y_s = \lg W - 0.30$ |

　　根据已确定的震源全局参数和局部参数,混合震源错动量分布的总体流程可以归纳为如下 8 个步骤(曹泽林,2020)。

1）借助全局参数定标律，估计断层面的尺寸和平均错动量。进一步将整个断层面划分为 $2^M \times 2^N$ 个矩形小网格。

2）借助全局参数与局部参数间的定标律，估计最大凹凸体的尺寸和平均错动量，并将其定位在断层面上。

3）如果震级大于 6.5 级，进一步估计其他凹凸体的尺寸和平均错动量，并将其定位在断层面上。

4）凹凸体所覆盖小网格的错动量取为相应凹凸体的平均错动量，然后再根据整个断层面上的平均错动量估计凹凸体外小网格的错动量。

5）借助二维傅里叶变换将上述空间域确定性的错动分布转换到二维波数域，得到确定性波数谱。

6）估计两个拐角波数，生成二维 $k^{-2}$ 波数谱（Gallovič et al.，2004），用确定性波数谱的幅值替换随机波数谱中最小波数的幅值，使两者结合为一个兼顾确定性与随机性的波数谱。$k^{-2}$ 波数谱如下

$$D(k_x, k_y) = \frac{DLW}{\sqrt{1 + \left[ (k_x / k_{cx})^2 + (k_y / k_{cy})^2 \right]^2}} \exp\left( i \, \varPsi\left( k_x, k_y \right) \right) \tag{2-85}$$

式中：$\varPsi(k_x, k_y)$ 表示随机相位；其他变量的定义见表 2-4。

7）使用逆傅里叶变换，将上述波数谱通过逆傅里叶变换变到二维空间域，得到各小网格的错动量。

8）将整个断层面划分为 $N^L \times N^W$ 个矩形子源，每一个子源错动量取为所覆盖小网格错动量的均值，再以整个断层面平均错动量期望值为约束，按比例调整得到各子源的最终错动量。

（3）断层面错动时间过程

混合震源断层面上发生错动的时间过程可以归纳为 4 个步骤。

1）根据断层埋深确定震源时间函数的类型。浅埋震源能激发出更多高频成分，而较深震源发出的则主要是低频成分。约夫（Yoffe）函数由于考虑了震源破裂的动力学行为，常被用来合成近断层地震动。表 2-5 列出了一些常见的震源时间函数。

表 2-5　数值模拟中常见的震源时间函数

| 函数名称 | 函数形式 |
|---|---|
| 三角形（Dreger et al.，2007） | $T(t) = \begin{cases} 4t / \tau^2, & 0 \le t < \tau / 2 \\ 4(t - \tau) / \tau^2, & \tau / 2 \le t \le \tau \end{cases}$ |
| Liu（Liu et al.，2006） | $L(t) = \begin{cases} 0.7 - 0.7 \cos\dfrac{\pi t}{\tau_1} + 0.6 \sin\dfrac{\pi t}{2\tau_1}, & 0 \le t \le \tau_1 \\ 1.0 - 0.7 \cos\dfrac{\pi t}{\tau_1} + 0.3 \sin\dfrac{\pi(t - \tau_1)}{2\tau_2}, & \tau_1 < t < 2\tau_1 \\ 0.3 + 0.3 \cos\dfrac{\pi(t - \tau_1)}{2\tau_2}, & 2\tau_1 \le t \le \tau \end{cases}$ |

| 函数名称 | 函数形式 |
|---|---|
| Hartzell（Hartzell et al.,2007） | $H(t) = \begin{cases} \sin(\pi t / 2\tau_1), & 0 \le t \le \tau_1 \\ (1 + \cos(\pi(t - \tau_1) / \tau_2)) / 2, & \tau_1 < t \le \tau \end{cases}$ |
| Yoffe（Tinti et al.,2005） | $Y(t) = \dfrac{2}{\pi t} \sqrt{\dfrac{\tau - t}{\tau}} \cdot T(t), \quad 0 \le t \le \tau$ |
| Brune（Brune 1970） | $B(t) = \dfrac{t}{\tau^2} \mathrm{e}^{-t/\tau}, \quad 0 \le t \le \tau$ |

2）根据子断层错动量，计算每个子源的上升时间

$$t_\mathrm{r} = 4.308 \times 10^{-7} M_0^{1/3} \tag{2-86}$$

式中：$M_0$ 为地震矩（N·m）。

式（2-86）反映出错动量较大的子源所对应的上升时间更长。

3）根据背景速度结构的剪切波速，确定每个次级断层的破裂速度，一般将破裂速度取为局部剪切波速的 0.8~0.85 倍。

4）由破裂起始点位置和破裂速度，可确定每个次级断层的破裂时间 $t_0$，在此基础上增加一随机扰动以反映破裂的不均匀性，消除断层划分带来的人为周期性。该随机扰动的表达式为

$$t_\mathrm{rup} = t_0 \exp(c\zeta) \tag{2-87}$$

式中：$c$ 为经验系数，根据数值试验取为 0.2；$\zeta$ 为阻尼比。

式（2-87）表明破裂时间随扰动量而增加，优于相加的关系（Crempien et al.,2014）。

根据上述步骤即可确定每个子源对应的错动量及震源时间函数，进而可以详细地描述整个断层面上错动的空间分布和时间过程，为确定性方法模拟宽频带地震动奠定基础。目前，国际知名的地震动模拟平台——南加州地震中心（SCEC）的宽频带平台（Broadband Platform，BBP）（https://github.com/SECEcode/bbp）总共包括 5 种地震动模拟方法，其中的 3 种方法是基于混合震源的地震动模拟方法，分别简写为 GP、SDSU 和 UCSB。BBP 上提供了 GP 和 UCSB 方法生成的 Loma Prieta 地震的震源模型，如图 2-16 所示。

## 2.1.2 地震动模拟的随机方法

随机方法始于 1983 年布尔（Boore）提出的著名随机点源地震动模拟理论（Boore，1983）。该方法可以较好地模拟地震动的高频部分，因而受到研究者和工程设计者的广泛关注，但是由于点震源模型不能考虑断层尺寸的影响，因此仅适用于模拟远场的地震动。因而，Beresnev et al.（1997）以点源模型为基础，提出了随机有限断层法，该方法能够近似考虑"震源—传播路径—场地条件"全过程的影响，计算效率高，近年来被广泛应用于高频地震动模拟。针对以上分析，本小节将着重对随机有限断层法进行详细介绍。

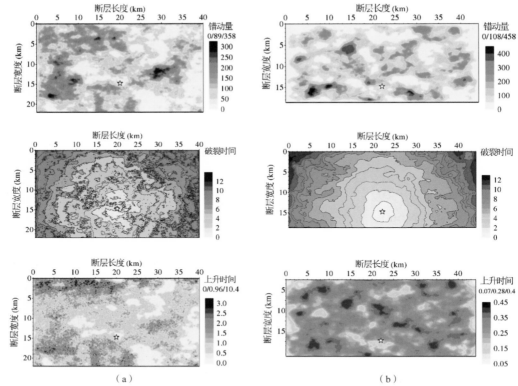

**图 2-16　GP 方法和 UCSB 方法对应的 Loma Prieta 地震的震源模型**

　　采用随机有限断层法进行地震动模拟的主要思想如图 2-17 所示。其中 $O$ 是断层的起点，$\Phi_1$ 为断层走向，$\Phi_2$ 为场址 $P$ 的方位角，$\delta$ 是断层的倾角，$h$ 为断层埋深，$dl$ 和 $dw$ 分别为划分的子断层的长度和宽度，$R_{ij}$ 为观测点 $P$ 与第（$i,j$）个子断层之间的距离，$S$ 为第（$i,j$）个子断层中心。对于地震动的模拟过程，简单来讲就是将一个发震规模较大的断层划分为一系列子断层，然后将每一个子断层视为点源，进而分析每个子源对场址的影响；接着考虑所有子源，在频域上生成傅氏谱，进行傅里叶逆变换；最后转换成时域上的地震动时程。此外，考虑到子断层破裂存在时间先后，可利用断层与场址的几何关系和地震波的传播过程，给定每个子源的地震波对场址产生地震动时间的先后顺序，叠加所有子源到达场址的地震动时程，合成场址地面运动 $a(t)$，即

$$a(t) = \sum_{i=1}^{N_{\mathrm{L}}} \sum_{j=1}^{N_{\mathrm{W}}} a_{ij}(t + \Delta t_{ij}) \tag{2-88}$$

式中：$N_{\mathrm{L}}$ 和 $N_{\mathrm{W}}$ 分别为沿着断层走向和倾向的子断层的数目；$a_{ij}$ 为（$i,j$）位置子源的地震动；$\Delta t_{ij}$ 为滞后时间。

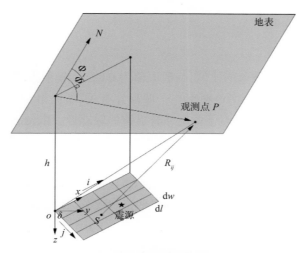

**图 2-17　随机有限断层模型示意**

假设一个地震矩为 $M_0$ 的点源产生的傅里叶谱为 $F_A(M_0, f, R)$，它可以表示为震源谱 $S(M_0, f)$、距离衰减项 $P(R, f)$、场地效应影响项 $G(f)$ 的乘积，表达式为

$$F_A(M_0, f, R) = S(M_0, f) \cdot P(R, f) \cdot G(f) \tag{2-89}$$

式中：$P(R, f)$ 为距离衰减项，$P(R, f) = Z(R) \cdot D(R, f)$，其中 $Z(R)$ 为与距离有关的几何衰减项，$D(R, f)$ 为与距离和频率有关的滞弹性衰减项；$G(f)$ 为场地效应项，$G(f) = A(f) \cdot K(f)$，其中 $A(f)$ 是近地表幅值放大因子，$K(f)$ 是高频截止滤波器。

基于上述对有限断层法基本原理的分析，下面将详细介绍随机有限断层法中震源谱、距离衰减项及场地效应项的计算过程。

### 2.1.2.1　震源谱模型

由于震源处于地壳深处，尚无法直接探查，目前对震源的认识并不深入，对震源的研究始终是地震学的一个难点。在随机有限断层法中，用震源谱来表征震源的作用，主要受地震矩及拐角频率两个参数的控制，其既能够表征地震的大小，又能够描述地震波的频率成分。

1. 静力学拐角频率模型（FINSIM）

Beresnev et al.（1997）在随机点源法的基础上，考虑了近场地震断层尺寸的作用，提出了静力学拐角频率的模型。其采用 Boore 的 $\omega^2$ 模型，将地震加速度看成有限带宽、有限持时的白噪声。加速度的震源谱表示为

$$S_{aij}(M_0, f) = (2\pi f)^2 C M_{0ij} / [1 + (f / f_0)^2] \tag{2-90}$$

式中：$M_{0ij}$ 为子源地震矩，可以用应力降 $\Delta\sigma$ 和子源尺寸表示为 $M_{0ij} = \Delta\sigma \cdot \Delta l^3$；$f$ 为频率；$C$ 为表达辐射方向性差别的常数。$C$ 的表达式为

$$C = R_{\theta\phi} F V / (4\pi\rho\beta^3) \tag{2-91}$$

式中：$R_{\theta\phi}$ 为辐射因子，一般取值为 0.55；$F$ 为自由地表放大因子，一般取值为 2；$V$ 为水平能量系数，一般取值为 0.707；$\rho$ 为介质密度；$\beta$ 为剪切波速。

式（2-90）中的 $f_0$ 为静力学拐角频率（Brune，1970；Beresnev et al.，1998a，1998b），表达

式为

$$f_0 = \frac{yz}{\pi} \frac{\beta}{\Delta l} \qquad (2\text{-}92)$$

式中:$y$ 为破裂速度与剪切波速的比值,一般取值为 0.8;$z$ 为辐射强度因子;$\beta$ 为剪切波速。

由式(2-92)可知,静力学拐角频率与子源尺寸有关,所以最后求得的傅氏谱的谱值和子源尺寸的划分情况相关,结果对子源尺寸有显著的敏感性。Beresnev et al.(1998a)认为划分子源尺寸为 5~15 km 时,能够得到较为合理的结果。此外,一次地震总的地震矩是不变的,为了保证总的地震矩守恒,常需要某一子源多次触发地震,这违背了地震发生时的实际情况,显然是不合理的。而且大震一般拥有比小震更加丰富的低频成分,当把一个大的断层划分为若干子断层时,难以重现大断层所拥有的低频成分(Motazedian et al.,1996)。

采用式(2-90)所示的震源谱模型的计算结果,对于中小地震来说,能够获得比较好的结果,但是对于大震来说,模拟结果往往会高于实际记录的谱值。为此,研究者对震源谱模型做了修改(王国新,2001),第($i$,$j$)个子源的加速度谱表达式为

$$S_{aij}(M_0, f) = \frac{(2\pi f)^2 C M_{0ij}}{[1 + (f/f_0)^a]^b}, \quad \begin{cases} a = 3.05 - 0.3 M_w \\ b = 2/a \end{cases} \qquad (2\text{-}93)$$

式中:$a$ 和 $b$ 表示的是与矩震级有关的参数,其可以由实际地震记录的统计分析得到。

可以看出,改进的震源谱模型的静力学拐角频率并没有发生变化,但随着矩震级的增加,$a$ 会变小,$b$ 会增大,此时出现的"下垂"现象克服了上述所述的缺点。同时,式(2-93)中增加了 $ab=2$ 的约束条件,保证了其能够收敛于式(2-92)所表示的震源谱模型。

2. 动力学拐角频率模型(EXSIM)

如上所述,由于静力学拐角频率模型与子源的尺寸有明显的相关性,并且为了满足地震矩守恒,需某一子断层多次触发。为了解决这些问题,Motazedian et al.(1996)将动力学拐角频率模型引入震源谱模型中,式(2-93)变为

$$S_{aij}(M_0, f) = \frac{(2\pi f)^2 C M_{0ij} H_{ij}}{[1 + (f/f_{cij})^2]} \qquad (2\text{-}94)$$

式中:$M_{0ij}$ 为第($i$,$j$)个子源的地震矩;$H_{ij}$ 为标度因子;$f_{cij}$ 为动力学拐角频率;其余参数的定义与式(2-90)相同。

Motazedian(2005)认为子源的地震矩是各子断层错动量的加权平均值,表达式为

$$M_{0ij} = M_0 D_{ij} \Big/ \sum_{l=1}^{N_L} \sum_{k=1}^{N_W} D_{kl} \qquad (2\text{-}95)$$

式中:$M_0$ 为总的地震矩;$D_{ij}$ 为第($i$,$j$)个子源的滑动量;$\sum_{l=1}^{N_L} \sum_{k=1}^{N_W} D_{kl}$ 为所有子断层错动量的和,其中 $N_L$ 和 $N_W$ 分别为沿着断层走向和倾向的子断层的数目。

这样就可以把子源的地震矩与子源的错动量联系到一起,每个子源的错动量唯一,所以每个子源的地震矩也唯一,并且只破裂一次,不再需要子断层的多次触发来保证地震矩的守恒。同时,Motazedian(2005)引入脉冲面积百分比的概念,它表示一次地震发生时,活动子断层的比例,并且只有这部分活动子断层对动力学拐角频率有贡献,通常取值为 50%,它主

要影响地震波的低频辐射能,从而解决了静力学拐角频率方法的模拟结果在低频部分的幅值偏大的问题。

式（2-94）的动力学拐角频率可以表示为

$$f_{cij} = 4.9 \times 10^6 \beta (\Delta\sigma / M_{0\text{ave}})^{1/3} N_R(t)^{-1/3}, \quad M_{0\text{ave}} = M_0 / N \qquad （2-96）$$

式中:$\Delta\sigma$ 为应力降;$M_{0\text{ave}}$ 为平均地震矩;$N_R(t)$ 为某一时刻子源的破裂数目;$N$ 为子断层总数;其余参数的定义如前。

由式（2-96）可以看出,动力学拐角频率模型克服了静力学拐角频率模型与子源尺寸有关的缺点,但增加了一个新的问题,即动力学拐角频率与子源的破裂数目有关,随着子源破裂数的增加,动力学拐角频率会越来越低,这也不符合实际情况（Motazedian 2005）。因此,式（2-94）中加入了能量补偿因子 $H_{ij}$ 来弥补这部分能量。

若将大的断层划分为 $N$ 个子断层,则总的高频辐射能 $E$ 应该为每个子源辐射能 $E_{ij}$ 的 $N$ 倍,且能量又可以表示为傅氏谱的平方,即

$$E_{ij} = E / N \qquad （2-97）$$

$$E_{ij} = (1/N)\int \left\{ CM_0 (2\pi f)^2 / [1+(f/f_0)^2] \right\}^2 \mathrm{d}f \qquad （2-98）$$

根据式（2-94）,每个子源的辐射能又可以表示为

$$E_{ij} = (1/N)\int \left\{ CM_{0ij} H_{ij} (2\pi f)^2 / [1+(f/f_{0ij})^2] \right\}^2 \mathrm{d}f \qquad （2-99）$$

式中:$M_{0ij} = M_0 / N$。

联立式（2-97）至式（2-99）,得

$$H_{ij} = \sqrt{\frac{N\int \left\{ f^4 / [1+(f/f_0)^2]^2 \right\} \mathrm{d}f}{\int \left\{ f^4 / [1+(f/f_{0ij})^2]^2 \right\} \mathrm{d}f}} \qquad （2-100）$$

式（2-100）即为加速度谱的能量标度因子的表达式。

3. 应力降

应力降是构建震源模型的一个最重要的参数,它控制着拐角频率的大小,对模拟结果的影响较大（Motazedian, 2005）。应力降描述的是一次地震破裂前后断层上应力的差值,控制了地震波的强度（王国新, 2001）,影响地震加速度反应谱的全频段,尤其对高频段影响比较大,地震动模拟中应力降越大,拐角频率越大,高频成分就越丰富。

#### 2.1.2.2　路径效应

在地震波从开始产生至到达场点的过程中,地震动强度是不断降低的,主要表现为两个方面:振幅的降低、能量的降低。在地震波传播过程中,随着传播范围的扩大,能流密度会减小,导致地震波的振幅减小,这种随着距离的增加振幅减小的过程叫作几何衰减,用 $Z(R)$ 表示,其只与距离 $R$ 有关。但是,随着地震波的传播,其能量也会减小,主要是由地球介质对波能的吸收及耗散导致的,这种作用叫作滞弹性衰减,或者黏弹性衰减等。这种与距离以及频率有关的衰减作用,用 $D(R, f)$ 来表示。所以距离衰减项可以表示为

$$P(R, f) = Z(R) \cdot D(R, f) \qquad （2-101）$$

1. 几何衰减

哈策尔（Hartzell）提出了最简单的反比例几何衰减模型（Hartzell，1978），表达式为

$$Z(R) = \frac{1}{R} \qquad (2\text{-}102)$$

目前，主要把几何衰减视作分段的连续函数，表达式为

$$Z(R) = \begin{cases} R_0 / R & R \leq R_1 \\ Z(R_1)(R_1 / R)^{P_1} & R_1 < R \leq R_2 \\ \quad\vdots \\ Z(R_n)(R_n / R)^{P_n} & R_n \leq R \end{cases} \qquad (2\text{-}103)$$

式（2-103）中的距离 $R$（km）通常为距离断层面的最近距离，而不是震源距。常用的几何衰减是阿特金森（Atkinson et al.，1995）提出的三段式几何衰减模型，它令 $R_0 = 1$，$R_1 = 70$，$R_2 = 130$，$P_1 = 0$，$P_2 = 0.5$，具体表达式为

$$Z(R) = \begin{cases} 1 / R & R < 70 \\ 1 / 70 & 70 \leq R \leq 130 \\ 1 / 70 \cdot \sqrt{130 / R} & R > 130 \end{cases} \qquad (2\text{-}104)$$

2. 滞弹性衰减

滞弹性衰减主要用来表示地震波能量的变化，表达式为

$$D(R, f) = \exp\left\{ -\pi f R / \left[ Q(f)\beta \right] \right\} \qquad (2\text{-}105)$$

式中：$Q(f)$ 为品质因子；$\beta$ 为剪切波速。

$Q(f)$ 是地球介质对地震波能量耗散的重要因子，表示了路径衰减中的滞弹性衰减。一般来说，品质因子 $Q(f)$ 值越大，表示地球介质的弹性程度越低，也就意味着岩石越硬，能量耗散就越少。在地震工程中，人们所关心的频率范围内品质因子可以表示为随频率变化的指数形式，即

$$Q(f) = Q_0 f^n \qquad (2\text{-}106)$$

式中：$Q_0$ 为 1 Hz 处品质因子的取值；$n$ 为地区的地震活动性因子。

3. 场地效应

场地主要指的是近地表的一层覆盖层，其可以看作是路径项的一部分，但是由于其距离场址较近，影响较大，所以将场地效应和路径效应分开考虑是非常方便的，由于场地效应复杂，可以自由考虑多种因素对地面运动的影响。一般来说，场地效应主要产生两个方面的影响：放大效应 $A(f)$、衰减效应 $K(f)$。两者的关系可表示为

$$G(f) = A(f) \cdot K(f) \qquad (2\text{-}107)$$

（1）放大效应

地震波传播到场地时，由于地球介质在地表处密度小、传播速度低，在地表处会产生幅值放大现象，可以用波阻抗这一概念来描述，表达式为

$$A(f) = \sqrt{Z_S / \overline{Z}(f)} \qquad (2\text{-}108)$$

式中：$Z_S$ 为震源处的波阻抗，$Z_S = \rho_S \beta_S$；$\rho_S$ 和 $\beta_S$ 分别为震源处的密度和剪切波速；$\overline{Z}(f)$ 为地表处的波阻抗，它表示的是近地表波阻抗的平均值，是频率的函数，反映的是从表面到相当于 1/4 波长深度的时间加权平均值，即

$$\overline{Z}(f) = \frac{\int_0^{t(z(f))} \rho(z)\beta(z)\mathrm{d}t}{\int_0^{t(z(f))} \mathrm{d}t} \tag{2-109}$$

式中：积分上限为剪切波速从深度 $Z(f)$ 到达自由表面的时间，深度是与频率有关的函数。

（2）衰减效应

地震动的衰减可以分为两部分，其中一部分是在路径介质中的耗散，是由地震波的散射引起的；另一部分是与路径无关的衰减，是由场地的作用引起的。

汉克斯（Hanks，1982）通过对加利福尼亚 10 km 范围内的台站的数据研究发现，当地震波的频率高于一定频率时，加速度谱值会急剧减小，他认为这种衰减是场地的作用引起的。常用的滤波器有两类。

1）$f_{\max}$ 滤波器（Boore，1983；Hanks，1982）：

$$K(f) = [1 + (f/f_{\max})^8]^{-1/2} \tag{2-110}$$

2）卡帕（Kappa）滤波器（Anderson et al.，1984）：

$$K(f) = \exp(-\pi k f) \tag{2-111}$$

式中：$k$ 为 Kappa 因子，表示的是与路径无关的高频衰减项，用以表达场地作用下引起的衰减效应，其取值越大，高频衰减越多，高频处的能量越小（梁俊伟，2015）。

目前，随机有限断层法的模拟程序主要是由 Boore 开发的 EXSIM_dmb（http：//www.daveboore.com/software_online.html）和由 Motazedi 开发的 EXSIM_beta（http：//http-server.carleton.ca/~dariush/）。EXSIM_dmb 和 EXSIM_beta 都是基于带动态拐角频率的随机有限断层法的模拟程序。

## 2.1.3　地震动模拟的混合方法

为了扬长避短，充分发挥随机性方法在短周期段精度高、长周期段精度低，确定性方法在长周期段精度高、短周期段精度低的特点，国内外研究者提出最新的混合方法（见表2-6），即低频地震动（一般小于 1 Hz）采用格林函数或用于不规则地质结构的速度模型；高频地震动（一般大于 1 Hz）采用随机合成的结果。两者分别经过适当的低通和高通滤波，通过叠加合成，以模拟大震的强地震动（孙晓丹等，2012）。

表 2-6　国内外混合方法模拟地震动实例

| 主要作者及年份 | $f_{\mathrm{m}}$（Hz） | 方法（LF + HF） | 模拟区域 |
| --- | --- | --- | --- |
| Kamae et al.，1998 | 1.0 | FD + St-GF | Kobe，Japan |
| Joshi et al.，2004 | 1.0 | St-GF + EGF | Hiroshima-Ehime，Japan |
| Causse et al.，2009 | 1.0 | SE+EGF | Grenoble，France |

| 主要作者及年份 | $f_m$（Hz） | 方法（LF + HF） | 模拟区域 |
|---|---|---|---|
| Graves et al.,2010 | 1.0 | FD+SFF | California, USA |
| Mena et al.,2006 | 0.5 | FD+Sc-GF | San Andreas Fault, California, USA |
| Roten et al.,2012 | 1.0 | FD+Sc-GF | Salt Lake City, Utah, USA |
| Smerzini et al.,2012 | 2.5 | SE+SFF | L'Aquila, Italy |
| Seyhan et al.,2013 | 1.0 | FD+SFF | California, USA |
| Razafindrakoto et al.,2016 | 0.5~1.0 | FD +SFF | Christchurch Area, New Zealand |
| Pitarka et al.,2017 | 1.0 | FK+SFF | Hypothetical |
| Akinci et al.,2017 | 1.0 | FD+SFF | Marmara Sea, Turkey |
| Paolucci et al.,2018 | 1.5 | SE+ANN | Po Plain, Italy |
| Gatti et al.,2018b | 5.0 | SE+ANN | Kashiwazaki-Kariwa, Japan |
| 周红等,2018 | 1.0 | SE+SFF | 成都,中国 |
| 付长华等,2017 | 1.0 | FD+SFF | 天水盆地,中国 |
| Lin Yuanzheng et al.,2021 | 0.5 | FE+SFF | 集集,中国 |

注:表中 LF 代表低频方法,主要包括数值方法中的有限差分(FD)法、有限元(FE)法、谱元(SE)法和频率波数域方法(FK);HF 代表高频方法,主要包括随机有限断层法(SFF)、经验格林函数法(EGF)、散射格林函数法(Sc-GF)、随机格林函数法(St-GF)、人工神经网络(ANN);$f_m$ 为低频方法和高频方法合成中选用的交叉频率。

## 2.1.4　区域地震模拟实例

1. 1679 年北京地区"三河－平谷"8.0 级地震动模拟

北京作为中国的政治、经济和文化中心,其地位的重要性毋庸置疑。北京坐落于典型盆地构造的范围内,具有发生大地震的构造背景。震害研究表明,沉积地形的存在对强地震动有显著的放大效应,会对自振周期较长的高层建筑、大跨桥梁等建筑物造成比较严重的破坏作用,给北京地区的经济发展和人类生存带来潜在威胁。发生于清朝康熙十八年(公元1679 年)的"三河－平谷"8.0 级地震是北京地区有历史记录以来最大的一次地震。但值得注意的是,发生于 1679 年的"三河－平谷"地震作为历史大震缺乏地震记录,难以进行震源破裂的反演,断层面上破裂细节尚不清楚。模拟近断层地震动时,由于距离发震断层比较近,地面运动强烈依赖于发震断层面的位错发展过程、滑动方向和破裂速度等断层面上的破裂细节。断层面上破裂方式的改变影响了整个断层面上的破裂过程,对近断层地震动作用下地面运动分布有着不可忽视的影响。

基于以上分析,选择北京地区(东经 116° 10′～117° 20′、北纬 39° 30′~40° 30′)作为研究对象,建立包含起伏地形的地下介质三维速度结构模型,并参考已有文献给出的断层位置、面积和倾角等震源基本参数建立确定性有限断层震源模型,开展了最高频率为 2 Hz 的确定性物理模拟。在国家超算中心的"天河一号"超级计算机上采用谱元法对此次地震下北京地区强地面运动的分布特征进行了模拟,深入研究不同断层的破裂方式(如单侧破裂和双侧破裂）。该模拟分析了该地震对北京地区强地震动的影响和可能引起的地震危险性分布特征，可为近场复杂场地的地震动估计和工程抗震设计等提供借鉴和参考。

根据北京地区（东经 116° 10′ ~ 117° 20′、北纬 39° 30′ ~40° 30′）的地面高程数据、物探及钻孔资料，通过 Csimsoft 公司开发的前处理软件 Trelis 建立含起伏地形的北京地区精细三维速度结构模型，模型包含地壳和上地幔顶部，被六个速度分层界面分割，分别为第四系底界面、第三系底界面、G 界面、C2 界面、C3 界面和 Moho 面，如图 2-18 所示。各个分层介质的物理参数见表 2-7。

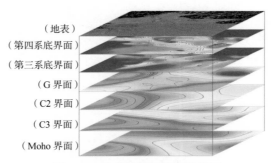

**图 2-18　北京地区地质构造界面**

**表 2-7　北京地区各层介质的物理参数**

| 土层 | $\rho$( kg/m³ ) | $V_p$( m/s ) | $V_s$( m/s ) | $Q_0$ |
|---|---|---|---|---|
| 地表—第四系底界面 | 2 000 | 1 800 | 1 000 | 80 |
| 第四系底界面—第三系底界面 | 2 350 | 3 400 | 1 800 | 200 |
| 第三系底界面—G 界面 | 2 700 | 6 000 | 3 400 | 500 |
| G 界面—C2 界面 | 2 800 | 6 300 | 3 500 | 800 |
| C2 界面—C3 界面 | 2 880 | 6 530 | 3 700 | 1 000 |
| C3 界面—Moho 界面 | 2 960 | 6 650 | 3 650 | 1 000 |

建模时，首先将地面高程数据和各个分层界面控制点的经纬度转化为平面直角坐标，然后依次将各个界面的控制点导入 Trelis 建模软件并将控制点扫掠生成各个分层界面，最后自上而下叠加所有分层界面，建立包含起伏地形的三维物理模型，如图 2-19 所示。为保证结果的精确可靠，谱元法中要求最短波长中至少包含 5 个网格点，本书中设定模型网格能模拟的最大频率从 1 Hz 扩展为 2 Hz。根据实际地质参数，模型顶部至深度 3 km 处的网格大小约为 300 m，深度 3 km 至模型底部的网格大小约为 900 m。划分出的网格总数约为 270万，GLL 节点数量约为 2.23 亿。

图 2-19　北京地区三维物理模型

运动学断层震源模型考虑为多个动态子源（点震源）地震反应叠加。建立断层震源模型时，主要考虑断层面子源的划分以及断层震源参数的设定。主要思路是将断层面上每一块区域假定为由一个地震矩点源控制的子源。子源群中存在一个最开始破裂的起始点，其余每个子源的破裂起始时间由其与起始破裂点的距离、传播方式及时间过程确定。通过将所有的子源的矩张量大小和对应的时间函数进行叠加，模拟整个断层面上的破裂过程。依据上述思路，基于 Matlab 软件针对 SPECFEM3D 谱元程序开发了运动学有限断层模型程序，解决了谱元模拟中有限断层震源的输入问题，震源设置的主要步骤如图 2-20 所示。

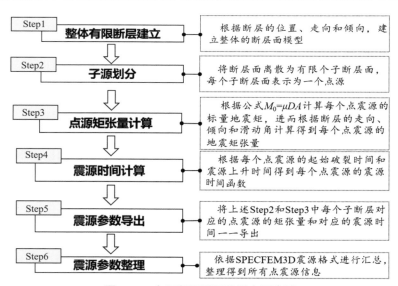

图 2-20　有限断层震源设置主要步骤

针对"三河－平谷"地震建立确定性震源模型的步骤：根据相应的历史考察资料进行全局参数设置（表 2-8）；将断层面使用高度约为 1 km 的三角形划分断层面，共划分为 2 846个子源断层，进而针对 1679 年"三河－平谷"地震进行局部震源参数设置，震源模型参考相关文献中的震源模型（付长华等，2017），共设置两个凹凸体，在断层面上的相对位置如图 2-21 所示；取凹凸体的面积为破裂面总面积的 22%，破裂面总面积为 1 280 km²，取最大凹凸体面积为 200 km²，次级凹凸体面积为 76 km²；凹凸体中的平均滑移量为 7 m，背景域的滑移量为 2.3 m；针对单、双侧两种破裂方式，共设置了 3 个震源模型，分别把震源破裂的起始点设置在断层面的中心和断层面左、右边界的中心。

**表 2-8　断层震源参数设置**

| 震源参数 | 参数值 | 震源参数 | 参数值 |
|---|---|---|---|
| 断层长度（km） | 64 | 断层走向 | 32.5° |
| 断层宽度（km） | 20 | 断层倾角 | 75° |
| 震级 $M_w$ | 8.0 | 滑动角 | 260° |
| 断层起点 | 116.8°E，39.8°N | 破裂初始点 | 见图 2-22 |
| 断层终点 | 117.2°E，40.3°N | 破裂形式 | 圆形破裂 |
| 断层上端埋深（km） | 3.45 | 破裂速度（km/s） | 2.8 |

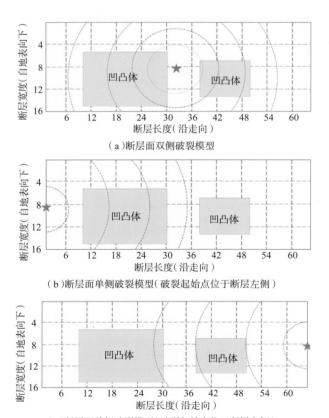

（a）断层面双侧破裂模型

（b）断层面单侧破裂模型（破裂起始点位于断层左侧）

（c）断层面单侧破裂模型（破裂起始点位于断层右侧）

**图 2-21　断层破裂模型**

　　模拟结果给出了不同破裂方式下,地面两个方向上的速度地震波场快照。图 2-22 中的五角星代表震源的起始破裂点,箭头指向为断层破裂方向。三种破裂方式的波场快照图均从第 5 s 开始,并每隔 10 s 输出相应的波场快照,结果如图 2-22 所示。此外,还得出了不同破裂方式下的地面速度峰值( Peak Ground Velocity, PGV )分布,如图 2-23 所示;此外,给出不同破裂方式下加速度、速度和位移的空间分布情况以及峰值大小,如图 2-24 至图 2-26 所示,具体数值见表 2-9 至表 2-14。上述计算基于国家超算中心的"天河一号"计算平台,使用谱元程序 SPECFEM3D,计算共调用 200 个进程,时间步距为 0.002 5 s。共模拟 90 s 内的地震波传播,每种工况计算时间约为 4 h。

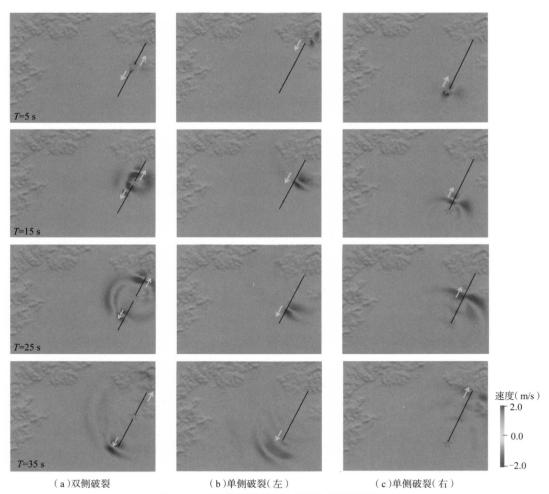

（a）双侧破裂　　　　　　　　　　（b）单侧破裂（左）　　　　　　　　　（c）单侧破裂（右）

**图 2-22　不同震源破裂模式下速度波场快照**

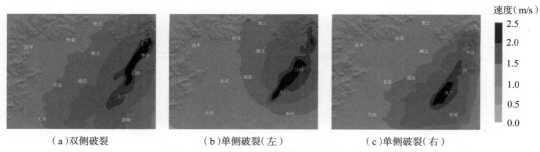

（a）双侧破裂　　　　　　　（b）单侧破裂（左）　　　　　　（c）单侧破裂（右）

**图 2-23　不同震源破裂模式下 PGV 分布**

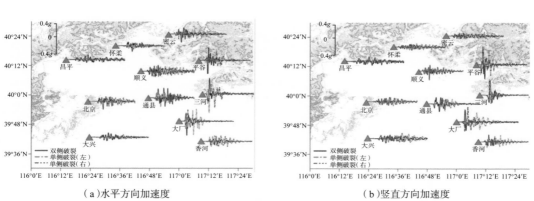

（a）水平方向加速度　　　　　　　　　　（b）竖直方向加速度

**图 2-24　不同观测点对应的加速度时程结果**

**表 2-9　观测点水平方向峰值加速度**

| 观测点位置 | 平谷 | 三河 | 大厂 | 香河 | 通州 | 北京 | 大兴 | 顺义 |
|---|---|---|---|---|---|---|---|---|
| 双侧破裂 | 0.38g | 0.37g | 0.32g | 0.20g | 0.22g | 0.11g | 0.09g | 0.20g |
| 单侧破裂（左） | 0.37g | 0.34g | 0.31g | 0.19g | 0.19g | 0.10g | 0.10g | 0.18g |
| 单侧破裂（右） | 0.37g | 0.30g | 0.34g | 0.18g | 0.18g | 0.10g | 0.08g | 0.17g |

注：通州，原通县。

**表 2-10　观测点竖直方向峰值加速度**

| 观测点位置 | 平谷 | 三河 | 大厂 | 香河 | 通州 | 北京 | 大兴 | 顺义 |
|---|---|---|---|---|---|---|---|---|
| 双侧破裂 | 0.39g | 0.35g | 0.31g | 0.22g | 0.21g | 0.10g | 0.12g | 0.20g |
| 单侧破裂（左） | 0.36g | 0.34g | 0.28g | 0.17g | 0.20g | 0.10g | 0.10g | 0.18g |
| 单侧破裂（右） | 0.37g | 0.33g | 0.33g | 0.17g | 0.18g | 0.10g | 0.09g | 0.18g |

注：通州，原通县。

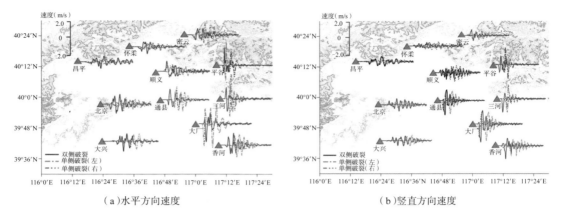

（a）水平方向速度　　　　　　　　　　　（b）竖直方向速度

**图 2-25　不同观测点对应的速度时程结果**

**表 2-11　观测点水平方向峰值速度**　　　　　　　　　　（单位：m/s）

| 观测点位置 | 平谷 | 三河 | 大厂 | 香河 | 通州 | 北京 | 大兴 | 顺义 |
|---|---|---|---|---|---|---|---|---|
| 双侧破裂 | 1.98 | 1.63 | 1.87 | 1.37 | 1.63 | 1.05 | 0.73 | 1.23 |
| 单侧破裂（左） | 2.21 | 1.72 | 1.93 | 1.32 | 1.53 | 0.97 | 0.75 | 1.03 |
| 单侧破裂（右） | 1.77 | 2.03 | 2.01 | 1.27 | 1.61 | 0.86 | 0.56 | 1.01 |

注：通州，原通县。

**表 2-12　观测点竖直方向峰值速度**　　　　　　　　　　（单位：m/s）

| 观测点位置 | 平谷 | 三河 | 大厂 | 香河 | 通州 | 北京 | 大兴 | 顺义 |
|---|---|---|---|---|---|---|---|---|
| 双侧破裂 | 1.55 | -1.53 | 1.76 | -1.40 | 1.57 | 0.87 | 0.45 | 0.98 |
| 单侧破裂（左） | 1.56 | -1.33 | 1.66 | 1.22 | 1.50 | 0.83 | 0.53 | 0.83 |
| 单侧破裂（右） | 1.68 | 1.67 | 1.57 | 1.11 | 1.43 | 0.76 | 0.37 | 1.02 |

注：通州，原通县。

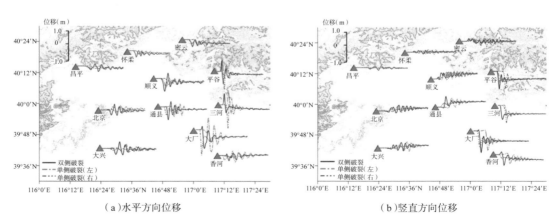

（a）水平方向位移　　　　　　　　　　　（b）竖直方向位移

**图 2-26　不同观测点对应的位移时程结果**

表 2-13　观测点水平方向峰值位移　（单位：m）

| 观测点位置 | 平谷 | 三河 | 大厂 | 香河 | 通州 | 北京 | 大兴 | 顺义 |
|---|---|---|---|---|---|---|---|---|
| 双侧破裂 | 1.03 | 1.10 | -0.93 | 0.17 | -0.68 | 0.43 | 0.35 | -0.73 |
| 单侧破裂（左） | 1.02 | 1.21 | -1.03 | 0.18 | -0.53 | 0.42 | 0.35 | 0.65 |
| 单侧破裂（右） | -1.11 | -1.29 | 1.02 | 0.17 | -0.51 | 0.37 | 0.27 | 0.53 |

表 2-14　观测点竖直方向峰值位移　（单位：m）

| 观测点位置 | 平谷 | 三河 | 大厂 | 香河 | 通州 | 北京 | 大兴 | 顺义 |
|---|---|---|---|---|---|---|---|---|
| 双侧破裂 | -0.98 | -0.78 | -1.00 | 0.19 | 0.54 | 0.24 | 0.23 | 0.27 |
| 单侧破裂（左） | -0.87 | -0.77 | -0.95 | 0.18 | 0.43 | 0.21 | 0.24 | 0.26 |
| 单侧破裂（右） | -1.01 | -0.90 | -0.83 | 0.15 | 0.35 | 0.22 | 0.23 | 0.27 |

采用谱元法对 1679 年"三河－平谷" 8.0 级地震进行了模拟，通过改变断层面的不同破裂方式（单侧破裂和双侧破裂），得到了不同破裂方式下地面速度的波场快照、速度峰值分布和地震动的空间分布。通过对所得结果进行分析，得出了以下主要结论。

1）北京地区强地面运动分布体现了条带状集中性分布特征、方向性效应以及永久位移等近断层地震动特性。北京地区强地面运动峰值速度分布呈现"南强北弱，东强西弱"的趋势。"三河－平谷"地区峰值加速度最高可达 $0.37g$，大厂地区峰值加速度最高可达 $0.32g$，结果表明平谷、大厂等地区为震害分布的主要区域。

2）改变断层破裂方式显著影响了北京地区的地面运动分布情况，通过 PGV 分布图发现双侧破裂比单侧破裂的影响范围更广，北京地区遭受地震灾害的威胁最大。

3）不同断层破裂方式对近断层区域内的地震动时程结果也存在较大影响，以大厂观测点为例，不同破裂方式由于震中距不同，地震动时程表现出的峰值时刻、峰值大小和地震动持时明显不同，尤其当观测点处存在沉积地形时该现象更为明显。

此外，通过精细化地质模型建模以及给震源模型输入不同值，模拟得到了北京地区的强地面运动分布，取得的模拟结果可以为北京地区的震害预测、预防及建设规划提供一定的指导和借鉴。

2. 美国加州地区 7.0 级地震动模拟

美国劳伦斯国家重点实验室的罗杰斯（Rodgers）教授团队最新证实了 0~10 Hz 的宽频模拟可采用完全物理的技术实现，该团队基于有限差分软件 SW4，使用 Graves 和 Pitarka（2016）的方法生成运动学混合震源模型（图 2-27），模拟了 Hayward 断层在 7.0 级地震作用下加州地区强地面运动分布情况。

模拟计算区域的尺寸为 120 km × 80 km × 25 km，为达到模拟最高频率为 10 Hz 的要求，网格最小尺寸为 6.25 m，对区域进行离散，共生成 2 030 亿个网格节点数。进而模拟计算了该断层上破裂起始位置不同时，加州地区地面运动的分布情况。

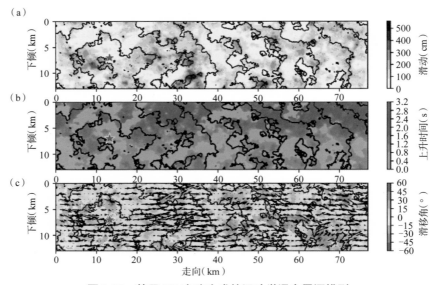

**图 2-27　基于 GP 方法生成的运动学混合震源模型**

（a）断层面的滑动　（b）断层面的上升时间　（c）断层面的滑移角

3. 京津冀地区唐山 1976 年 7.8 级地震动模拟

我国研究者借助神威"太湖之光"超级计算机,通过有限差分软件 CG-FDM 并基于动力学震源模型模拟了 1976 年唐山 7.8 级地震,实现了整个华北地区的宽频( 0~18 Hz )非线性地震动模拟。该成果获得了国际高性能计算应用领域的最高奖——"戈登·贝尔"奖。唐山断层的动力学断层产状及参数设置如图 2-28 所示。其中,五角星代表唐山断层破裂中心;断层的破裂传播过程用等值线表示;断层面上的滑移量用图右侧的颜色梯度表示。

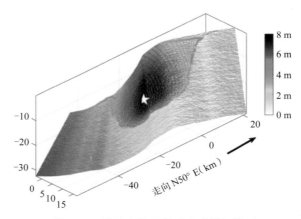

**图 2-28　模拟中使用的动力学震源模型**

模 拟 的 计 算 范 围 为 115.7° E~119.7° E, 38.0° N~41.7° N, 计 算 模 型 的 尺 寸 为 320 km × 312 km × 40 km,在模型计算范围内有唐山、北京、天津等大型城市,同时网格的空间分辨率从 500 m 提升到了 8 m,模拟的最大频率达到 18 Hz。基于有限差分方法模拟得到的动态波场图如图 2-29 所示。其中,右上角的小图为虚线方框的放大子图,描述了沉积区域的细节。京津冀地区的模拟地震烈度分布如图 2-30 所示。

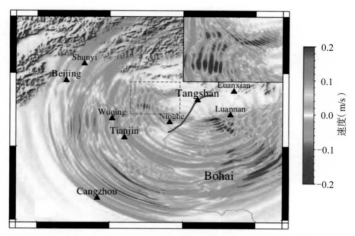

**图 2-29　地震波传播至宁河－沧州位置时东西向地震波场快照**

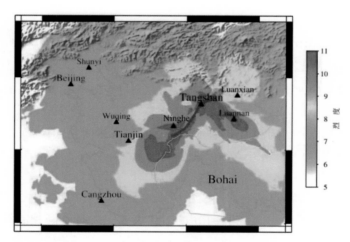

**图 2-30　根据水平峰值地面速度计算出的京津冀地区地震烈度分布**

4. 天津地区跨尺度地震动模拟:从深部地壳尺度到地表岩土尺度

以天津地区地壳结构中某深厚软弱场地为例,研究位错源作用下宽频地震波的传播过程及引起的地面运动。实际场地覆盖层的厚度为 100 m,由 10 层不同层厚的土质构成,具体参数见表 2-15。覆盖层以下的地层参数参考天津地区地壳速度结构取值:$\rho$=2.5 g/cm$^3$、$V_p$=2 770 m/s、$V_s$=1 600 m/s、$Q_p$=$Q_s$=100。某一剪切位错设置在深度为 2 km 处的浅地层中,震源参数以地震矩张量形式( $M_0$=10$^{23}$ dyne·cm )表示如下

$$\boldsymbol{M} = \begin{bmatrix} 0.1 & 0.1 & 0.2 \\ 0.1 & 0.2 & 0.3 \\ 0.2 & 0.3 & 0.1 \end{bmatrix} \tag{2-112}$$

为阐明本方法在宽频地震波传播模拟和跨尺度(从地壳到表层土)地震反应求解中的

有效性,选取震源频率和近地表软夹层场地两个因素进行分析研究。

**表 2-15　深厚软弱场地土层资料**

| 层序 | 厚度 $d$(m) | 土质描述 | 密度 $\rho$(g/cm³) | $V_s$(m/s) |
|---|---|---|---|---|
| 1 | 4.0 | 黏土,灰黄,软塑 | 2.02 | 135.2 |
| 2 | 4.0 | 粉质黏土,褐黄,可塑,饱和 | 2.06 | 124.2 |
| 3 | 3.7 | 黏土,灰绿,可塑 | 2.02 | 242.8 |
| 4 | 13.0 | 粉土,黄 | 2.05 | 210.4 |
| 5 | 17.0 | 粉细砂,灰黑,稍密 | 2.00 | 279.6 |
| 6 | 11.0 | 黏质粉土,灰黄,可塑 | 2.05 | 338.4 |
| 7 | 16.0 | 中细砂,灰黄,中密 | 2.00 | 374.9 |
| 8 | 11.3 | 粉质黏土,深灰,可塑 | 2.06 | 425.3 |
| 9 | 14.0 | 粉细砂,深灰,密实 | 2.00 | 461.5 |
| 10 | 6.0 | 黏土,灰,硬塑 | 2.02 | 491.6 |

注:泊松比为 1/3;考虑地震波能量衰减效应。

采用雷克(Ricker)波作为震源时间函数,其位移时程表达式为 $u(t) = A\left[2\pi^2 f_0^2 (t-t_s)^2 - 1\right] \exp\left[-\pi^2 f_0^2 (t-t_s)^2\right]$,计算中取 $A=0.01$,波峰位置 $t_s=1.0$ s,主频 $f_0$ 取工程感兴趣频率段的两个代表性数值(2 Hz 和 20 Hz),以研究震源频率对场地地震反应的影响。

图 2-31 和图 2-32 分别给出了不同震源频率下地层和地表剖面位移三分量波场快照,图中地表响应记录范围为 $-2$ km $\leqslant x \leqslant 2$ km 和 $-2$ km $\leqslant y \leqslant 2$ km,剖面响应记录范围为 $0$ km $\leqslant z \leqslant 2$ km。从图 2-31 和图 2-32 可以得出如下结论。

1)在矩张量作用下,软弱场地的地震反应以水平向为主,竖向次之。水平向的响应又以切向分量最为明显,其峰值可达竖向分量的 2 倍以上。对于高频震源,这种差异更为显著。

2)地震波在地壳层的传播中(图 2-31),在半空间段(震源至覆盖层下方),由于处于均匀介质中,并无转换波产生;而在覆盖层段,上行 P 波首先在底层界面发生反射和转换,随后透过该层继续与下一层发生反射、转换和透射;最后这些波与上行 S 波经多次作用传播至地表,并在剖面上形成多个复杂震相。对于低频工况,这些现象是清晰的,而对于高频工况,未见明显的波阵面,这可能是由于软弱土层对地震波的强"滤波放大"效应缘故。

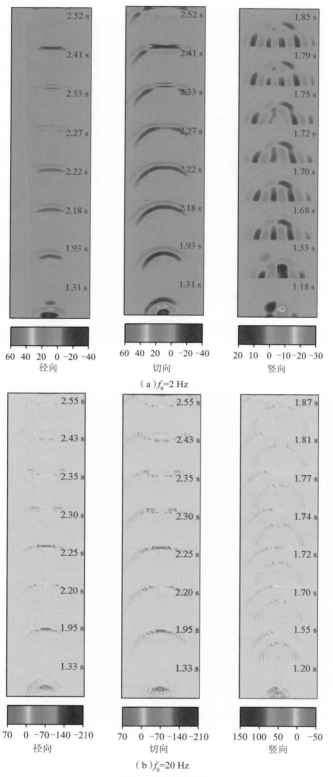

图 2-31　地层剖面位移三分量波场快照图

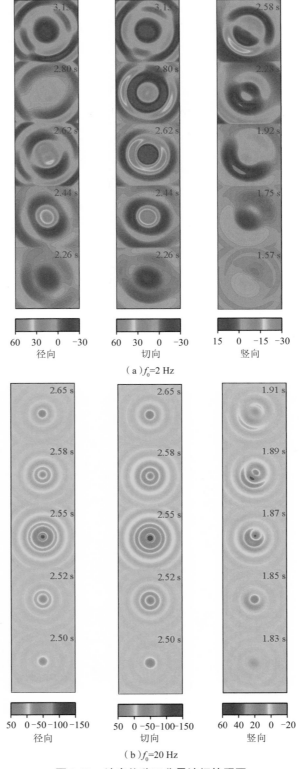

（a）$f_0$=2 Hz

（b）$f_0$=20 Hz

**图 2-32　地表位移三分量波场快照图**

3）地震波传至地表后（图 2-32），地面三方向（径向、切向、竖向）运动呈现先加剧后减弱的趋势，Ricker 波的波峰、波谷交替出现。比较 2 Hz 和 20 Hz 结果，发现由于频率增大周期变短，主震时长有明显区别（如 2 Hz 时水平向主震集中在 2.26~3.13 s，20 Hz 时则集中在 2.50~2.65 s），地面响应对应的峰值时刻也明显不同（如 2 Hz 时，水平向位移峰值出现在第二个波峰；20 Hz 时，则出现在第三个波谷）。

图 2-33 进一步给出了不同震源频率下地表位移的时程曲线，所有观测点等间距地布设在 $-3.6\ \text{km} \leqslant x \leqslant 3.6\ \text{km}$ 范围内，图中 $U_r$、$U_t$ 和 $U_z$ 分别表示径向、切向和竖向的位移时程。从图 2-33 可以得出如下结论。

1）一方面，由于近地表细分土层的存在使得 P 波和 S 波在土层内来回反射从而导致位移时程持续振动的时间延长，这较均匀半空间的情况更为复杂；另一方面，由于阻尼衰减作用，直达波、反射波和透射波发生往复传播后，地震能量逐渐消散，响应曲线振荡减弱。

2）比较不同频率结果，发现随着震源主频增加，地表地震动幅值显著增大，且地震波长变短，与层界面效应叠加后使地震辐射能量强度及范围增大，这在实际地震中可能导致更为严重的地面破裂和结构破坏。

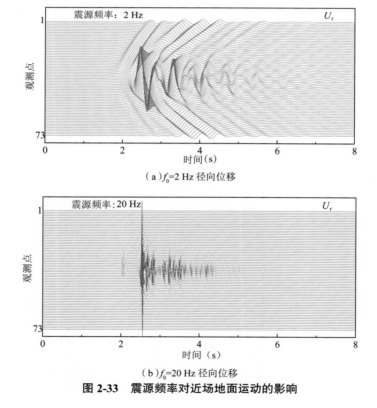

（a）$f_0$=2 Hz 径向位移

（b）$f_0$=20 Hz 径向位移

**图 2-33　震源频率对近场地面运动的影响**

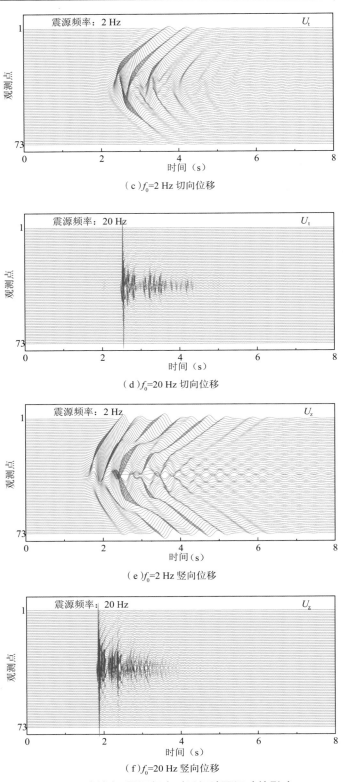

（c）$f_0$=2 Hz 切向位移

（d）$f_0$=20 Hz 切向位移

（e）$f_0$=2 Hz 竖向位移

（f）$f_0$=20 Hz 竖向位移

**图 2-33(续)　震源频率对近场地面运动的影响**

采用单位高斯脉冲作为震源时间函数,其中上升时间为 $\tau = 0.5\,\text{s}$,时间步长 $\Delta t$ $= 0.015\,\text{s}$。在天然土层的基础上,将厚度 $d = 4\,\text{m}$、剪切波速 $V_s = 82\,\text{m/s}$、密度 $\rho = 1.81\,\text{g/cm}^3$ 的软夹层依次置于覆盖层的不同深度处并取代相应位置的土层,构造如图 2-34 所示的 5 个新波速剖面的软弱场地,以研究不同埋深的近地表软夹层对场地地震反应的影响。

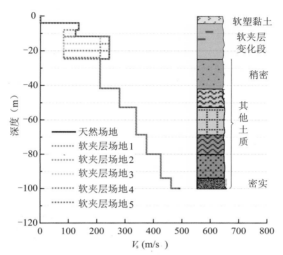

图 2-34 不同场地土层的波速剖面图

图 2-35（a）、（b）和（c）给出了不同软夹层条件下场地地表三方向加速度反应谱曲线,为便于比较,同时给出了天然土层场地的对照结果,可以得出如下结论。

1）总体上,软夹层对软弱场地加速度反应谱的影响主要体现在中长周期段,且仍以水平两方向的变化最为显著（径向具有多个波峰而竖向仅有单个波峰且较为平缓）。从波动理论来看,刚度低的软夹层对高频波有明显的阻隔和过滤作用,而对低频波有明显的放大效应,这使地面运动的长周期成分变得丰富。这意味着软夹层场地对自振周期较大的桥梁结构或高层建筑的抗震设计十分不利,因此在进行结构抗震尤其是近断层抗震的设计时务必注意软弱场地中软夹层的重要影响。

2）随着软夹层埋深的增大,水平向反应谱曲线中长周期段呈现先增大后减小的趋势。当软夹层埋深很小时（软夹层场地 1）,反应谱长周期段幅值变化并不明显,这是由于地震动中的长周期能量在传到软夹层之前已基本衰减,致使地面运动受软夹层影响变小。当埋深继续增大时,反应谱峰值向长周期方向移动,软夹层的影响变得明显,这是由于不同埋深场地改变了地层中地震波的频谱特性,进而影响了地表反应谱峰值及周期特征。

为定量评估近地表软夹层埋深对地震动的放大效应,定义放大系数 $R_f = |FFT_{\text{软夹层 }N} / FFT_{\text{天然土层}}|$,$N = 1\sim5$。$FFT$ 表示地表加速度的傅里叶振幅谱。图 2-35（d）、（e）和（f）给出了不同埋深软夹层场地相应的放大系数计算结果,可以得出如下结论。

1）总体上,软夹层对软弱场地的地面运动具有选择性放大作用,即对特定频率的波产生放大或减小效应。这是由于软弱场地本身对地震动具有"滤波放大"作用,而软夹层的存在在一定程度上又起到了"隔震"作用,两种影响因素的叠加使其地表响应变得十分复杂。

2）随着软夹层埋深的增大，放大系数具有减小的趋势，其在整个频段上的分布受场地条件的控制作用明显。这表现为"锯齿"形的放大谱随着埋深变深、齿峰变短、齿宽变窄且朝着高频方向移动。这种现象在一定埋深范围内是明显的，或存在一临界值，超过临界值后可能变化不大。

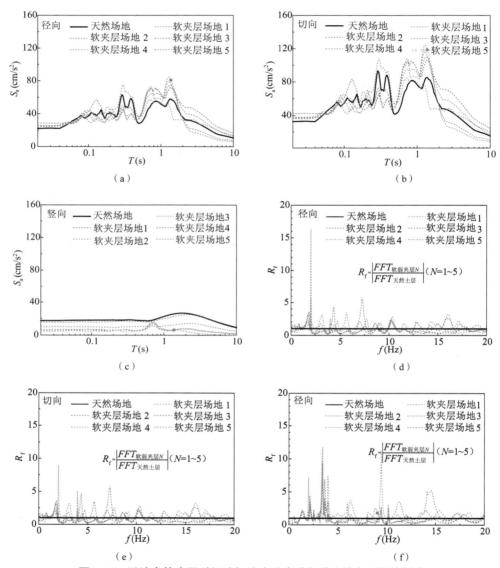

图 2-35　近地表软夹层对场地加速度反应谱和谱比放大系数的影响

## 2.2　地震动场构建的工程方法

地震动场构建的工程方法以随机过程理论和现有的强震记录为依据，从数学角度分析地震动参数的统计特征，从而总结出假设模型。工程方法简单且便于操作。本节给出的是通过地震地质构造背景分析,结合历史地震数据建立符合城市震害模拟需求的城市地震地震动的预测方程。根据实际分析需求,在设定地震强度、震源位置等条件下,采用人造地震动方法给出城市对应建(构)筑物未修正的地震动输入,同时采用简化方法考虑地形地貌对地震动的影响,对未修正的地震动进行修正,得到地震灾害情景构建地震动场数据。根据城市地震灾害情景构建地震动参数选取结果,提取地震动时程的特征参数,形成设定地震城市地震灾害的三维地震动场,具体流程如图 2-36 所示。

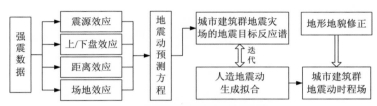

**图 2-36　城市建筑群地震动场生成流程**

### 2.2.1　地震动预测方程建立

地震动预测是目前较为成熟的技术,其基于典型城市的地震地质构造背景和与其匹配的地震动强震记录做出预测。地震动预测模型中一般采用震级表示震源因素,距离表示传播路径因素,场地类别或场地参数表示场地因素。因此,地震动预测模型可表示为

$$y = f(S)f(M)f(R) \tag{2-113}$$

式中:$y$ 为地震动参数;$f(S)$ 为场地项;$f(M)$ 为震源效应项;$f(R)$ 为传播路径项。

对式(2-113)取对数得到:

$$\ln y = \ln f(M) + \ln f(R) + \ln f(S) \tag{2-114}$$

1. 距离效应项

目前,在一般地震动预测模型中,传播路径函数 $f(R)$ 对地震动的影响可以表示为

$$f(R) = f_1(R)f_2(R) \tag{2-115}$$

式中:$f_1(R)$ 为几何衰减项,其形式为 $f_1(R)=\ln(R+R_0)$,引入因子 $R_0$ 是为了避免在距离为 0 时出现奇点;$f_2(R)$ 为非弹性衰减项,其形式为 $f(R)=\exp(CR)$。

因此,距离项的形式为

$$\ln y = C_1 \ln(R + R_0) + C_2 R + \Delta \tag{2-116}$$

式中:$y$ 为地震动参数;$C_1$ 和 $C_2$ 为常数;$\Delta$ 为残差项。

为了给出震级对预测模型距离项的影响,参考 Abrahamson et al.(2008)的 AS08 模型形式,结合实际地区地震动数据的特点,建立距离衰减项函数表达式为

$$f(M, R_{\text{rup}}) = [\beta_1 + \beta_2(M - M_c)] \cdot \ln(R + 30) + C_2 R + C_3 \tag{2-117}$$

式中:$M_c$ 为分段点震级;$R_{\text{rup}}$ 代表衰减距离;$C_2$ 和 $C_3$ 为常数。

2. 震源效应项

为了系统地给出震源效应与场地效应之间的关系,需要从地震动中分离出震源效应、距

离效应及场地效应,分离步骤分为两步。首先,分离距离效应( Abrahamson et al., 1996 ),表达式为

$$\ln y_{ij} = \ln f_{ij}(R_{ij}, M_{ij}) + \Delta_{ij} \tag{2-118}$$

式中: $i$ 为地震编号; $j$ 为记录地震动的台站编号; $y_{ij}$ 为第 $i$ 次地震第 $j$ 个台站记录到的地震动参数; $\Delta_{ij}$ 为回归残差。

回归残差是震源效应和场地效应的耦合项,其表达式为

$$\Delta_{ij} = f_E(M) + f_S(V_{s30}) \tag{2-119}$$

分离出震源效应和场地效应项,具体操作方法如下。

$$
\begin{bmatrix} \Delta_1 \\ \Delta_2 \\ \vdots \\ \Delta_{ij} \\ \vdots \\ \Delta_{IJ} \end{bmatrix}
=
\left[
\begin{array}{ccccc|ccccc}
1 & 0 & \cdots & 0 & \cdots 0 & 1 & 0 & \cdots & 0 & \cdots 0 \\
1 & 0 & \cdots & 0 & \cdots 0 & 0 & 1 & \cdots & 0 & \cdots 0 \\
\vdots & \vdots & & \vdots & \vdots & \vdots & \vdots & & \vdots & \vdots \\
0 & 0 & \cdots & 1 & \cdots 0 & 0 & 0 & \cdots & 1 & \cdots 0 \\
\vdots & \vdots & & \vdots & \vdots & \vdots & \vdots & & \vdots & \vdots \\
0 & 0 & \cdots & 0 & \cdots 1 & 0 & 0 & \cdots & 0 & \cdots 1
\end{array}
\right]
\cdot
\begin{bmatrix} f_{E1} \\ f_{E2} \\ \vdots \\ \underline{\underline{f_{EI}}} \\ f_{S1} \\ f_{S2} \\ \vdots \\ f_{SJ} \end{bmatrix}
\tag{2-120}
$$

式中: $I$ 为地震总次数; $J$ 为台站数目; $\Delta_{ij}$ 是回归残差;右侧矩阵为系数矩阵 $A$ 和未知量矩阵 $f(M)$ 和 $f(site)$。

由于系数矩阵的秩 $r(A)$ 大于未知量矩阵的秩 $r(f(x))$。因此,对上述矩阵进行约束,这里指定解耦项中场地效应( $V_{s30} > 600$ m/s )为 $f(site) = O$,即不考虑软土层对硬基岩的放大效应,求解式( 2-120 )可以实现震源效应和场地效应的解耦。以西昌地区地震的数据为例,对震源项进行回归并比较拟合结果,如图 2-37 所示。

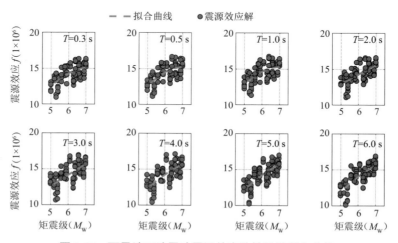

图 2-37　西昌地区地震动震源效应特性及其拟合曲线

在地震动预测模型中,震源效应项通常有两种形式: Compbell et al.( 2008 )提出的分段线性; Abrahamson et al.( 2008 )提出的二次分段函数。本书通过对解耦的西昌地区地震动震

源效应项进行拟合回归并结合上述提出的形式,确定出震源效应项的函数形式,表达式为

$$f_{B}(M) = a_0 + a_1(M - M_c) + a_2(M - M_c)^2 \qquad (2\text{-}121)$$

式中:$a_0, a_1, a_2$ 为系数;$M_c$ 为分段震级。

### 3. 场地效应项

场地效应反映了场地的软硬程度对地震动的影响。基于西昌地区地震动的场地效应与 $V_{s30}$ 满足对数线性关系的特点,确定出场地效应模型。

$$f(site) = C_4 \cdot \ln V + d \qquad (2\text{-}122)$$

$$V = \min\{V_{s30}, V_1\} \qquad (2\text{-}123)$$

$$V_1 = \begin{cases} 3\ 000 & T < 0.2 \\ \exp\left(8.0 - 0.902\ 4 \cdot \ln \dfrac{T}{0.2}\right) & 0.2 \leqslant T < 1 \\ 700 & T \geqslant 1 \end{cases} \qquad (2\text{-}124)$$

式中:$V_1$ 为分段点的剪切波速。

### 4. 上 / 下盘效应

Abrahamson et al.( 2008 )在对 Northridge 地震的研究中发现了大震时上盘场地短周期地震动增大的现象,提出了"上盘效应"这一概念,并提出利用残差分布特征评估回归模型的有效性并挖掘数据之间的内在关系,分析上 / 下盘模型。

$$\ln Y_{ij} = f_B(M, R_{rup,ij}) + f_{site}(V_{S30,ij}) + \varepsilon_{ij} \qquad (2\text{-}125)$$

式中:$f_B(M, R_{rup})$ 是震级与距离项函数;$f_{site}(V_{s30})$ 为场地项;$\varepsilon_{ij}$ 为第 $i$ 个台站第 $j$ 条地震动的记录残差。

在 $T > 2.0$ s 周期段,由于地震动受上盘效应影响相对微弱,取影响系数 $\gamma_1 = 0$,即认为周期超过 2.0 s 的周期段内无上盘效应。由于近场地震动数据非常稀少,建立的模型主要参考 Abrahamson et al.( 2008 )的模型形式,表达式为

$$f_{HW}(M, R_{rup}) = T_1(R_x) \cdot T_2(M) \cdot T_3(R_x, dip, W) \qquad (2\text{-}126)$$

$$T_1(R_{rup}) = \begin{cases} \gamma_1 \cdot R_{rup}(30 - R_{rup}) & R_{rup} < 30 \\ 0 & R_{rup} \geqslant 30 \end{cases} \qquad (2\text{-}127)$$

$$T_2(M) = \begin{cases} 0 & M < 6 \\ M - 6 & 6 \leqslant M < 7 \\ 1 & M \geqslant 7 \end{cases} \qquad (2\text{-}128)$$

$$T_3(R_x, \delta) = \begin{cases} 0.5 + \dfrac{R_x}{2W \cos dip} & R_x \leqslant W \cos dip \\ 1 & R_x > W \cos dip \end{cases} \qquad (2\text{-}129)$$

式中:$R_x$ 为震中距;$dip$ 为倾角;$W$ 为断层破裂宽度。

采用 Abrahamson et al.( 1992 )提出的随机效应方法,该算法比 Brillinger et al.( 1992 )给出的半解析算法具有更好的数值稳定性。回归得到的模型系数见表 2-16。

### 表 2-16 西昌地区水平方向 PGA 及加速度反应谱的预测模型系数

| $T(\text{s})$ | $\ln y = [C_1 + C_2(M-M_c)]\ln(R+30) + C_3 R + a_0 + a_1(M-M_c) + a_2(M-M_c)^2 + C_4 \ln V + F_{HW} f_{HW}(M, R_x)$ | | | | | | | | | | |
|---|---|---|---|---|---|---|---|---|---|---|---|
| | $C_1$ | $C_2$ | $C_3$ | $a_0$ | $a_1$ | $a_2$ | $C_4$ | $\gamma_1$ | $\delta$ | $\tau$ | $\sqrt{\delta^2 + \tau^2}$ |
| PGA | −2.325 5 | −0.631 0 | 0.000 6 | 16.940 9 | 3.916 4 | 0.502 9 | −0.522 3 | 0.005 1 | 0.679 6 | 0.516 3 | 0.853 5 |
| 0.01 | −2.325 6 | −0.631 1 | 0.000 6 | 16.940 9 | 3.916 5 | 0.502 9 | −0.522 3 | 0.005 2 | 0.679 6 | 0.516 3 | 0.853 5 |
| 0.02 | −2.369 7 | −0.672 3 | 0.000 6 | 16.880 7 | 4.133 3 | 0.526 5 | −0.471 0 | 0.005 3 | 0.675 9 | 0.522 4 | 0.854 2 |
| 0.03 | −2.404 0 | −0.681 1 | 0.000 6 | 16.926 1 | 4.177 8 | 0.558 9 | −0.446 1 | 0.005 5 | 0.675 8 | 0.527 9 | 0.857 5 |
| 0.04 | −2.432 2 | −0.671 6 | 0.000 6 | 17.233 3 | 4.129 4 | 0.572 1 | −0.461 9 | 0.005 6 | 0.671 6 | 0.528 1 | 0.854 3 |
| 0.05 | −2.466 1 | −0.727 8 | 0.000 6 | 17.026 4 | 4.371 0 | 0.586 8 | −0.381 4 | 0.004 9 | 0.667 9 | 0.545 0 | 0.862 1 |
| 0.08 | −2.514 4 | −0.732 6 | 0.000 6 | 17.271 1 | 4.372 6 | 0.560 4 | −0.306 8 | 0.005 3 | 0.701 3 | 0.574 4 | 0.906 5 |
| 0.12 | −2.462 8 | −0.673 3 | 0.000 6 | 16.805 8 | 4.119 1 | 0.626 3 | −0.243 1 | 0.005 7 | 0.773 5 | 0.567 1 | 0.959 1 |
| 0.17 | −2.293 2 | −0.720 2 | 0.000 6 | 16.245 0 | 4.530 0 | 0.778 1 | −0.308 7 | 0.004 9 | 0.743 7 | 0.492 0 | 0.891 7 |
| 0.22 | −2.138 8 | −0.632 8 | 0.000 6 | 18.563 6 | 4.070 4 | 0.702 0 | −0.829 5 | 0.004 6 | 0.734 0 | 0.478 0 | 0.875 9 |
| 0.28 | −2.064 5 | −0.651 6 | 0.000 6 | 20.215 1 | 4.091 0 | 0.500 3 | −1.188 0 | 0.005 3 | 0.783 0 | 0.441 7 | 0.899 0 |
| 0.35 | −2.088 3 | −0.718 6 | 0.000 6 | 18.240 5 | 4.442 0 | 0.348 9 | −0.882 6 | 0.004 7 | 0.813 0 | 0.423 5 | 0.916 7 |
| 0.40 | −2.098 5 | −0.672 0 | 0.000 6 | 18.174 2 | 4.189 1 | 0.196 7 | −0.890 6 | 0.004 5 | 0.832 3 | 0.356 0 | 0.905 2 |
| 0.50 | −1.931 9 | −0.548 1 | 0.000 6 | 15.306 8 | 3.615 3 | 0.190 4 | −0.605 0 | 0.005 3 | 0.836 5 | 0.321 2 | 0.896 1 |
| 0.60 | −1.907 8 | −0.489 5 | 0.000 6 | 13.911 7 | 3.338 5 | 0.144 9 | −0.439 9 | 0.005 2 | 0.860 2 | 0.318 4 | 0.917 2 |
| 0.80 | −1.765 4 | −0.319 2 | 0.000 6 | 11.320 4 | 2.687 3 | 0.083 7 | −0.168 6 | 0.004 9 | 0.845 2 | 0.321 6 | 0.904 3 |
| 1.00 | −1.711 9 | −0.217 2 | 0.000 6 | 10.634 9 | 2.290 4 | −0.025 1 | −0.130 4 | 0.004 6 | 0.859 3 | 0.334 5 | 0.922 1 |
| 1.50 | −1.464 3 | −0.029 6 | 0.000 6 | 9.293 7 | 1.627 0 | 0.205 3 | −0.197 7 | 0.004 3 | 0.852 9 | 0.261 2 | 0.892 0 |
| 2.00 | −1.353 8 | 0.147 6 | 0.000 6 | 7.854 1 | 0.956 5 | 0.375 1 | −0.086 2 | 0.003 6 | 0.805 5 | 0.209 6 | 0.832 4 |
| 2.50 | −1.452 6 | 0.137 9 | 0.000 6 | 8.279 5 | 1.163 2 | 0.369 4 | −0.128 8 | — | 0.763 6 | 0.140 3 | 0.776 3 |
| 3.00 | −1.408 8 | 0.150 7 | 0.000 6 | 7.896 7 | 1.202 0 | 0.328 2 | −0.127 0 | — | 0.746 8 | 0.188 0 | 0.770 1 |
| 3.50 | −1.253 0 | 0.223 2 | 0.000 6 | 6.825 6 | 0.891 1 | 0.227 1 | −0.053 2 | — | 0.745 7 | 0.188 8 | 0.769 2 |
| 4.00 | −1.192 7 | 0.270 4 | 0.000 6 | 7.114 5 | 0.672 1 | 0.059 1 | −0.127 5 | — | 0.748 5 | 0.242 7 | 0.786 9 |
| 5.00 | −1.022 3 | 0.317 6 | 0.000 6 | 6.961 5 | 0.438 5 | −0.045 2 | −0.233 1 | — | 0.748 6 | 0.277 5 | 0.798 3 |
| 6.00 | −1.081 4 | 0.213 9 | 0.000 6 | 6.038 8 | 0.909 3 | 0.005 3 | −0.131 8 | — | 0.757 1 | 0.225 8 | 0.790 1 |
| 7.50 | −1.112 0 | 0.180 5 | 0.000 6 | 6.814 1 | 1.016 9 | 0.061 1 | −0.317 2 | — | 0.756 3 | 0.174 5 | 0.776 1 |
| 10.0 | −1.237 1 | 0.084 4 | 0.000 6 | 6.491 3 | 1.439 8 | 0.233 2 | −0.319 0 | — | 0.788 6 | 0.209 9 | 0.816 0 |

注：$F_{HW}$ 为亚变量，对于上盘场地取 1，其他取 0。

胡进军等（2021）以 2007 年 6 月至 2019 年 1 月四川西昌 200 km 以内的地震动数据为基础数据，提出地震动预测模型生成方法。图 2-38 给出了震级与震中距的分布。

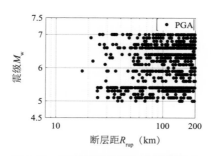

图 2-38　地震记录的震级与距离分布

## 2.2.2　人造地震动确定

采用的拟合方法主要基于单振子时－频域单阻尼振动响应的基本原理、窄带时程的构造方法及线性单自由度（Single Degree of Freedom，SDOF）体系输入地面运动的反演理论（赵凤新等，2007）。具体推导过程如下。

设有一自振圆频率为 $\omega_0$、阻尼比为 $\zeta$ 的线性 SDOF 体系，初始状态 $\dot{u}(0)=0$。该体系在 $u(0)=0$ 时受到输入地面加速度 $a_g(t)$ 的作用开始运动，其相对地面的位移为 $u(t)$，则其运动的微分方程为

$$\ddot{u}(t) + 2\zeta\omega_0\dot{u}(t) + \omega_0^2 u(t) = -a_g(t) \tag{2-130}$$

先假设已知体系绝对加速度反应 $a_a(t)$、体系的运动方程（2-130）与初始条件，要求反演出体系的输入地面运动 $a_g(t)$。该问题可以转化到频域，然后利用 Fourier 变换进行求解。对方程（2-130）进行 Fourier 变换，可以求出体系的绝对加速度反应 $a_a(t)$ 的传递函数，表达式为

$$H_a(\omega) = \frac{\omega_0^2 + 2i\zeta\omega_0\omega}{\omega_0^2 - \omega^2 + 2i\zeta\omega_0\omega} \tag{2-131}$$

现已知 $a_a(t)$ 的 Fourier 变换为 $A_a(\omega)=F[a_a(t)]$，则 $a_g(t)$ 的 Fourier 变换 $A_g(\omega)$ 可按下式求得：

$$A_g(\omega) = \frac{A_a(\omega)}{H_a(\omega)} \tag{2-132}$$

从而 $a_g(t)$ 可表示为

$$a_g(t) = F^{-1}[F[a_a(t)] / H_a(\omega)] \tag{2-133}$$

在以上推导过程中，符号 $F$ 与 $F^{-1}$ 分别表示傅里叶变换算子与傅里叶逆变换算子。谱值与目标谱的差值为

$$\Delta S(\omega_j,\zeta) = S_T(\omega_j,\zeta) - S_a^0(\omega_j,\zeta) \tag{2-134}$$

以窄带波作为响应，在 $t_{max}$ 和 $\omega_j$ 确定的条件下，反演到的单自由度体系振子输入，对其他频率响应时域影响最大，且对 $\omega_j$ 频域以外的响应影响较小。因此，可以构造窄带波作为

反应谱调整输入。绝对加速度差异的表达式为

$$\Delta a_{\mathrm{a}}(t) = \Delta S(\omega_j, \zeta) \frac{\sin[\omega_{\mathrm{c},j}(t - t_{\max})]}{t - t_{\max}} \cos[\omega_{0,j}(t - t_{\max})] \tag{2-135}$$

当频率 $\omega_j$ 较高时,式(2-135)仅有一个主波峰,两侧均衰减较快,对于相邻频率 $\omega_{j-1}$ 和 $\omega_{j+1}$ 影响较小,如图2-39所示;但是当频率 $\omega_j$ 为较低的长周期波(图2-40)时,在 $t_{\max}$ 两侧波峰衰减较慢,会对相邻频率 $\omega_{j-1}$ 和 $\omega_{j+1}$ 影响较大,导致最终迭代次数增加或者难以满足精度要求。基于此,为了降低低频长周期叠加的效率,给出修正函数:

$$\Psi(t) = \begin{cases} (t/t_1)^2 & 0 < t \le t_1 \\ 1 & t_1 < t \le t_2, \quad t_1 = t_2 = t_{\max} \\ \dfrac{t - T}{t_2 - T} & t_2 < t \le T \end{cases} \tag{2-136}$$

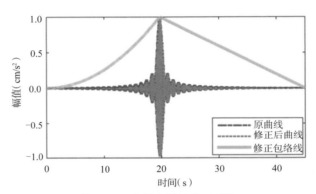

图 2-39　高频窄带波修正对比

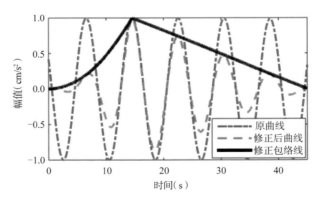

图 2-40　低频窄带波修正对比

利用上述修正方法,对图2-41中目标谱进行人造地震动拟合,得到最后满足5%误差的人造地震动时程曲线和各目标点的相对误差,相对误差的迭代过程和对应的时域和频域值如图2-42所示。

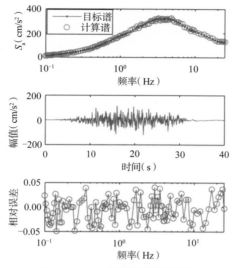

**图 2-41　人造地震动拟合示例**

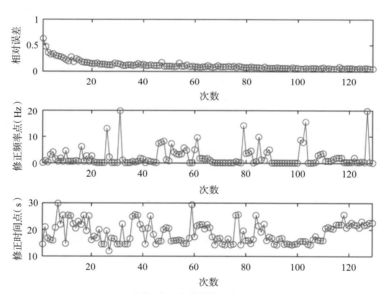

**图 2-42　迭代过程中窄带波时－频修正过程**

### 2.2.3　地形影响修正

地形对地震加速度会产生一定的影响,特别是地形较复杂的区域,为了考虑地形对地震灾场的影响,引入单阶跃截面固体中的一维稳态弹性波传播模型,如图 2-43 所示。单阶跃截面固体的入射端和透射端的高度分别为 $H_0$ 和 $H_1$。同时,利用固体的入射波来模拟无地形影响的地震动加速度幅值;固体的透射波模拟有地形影响的地震动加速度幅值。固体透射端和入射端的弹性模量和密度相同,位置一般为计算基岩面。

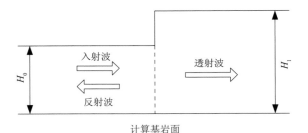

计算基岩面

**图 2-43 单阶跃截面固体的弹性波传播模型**

固体的一维稳态弹性波的波动方程可以表示为

$$\frac{\partial^2 U}{\partial x^2} + k^2 U = 0 \tag{2-137}$$

式中：$U$ 为固体的位移，其时间系数为 $e^{i\omega t}$；$k$ 为弹性波的波速 $k = \omega / \sqrt{E/\rho}$，其中，$\omega$ 为角频率，$E$ 为弹性常数，$\rho$ 为密度。

入射波的位移和应力可以表示为

$$\begin{cases} U^I = A e^{ikx} \\ \sigma^I = AEik e^{ikx} \end{cases} \tag{2-138}$$

式中：$A$ 为入射波的振幅。

反射波的位移和应力可以表示为

$$\begin{cases} U^R = B e^{-ikx} \\ \sigma^R = -BEik e^{-ikx} \end{cases} \tag{2-139}$$

式中：$B$ 为反射波的振幅。

透射波的位移和应力可以表示为

$$\begin{cases} U^T = C e^{ikx} \\ \sigma^T = CEik e^{ikx} \end{cases} \tag{2-140}$$

式中：$C$ 为透射波的振幅。

在阶跃截面处，要满足位移和应力连续条件，而通常情况下却很难满足这个连续条件。为了简化分析，可放松阶跃截面处的连续条件，令阶跃截面处的位移和内力连续，即

$$\begin{cases} U^I + U^R = U^T \\ (\sigma^I + \sigma^R)H_0 = \sigma^T H_1 \end{cases} \tag{2-141}$$

在阶跃截面处，要满足位移和应力连续条件。为了简化分析，放松阶跃截面处的连续条件，将式（2-138）至式（2-140）阶跃截面处入射波、反射波、透射波的位移和应力的一般解带入波动方程，可得到阶跃截面处位移幅值比为

$$C/A = 2/(1 + H_1/H_0) \tag{2-142}$$

式中：$C$ 为透射端位移幅值；$A$ 为入射端位移幅值。

因透射波和入射波的加速度幅值比与位移幅值比相等，所以可以通过式（2-142）对由衰减关系得到的加速度时程进行修正，作为最终的城市地震灾害救援地震动场模拟结果。

## 2.3　城市建筑群地震灾害模拟

目前,国内外进行区域建筑震害分析时主要采用易损性矩阵方法、参数映射法、能力需求分析法和时程分析法。其中,时程分析法基于结构动力学理论,具有可充分考虑地震动的时域以及频谱特性、合理考虑结构的动力学行为等优点,因此本书选用弹塑性时程分析方法对建筑震害进行分析。

计算机运算能力的提高、建筑简化模型的改进和建筑物信息收集工作的完善,使基于物理模型的建筑群动力时程分析方法成为现实并逐渐成为主流。例如, Hori et al.( 2008 )利用 GIS 和超级计算机研发了 IES 系统,其包括从地震动传播到结构响应的全过程模拟;韩博等( 2012 )采用 CPU 和 GPU 协同计算技术,实现城市震害模拟的高性能计算;研究者在收集了大量城市建筑信息的基础上开发了城市震害模拟系统。该系统的特点为:①获取输入地震动;②建立城市建筑群计算模型;③对城市建筑群进行弹塑性时程分析。其中,获取输入地震动可参照本书的 2.1 节,本节主要对建筑模型和弹塑性时程分析进行介绍。

### 2.3.1　城市建筑群计算模型

区域建筑震害分析所考量的城市范围尺度庞大,平面尺寸通常在千米或以上量级,一些用于单体工程结构的分析方法( 如基于精细有限元模型的时程分析方法等 )在现阶段的计算机水准以及技术条件下仍然是难以实现或是无法推广的。因此,区域建筑震害时程分析需要进行合理的简化,以减小计算量。Miranda( 2005 )提出弯剪耦合模型,可较好地模拟高层建筑的弹性响应,但是无法进行弹塑性计算;Lu 等( 2014 )提出鱼骨模型,但需要借助于精细模型或者详细设计参数标定,并且标定方法比较复杂,不适用于区域中大规模的应用;Cimellaro et al.( 2017 )和 Karimzadeh et al.( 2018 )采用弹性单自由度模型对不同类型建筑进行等效建模,但无法考虑高阶振型、速度脉冲等影响。

鉴于在地震作用下,低层和多层建筑往往呈现出剪切型的变形模式,而高层建筑往往表现出弯剪型的变形模式,韩博等( 2012 )、熊琛等( 2016 )将每层建筑的质量集中于一点,采用非线性多自由度剪切层模型,模拟低层和多层建筑;针对高层建筑,基于 Miranda( 2005 )的弯剪耦合模型考虑高层结构的弯曲－剪切耦合变形,提出了非线性多自由度弯剪层模型,以模拟高层建筑( 10 层及以上或者房屋高度大于 28 m 的住宅建筑和房屋高度大于 24 m 的其他高层民用建筑 ),如图 2-44 所示。

多自由度剪切/弯剪模型本质上是将每层建筑的质量集中于一点,相邻两层之间采用弹簧单元连接,分别在考虑和不考虑结构的非线性反应时,建立结构的动力平衡方程。两个方程仅在恢复力方面存在差异。因此,层间恢复力模型是确定剪切层模型参数最为重要的一部分,而层间恢复力模型又包括层骨架线模型和层间滞回模型。韩博等( 2014 )以三线性骨架模型和分别适用于不同结构形式的滞回模型来模拟层间恢复力( 图 2-45 和图 2-46 );吴开来等( 2017 )建议采用简化的三折线模型来模拟结构楼层的骨架线行为,并给出了其参数确定方法。

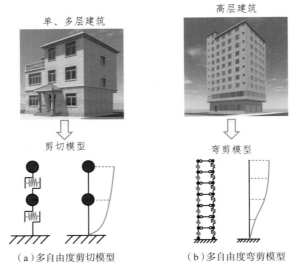

图 2-44　建筑简化模型

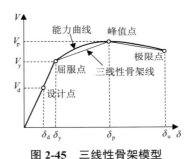

图 2-45　三线性骨架模型

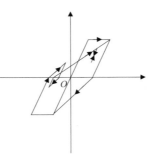

（a）理想弹塑性模型（钢结构）　　（b）修正的 Clough 模型（钢筋混凝土结构）（c）捏拢模型（以剪切破坏为主的其他结构）

图 2-46　滞回模型

以下将简单介绍这两种非线性多自由度模型及其恢复力模型参数确定方法。

$$M\ddot{u}(t) + C\dot{u}(t) + Ku(t) = -M\mathbf{1}\ddot{u}_g(t)$$

（2-143）

$$M\ddot{u}(t) + C\dot{u}(t) + F_s[u(t), \dot{u}(t)] = -MI\ddot{u}_g(t) \tag{2-144}$$

### 2.3.1.1　多自由度剪切模型

大部分中低层建筑结构类型明确，形体规则，通常表现出较为明显的剪切变形模式。因此，可以将其简化成图 2-44（a）所示的剪切模型。该模型假设结构中的每一层的质量都集中在楼面上，认为楼板为刚性并且忽略楼板的转动位移，因此可以将每一层简化成一个质点。不同楼层之间的质点通过剪切弹簧连接在一起。楼层之间剪切弹簧的骨架线为三线性骨架线，如图 2-45 所示，滞回模型如图 2-46 所示。只需要知道建筑的结构类型、高度、层数、建造年代、楼层面积这些宏观信息，就可确定骨架线和滞回模型中的各个参数，以钢筋混凝土（Reinforced Concrete，RC）框架结构为例，对参数标定方法进行简要介绍。

1. 弹性参数

弹性参数包括各层的质量和刚度参数。

各层的质量 $m$ 可以根据单位楼层面积的质量乘以楼层面积得到；层间的剪切刚度可以根据各层的质量和 1 阶周期 $T_1$ 得到；得到 $m$ 和 $k_0$ 后就可以得到结构的刚度矩阵和质量矩阵。$k_0$ 的表达式为

$$k_0 = m\omega_1^2 \left( \frac{\boldsymbol{\Phi}_1^{\mathrm{T}} \boldsymbol{I} \boldsymbol{\Phi}_1}{\boldsymbol{\Phi}_1^{\mathrm{T}} \boldsymbol{A} \boldsymbol{\Phi}_1} \right) = \frac{4\pi m}{T_1^2} \left( \frac{\boldsymbol{\Phi}_1^{\mathrm{T}} \boldsymbol{I} \boldsymbol{\Phi}_1}{\boldsymbol{\Phi}_1^{\mathrm{T}} \boldsymbol{A} \boldsymbol{\Phi}_1} \right) \tag{2-145}$$

式中：$\boldsymbol{\Phi}_1$ 是结构 1 阶振型的振型向量；$\boldsymbol{A}$ 和 $\boldsymbol{I}$ 分别为刚度矩阵 $\boldsymbol{K}$ 和质量矩阵 $\boldsymbol{M}$ 的系数矩阵，具体形式可以参考相关文献（Xiong et al.，2016a）；1 阶周期 $T_1$ 可根据《建筑结构荷载规范》（GB 50009—2012）中建议的公式计算。

普通结构和结构平面长短轴方向尺寸相差较大的结构，1 阶周期的计算公式分别为

$$T_1 = (0.05 \sim 0.1)n \tag{2-146}$$

$$T_1 = 0.25 \sim 0.000\,53 H^2 / \sqrt[3]{B} \tag{2-147}$$

式中：$n$ 为结构的层数；$H$ 为房屋总高度；$B$ 为房屋平面宽度。

2. 骨架线参数

骨架线参数包括承载力参数和位移参数。

（1）承载力参数

承载力参数包括设计承载力、屈服承载力、峰值承载力和极限承载力。

钢筋混凝土框架结构都经过严格的抗震设计，因此各楼层的设计承载力 $V_{d,i}$ 可以根据规范中设计承载力的计算方法得到，该模型采用底部剪力法来计算结构的各层设计承载力。

屈服承载力 $V_{y,i}$ 和峰值承载力 $V_{p,i}$ 的计算公式分别为

$$V_{y,i} = \Omega_y V_{d,i} \tag{2-148}$$

$$V_{p,i} = \Omega_p V_{y,i} \tag{2-149}$$

式中：$\Omega_y$ 为钢筋混凝土框架结构的屈服超强系数，在该模型中建议取 $\Omega_y=1.1$；$\Omega_p$ 为结构的峰值超强系数，根据下列公式计算：

$$\Omega_p = K_1 K_2 \tag{2-150}$$

$$K_1 = 0.151\,9(DI)^2 - 2.823\,8(DI) + 14.908\,2 \tag{2-151}$$

$$K_2 = 1 - (0.0099n - 0.0197) \tag{2-152}$$

式中：$DI$ 为结构的抗震设防烈度；$n$ 为结构的层数。

因为框架结构具有很好的延性，所以取极限承载力等于峰值承载力。

（2）位移参数

位移参数包括屈服位移、峰值位移和极限位移。屈服位移、峰值位移和极限位移的计算公式分别为

$$\Delta u_{y,i} = V_{y,i} / k_0 \tag{2-153}$$

$$\Delta u_{p,i} = V_{p,i} / k_{\text{secant}} \tag{2-154}$$

$$\Delta u_{u,i} = \delta_{\text{complete}} h \tag{2-155}$$

$$k_{\text{secant}} = \eta k_0 \tag{2-156}$$

式中：$k_0$ 为结构层间初始刚度；$k_{\text{secant}}$ 为层间剪切的割线刚度，是原点到峰值位移连线的斜率；$\eta$ 为结构达到峰值承载力时割线刚度折减系数；$\delta_{\text{complete}}$ 为结构毁坏时的层间位移角；$h$ 为结构的层高。

3. 滞回参数

滞回曲线选用捏拢模型，滞回耗能参数 $\tau$ 可以根据下式计算：

$$\tau = \frac{A_p}{A_b} \tag{2-157}$$

式中：$A_p$ 为捏拢包络线所围成的面积；$A_b$ 为理想弹塑性滞回曲线所围成的面积，如图 2-47 所示。

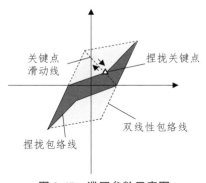

**图 2-47　滞回参数示意图**

### 2.3.1.2　多自由度弯剪模型

1. 弹性参数

弹性参数包括弯曲刚度 $EI$ 和剪切刚度 $GA$。这两个参数可以根据结构的 1 阶周期和 2 阶周期确定。结构的前两阶周期可以根据模态分析、实际测试或者经验公式确定，再根据下列公式即可确定弯曲刚度 $EI$ 和剪切刚度 $GA$：

$$\tau = \frac{T_j}{T_1} = \frac{\gamma_1}{\gamma_j} \sqrt{\frac{\gamma_1^2 + \alpha_0^2}{\gamma_j^2 + \alpha_0^2}} \tag{2-158}$$

$$2 + \left[ 2 + \frac{\alpha_0^4}{\gamma_j^2(\gamma_j^2 + \alpha_0^2)} \right] \cos(\gamma_j) \cosh\sqrt{\alpha_0^2 + \gamma_j^2} + \frac{\alpha_0^2}{\gamma_j\sqrt{\alpha_0^2 + \gamma_j^2}} \sin(\gamma_j)\sin h\sqrt{\alpha_0^2 + \gamma_j^2} = 0$$

$$\text{（2-159）}$$

$$\alpha_0^2 = H\sqrt{\frac{GA}{EI}} \tag{2-160}$$

$$\omega_1^2 = \frac{EI}{\rho H^4}\gamma_1^2(\gamma_1^2 + \alpha_0^2) \tag{2-161}$$

式中：$\alpha_0$ 为结构弯剪刚度比；$\omega_1$ 为一阶圆频率；$\gamma_j$ 为与第 $j$ 阶结构振动相关的特征值参数。

2. 骨架线参数

（1）屈服参数

考虑到高阶振型对高层结构响应的贡献，该模型采用振型分解反应谱法来计算地震作用结构各阶振型对应的谱位移 $D_j$。结构的总位移 $u_{i,j}$ 和层间位移 $\Delta u_{i,j}$，以及总转角 $\theta_{i,j}$ 和各层转角 $\Delta\theta_{i,j}$ 的计算公式为

$$u_{i,j} = \gamma_j\varphi_{i,j}D_j \tag{2-162}$$

$$\Delta u_{i,j} = u_{i,j} / u_{i1,j} \tag{2-163}$$

$$\theta_{i,j} = \partial u_{i,j} / \partial z \tag{2-164}$$

$$\Delta\theta_{i,j} = \partial\theta_{i,j} / \theta_{i1,j} \tag{2-165}$$

式中：$\varphi_{i,j}$ 为第 $i$ 层第 $j$ 阶振型的振型向量；$\gamma$ 为振型参与系数。

各阶振型对应的各层设计剪力 $V_{i,j}$ 和设计弯矩 $M_{i,j}$ 的计算公式为

$$V_{i,j} = \Delta u_{i,j}GA / h_i \tag{2-166}$$

$$M_{i,j} = \Delta\theta_{i,j}EI / h_i \tag{2-167}$$

再根据平方和开平方根（Square Root of the Sum of the Square，SRSS）方法对各阶地震作用进行组合，便可以得到各层剪切弹簧的设计剪力和弯曲弹簧的设计弯矩，计算公式为

$$V_{a,i} = \sqrt{\sum V_{i,j}^2} \tag{2-168}$$

$$M_{a,i} = \sqrt{\sum M_{i,j}^2} \tag{2-169}$$

该弯剪耦合模型根据《建筑抗震设计规范》（GB 50011—2010，2016 年版）和《高层建筑混凝土结构技术规程》（JGJ 3—2010）对设计剪力和弯矩进行了调整，以满足最小剪力和底部加强区域弯矩的要求。

与钢筋混凝土框架结构屈服承载力的计算方法相同，弯剪耦合模型的屈服剪力和屈服弯矩的计算公式为

$$V_{y,i} = V_{d,i}\Omega_y \tag{2-170}$$

$$M_{y,i} = M_{d,i}\Omega_y \tag{2-171}$$

Xiong et al.（2016b）对 17 层的高层结构模型进行回归分析，得到屈服超强系数 $\Omega_y$ 峰值超强系数 $\Omega_p$ 与结构的抗震设防烈度 $DI$ 的关系，表达式为

$$\Omega_y = -0.156\,5DI + 2.749\,9 \tag{2-172}$$

$$\Omega_{\mathrm{p}} = (-0.558\,9DI + 7.634\,6)/(-0.156\,5DI + 2.749\,9) \tag{2-173}$$

（2）确定峰值参数

峰值点参数主要包括各层弯曲弹簧和剪切弹簧的峰值承载力和峰值弯矩，计算公式为

$$V_{\mathrm{p},i} = V_{\mathrm{y},i}\Omega_{\mathrm{p}} \tag{2-174}$$

$$M_{\mathrm{p},i} = M_{\mathrm{y},i}\Omega_{\mathrm{p}} \tag{2-175}$$

式中：$\Omega_{\mathrm{p}}$ 是峰值承载力超强系数，HAZUS 报告给出了不同结构类型峰值承载力超强系数 $\Omega_{\mathrm{p}}$ 的取值（FEMA，2012），如混凝土高层剪力墙结构的峰值超强系数 $\Omega_{\mathrm{p}} = 2.5$。

本书建议可以通过以下两种方法来确定三线性骨架线模型的峰值点位移：① 刚度折减法；②延性系数法。

1）刚度折减法。

由于混凝土结构开裂后刚度下降，因此结构的峰值位移可以根据折减后的等效弯曲刚度 $E_{\mathrm{r}}I$ 和等效剪切刚度 $G_{\mathrm{r}}A$ 来计算，计算公式为

$$E_{\mathrm{r}}I = \eta EI \tag{2-176}$$

$$G_{\mathrm{r}}A = \eta GA \tag{2-177}$$

$$\Delta u_{\mathrm{p},i} = \frac{V_{\mathrm{p},i}h_i}{E_{\mathrm{r}}I} \tag{2-178}$$

$$\Delta\theta_{\mathrm{p},i} = \frac{M_{\mathrm{p},i}h_i}{G_{\mathrm{r}}A} \tag{2-179}$$

式中：$V_{\mathrm{p},i}$ 和 $M_{\mathrm{p},i}$ 分别是第 $i$ 层剪切弹簧的峰值剪力和第 $i$ 层弯曲弹簧的峰值弯矩；$\eta$ 为刚度折减系数。

美国 ACI318-08（2008）的 10.10.4.1 条建议了相应的刚度折减系数 $\eta$。因此，结构的峰值位移 $\Delta u_{\mathrm{u},i}$ 和峰值转角 $\Delta\theta_{\mathrm{u},i}$ 的计算公式为

$$\Delta\theta_{\mathrm{p},i} = \mu\Omega_{\mathrm{p}}\Delta\theta_{\mathrm{y},i}$$

式中：$u$ 为位移，$\theta$ 为转角，下标 y、p 分别表示屈服点和峰值点，$i$ 为层号。

2）延性系数法

HAZUS 报告定义了延性系数 $\mu$，其可以用于计算峰值位移。不同结构的延性系数 $\mu$ 可以通过 HAZUS 报告的表 5.6 确定（FEMA 2012）。

$$\mu = \frac{\delta_{\mathrm{p}}}{\Omega_{\mathrm{p}}\delta_{\mathrm{y}}} \tag{2-180}$$

$$\Delta u_{\mathrm{p},j} = \mu\Omega_{\mathrm{p}}\Delta u_{\mathrm{y},j} \tag{2-181}$$

$$\Delta\theta_{\mathrm{p},j} = \mu\Omega_{\mathrm{p}}\Delta\theta_{\mathrm{y},j} \tag{2-182}$$

3. 滞回参数

滞回参数的标定方法和钢筋混凝土框架结构的滞回参数标定方法一致。

## 2.3.2　动力反应分析

1. 显式差分法

显式差分法实际上是一系列的差分格式,最为常用的是中心差分方法(张谨等,2016)。中心差分法对于时间导数采用线性数值微分处理,计算简便,易于理解,程序编制方便。中心差分法在质量矩阵和阻尼矩阵为对角矩阵的前提下,计算过程是时空解耦的,不需要联立求解大型方程组,因此可以获得非常高的单时步计算效率。但是从稳定性上来讲,中心差分法是条件稳定的,在计算时分析步距会受到较为严格的限制,从这个角度上讲又会相应地增加整体计算量。中心差分法的基本数学表达式为

$$\dot{u}_i = \frac{u_{i+1} - u_{i-1}}{2\Delta t} \tag{2-183}$$

$$\ddot{u}_i = \frac{u_{i+1} - 2u_i + u_{i-1}}{\Delta t^2} \tag{2-184}$$

将式(2-183)和(2-184)代入结构动力方程式(2-143)中,即可获得中心差分法的基本计算格式。另外,出于提高计算精度的目的,研究者还提出了具有更高阶计算精度的显式差分格式,如著名的龙格–库塔(Runge-Kutta)法。

该方法没有收敛性问题,也无须联立方程组,其缺点是时间步长受数值积分稳定性的限制,无法超过系统的临界时间步长。

2. 隐式逐步积分法

隐式逐步积分法以纽马克(Newmark)-$\beta$ 法和威尔逊(Wilson)-$\theta$ 法为代表(Newmark,1968;Wilson,1959)。Newmark-$\beta$ 法假定时间步距内加速度为常分布或线性分布,在区间内进行数值积分,从而推导出 Newmark 常加速度法($\beta = 1/4$)和 Newmark 线性加速度法($\beta = 1/6$)。Newmark-$\beta$ 法具有如下基本计算格式:

$$u_{i+1} = u_i + \Delta t \dot{u} + \frac{1}{2}\Delta t^2 \left[ (1-2\beta)\ddot{u}_i + 2\beta\ddot{u}_{i+1} \right] \tag{2-185}$$

$$\dot{u}_{i+1} = \dot{u}_i + \frac{1}{2}\Delta t \left[ (1-\gamma)\ddot{u}_i + \gamma\ddot{u}_{i+1} \right] \tag{2-186}$$

Newmark-$\beta$ 法具有二阶计算精度。Newmark 常加速度法具有无条件稳定性,而 Newmark 线性加速度法是条件稳定,但稳定域很宽,体现了 Newmark-$\beta$ 法良好的稳定性。Wilson 在 Newmark-$\beta$ 法的基础上,采用先区间外推,再内插的方式提出了著名的 Wilson-$\theta$ 法,表达式为

$$u(t_i + \theta\Delta t) = u(t_i) + \theta\Delta t \dot{u}(t_i) + \frac{(\theta\Delta t)^2}{6} \times \left[ \ddot{u}(t_i + \theta\Delta t) + 2\ddot{u}(t_i) \right] \tag{2-187}$$

$$\dot{u}(t_i + \theta\Delta t) = \dot{u}(t_i) + \theta\Delta t \dot{u}(t_i) + \frac{\theta\Delta t}{2} \left[ \ddot{u}(t_i + \theta\Delta t) - \ddot{u}(t_i) \right] \tag{2-188}$$

式中:$\theta$ 为控制精度和稳定性的参数。

可以证明,当 $\theta=1$ 时, Wilson-$\theta$ 法等同于 Newmark-$\beta$ 法。Wilson 法具有二阶计算精度。

当 $\theta > 1.37$ 时，Wilson-$\theta$ 法具有无条件稳定性。Hilber et al.（1978）从积分格式上对上述方法进行了统一，给出了 Collocation 法（组合方法）。Collocation 法的数学表达式为

$$\ddot{u}_{i+\theta} = (1-\theta)\ddot{u}_{i+1} + \theta\ddot{u}_i \tag{2-189}$$

$$u_{i+1} = u_i + \theta\Delta t\dot{u}_i + (\theta\Delta t)^2\left[(1/2-\beta)\ddot{u}_i + \beta\ddot{u}_{i+1}\right] \tag{2-190}$$

$$\dot{u}_{i+1} = \dot{u}_i + \theta\Delta t\left[(1-\gamma)\ddot{u}_i + \gamma\ddot{u}_{i+1}\right] \tag{2-191}$$

当 $\gamma = 1/2$，$\theta \geqslant 1$，$\theta/2(\theta+1) \geqslant \beta \geqslant (2\theta^2-1)/4(2\theta^3-1)$ 时，Collocation 法具有无条件稳定性，并具有二阶计算精度。

该方法具有无条件稳定性，时间步长可任意大，但迭代过程不一定收敛，也可能会出现无确定解的情况。

进行动力反应分析后，结合了基于力和基于位移的损伤判别准则，即可对建筑模型的破坏状态进行判别。

# 第3章　地震灾情模拟器

地震灾害情景仿真模拟因为涉及因素众多,各因素间的相互作用过于复杂,还未能实现地震发生、发展、演化、结束的全过程物理模拟。但以历史震例为基础充分总结地震灾情的先验知识,以系统动力学方法将任意设定地震的灾害要素按照时间轴顺序组成复杂灾害链/网,模拟分析并给出最可能的或指定的地震灾情集,可使各城市结合自身具体情况,设定最可能出现的地震灾害情景,也可建立城市地震灾害应急管理的压力测试途径,分析城市可能面临的灾害后果。因此,本书中定义的地震灾情模拟是指在任意设定地震下按照时间轴顺序给出最可能的或指定的地震灾情集,包括不同要素、不同灾情演化后的情景,并以系统动力学方法将重特大地震灾害要素组成复杂的灾害链/网,模拟灾害全过程的可能情景。与这种模拟相对应的地震灾情模拟器的概念模型如图3-1所示。

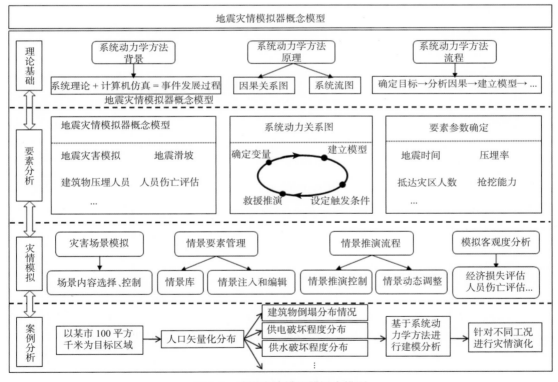

**图 3-1　地震灾情模拟器概念模型**

地震灾情模拟涉及地震发生后产生的地震地质破坏、建筑物破坏、生命线工程破坏、地震次生灾害、人员伤亡等,涉及的承灾体包括建筑物、交通系统、供水系统、供气系统、供电系统、通信系统、人等。随着城市系统日益发展,承灾体种类越发复杂,并且各类灾害之间存在互相影响作用,地震灾害一旦发生,通常不是独立成灾的,而是直接灾害伴随着一系列的次生灾害和衍生灾害,甚至各类灾害之间耦合、放大,产生一系列的连锁效应。

因为人口和经济的高度密集,当地震灾害在城市发生时,城市中作为主要承灾体的人、建筑、生命线系统等,相互作用、相互影响,所呈现的关系错综复杂。因此,城市地震灾害会存在以下特点:灾害往往是成链式或网式发展的,且城市灾害链存在明显的放大效应;城市地震灾害链往往是不少于3个节点的长链;城市灾害链具有可缩小效应,如果处置得当,可以通过断链救灾,实现灾害影响范围的缩小。

## 3.1　理论基础

由于城市地震灾害系统复杂,加上影响救援的因素众多,系统中各因素相互作用会导致系统极具复杂性,且存在极强的连锁效应,使人们难以依据直观认识和经验来推断和分析灾害态势的发展和救援决策的有效性。而地震灾害系统是开放性的,所以有动态性和非线性的特征,次生和衍生灾害又存在时滞性。基于以上特征,考虑采用系统动力学方法,探讨各情景元之间形成的链式规律,为情景推演模型构建提供基础。本节对系统动力学方法的背景、原理及主要流程进行简要介绍。

### 3.1.1　系统动力学方法背景

系统动力学是系统科学和管理科学交叉融合的一门学科,可以将系统理论与计算机仿真有效结合,来研究复杂系统的结构和行为,进而解释事件发展变化的过程。系统动力学最早出现于1956年,创始人是美国麻省理工学院的Forrester教授。目前,系统动力学已经发展为多个领域研究复杂系统的重要方法。

20世纪70年代末,系统动力学进入中国,在此过程中杨通谊、王其藩、许庆瑞、陶在朴、胡玉奎等是先驱和积极倡导者。目前,系统动力学已经在我国的区域和城市规划、企业研究、产业研究、科技管理、生态环保、海洋经济和国家发展等应用研究领域中取得巨大成绩。

### 3.1.2　系统动力学方法原理

系统动力学是在系统论的基础上发展起来的,它认为系统的结构决定了系统的行为。系统动力学根据控制论理论对系统进行动态描述,着重于研究流量的变化,并运用了反馈的概念。系统动力学建模的过程如下:确定系统边界、定义变量、绘制因果关系图、构建系统流图、编辑公式并运行、模型检验和校准、仿真和分析。

系统动力学把世界上一切系统的运动假想成流体的运动,使用因果关系图和系统流图来表示系统的结构。系统流图可以清楚地表示系统中的反馈关系,其中各变量之间的关系用公式来定义。分析运行模型时,必须给出流位变量的初始值。事实上,流位和流率之间的关系可用一阶微分方程反映。在复杂系统中,随着系统阶数的提高,方程的阶数和数量都会增加,因此,计算机仿真模型的优点在于,其使用仿真的方法代替传统的解析方法来求解方程。系统流图中的每一流位都需要一个微分方程,流入或流出的物质、能量和信息等都需要明确的算术表达式,这些表达式形成式(3-1)中等号右面的部分,一个系统动力学模型就是一系列非线性微分方程组。

$$\frac{\mathrm{d}}{\mathrm{d}x} x(t) = f(x, p)$$ (3-1)

式中:$x$——流位向量;

　$p$——一组参数;

　$f$——非线性的向量函数。

式(3-1)是含时滞的方程,因为其中向量 $x$ 及其他参数是其前一时刻值的函数。

系统动力学把系统看成一个具有多重信息因果反馈机制的整体。因此,系统动力学在剖析系统,获得深刻、丰富的信息之后,建立系统动力学模型。最后,通过仿真语言和仿真软件对系统动力学模型进行计算机模拟,来完成对真实系统结构的仿真。

我们在求解问题时,都想获得较优的解决方案,得到较优的结果,故系统动力学解决问题的过程实质上也是寻优的过程,来获得较优的系统功能。因此,系统动力学分析是通过寻找系统的较优结构,来获得较优的系统行为。寻找较优的系统结构被称作为政策分析或优化,包括参数优化、结构优化、边界优化。参数优化就是通过改变其中几个比较敏感参数来改变系统结构,来寻找较优的系统行为;结构优化是指主要增加或减少模型中的水平变量、速率变量以改变系统结构,来获得较优的系统行为;边界优化是指研究系统边界及边界条件发生变化时引起系统结构变化,来获得较优的系统行为。

综上所述,系统动力学就是通过计算机仿真分析对系统结构进行仿真,寻找系统的较优结构,以求得较优的系统行为。

### 3.1.3　系统动力学方法流程

系统动力学方法是通过因果关系图和流位、流量来建立结构模型,然后建立方程模型。系统动力学分析首先要梳理分析的要素;然后建立各个要素之间的因果关系,绘制系统动力学模型流图,确定反馈回路中变量间的正负关系,确定流图上各个变量和参数的量纲;之后对流位、流率、辅助变量和常数进行赋值,针对需要填写方程的变量,编写对应的公式;最后在确定无误后,开始系统动力学模拟,分析给出模拟结果。

系统动力学方法的流程如图 3-2 所示。

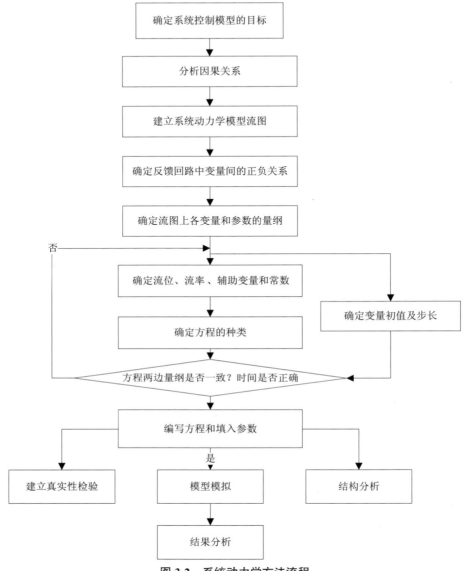

**图 3-2　系统动力学方法流程**

## 3.2　模型要素分析

### 3.2.1　要素确定

在分析地震灾害救援的情景推演中,主要考虑了 3 条主线,分别是地震灾害模拟、救援人员调度及压埋人员搜索和救援。在地震灾害模拟方面,主要考虑了建筑物倒塌、生命线工程功能失效、次生火灾和次生水灾的影响,其中建筑物倒塌造成压埋人员,生命线工程功能失效造成救援力量到达受阻,供电失效造成救援效率低下,供水失效造成次生火灾救援能力下降,次生火灾和水灾造成影响范围内人员死亡。在救援人员调度方面,主要考虑救援决策和救援力量行进。其中:救援决策考虑决策投入的力量及各部分力量派出的时间;救援力量行进主要考虑空运、道路交通运输等方式的救援力量行进。在压埋人员搜索和救援方面,分别考虑了压埋人员搜索和压埋人员救援。其中:压埋人员搜索主要考虑了白天和黑夜压埋人员搜索的效率,同时考虑供电失效情况下对搜索效率的影响;压埋人员救援考虑了自救互救和救援队员救援结合的方式。

### 3.2.1.1　建筑物地震易损性

建筑物地震易损性分析是地震灾害人员伤亡和经济损失估计的重要内容,地震易损性( seismic fragility )是指在不同强度地震作用下结构发生各种不同破坏状态的概率,它从概率的意义上定量地刻画了工程结构的抗震性能,从宏观的角度描述了地震动强度与结构破坏程度之间的关系。目前,我国已有的易损性分析方法大致可分为七类:历史震害统计法、专家评估法、模糊类比法、半经验半理论方法、结构理论计算方法、动态分析法和神经网络分析方法。

1)历史震害统计法是根据已有的震害资料,由统计分析和经验判断对建筑物进行震害预测的一种方法。它包括震害经验判断法和逐步回归统计法。这种方法常用于量大面广的一般结构的震害预测,对普通规范化设计的建筑可以取得较好的群体震害预测结果。

2)专家评估法是根据专家的经验判断意见进行地震震害评估的一种方法。它的关键工作是编制清单资料,并根据专家的各级建议,用统计方法进行归纳总结。由于其自身的特点,该方法主要可用于大范围地震灾害的预防与部署,以及震前减灾预防和震后恢复工作战略方针的制定。

3)模糊类比法通过因素分析,利用模糊类比的数学关系进行震害预测。它包括模糊综合评判法和模糊推理法。首先,该方法利用其他方法获得一类有代表性的建筑物的结构易损性矩阵,建立数据库;然后,通过不同建筑物之间的类比,提出相应的修正参数,从而推导出其他建筑物的易损性矩阵。这种方法主要用于群体建筑易损性分析和小区、城市震害预测分析。

4)半经验半理论方法的一部分内容是通过对过去同类事物的观察、统计和综合,得出结果,具有一定的经验性;另一部分则是通过理论研究,用严格的数学方法处理各变量之间的关系。目前在我国,半经验半理论方法的应用较多。

5)结构理论计算方法是将不同结构理想化为数学模型,以典型的强震记录作为地震动输入,通过弹塑性结构动力反应分析来计算结构反应,利用结构反应与震害程度的关系来判别结构的震害等级。对于单体建筑,该方法通常直接采用理论计算的方法逐栋对建筑进行预测;对于群体建筑,则采用基于概率的可靠度方法进行预测。

6)动态分析法是考虑结构的抗力随时间变化的一种预测方法。由于考虑了时间效应,它更适合与其他方法相结合应用。

7)神经网络分析方法可视为一种非线性映射的数学模型或分类器,通过对已知的样本的学习,在模型的输入和输出之间建立起一种对应关系,利用这种映射关系可以对未知样本进行估计或分类。

在城市及城市群范围的地震灾害分析中,可通过抽样调查的方法,通过对单体建筑物的震害计算和分析得出样本建筑物的地震易损性,大多数采用半经验、半理论方法。根据构件在房屋中的作用,其可以分为承重构件和围护构件,建筑物的破坏状态正是由这些构件在地震作用下的破坏程度所决定的。可通过结构构件的破坏状态确定结构的破坏等级(Ⅰ～Ⅳ级),在实际应用中将震害等级分为基本完好、轻微破坏、中等破坏、严重破坏及毁坏五个等级。结构构件的破坏等级和震害等级评定标准见表3-1与表3-2。

**表3-1　建筑物结构构件破坏等级划分**

| 破坏等级 | 钢筋混凝土构件 | 砖墙 | 砖柱 | 屋面系统和楼板 |
|---|---|---|---|---|
| Ⅰ | 破坏处混凝土酥碎,钢筋严重弯曲,产生较大变位或已经折断 | 产生了多条裂缝,近于酥散状态或已经倒塌 | 已断裂,受压区砖块酥碎脱落或已倒塌 | 屋面板(或楼板)滑动或坠落,支撑系统弯曲失稳,屋架坠落或倾斜 |
| Ⅱ | 破坏处表层脱落,内层有明显裂缝,钢筋外露有弯曲 | 墙体有多条显著的裂缝或严重倾斜 | 断裂、受压区砖块酥碎 | 屋面板错动,屋架倾斜,支撑系统有明显变形 |
| Ⅲ | 破坏处表层有明显裂缝,钢筋外露 | 墙体有可见裂缝 | 柱有水平裂缝 | 屋面板松动,支撑系统有可见变形 |
| Ⅳ | 构件表层有可见裂缝,对承载能力和使用无明显影响 | 墙体有可见裂缝,对承载能力和使用有明显影响 | 柱有裂缝,对承载能力和使用有明显影响 | 有可见裂缝或松动 |

**表3-2　建筑物结构构件震害等级划分**

| 震害等级 | 判定依据 | 震害指数 $D$ | 指数的上下限 |
|---|---|---|---|
| 毁坏 | 大部分构件为Ⅰ级和Ⅱ级破坏,结构已濒于倒毁,无修复可能,失去了设计时的预定功能 | 1 | $D>0.85$ |
| 严重破坏 | 大部分构件为Ⅱ级破坏,个别构件有Ⅰ级破坏现象,难以修复 | 0.7 | $0.55<D\leqslant0.85$ |
| 中等破坏 | 部分构件为Ⅲ级破坏,个别构件有Ⅱ级破坏现象,经修复仍可能恢复原设计功能 | 0.4 | $0.3<D\leqslant0.55$ |
| 轻微破坏 | 部分构件为Ⅳ级破坏,个别构件有Ⅲ级破坏现象,稍加修复即可正常使用 | 0.2 | $0.1<D\leqslant0.3$ |
| 基本完好 | 各类构件均无破坏,或个别构件有Ⅳ级损伤现象,一般无须修复即可正常使用 | 0 | $D\leqslant0.1$ |

1.砖混结构震害预测方法

砖混结构采用以烈度为输入的模式判别法。该方法以建筑物墙体的抗剪强度作为砖混结构抗震能力的主要考虑因素,具体方法中采用楼层单位面积的平均抗剪强度作为砌体结构的抗震能力指标。第$i$楼层单位面积的抗剪强度$a_i$为

$$a_i = \gamma \frac{\sum_{j=1}^{m} F_{ij}}{2A_i} \times 10^4 \tag{3-2}$$

式中：$F_{ij}$——第 $i$ 楼层第 $j$ 片墙的断面积（$m^2$）；

　　$A_i$——第 $i$ 楼层的平面面积（$m^2$）；

　　$m$——第 $i$ 楼层的墙片总数；

　　$\gamma$——墙体的平均抗剪强度，按照《砌体结构设计规范》（GB 50003—2011）表 3.2.2 中
的规定取值。

求得第 $i$ 楼层单位面积的抗剪强度 $a_i$ 后，第 $s$ 楼层折算单位面积的平均抗剪强度 $a_{cs}$ 可以表示为

$$a_{cs} = \gamma \frac{\sum\limits_{i=1}^{n} i^2}{\sum\limits_{s}^{n} i \sum\limits_{1}^{n} i} \times a_s \tag{3-3}$$

式中：$i$——楼层序号；

　　$s$——计算楼层号；

　　$n$——楼层总数

根据对数千栋砖结构房屋的震害分析（尹之潜，1996），得到不同烈度下楼层单位面积平均抗剪强度 $a_{cs}$ 的平均值与震害指数 $D_s(I)$ 的关系如下。

$$\begin{cases} \text{VI 度时：} & D_s(6) = 2.032 - 0.007 a_{cs} \\ \text{VII 度时：} & D_s(7) = 1.977 - 0.006 a_{cs} \\ \text{VIII 度时：} & D_s(8) = 1.975 - 0.005 a_{cs} \\ \text{IX 度时：} & D_s(9) = 1.866 - 0.004 a_{cs} \\ \text{X 度时：} & D_s(10) = 1.740 - 0.003 a_{cs} \end{cases} \tag{3-4}$$

考虑结构的施工质量、设计标准和建筑物使用现状等方面的影响，将计算的震害指数按照下式进行修正：

$$D_m(I) = D_s(I) \times \left(1 + \sum C_i\right) \tag{3-5}$$

式中：$C_i$——修正系数，其值根据表 3-3 确定；

　　$D_m(I)$——修正的震害指数。

由修正的震害指数 $D_m(I)$，根据表 3-2 可评定结构的震害等级。

表 3-3　多层砌体结构房屋的修正系数 $C_i$

| 序号 | 条件 | 修正系数 | |
| --- | --- | --- | --- |
| | | 满足 | 不满足 |
| 1 | 墙间距符合《建筑抗震设计规范》（GB 50011—2010，2016 年版）要求 | 0 | 0.10 |
| 2 | 刚性楼板，刚性屋面 | 0 | 0.150 |
| 3 | 结构无明显质量问题 | 0 | 0.20 |
| 4 | 平面和立面规整 | 0 | 0.10 |
| 5 | 符合标准《工业与民用建筑抗震设计规范》（TJ 11—1978）要求 | −0.35 | 0 |
| 6 | 符合标准 TJ 11—1974 要求，但不符合标准 TJ 11—1978 要求 | −0.20 | 0 |

**2. 多层钢筋混凝土框架结构震害预测方法**

通过对大量的钢筋混凝土结构建筑物进行弹塑性地震反应分析，得到楼层最大延伸率与楼层剪力屈服系数的关系，根据楼层最大延伸率的平均值确定钢筋混凝土房屋的震害程度。这一方法既可以应用于一般的钢筋混凝土房屋（2~8层），也可以用于平立面规则的框架和剪力墙结构的高层建筑，是国内近年来应用较多的方法。

楼层最大延伸率的平均值可以按下式计算：

$$\mu_i = \frac{1 + \sum C_k}{\sqrt{q_i}} \exp\left[2.6(1 - q_i)\right] \tag{3-6}$$

式中：$i$——楼层序号；

　　　$C_k$——修正系数，取值由表3-4确定；

　　　$q_i$——第 $i$ 楼层的剪力屈服系数。

剪力屈服系数可以按照下式计算：

$$q_i = Q_{zi} / Q_{mi} \tag{3-7}$$

式中：$Q_{zi}$——第 $i$ 楼层屈服剪力，可按 GB 50023—2009 的相关规定计算；

　　　$Q_{mi}$——第 $i$ 楼层弹性反应的最大地震剪力，可按 GB 50011—2010（2016 年版）中的相关方法计算。

**表 3-4　钢筋混凝土结构房屋的修正系数 $C_k$**

| 序号 | 条件 | 修正系数 | |
|---|---|---|---|
| | | 满足 | 不满足 |
| 1 | 现浇钢筋混凝土构件沿高度断面无突变 | 0 | 0.20 |
| 2 | 平面对称 | 0 | 0.20 |
| 3 | 施工质量良好 | 0 | 0.20 |
| 4 | 符合标准 TJ 11—1978 要求 | -0.25 | 0 |
| 5 | 符合标准 TJ 11—1974 要求，但不符合标准 TJ 11—1978 要求 | -0.20 | 0 |

延伸率与结构破坏程度的关系见表3-5。根据表3-5，由计算得出的楼层最大延伸率平均值，可评定结构的震害等级。

**表 3-5　延伸率与破坏程度对照关系表**

| 结构形式 | 延伸率 | 破坏程度 | | | | |
|---|---|---|---|---|---|---|
| | | 基本完好 | 轻微破坏 | 中等破坏 | 严重破坏 | 毁坏 |
| 框架 | $\mu$ | ≤ 1 | 1~3 | 3~6 | 6~10 | >10 |
| 剪力墙 | | ≤ 0.3 | 1~1.5 | 1.5~3 | 3~5 | >5 |

**3. 钢筋混凝土单层厂房震害预测方法**

针对钢筋混凝土单层厂房的震害指数法是一种经验统计方法。单层厂房的震害指数是由排架、维护墙和屋面系统三部分的震害指数加权而得到。通过对我国近几十年数百座厂房震害资料的回归分析,得到钢筋混凝土单层厂房在Ⅶ度至Ⅹ度地震作用下震害指数的经验关系式,表达式如下。

$$Ⅶ度:D_f = 14F_c^{-1} + 0.0018R + 0.011\lambda_m - 0.338 + 0.25d_r \qquad (3\text{-}8a)$$

$$Ⅷ度:D_f = 39F_c^{-1} + 0.002R + 0.011\lambda_m - 0.349 + 0.25d_r \qquad (3\text{-}8b)$$

$$Ⅸ度:D_f = 31F_c^{-1} + 0.0023R + 0.014\lambda_m - 0.37 + 0.25d_r \qquad (3\text{-}8c)$$

$$Ⅹ度:D_f = 74F_c^{-1} + 0.0036R + 0.014\lambda_m - 0.504 + 0.25d_r \qquad (3\text{-}8d)$$

式中:$D_f$——厂房震害指数;

　　　$F_c$——柱的混凝土标号;

　　　$R$——排架抗力,由式(3-8)确定;

　　　$\lambda_m$——墙高指数,由式(3-9)确定;

　　　$d_r$——屋面系统的震害指数,按照表3-6取值。

排架抗力的计算公式为

$$R = \frac{\sum W_i H_i}{bh^2} \qquad (3\text{-}9)$$

式中:$W_i$——第 $i$ 个屋面加在柱上的质量(kg);

　　　$H_i$——第 $i$ 个屋架下弦到柱计算断面的距离(cm);

　　　$b$——柱计算断面宽度(cm);

　　　$h$——柱计算断面高度(cm);

墙高指数的计算公式为

$$\lambda_m = \frac{H_m}{b_m \sqrt{S+1}} \qquad (3\text{-}10)$$

式中:$H_m$——墙高度(cm);

　　　$b_m$——墙厚度(cm);

　　　$S$——沿墙设置圈梁道数。

**表 3-6　屋面系统不同情况的震害指数取值**

| 序号 | 施工质量 | 支撑系统 | 破坏等级 | | | |
|------|----------|----------|------|------|------|------|
| | | | Ⅶ | Ⅷ | Ⅸ | Ⅹ |
| 1 | 良好 | 完善 | 0 | 0.05 | 0.20 | 0.35 |
| 2 | 良好 | 不完善 | 0.05 | 0.15 | 0.35 | 0.45 |
| 3 | 较差 | 完善 | 0.10 | 0.20 | 0.40 | 0.55 |
| 4 | 较差 | 不完善 | 0.15 | 0.30 | 0.55 | 0.85 |

考虑结构整体质量和设计标准等因素对抗震能力有影响,对由式 3-7 求出的 $D_f$ 按照下式进行修正:

$$D_{fm}(I) = D_f(I) \times (1 + \sum C_i) \qquad (3\text{-}11)$$

式中: $C_i$——修正系数,由表3-7确定。

表 3-7　单层厂房的震害指数修正系数 $C_i$

| 序号 | 条件 | 修正系数 $C_i$ | |
| --- | --- | --- | --- |
| | | 满足 | 不满足 |
| 1 | 无天窗 | 0 | 0.15 |
| 2 | 大型屋面板 | 0 | -0.15 |
| 3 | 结构无明显质量问题 | 0 | 0.20 |
| 4 | 有大于20吨的吊车 | 0 | 0.15 |
| 5 | 符合《工业与民用建筑抗震设计规范》(TJ 11—1978)要求 | -0.30 | 0 |
| 6 | 符合《工业与民用建筑抗震设计规范》(TJ 11—1974)要求,但不符合 TJ 11—1978 的要求 | -0.20 | 0 |

基于上述建筑物易损性矩阵的分类方法,对建筑物抗震普查资料统计出的各分类建筑物所占的比例和各分类建筑物易损性矩阵进行加权平均,建立具体预测区的群体建筑物的易损性矩阵,即建立某种结构类型建筑的群体易损性矩阵,公式为

$$\boldsymbol{P}_s\left[D_j\middle|I\right]=\sum_{k=1}^{m}\omega_{ks}\boldsymbol{P}_{ks}\left[D_j\middle|I\right] \tag{3-12}$$

式中: $\boldsymbol{P}_s[D_j\,|\,I]$——预测区 $s$ 类结构建筑物的易损性矩阵;

　　　$\boldsymbol{P}_{ks}[D_j\,|\,I]$——$s$ 类结构建筑物易损性矩阵分类中第 $k$ 个易损性矩阵( $k$ =1, 2,…, $m$ ),对于多层钢筋混凝土结构来说, $m$ =30。

　　　$\omega_{ks}$——预测区 $s$ 类结构建筑物的易损性分类第 $k$ 个分类的建筑物面积比例。

在未开展城市震害预测地区,若想获取一个粗精度的地震易损性矩阵并用于估计地震灾害损失时,可采用类比方法来获得。

影响单体结构的抗震能力的因素主要取决于结构的承载力、整体性等,但是以群体建筑为分析目标时,不难发现,一个城市内或者一定区域范围内建筑物的建造往往有聚类性。归纳分析历史震害,同时考虑影响群体建筑物的易损性的关键因素数据的可获取性,将抗震设防烈度、建筑年代、结构类型和层数等四个因素作为分析群体建筑物的易损性的主要指标。

(1)抗震设防烈度

从历史震害现场调查中可以发现,建筑物是否采取合理的抗震设计和抗震措施密切相关。按照我国现行的抗震规范施工的结构,地震的破坏程度远远小于未按标准施工的结构。不同的抗震设防水平,决定了不同结构抵御地震的能力,因此群体建筑物的抗震能力与抗震设防烈度密切相关。

(2)建设年代

建筑年代对建构筑物的抗震能力的影响主要有两方面:一方面是随着建筑物建成时间的延长,建筑材料以及使用中的不当维护造成的结构抗震能力减弱或者部分失效;另一方面,随着对材料及结构本身的深入研究以及经济能力的发展,更科学有效的建筑物设计和减

隔震产品的投入应用,使新建的设防结构的抗震能力的可靠度提升。

（3）结构类型

结构类型传力体系、主要的结构构件及结构的整体性等的差异,会使结构类型本身的抗震能力存在本质差异性。历次地震表明,在相同烈度下,土木结构的震害较钢混结构的震害严重。

（4）层数

对历史地震的统计发现,对于多层砌体房屋来说,2、3 层的砖房在不同烈度区的震害比4、5 层的震害轻得多,6 层及 6 层以上的砖房在地震时的震害明显加重。可见,在同类型结构中,层数是影响其地震易损性的一个关键因素。

在易损性矩阵拟合中,构建一组候选解,包括全国范围内的既有的震害中建筑物破坏矩阵以及震害预测中的建筑物易损性矩阵。而需要做的是从既有的矩阵中寻找与目标城市群体建筑物情况相似度高的矩阵作为基础数据,进而拟合生成新的矩阵。其中,遗传算法是解决该问题的一个适用方法。

在遗传算法中,个体的相似性是通过个体的染色体编码的相似程度来表示的,我们把评价城市间的相似性指标设定为 $X(x_1, x_2, x_3, x_4)$。其中,$x_1$、$x_2$、$x_3$、$x_4$ 分别代表抗震设防烈度、建设年代、结构类型和层数的对应指标值。计算目标城市与已知城市的相似性,则是计算目标染色体与已知染色体的基因值 $x_i$ 之间的相似性。个体间的相似度可以定义为两个个体的各基因之间的等位距离加权求和,计算公式为

$$dist(x_i, y_i) = \frac{|x_i - y_i|}{max_i - min_i} \qquad (3\text{-}13)$$

式中：$x_i$ 与 $y_i$——两个个体在第 $i$ 位的基因值;

　　　$max_i$ 和 $min_i$——第 $i$ 位的最大基因值和最小基因值。

等位距离求和计算相似度如式 3-13 所示。

$$sim(X, Y) = 1 - \sum_i^L \omega_i dist(x_i, y_i) \qquad (3\text{-}14)$$

式中：$sim(X, Y)$——个体 $X$ 和 $Y$ 的相似度;

　　　$\omega_i$——该等位基因在整个染色体的权值。

按适应度值大小对目标群中的个体进行排序,选择适应度较高的个体组成评价小组,将目标个体与小组中个体逐个比较,设置一个相似度边界 $L$,若两个个体相似度值大于 $L$,则作为拟合目标城市易损性矩阵的基础数据,以相似度作为权重指标的依据值,加权拟合目标城市的易损性矩阵。

### 3.2.1.2　建筑物压埋人员

在汶川地震中,90% 以上人员伤亡是由建筑物倒塌所致,因此倒塌建筑物是搜索与救援工作的重点与难点。在不同类型的倒塌建筑物中进行救援的过程极其复杂,对埋压人员的搜索定位、救援方案的制定、营救方法与技术也存在差异。特别是一些深层埋压,救援时间普遍超过 6 小时,甚至达 24 小时以上,这对被埋压人员的生存是极大考验。研究者通过对建筑物倒塌进行分类,已掌握生存空间的特点及规律,可为判识人员埋压位置提供依据,

可有效缩短救援时间,提高救援效率(图 3-3 )。

1. 倾斜型

建筑物由于承重的柱或墙体破坏,会发生前后或左右倾斜。如果倾斜角度在可控制范围内,结构在不受外力继续干扰的情况下可以相对稳定,此时人员受困往往是因为结构变形所产生的门窗变形导致人员无法及时疏散,这种情况下受困人员的生存空间较大,存活率高。

2. 局部倒塌型

(1)斜靠型

某一支撑墙体倒塌或楼板连接处在一端断裂,塌落处两端支撑并构成三角地带,形成生存空间。这类结构不稳定,但有一定的人员存活率。

(2)V 字结构型( V 形 )

建筑物由于平面刚度分布不均,中部出现薄弱层,在地震作用下终于由于不堪重负而断裂、塌落,呈现中间低两边高的 V 形,塌落底部和两侧结构夹角处形成生存空间。这类结构不稳定,中间的人员存活率较低,但两侧未塌落的结构体内的人员存活率较高。

(3)悬臂型

建筑物纵横墙面塌落,导致楼板的一端固定于墙面,另一端自由悬臂。这类结构不稳定,生存空间位于非悬臂处、悬臂上方等,有一定的人员存活率。

(4)夹层型

由于建筑物上下层刚度突变形成了薄弱层,出现局部层倒塌形成的夹层。这类结构稳定但生存空间小,人员的存活率较低。

3. 完全塌落型

(1)V 字结构型( V 形 )

建筑物整体塌落成 V 形结构,形成多个支撑空间。这类结构较不稳定,但有一定的人员存活率。

(2)A 字结构型( A 形 )

建筑物承重构件失效,上层还有部分构件未坍塌,结构整体塌落成 A 形,内部有多个生存空间。这类结构不稳定,但有一定的人员存活率。

(3)饼形

承重构件层层失效,导致建筑物整体塌落成饼形,各夹层之间仅存在少量支撑物,可形成有限的生存空间。这类结构稳定,但人员存活率较低。

建筑压埋人员状况的关键影响要素是建筑物的倒塌率、倒塌形式、人员的分布情况,建筑物的倒塌率和结构抗震能力、地震烈度、近断层距离、场地类型等相关。倒塌形式与建筑物的层数、结构类型、功能等相关;人员的分布情况与地区、城市或农村、季节、假期和时间相关,见表 3-8。

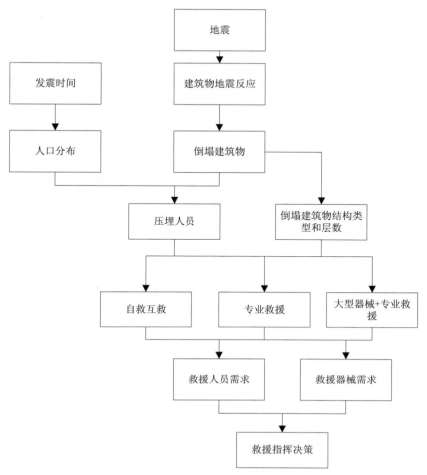

**图 3-3　建筑物压埋人员及救援逻辑图**

**表 3-8　不同时间段人员在室率**

| 时间段 | | 00:00—06:00 | 06:00—07:00 | 07:00—08:00 | 08:00—12:00 | 12:00—14:00 | 14:00—17:00 | 17:00—18:00 | 18:00—19:00 | 19:00—22:00 | 22:00—00:00 |
|---|---|---|---|---|---|---|---|---|---|---|---|
| 城市 | 工作日 | 1.0 | 0.84 | 0.15 | 0.95 | 0.95 | 0.95 | 0.14 | 0.79 | 0.79 | 1.0 |
| | 节假日 | 1.0 | 1.0 | 0.73 | 0.73 | 0.73 | 0.73 | 0.73 | 0.73 | 0.73 | 1.0 |
| 农村 | 农忙 | 1.0 | 1.0 | 0.3 | 0.3 | 0.9 | 0.3 | 0.3 | 0.9 | 0.9 | 1.0 |
| | 农闲 | 1.0 | 1.0 | 0.75 | 0.75 | 0.75 | 0.75 | 0.75 | 0.75 | 1.0 | 1.0 |

### 3.2.1.3　生命线工程功能失效

生命线工程是指与人们生活密切相关,且地震破坏会导致其局部或全部瘫痪、引发次生灾害的工程,如供水系统、供电系统、交通系统等。生命线工程震害分析需要对这几大系统内枢纽建筑物的抗震能力以及水网、路网等网络系统的抗震可靠性进行分析评估。

## 1. 供电系统

供电系统的震害预测不仅要对变电站的建筑物、高压电气设备等有关工程设施做出相应的单体预测,还必须对整个供电网络系统整体的供电功能失效情况进行分析。输变电系统主要是指由变电站构成的系统,包括室内或室外的各种高压电器设备(变压器、断路器、隔离开关、电流互感器、电压互感器等)和主控室内的开关柜、控制屏、蓄电池等设备。变电站内高压电气设备主要有变压器、断路器、隔离开关、电流互感器、电压互感器、避雷器等。输电线路一般包括输电线杆、线塔、导线、绝缘子等。

在对高压电气设备的震害预测中,引入破坏概率来反映各电气元件的易损性,它是指在不同强度的地震作用下,某种类型的高压电气设备发生破坏的可能性,用于评定震害对系统功能的影响。高压电气设备大多为单节或多节瓷套管,由法兰盘连接而成,通常安装在钢支架或混凝土支架上,在对这类结构的动力计算中,各瓷套管之间的连接刚度是正确反映其结构的动力特性的重要问题。根据这一特点及计算要求,以及对高压电气设备所采用法兰盘的构造和作用的分析和实验研究结果,采用具有转动刚度的回转弹簧来表示节点柔性连接的多质点系统作为高压电气设备的结构动力计算模型来建模分析,可得出相关设备在不同强度地震作用下的可靠概率,见表3-9。

### 表 3-9　典型变电站高压电器设备可靠概率

| 设备名称 | 型号 | 可靠概率 | | | | |
|---|---|---|---|---|---|---|
| | | VI度 | VII度 | VIII度 | IX度 | X度 |
| 电力变压器 | SFPSZ4-150000/220 | 0.992 9 | 0.982 5 | 0.937 2 | 0.852 0 | 0.740 0 |
| | SFZ8-31500/110 | 0.992 1 | 0.982 3 | 0.922 5 | 0.813 6 | 0.585 0 |
| | SFZ8-40000/110 | 0.991 3 | 0.983 3 | 0.931 7 | 0.879 0 | 0.752 7 |
| | SSZ11-180000/220 | 0.992 5 | 0.984 9 | 0.961 2 | 0.755 8 | 0.566 2 |
| | SZ11-50000/110 | 0.991 8 | 0.982 1 | 0.953 6 | 0.715 8 | 0.525 5 |
| 断路器 | LTB145D1/B 等 | 0.993 0 | 0.988 9 | 0.968 4 | 0.854 7 | 0.791 5 |
| | LW35-126 等 | 0.993 1 | 0.989 2 | 0.966 2 | 0.840 3 | 0.751 8 |
| | VS1-12/1250-31.5 等 | 0.992 0 | 0.984 1 | 0.896 5 | 0.835 5 | 0.700 1 |
| | ZN41A-10 等 | 0.991 6 | 0.978 9 | 0.900 6 | 0.738 5 | 0.556 4 |
| | ZN63A( VS1 )等 | 0.991 2 | 0.976 5 | 0.921 1 | 0.721 3 | 0.546 9 |
| 隔离开关 | GN30-10 等 | 0.991 2 | 0.983 2 | 0.937 8 | 0.861 3 | 0.337 2 |
| | GW25-126DW/1250 等 | 0.992 4 | 0.983 7 | 0.926 8 | 0.706 2 | 0.556 5 |
| | GW4A-126DW 等 | 0.991 1 | 0.983 4 | 0.970 1 | 0.834 5 | 0.747 5 |
| | GW5-126DW 等 | 0.991 0 | 0.982 9 | 0.938 2 | 0.861 3 | 0.337 2 |
| | JN15-12/31.5-210 等 | 0.991 3 | 0.981 2 | 0.933 4 | 0.835 6 | 0.328 0 |

续表

| 设备名称 | 型号 | 可靠概率 | | | | |
|---|---|---|---|---|---|---|
| | | Ⅵ度 | Ⅶ度 | Ⅷ度 | Ⅸ度 | Ⅹ度 |
| 电流互感器 | LBZ-10 等 | 0.992 2 | 0.985 1 | 0.955 3 | 0.768 9 | 0.518 2 |
| | LCWB6-110W2 等 | 0.991 7 | 0.984 4 | 0.953 2 | 0.752 1 | 0.700 3 |
| | LRB-10 等 | 0.992 6 | 0.983 0 | 0.964 5 | 0.825 5 | 0.703 6 |
| | LZZBJ12-10 等 | 0.991 2 | 0.977 8 | 0.923 1 | 0.825 1 | 0.558 9 |
| | ZF12B-126L 等 | 0.993 5 | 0.984 6 | 0.943 5 | 0.801 2 | 0.349 0 |
| 电压互感器 | JCC6-110 等 | 0.991 8 | 0.982 6 | 0.918 9 | 0.816 1 | 0.577 5 |
| | JDZJ-10 等 | 0.992 5 | 0.987 0 | 0.943 2 | 0.786 8 | 0.598 9 |
| | JDZX19-10G 等 | 0.991 7 | 0.985 6 | 0.922 1 | 0.734 2 | 0.576 5 |
| | TYD110/$\sqrt{3}$ -0.02W3 等 | 0.991 2 | 0.975 4 | 0.912 8 | 0.893 2 | 0.542 3 |
| | TYD110/$\sqrt{3}$ -0.02H 等 | 0.992 4 | 0.983 7 | 0.926 8 | 0.706 2 | 0.556 5 |

各变电站的开关柜、控制屏、保护屏等均位于主控室内,屏、柜多为成排布置,通过焊接或螺栓与地面固定,且各个屏、柜间重心以上均由支撑连接。主控室内的设备的失效概率原则上应为主控室建筑物与设备的联合失效概率。但是,求解各子单元(主控室与各设备)的联合失效概率是很困难的。在这种情况下,基于最弱单元假设,即系统失效是由于系统中可靠概率最低的单元失效所引起的;或系统失效时,系统内可靠概率较低的单元首先失效。当地震烈度较低时,设备的失效主要由其自身的失效概率确定。当烈度较高时,设备的失效主要由主控室的失效概率确定。

由震害指数计算相应的抗震可靠概率,两者的函数关系为

$$P_r\{I_j\} = \cos\left\{ind\left(I_j\right)\frac{\pi}{2}\right\} \tag{3-15}$$

变电站内各主要元器件作为系统单元,一般可用串并联系统模型表示各主要单元的逻辑关系。根据变电站元件的单体可靠性(可靠概率)及相互逻辑关系,则可按串并联系统的可靠性求解方法计算各变电站子系统的可靠性。根据典型变电站的实际调查数据及电气元件单体可靠概率、建筑物设防水准等因素,可评估出各变电站系统的抗震可靠概率。

输电线路一般包括输电线杆、线塔、导线、绝缘子等。市区外多为水泥杆或铁塔,设计时考虑了抗震措施。市区内多为电缆,抗震性能较好。输电线路可视为串联子系统,当线塔不是很高时,很少发生破坏,在严重液化区会发生倾斜,但倾斜时一般不影响输电功能,即使丧失输电功能也较易恢复,故在无明显砂土液化区分布的情况下,在进行供电系统可靠性评估时可以忽略高压输电线路的失效概率。

供电系统是一个典型的工程大系统,根据其各部分之间的可靠性逻辑关系,可将其视为网络模型来研究,各电厂、变电站以及用户均为网络上的节点,输电线路可视为网络的链路,这些节点单元和链路单元可被视为具有串联、并联或串并联关系的各种电气设备、结构物组成的子系统。为了提高供电安全性,各变电站常采用多回路送电,即对于某一中间协调元或

末级协调元,往往可由不止一个上级协调元向其送配电,而若将这些向其送配电的上级协调元用可靠链路与某一个可靠节点相连接,则从树形结构根部到该节点也构成为两端点网络,故整个供电系统功能失效分析的重点就归结于对两端点网络可靠度求解。

2. 供水系统

供水系统的震害预测主要考虑供水管线和枢纽建构筑物的破坏情况。管线在地震中破坏的形式基本有以下几种:管道变形、弯曲、屈曲;接口松动、拨出;焊缝开裂、管道破损、断裂等。影响管道破坏的因素是多方面的,除了地震动的强烈程度外,还包括管线所在的场地类型,管线通过地区是否有活动断层、液化、沉陷、滑坡,管道的材料、接口方式、敷设方式以及管道的直径等。其中,场地地面变形、震陷、断裂和滑坡是造成埋地管道破坏的最重要因素。当然,管道的物理、力学性质及腐蚀因素也是不容忽视的。在工程应用中,可以采用确定性应变法进行供水管线震害预测。预测中,以接口的变形为预测量,考虑地震造成的管线轴向变形,土静压力造成的轴向变形,以及水内压造成的轴向变形,最后以组合变形量作为判断指标。在计算分析中,还需要考虑管线敷设的时间,以及由于腐蚀造成的壁厚变化带来的影响。

对于水厂内的枢纽建筑物,采用建筑物易损性分析方法计算易损性结果。对于水池的震害预测,通过计算典型池壁在受力时,最不利断面在弯矩作用下产生的裂缝宽度,依据裂缝宽度给出水池的震害结论。计算出裂缝的最大宽度后,参照水池的震害等级划分标准,给出震害等级。

水厂内的主体办公楼和泵房都是供水系统的枢纽建筑物,水池为枢纽构筑物,利用ArcGIS软件的网络分析功能,可以对供水管网系统进行连通性分析。其中,将各个水厂视为源点,各个管段视为链路,将发生破坏的管段作为连通失效的管段。连通性分析可以得到供水网络中各个节点的连通性失效情况。对于失效管段,近似按照矩形对角线法则确定供水失效面积。根据失效节点和管段本身的破坏情况确定供水失效的管段后,将各个管段的供水失效面积进行并集处理,即得到供水系统功能失效区的分布。

3. 交通系统

(1)桥梁

桥梁震害预测的主要依据是:《公路工程抗震规范》(JTG B02—2013)、《铁路工程抗震设计规范》(GB 50111—2006,2009年版)、《构筑物抗震设计规范》(GB 50191—2012)。依据震害等级的不同,桥梁震害等级可划分为以下五类。

1)倒塌:墩台折损、倒毁、压屈、落梁,桥梁丧失使用功能。

2)严重破坏:主要承重结构破碎、断裂,如梁裂缝,墩台滑移、断裂、严重倾斜,跨度明显变化,构件承载力明显降低并处于危险状态,桥梁需要大修或改建方能继续通车。

3)中等破坏:主要承重结构破坏严重,如墩台轻微倾斜和变位,桩顶、桩与横系梁连接处、桥墩变截面处出现小裂缝,活动支座倾斜、移位、固定支座损坏,主梁纵横向变位,桥头引道下沉,锥坡严重破坏,桥梁承载力有所降低,桥梁经修复后可以正常使用。

4)轻微破坏:非承重结构损坏,但承重结构完好或只出现允许的裂缝,对结构承载力无影响,震后经小修即可恢复正常使用,如墙、护坡、栏杆等非承重构件破损,桥面伸缩缝变化,梁轻微移动,墩台轻微变位,台背填土下沉等。

5)基本完好:桥梁完好,非承重构件轻微损伤,不影响桥梁结构的正常使用功能。

目前,实际应用的桥梁震害预测方法主要有经验统计法和规范校核法。经验统计法适用于桥梁群体震害预测,亦可用于建筑年代较早的重要简支梁桥的单体震害预测;规范校核法建立在规范和准强度破坏准则之上,尚不能很好地分析钢筋混凝土延性抗震性能,比较适合于砌体类材料桥梁的震害预测。

（2）道路

道路震害的严重程度与场地条件的关系极为密切,通常路面的破坏是地基或作为路面基础的路基发生变化造成的。在以往的震害调查中,一般都根据公路路基、路面的修复难易程度把破坏状态划分为严重破坏(需要翻修)和轻微破坏(只需补修)两种情况,这两种情况也基本可以反映出路基不良对震后交通运输的影响。考虑到公路路基、路面的破坏等级水平与建筑物、桥梁等工程设施的破坏等级的一致性匹配问题,把道路路基、路面的破坏分为三个等级:第一等级为基本完好(含完好);第二等级为轻微破坏(只需补修);第三等级为中等破坏(严重破坏的路基路面,需要翻修)。这样道路与桥梁的破坏等级水平实现了匹配,便于对整个公路系统进行分析。道路路基、路面的破坏等级划分标准及平均震害指数见表3-10。

表 3-10　道路路基、路面破坏等级划分标准

| 破坏等级 | 震害描述 | 平均震害指数 |
|---|---|---|
| 基本完好 | 路面完好无损或出现少量裂缝,不影响交通运输 | 0.1 |
| 轻微破坏 | 路基、路面出现不同程度的裂缝、涌包、沉陷、塌滑或喷砂冒水,但一般车辆仍可正常行驶,对交通的影响不大 | 0.3 |
| 中等破坏 | 路基、路面出现比较严重的裂缝、涌包、沉陷、塌滑,已影响车辆的行驶速度,交通运输量明显减少,需及时抢修 | 0.5 |

城市道路的路基、路面结构形式在上层部分与公路是相似的,且我国的历史震害资料中对于公路路基、路面的破坏记载较多,因此本书中对道路的破坏分析利用公路震害预测中的常用的震害因子方法,选取基本烈度、路基土、场地类别、地基失效程度、路基类型、路基高差和设防烈度 7 个因素作为道路路基、路面的震害因子,通过震害度计算来判定道路的破坏情况。

在城区范围内,桥梁的破坏程度直接影响着相连路段的通行能力,通常以桥梁发生严重破坏以上作为与之相连接的独立路段丧失通行能力的判别依据。在山区,往往会因为地震地质灾害引起交通中断。

### 3.2.1.4　地震滑坡

地震活动除直接造成损毁外,还会诱发一系列次生灾害,如海啸、火灾、瘟疫、滑坡、泥石流、堰塞湖等。有时候,地震次生灾害造成的损失甚至远远超过地震本身造成的直接损失。在山岳地区,地震滑坡是最常见也是破坏性最严重的次生灾害之一。2008 年 5 月 12 日汶

川 8.0 级特大地震诱发了大规模滑坡、崩塌,造成严重的生命财产损失。云南地区也有大量地震滑坡造成严重人员伤亡和财产损失的案例,如 1966 年东川 6.5 级地震造成的滑坡阻塞小江形成短时地震堰塞湖;1970 年通海地震,极震区内板岩破碎带内连片崩滑,不仅阻断交通,形成的地震堰塞湖还淹没了大片良田;1974 年昭通 7.1 级地震,极震区内手扒崖发生了巨大的山崩,使该地居民点全村被埋,居民无一幸免;1996 年丽江 7.0 级地震,诱发了至少420 处中小型崩塌和 30 处大中型滑坡,造成房屋倒塌、桥梁毁坏和公路堵塞;2006 年盐津5.1 级地震共造成死亡 22 人,其中的 18 人被地震引起的山坡石块滚落砸死;2012 年彝良5.7 级、5.6 级地震造成死亡 81 人,其中 60 人死于地震滑坡;2014 年鲁甸 6.5 级地震导致617 人死亡、112 人失踪,其中山体滑坡、崩塌滚石所致死亡人数占总死亡人数的 21.3%。

国内众多研究者在汶川地震后对地震滑坡的危险性评价方法进行了大量研究,主要方法有信息量与逻辑回归方法、层次分析法、模糊数学方法、人工神经元网络法、影响因子确定性系数法等。

表 3-11 中列出了 9 020 处小型滑坡、5 632 处中型滑坡、508 处大型滑坡的滑坡环境致灾因子分级标准及滑坡灾害分布状况的统计分析结果,显示了不同面积的滑坡的分布规律与各环境因子的关系。结果显示:滑坡主要为高位滑坡,多分布于较坚硬岩及裸岩裸土区域,滑坡在 15° 至 45° 坡体及东南向、南向坡处相对密集;在近断层和河流区域滑坡的分布密度相对较高,且滑坡密度随距离增加而逐渐降低;随着 PGA 的增加,大型、中型滑坡密度分布增大。因此,在考虑滑坡计算模型时,应综合高程、坡度、坡向、岩性、PGA 等因素作为控制指标,建立基于主要影响因素的滑坡物理模型,综合各项指标采用 Newmark 模型计算滑坡概率,如图 3-4 所示。

表 3-11 环境致灾因子分级标准及滑坡灾害分布状况

| 环境致灾因子 | 分级标准 | 滑坡数量(处) | 比例(%) | 环境致灾因子 | 分级标准 | 滑坡数量(处) | 比例(%) |
|---|---|---|---|---|---|---|---|
| 高程(m) | ≤1 000 | 1 729 | 11.40 | 岩性 | 坚硬岩 | 3 862 | 25.48 |
| | 1 000~1 500 | 4 758 | 31.39 | | 较硬岩 | 8 076 | 53.27 |
| | 1 500~2 000 | 3 353 | 22.12 | | 较软岩 | 3 207 | 21.15 |
| | 2 000~2 500 | 2 165 | 14.28 | | 软岩 | 13 | 0.09 |
| | 2 500~3 000 | 1 506 | 9.93 | | 极软岩 | 2 | 0.01 |
| | 3 000~3 500 | 975 | 6.43 | 土地利用方式 | 林地 | 12 483 | 82.34 |
| | 3 500~4 000 | 517 | 3.41 | | 草地 | 950 | 6.26 |
| | ≥4 000 | 157 | 1.04 | | 湿地 | 49 | 0.32 |
| 坡度(°) | ≤15 | 1 408 | 9.29 | | 水田 | 13 | 0.09 |
| | 15~25 | 3 564 | 23.51 | | 旱地 | 712 | 4.70 |
| | 25~35 | 6 142 | 40.51 | | 建设用地 | 10 | 0.07 |
| | 35~45 | 3 467 | 22.87 | | 稀疏林 | 92 | 0.61 |
| | 45~60 | 577 | 3.81 | | 裸岩裸土 | 849 | 5.60 |
| | ≥60 | 2 | 0.01 | | 冰川 | 2 | 0.01 |

| 环境致灾因子 | 分级标准 | 滑坡数量（处） | 比例（%） | 环境致灾因子 | 分级标准 | 滑坡数量（处） | 比例（%） |
|---|---|---|---|---|---|---|---|
| 坡向 | 北向 | 1 864 | 12.30 | 到断层的距离（km） | ≤1 | 1 943 | 12.82 |
| | 东北向 | 1 741 | 11.48 | | 1 ~ 2 | 1 647 | 10.86 |
| | 东向 | 2 071 | 13.66 | | 2 ~ 3 | 1 493 | 9.85 |
| | 东南向 | 2 705 | 17.84 | | 3 ~ 4 | 1 387 | 9.15 |
| | 南向 | 2 109 | 13.91 | | 4 ~ 5 | 1 287 | 8.49 |
| | 西南向 | 1 573 | 10.38 | | 5 ~ 6 | 1 364 | 9.00 |
| | 西向 | 1 416 | 9.34 | | 6 ~ 7 | 1 196 | 7.89 |
| | 西北向 | 1 681 | 11.09 | | 7 ~ 8 | 901 | 5.94 |
| PGA（gal） | ≤50 | 294 | 1.94 | | 8 ~ 9 | 701 | 4.62 |
| | 350 ~ 400 | 795 | 5.24 | | 9 ~ 10 | 603 | 3.98 |
| | 400 ~ 450 | 3 085 | 20.35 | | ≥10 | 2 638 | 17.40 |
| | 450 ~ 500 | 3 230 | 21.31 | 到河流的距离（km） | ≤0.5 | 4 407 | 29.07 |
| | 500 ~ 550 | 2 520 | 16.62 | | 0.5 ~ 1.0 | 3 541 | 23.36 |
| | 550 ~ 600 | 2 231 | 14.72 | | 1.0 ~ 1.5 | 2 810 | 18.54 |
| | 600 ~ 650 | 1 997 | 13.17 | | 1.5 ~ 2.0 | 1 942 | 12.81 |
| | 650 ~ 700 | 736 | 4.85 | | 2.0 ~ 2.5 | 1 223 | 8.06 |
| | 700 ~ 750 | 180 | 1.19 | | 2.5 ~ 3.0 | 715 | 4.72 |
| | ≥750 | 92 | 0.61 | | ≥3.0 | 522 | 3.44 |

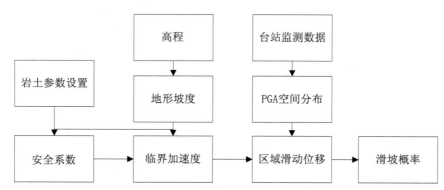

图 3-4　滑坡概率计算的 Newmark 模型流程

滑坡概率计算公式为

$$P_f = 0.272 \times \left[ 1 - \exp\left( 0.13 D_n^{0.908} \right) \right] \tag{3-16}$$

式中：$P_f$——地震的滑坡概率；

　　　$D_n$——滑坡永久位移。

引用 Lin 等（2017）基于我国 2003—2012 年的 100 例滑坡事件拟合得出的各级滑坡强度下的滑坡人口死亡量计算公式：

$$C = 3.681 V_L^{0.155} \qquad （R^2 = 0.973） \tag{3-17}$$

式中：$C$——滑坡灾害的人口死亡量；

　　　$V_L$——滑坡体积。

在针对基础数据不够精细的情况，为了在地震发生后能快速而准确地预测地震滑坡的危险性，云南省地震局统计分析了汶川地震滑坡在不同影响因子下的数量和频度，选取关键因子建立了地震滑坡频度（单位面积内的滑坡数量）数学模型，根据模型计算结果进行地震滑坡危险性等级划分，并给出了Ⅵ～Ⅺ度下地震滑坡危险性预测数据（白仙富等，2015）。

基于对汶川地震滑坡数据影响因子的统计分析结果，按照科学、实用和简洁的建模原则，选取坡度和烈度因子进行地震滑坡频度建模。采用分段的方式进行建模，也就是针对不同的坡度段给出滑坡频度数学公式。为了充分反映地震滑坡频度与地震烈度和坡度之间的关系以更精细地刻画地震滑坡的本质，对 10° 以后的坡度采用 5° 步长的等距，即将坡度分为 ≤ 1°、1°～3°、3°～7°、7°～10°、10°～15°、15°～20°、20°～25°、25°～30°、30°～35°、35°～40°、40°～45°、45°～50°、>50° 共 13 个等级，建立了各坡度段内地震滑坡频度与烈度的指数模型和逻辑斯蒂模型，见表 3-12。表 3-12 中，$X$ 为烈度，$y$ 为指数函数中各坡度段内地震滑坡密度，$Y$ 为逻辑斯蒂模型中各坡度段内地震滑坡密度，$R^2$ 为残差平方和，$OR$ 为逻辑斯蒂模型残差和。

表 3-12　不同坡度下的地震滑坡频度模型

| 坡度范围 | 指数模型 | | 逻辑斯蒂模型 | |
|---|---|---|---|---|
| ≤ 1° | $y=2E-10e^{1.5508x}$ | $R^2=0.1664$ | $Y=1/(1+\exp(8.22178-0.34329x))$ | $OR=1.409577$ |
| 1°～3° | $y=2E-07e^{1.2596x}$ | $R^2=0.9439$ | $Y=1/(1+\exp(9.27905-0.63448x))$ | $OR=1.884096$ |
| 3°～7° | $y=3E-07e^{1.2683x}$ | $R^2=0.9684$ | $Y=1/(1+\exp(11.3983-0.916239x))$ | $OR=2.499872$ |
| 7°～10° | $y=1E-06e^{1.1574x}$ | $R^2=0.9555$ | $Y=1/(1+\exp(10.6025-0.849128x))$ | $OR=2.337608$ |
| 10°～15° | $y=2E-06e^{1.1368x}$ | $R^2=0.9525$ | $Y=1/(1+\exp(10.3517-0.852482x))$ | $OR=2.345462$ |
| 15°～20° | $y=3E-06e^{1.0869x}$ | $R^2=0.9524$ | $Y=1/(1+\exp(10.0078-0.847624x))$ | $OR=2.334094$ |
| 20°～25° | $y=6E-06e^{1.0558x}$ | $R^2=0.9406$ | $Y=1/(1+\exp(9.19721-0.789875x))$ | $OR=2.203122$ |
| 25°～30° | $y=1E-05e^{1.013x}$ | $R^2=0.9520$ | $Y=1/(1+\exp(9.68142-0.852073x))$ | $OR=2.344501$ |
| 30°～35° | $y=2E-05e^{0.9709x}$ | $R^2=0.9518$ | $Y=1/(1+\exp(9.65106-0.8847x))$ | $OR=2.422259$ |
| 35°～40° | $y=4E-05e^{0.9081x}$ | $R^2=0.9617$ | $Y=1/(1+\exp(10.1154-0.968573x))$ | $OR=2.634182$ |
| 40°～45° | $y=6E-05e^{0.8946x}$ | $R^2=0.9497$ | $Y=1/(1+\exp(10.1773-1.012792x))$ | $OR=2.753278$ |
| 45°～50° | $y=9E-05e^{0.8621x}$ | $R^2=0.9388$ | $Y=1/(1+\exp(9.89683-1.007739x))$ | $OR=2.939400$ |
| >50° | $y=3E-05e^{0.9743x}$ | $R^2=0.9071$ | $Y=1/(1+\exp(9.80003-0.989653x))$ | $OR=2.690301$ |

依据地震滑坡频度从低到高将地震滑坡危险等级分为一级、二级、三级、四级、五级共 5 个等级。在基于地震滑坡频度进行地震滑坡危险性分级时，采取 3 倍等比的划分尺度。划分标准滑坡频度值在（0，0.01] 为一级，表示在这一危险等级下基本不出现滑坡现象。滑坡频度值在（0.01，0.03] 为二级，表示在这一危险等级下发生滑坡的可能性不大，有些零星的落石、塌方现象，个别地方可能造成短暂的交通破坏，地震滑坡造成人畜伤亡的可能性很低，

地震滑坡影响的道路、河流、电力、通信等设施在简易处置后可以很快恢复使用。滑坡频度值在（0.03，0.09]为三级，表示在这一危险等级下可能有一定规模的滑坡现象，并有可能造成交通破坏和房屋受损，有出现地震滑坡造成人畜伤亡的可能，受地震滑坡影响的道路、河流、生命线工程等可以快速抢通，且通常情况下 1 天内能大部分恢复使用。滑坡频度值在（0.09，0.27]为四级，表示在这一危险等级下滑坡现象普遍，滑坡规模较大，滑坡有较大可能造成严重的交通中断、房屋受损，甚至有造成大量人员死亡的可能，受地震滑坡影响，可能需要数天的抢修才能基本恢复交通。在降水丰富和河流密集地区出现地震滑坡—堰塞湖、地震滑坡—泥石流等次生灾害链的可能性也较大，有关部门应该根据地震影响区域人口密度等因素考虑是否提高应急响应等级。滑坡频度值大于 0.27 为五级，表示在这一危险等级下滑坡现象特别普遍，滑坡规模特别巨大，并可能造成特别严重的交通中断、房屋受损和人员伤亡。在降水丰富和河流密集地区出现地震滑坡—堰塞湖、地震滑坡—泥石流等次生灾害链的可能性特别大，地震滑坡造成的交通、河流、电力、通信等破坏往往需要十余天甚至数十天才能被修复，有关部门应该考虑提高应急响应等级。

### 3.2.1.5　次生灾害

城市一旦发生大震还会诱发多种次生灾害，如火灾、水灾、滑坡、毒害物质泄漏、放射性污染等。

1. 次生火灾

地震次生火灾通常是指房屋被地震破坏后，火炉被砸翻、失控而导致的起火事件。在城市中供气系统的管网破坏、关键设备损坏可能导致燃气泄漏，遇明火后造成起火点，并且次生火灾发生时，通常正处在震后极为混乱的应急时期，在高烈度区供水系统也可能遭到破坏，消防车辆与人员有限，且消防系统也可能损坏，救灾道路破坏或人员未能有序避难疏散造成交通拥堵等，使得震后火灾难以控制。破坏性地震后，次生火灾发生和蔓延的可能性是很大的，常常造成严重的经济损失或人员伤亡。对于次生火灾，在地震救援中主要考虑的是次生火灾的影响范围、火灾控制和火灾造成的人员伤亡，关键因素是影响房屋内火灾蔓延的因素，如结构类型、宽度、建筑物距离、风向、风速、降雨条件、供水功能、供气系统破坏、地震时间、人员密度、消防到达时间、消防扑救速率等。

历史震害表明，震后未必一定发生火灾，地震强度与发生地震次生火灾的次数未必成正比，即地震次生火灾有很强的不确定性。当然，在不确定性条件中，也有确定性因素存在。就地震次生火灾来说，建筑物本身及其内部存在可燃性物质就是确定性因素。但可燃性物质的可燃性，引燃可燃物质的外界火源存在的可能性，建筑物地震破坏程度，这些影响因素都有很强的不确定性，使得地震次生火灾的发生这一事件变得更加不确定。对于地震次生火灾这类不确定性很强的次生灾害的发生规律的认识，非确定性模型的建立是问题的关键。

地震次生火灾起火原因可以概括为以下几类。

（1）炉火

炉火包括民用和工业炉火，地震时，会因炉具损坏倾倒而起火。这类火灾在地震次生火灾中比例最高。

（2）电子设施损坏

强烈地震发生时,电气线路和设备损坏可能发生故障,从而产生电弧引发周围可燃物质燃烧,产生火灾。

（3）烟囱破坏

烟囱在地震时一般由于边缘效应,很容易受到破坏。烟囱被破坏后烟火飘出,可能引起可燃物燃烧。如在唐山地震中,天津市发生这样的火灾就多达31起。

（4）化学反应火灾

化工厂、化学品仓库,实验室里的化学制品,在遭受破坏性地震时,可能从管道或者容器中泄漏。部分化学品具有自燃等特性,会引起火灾。

（5）爆炸和燃烧

天然气、煤气、石油制品等易燃易爆物品如在地震破坏下泄漏,遇到着火源就会发生爆炸和燃烧,引起大火灾。

（6）防震棚火灾

这类火灾属于震后火灾,这类火灾与平时火灾的发生原因有雷同之处。

参考余世舟（2003）对地震次生火灾的研究成果,地震次生火灾是一个不确定性事件。统计历史震害发现,并不是在所有的地震震后都一定会发生次生火灾,地震次生火灾的数量也不是全部都随地震强度的增加而增加。这些都说明地震次生火灾具有很强的随机性。

在指定地震烈度下,建筑物的着火概率可以用下式来进行计算:

$$P(R_{li})=P(M) \times P(F_k|M) \times \sum P(D_J|I_i) \times P(C_J|D_J) \times P(S_J|D_J)] \times P(G) \qquad (3-18)$$

式中:$P(M)$——建筑物中有无可燃物的概率,根据建筑物有无可燃物,$P(M)$可以取值0、1（有可燃物时取值为1,无可燃物时取值为0）;

$P(F_k|M)$——可燃物的可燃性对产生火灾影响的概率。

可燃物的可燃性包括建筑物中可燃物的可燃性及建筑物本身的可燃性,这里依据不同情况分为六种类别,并给出其对产生火灾影响的概率,见表3-13。

$P(D_J|I_i)$——不同地震烈度下结构物不同破坏等级的概率,由$\sum [P(D_J|I_i) \times P(C_J|D_J) \times P(S_J|D_J)]$可确定地震破坏对着火概率的影响值,对于已经给出预测结果的单体建筑,直接取不同地震烈度下该结构物预测破坏等级的概率为1,其他等级为0;

$P(C_J|D_J)$——不同建筑物破坏等级对易燃物料泄漏与扩散的影响概率,由建筑破坏等级确定,如表3-14所示;

$P(S_J|D_J)$——不同建筑物破坏等级对引发火灾的着火源因素的影响概率,由结构物破坏等级确定,如表3-15所示;

$P(G)$——其他影响因素（如天气、季节、环境等）,根据当时的天气等因素确定,如表3-16所示。

表 3-13　可燃物及建筑物本身的可燃性

| 可燃物等级 | 描述 | $P(F_k|M)$ |
|---|---|---|
| 1 | 含有易燃易爆的化学品 | 0.95~0.98 |
| 2 | 含有易燃的存储物料(如服装、纸张、煤炭等) | 0.86~0.90 |
| 3 | 木制结构物 | 0.74~0.81 |
| 4 | 砖结构物,木制门窗,常用家具、用品 | 0.62~0.68 |
| 5 | 钢结构物,常用家具、用品 | 0.4~0.55 |
| 6 | 其他 | 0~0.4 |

表 3-14　不同建筑物破坏等级对易燃物料泄漏与扩散的影响概率

| 破坏等级 | 毁坏 | 严重破坏 | 中等破坏 | 轻微破坏 | 基本完好 |
|---|---|---|---|---|---|
| $P(C_j|D_j)$ | 0.97 | 0.89 | 0.795 | 0.675 | 0.5 |

表 3-15　不同建筑物破坏等级对增加引发火灾的着火源因素的影响概率

| 破坏等级 | 毁坏 | 严重破坏 | 中等破坏 | 轻微破坏 | 基本完好 |
|---|---|---|---|---|---|
| $P(S_j|D_j)$ | 0.97 | 0.89 | 0.795 | 0.675 | 0.5 |

表 3-16　其他影响因素作用

| 等级 | 不利条件 | 中性条件 | 有利条件 |
|---|---|---|---|
| $P(G)$ | 0.95 | 0.80 | 0.50 |

注:不利条件指晴天、炎热、干燥、风大、建筑物密集;中性条件指晴天、小风、有一定湿度;有利条件指阴天(或有雨、雪)、湿度大、无风、寒冷、空旷场地。

余世舟(2003)根据历史地震中,起火件数与地震 PGA 之间的统计关系,得出的起火件数与 PGA 相关性计算公式:

$$y = 0.027\,99 + 0.334\,82x - 0.007\,96x^2 \tag{3-19}$$

式中:$y$——每 10 万平方米建筑的起火次数;

$x$——对应的地面加速度峰值(PGA)。

火灾的影响范围的边界的形状可采用惠更斯模型描述。对于每一个顶点,掌握该顶点的坐标微分$(x_s, y_s)$值、最大蔓延速度方向$(e)$和椭圆形状参数 $a$, $b$, $c$ 就可以计算得到顶点的坐标值,从而确定火灾蔓延前沿边界(图 3-5)。

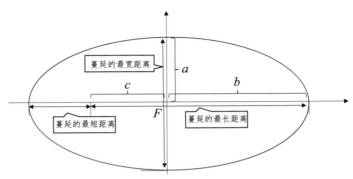

**图 3-5　火灾影响单位模型示意**

$F$ 点为起始火源点，$a$、$b$ 分别为椭圆的短、长半径。确定椭圆的主要因素是长半径与短半径之比。

$$a = 0.5(R \times t + R \times t / HB)/(LB) \qquad (3\text{-}20)$$

$$b = (R \times t + R \times t / HB)/2.0 \qquad (3\text{-}21)$$

$$c = b - R \times t \qquad (3\text{-}22)$$

$$LB = b/a = 1 + 0.001\,2 \times U^{2.154} \qquad (3\text{-}23)$$

$$HB = (b-c)/(b+c) = \left(LB + (LB^2 - 1)/LB - (LB^2 - 1)\right)^{0.5} \qquad (3\text{-}24)$$

式中：$HB$——蔓延的最短距离与最长距离之比；

　　　$b$——椭圆的长半径（m）；

　　　$c$——椭圆的长半径与蔓延的最短距离之差；

　　　$LB$——椭圆长、短半径之比；

　　　$U$——风速（m/s）；

　　　$R$——火灾蔓延速度（m/min）；

　　　$t$——时间（min）。

火灾的蔓延速度取火灾在普通建筑物之间的蔓延速度，根据经验 $R$=0.60 m/min。惠更斯模型用于城市地震次生火灾蔓延模拟时，适合于老旧房屋成片区。

在此基础上需要考虑风速、风向、结构类型等因素对火灾蔓延速度的影响。建筑物栋内燃烧速度综合考虑了风速的影响，对燃烧速度做了修正，其表达式为

$$V_i = V_i' r(v) \qquad (3\text{-}25)$$

$$r(v) = 0.048v + 0.822 \qquad (3\text{-}26)$$

式中：$v$——风速（m/s）。

不同类型建筑物的栋内燃烧速度见表 3-17。

**表 3-17　不同类型建筑物栋内燃烧速度**

| 建筑类型 | 燃烧速度（m/min） |
|---|---|
| 高层建筑 | 32.4 |
| 多层钢混建筑 | 32.4 |

续表

| 建筑类型 | 燃烧速度（m/min） |
|---|---|
| 多层砌体建筑 | 37.2 |
| 单层民宅 | 39.0 |
| 其他类别 | 39.0 |
| 木结构建筑 | 52.2 |

考虑风速对蔓延速度的修正，表达式为

$$V_d = \frac{d}{T} r(v) \tag{3-27}$$

$$r(v) = 0.048v + 0.822 \tag{3-28}$$

考虑风向影响系数 $\theta$（顺风向取 1，逆风向取 0.73，侧风向取 0.84）。

次生火灾的因果关系如图 3-6 所示。

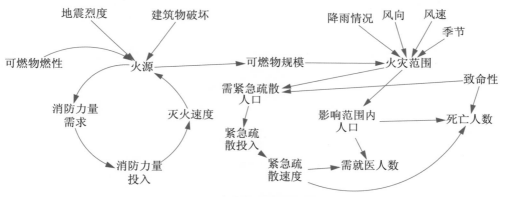

**图 3-6　次生火灾的因果关系**

2. 毒气泄漏

地震发生后，大量工厂、医院等建筑物倒塌，其中就包括承担生产、储存、使用有毒气体、细菌、放射性物质的部门的建筑，地震可能造成储存这些物质的生产车间破坏、储存容器破损，进而造成有毒有害物质外溢。

影响毒气泄漏的主要参数包括毒气的种类、毒气扩散源的形式（包括点源和体源）、大气稳定度、喷口高度、喷出速率和风速风向。以液化毒气为例进行分析，其毒害区域面积 $S$ 的计算公式为

$$S = 13.39 \sqrt{\frac{W^2 C(t - t_0)}{Q \pi M q} \times \frac{273 + t_0}{273}} \tag{3-29}$$

式中：$W$——泄漏总量；

　　　$Q$——液化毒气的泄漏速率；

　　　$t$——容器破裂后的温度；

　　　$t_0$——标准沸点；

$M$——相对分子质量；

$q$——汽化热。

泄漏速率的计算公式为

$$Q = C_0 A \rho \sqrt{\frac{2p_\mathrm{g}}{\rho} + 2gz_0} - \frac{\rho g C_0^2 A^2}{A_0} t \tag{3-30}$$

式中：$C_0$——容器的横截面积；

$t$——泄漏时间；

$A$——破裂小孔的横截面积；

$\rho$——毒气密度；

$p_\mathrm{g}$——液体压力；

$z_0$——储罐内液面距小孔的高度。

毒气泄漏致灾的因果关系如图 3-7 所示。

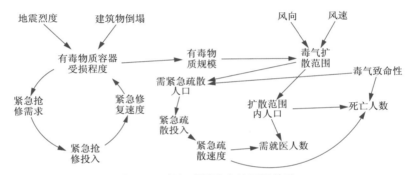

**图 3-7　毒气泄漏致灾的因果关系**

3. 堰塞湖

崩塌滑坡体或泥石流携带的松散固体物质堵截河道形成湖泊并蓄水到一定程度形成堰塞湖之后，如果因原上游流入量和降雨、降雪等原因造成水流大量流入，而却因流出通道小、水中夹带物多等原因流出较少，会造成堰塞湖水位快速上涨，距限定水位越来越小，甚至可能溃坝。堰塞湖成灾的因果关系如图 3-8 所示。

滑坡体和堰塞湖体积及坝体高度关系引用 Chen 等（2014）依据台湾 9 个堰塞坝和全球 214 个堰塞坝资料建立的统计模型，得出的拟合关系。

1）滑坡体积与堰塞坝体积之间的关系为

$$V_\mathrm{L} = 0.368 V_\mathrm{D}^{0.998} \quad (R^2 = 0.943\,0) \tag{3-31}$$

式中：$V_\mathrm{L}$——滑坡体体积；

$V_\mathrm{D}$——堰塞湖体积。

2）滑坡体体积与堰塞坝高度之间的相互关系为

$$H_\mathrm{D} = 34.921 V_\mathrm{L}^{0.282} \quad (R^2 = 0.764\,8) \tag{3-32}$$

式中：$V_\mathrm{L}$——滑坡体体积；

$H_\mathrm{D}$——堰塞坝高度。

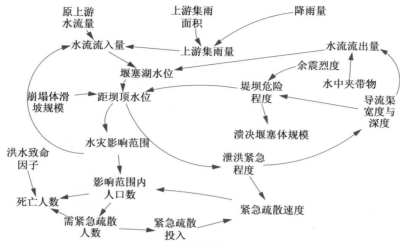

**图 3-8　堰塞湖成灾因果关系**

### 3.2.1.6　人员伤亡评估

小范围人员伤亡可以借鉴震害预测中的灾害损失计算,其考虑了不同结构在地震时的破坏对人员伤亡的影响,同时考虑到了地震发生在不同时间带来的对不同结构的人员在室率的影响。为了利用此方法,需将结构分为三类。第 I 类为住宅、公寓、学生和职工集体宿舍、宾馆、招待所等人员居住场所;第 II 类为办公室、生产车间、教室等工作与学习场所;第 III 类为娱乐场所、体育馆、车站、候机室、码头等人员较集中的公共场所。人员伤亡估算所用公式为

$$M_d(I)=C\eta(A_1 r_{d1}+A_2 r_{d2}+A_3 r_{d3}) \tag{3-33}$$

$$M_h(I)=C\eta(A_1 r_{h1}+A_2 r_{h2}+A_3 r_{h3}+A_4 r_{h4}) \tag{3-34}$$

式中: $M_d(I)$——估计当地震动输入为 $I$ 时的死亡人数;

$M_h(I)$——估计当地震动输入为 $I$ 时的重伤人数;

$C$——地震时人员在室内的百分比;

$A_1$——毁坏房屋的面积;

$A_2$——严重破坏房屋的面积;

$A_3$——中等破坏房屋的面积;

$A_4$——轻微破坏房屋的面积;

$\eta$——房屋内人员的密度;

$r_{d1},r_{h1}$——毁坏房屋内的人员死亡率和重伤率;

$r_{d2},r_{h2}$——严重破坏房屋内的人员死亡率和重伤率;

$r_{d3},r_{h3}$——中等破坏房屋内的人员死亡率和重伤率;

$r_{h4}$——轻微破坏房屋内的人员重伤率。

对未设置建筑物用途分类的房屋,可以采用尹之潜模型,以房屋毁坏比为核心参数,建立其与死亡比之间的关系:

$$\lg d = 12.479 C_{\mathrm{p}}^{0.1} - 13.3 \tag{3-35}$$

$$D = 10^{12.479 C_{\mathrm{p}}^{0.1} - 13.3} N \tag{3-36}$$

式中：$d$——人员死亡率（死亡人数与本地区总人数之比）；

　　　$C_{\mathrm{p}}$——房屋毁坏率；

　　　$D$——死亡人数；

　　　$N$——受灾人数。

在全国范围内，根据建筑物特征的差异性，计算结果可能存在一定的地区差异。建筑抗震能力指数反映建筑物遇到地震时抵御地震灾害的能力，它的取值范围为 0~1，数值越大表明抗震能力越好，反之则抗震能力越差。抗震能力的强弱能够直接反映出地震对于一个区域的影响程度的强弱。建筑物的抗震能力指数主要与抗震设防情况、建筑年代、建筑结构类型和场地条件有关，而地震中绝大多数的人员死亡都是由建筑物的破坏造成的，因此建筑物抗震能力指数的大小与人员死亡数量有密切的关系。

由于不同地区（县市）的钢筋混凝土结构、砖混结构、砖木结构和一般房屋的比例不同，一般来说钢筋混凝土结构房屋所占的比例高，这个地区的建构筑物的抗震能力就强。不同地区的建构筑物的抗震能力在很大程度上取决于上述四类结构的建筑面积比例。因此，给出下列公式计算不同地区的建构筑物震害矩阵：

$$\boldsymbol{P}\left[D_i / J, I\right] = \sum_{s=1}^{4} \omega_s \boldsymbol{P}_s \left[D_i / J, I\right] \tag{3-37}$$

式中：$\boldsymbol{P}\left[D_i / J, I\right]$——城镇设防烈度为 $J$ 的建构筑物遭遇 $I$ 烈度时的震害矩阵；

　　　$\omega_s$——$s$ 类建筑结构的建筑面积比例；

　　　$\boldsymbol{P}_s \left[D_i / J, I\right]$——$s$ 类建筑结构在设防烈度为 $J$ 时遭遇 $I$ 烈度时的震害矩阵。

不同地区的建构筑物的平均抗震能力计算公式为

$$IL_1 (J, I) = \boldsymbol{K} \times \boldsymbol{P}(D_i / J, I) \tag{3-38}$$

式中：$IL_1 (J, I)$——城镇设防烈度为 $J$ 的建构筑物遭遇 $I$ 烈度时的平均抗震能力指数；

　　　$\boldsymbol{K}$——抗震能力等级矩阵，$\{1, 0.8, 0.6, 0.4, 0.2\}$；

　　　$\boldsymbol{P}(D_i / J, I)$——城镇设防烈度为 $J$ 的建构筑物遭遇 $I$ 烈度时的震害矩阵。

利用收集的单体样本数据库，来考虑建筑年代和层数对抗震能力的影响。在考虑建筑年代的分类对抗震能力指数的影响时，从单体样本数据库中去除这个年代后得出的震害矩阵，比较原震害矩阵的抗震能力指数和去除这个年代后得出的震害矩阵的抗震能力指数的差别，即为这个年代对抗震能力的修正值，表达式为

$$K_j = \frac{F_{\mathrm{V(New)}}}{F_{\mathrm{V(Original)}}} \tag{3-39}$$

式中：$F_{\mathrm{V(New)}}$——在单体样本数据库中去除 $j$ 因素后得出的抗震能力指数；

　　　$F_{\mathrm{V(Original)}}$——根据原有震害矩阵得出的抗震能力指数；

　　　$K_j$——表示第 $j$ 个因子对抗震能力的影响值。

根据式（3-39），就可得出建筑年代和层数对抗震能力的修正值，见表 3-18 和表 3-19。

表 3-18　建筑年代修正参考值

| 建筑年代 | 1979 年以前 | 1980—1989 年 | 1990—1999 年 | 2000—2005 年 |
|---|---|---|---|---|
| 指数修正 | 0.70 | 0.80 | 0.934 | 1.00 |

表 3-19　层数修正参考值

| 层数 | 平房 | 2—6 层 | 7 层以上 |
|---|---|---|---|
| 指数修正 | 0.822 | 0.863 | 1 |

基于上述分析,可以给出一个城市建构筑物的抗震能力指数,计算公式为

$$IL = IL_1 \times (0.7 \times a_1\% + 0.8 \times a_2\% + 0.934 \times a_3\% + 1 \times a_4\%) \times$$
$$(0.822 \times b_1\% + 0.863 \times b_2\% + 1.0 \times b_3\%) \tag{3-40}$$

式中:$a_1, a_2, a_3, a_4$——1979 年以前、1980—1989 年、1990 年—1999 年,2000 年—2005 年的建筑物面积所占的百分比;

$b_1, b_2, b_3$——平房、2~6 层、7 层以上的建筑物面积所占的百分比。

基于以上因素,通过建筑物抗震能力指数与死亡人数建立对应关系,对前文所述的预测模型进行修正。

对于 5.0~5.9 级地震,由于震级较小,其对建筑物的破坏影响相对较低,建筑物的抗震能力无法得到很好体现。如图 3-10、图 3-11、图 3-12、图 3-13 所示, 5.0~5.9 级地震的拟合结果较好,在此未进行进一步修正。对于 6.0~6.9 级地震,通过如下公式,建立死亡人数与房屋综合抗震能力指数间的对应关系。

$$RD = D \times (1 + x) \tag{3-41}$$
$$x = 40.52 \times e^{-5.694 \times IL} - 1.136 \quad (西南地区 6.0 \sim 6.9 级地震) \tag{3-42}$$
$$x = 146.8 \times e^{-10.93 \times IL} - 0.811 \quad (西北地区 6.0 \sim 6.9 级地震) \tag{3-43}$$

式中:$D$——预测死亡人数;

$RD$——实际死亡人数;

$x$——修正系数;

$IL$——房屋综合抗震能力指数。

图 3-9 和图 3-11 为抗震能力指数和修正系数间的拟合曲线,从图中可以清晰地看出,随着抗震能力指数的提高,修正系数不断减小,这也代表着死亡人数随之降低。

图 3-10 和图 3-12 分别为西北地区和西南地区遭受地震时实际死亡人数、已有最优模型预测死亡人数、拟合模型预测死亡人数和抗震能力指数修正后的死亡人数对比图。从图中可以清晰地看出其精度由劣到优依次为:已有最优模型 < 拟合模型 < 抗震能力指数修正。可见本书方法提升了预测的精度。考虑从其他地区收集到的有效震例数据较少,且大于 6.0 级地震的数据仅有两条,因此不区分震级进行拟合,结果如图 3-13 所示。可见,拟合模型的精度良好,因此无须进行进一步的修正。

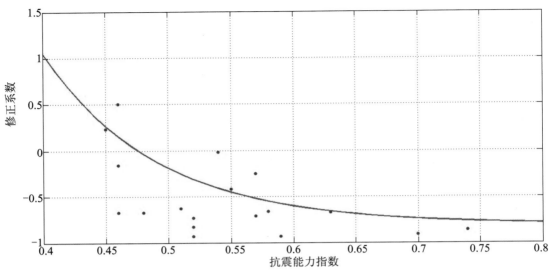

**图 3-9　西北地区抗震能力修正系数曲线**

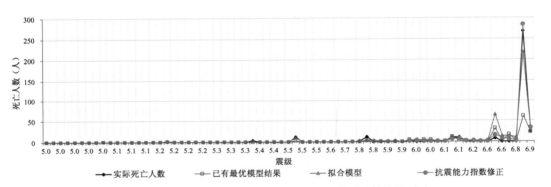

**图 3-10　西北地区实际死亡人数与拟合模型计算结果对比**

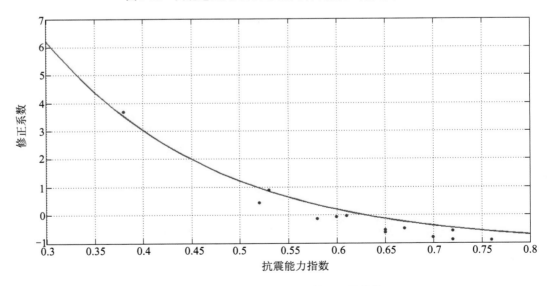

**图 3-11　西南地区抗震能力修正系数曲线**

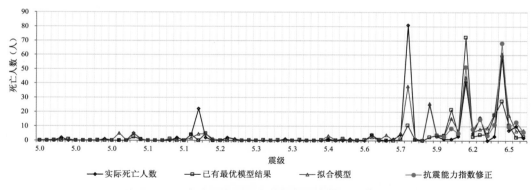

**图 3-12　西南地区实际死亡人数与拟合模型计算结果对比**

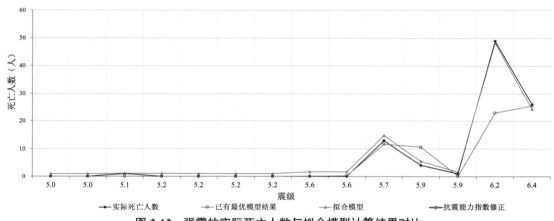

**图 3-13　强震的实际死亡人数与拟合模型计算结果对比**

　　7 级以上地震和 5、6 级地震不一样,根本原因在于建筑物的易损性,即建筑物的抗震能力。而大地震对于检验建筑物的抗震能力是一个试金石,在这里房屋抗震能力指数的作用更加突出。考虑到近些年来我国 7 级以上特大地震震例有限,无法采用拟合函数的方法进行规律性总结。因此,本书通过对比近年来的 7 级以上特大地震震例,将全国各县市的抗震能力指数 $IL$ 划分为五个范围,相对于每个范围,提出抗震能力指数修正系数,见表 3-20。

**表 3-20　抗震能力指数修正系数**

| 抗震能力指数 $IL$ | 0.3~0.4 | 0.4~0.5 | 0.5~0.6 | 0.6~0.7 | 0.7 以上 |
|---|---|---|---|---|---|
| 修正系数 $x$ | $0.2 < x \leqslant 0.3$ | $0.1 < x \leqslant 0.2$ | $0 < x \leqslant 0.1$ | $-0.15 < x \leqslant 0$ | $-1 < x \leqslant -0.15$ |

### 3.2.1.7　救援决策

　　于决策者而言,地震初期救援力量的投入和分配极为重要,在震后通常综合考虑震级、人员伤亡、地震位置、人口密度等来综合给出决策,同时还需根据各地的交通情况、救援力量的分布情况,选择救援力量的投入方式,通常为道路交通和空中救援投入。投入救援力量前,首先需要估计压埋人员与专业救援人员的比例,比例因建筑结构材料而异,根据海沃德地震情景构建的估计,平均建筑物倒塌面积占建筑面积 23% 时,倒塌区域中有 66% 的住户被困。倒塌结构中的 5% 必须由训练有素的城市搜寻和救援部队来搜寻,这些救援力量需要借助设备来穿透重型结构。建筑物压埋人员计算模型为

$$B_{peop} = (1 - \delta) \times R_d \times P(t) \times \sum\sum B_s \times L_s(I) \tag{3-44}$$

式中:$B_{peop}$——评估单元内的埋压人数;

$R_d$——评估单元内单位建筑面积的平均人口密度;

$P(t)$——地震发生时刻 $t$,评估单元内倒塌建筑物的平均人员在室率;

$B_s$——评估单元内 $s$ 类建筑物的总面积;

$L_s(I)$——在烈度 $I$ 下评估单元内 $s$ 类建筑物的倒塌率;

$\delta$——地震后的自救互救率。

研究者结合建筑内人口分布模型进一步推出了埋压人员计算公式表达式为

$$H = 0.0098e^{0.5(I-7)}F \quad (白天地震) \tag{3-45}$$

$$H = \frac{0.0126I + 0.008}{I + 0.25}e^{0.5(I-7)}F \quad (夜间地震) \tag{3-46}$$

式中:$H$——压埋率;

$I$——地震烈度;

$F$——破坏率。

根据汶川地震的经验,专业救援队人数与救出的被压埋人员的比例为 1:20,由此可以得出专业救援队伍的人数需求为

$$S = \frac{PH}{20} \tag{3-47}$$

式中:$S$——需要的最少专业救援人员数量;

$P$——受灾区域内的人口总数;

$H$——压埋率。

雷秋霞(2012)在救援力量需求评估中,分析了标准救援对数量的需求,其参考的资料为《汶川特大地震——专业救援队救援案例》。资料显示,汶川地震中共出动国内、国际救援队 108 支,救出 1.7 万人,按照各支救援队的平均救援时间计算救援效率,可以设定为 10 人/小时。

$$A = \frac{W}{(72 - T) \times B} \tag{3-48}$$

式中:$A$——救援力量需求(标准救援队的数量);

$W$——压埋人数;

$T$——地震发生至救援队从驻地赶到救援目的地的时间,通常 72 小时为救援压埋人员的黄金救援时间,72-$T$ 即为压埋人员的生命时限;

$B$——一个标准救援队的平均救援效率。

不同等级救援队的能力要求如下:轻型队伍要求具备基本的行动能力,能协助完成表面搜索并救出建筑物倒塌后不久的幸存者;中型队伍要求在轻型队伍的基础上,在重木倒塌或钢筋砌体建筑倒塌的情况下,具备在地震现场开展复杂技术搜索及救援行动的能力;重型队伍要求在中型队伍的基础上,具有在倒塌建筑下开展复杂技术搜索及救援行动的能力,并保证具有能同时在两个工作场地行动的设备和人力,且所有行动具备独立后勤保障。

(1)救援队伍需求的计算方法

救援队伍与震级、灾区人数有关,计算模型为

1)$M<5$ 时,以当地驻军和武警消防为主,基本无需外地救援队伍;

2)$5 \leqslant M<6$ 时,$R_r = R \times 0.009$(0.8%~1%);

3)$6 \leqslant M<7$ 时,$R_r = R \times 0.008$(0.5%~1%);

4)$M \geqslant 7$ 时,$R_r = R \times 0.04$(3%~5%);

5)无论震级多大,所需救援队伍人数上限值为 15~20 万人。

式中:$M$——地震震级;

$R_r$——救援需求人数(人);

$R$——受灾人数(人)。

(2)医务人员需求的计算方法

此外,医务人员需求与救援人员需求也成一定比例,医务人员需求的计算模型为

$$Y_d = R_r \times 0.06(0.05 \sim 0.1) \tag{3-49}$$

式中:$Y_d$——医务人员需求(人);

$R_r$——救援需求人数(人)。

(3)物资需求的计算方法

帐篷需求模型为

$$Tent = \frac{1}{4} \times R \times Season \tag{3-50}$$

式中:$Tent$——帐篷需求(顶);

$R$——需紧急安置人数(人);

$Season$——季节,夏天为 1,冬天为 0.5。

4)担架需求:根据以往地震的经验,一副担架平均可以运送 14 个伤员。

5)棉被需求:救灾棉被按照每 5 个需安置人员一床棉被来供应。

6)食品需求:救灾食品按照每个安置人员 15~20 千克准备。

7)饮水需求:应急期清洁饮水可按照每人每天 2 升计算,连续供应 10 天。

8)临时厕所需求:临时厕所数目为受灾人口的 1/250。

### 3.2.1.8　压埋人员搜索

目前,国内外地震灾害中,压埋人员搜索的主要手段有:搜索犬、音频生命探测仪、光学生命探测仪、红外生命探测仪和雷达生命探测仪。搜索犬在点状救援中效果较好,但对

面积大的灾区,效率较低;音频生命探测仪要求幸存者有意识并能够发出求救信号,且在作业过程中要清场、静场,其信号衰减大、易受环境干扰,在现场受限较大;光学生命探测仪没有穿透废墟的能力,对于不稳定状态废墟,打孔作业的可行性较差,导致其在震后废墟搜索中局限性大;红外生命探测仪是通过感知温度差异来判断目标的,在废墟救援中受限;雷达生命探测仪有非接触、穿透力强、探测灵敏度高、抗干扰能力强、探测距离远以及能精确定位的特点,相对有利于废墟救援,但雷达生命探测仪无法穿透金属板、水以及含水量高的介质材料。

### 3.2.1.9　压埋人员救援

根据倒塌房屋类型的不同,压埋人员救援对救援力量的需求不同。城市中,承灾体类别多,且结构类型多为多层砖混结构、多层钢筋混凝土结构和高层结构。从历史震害来看,倒塌的多数为多层砖混结构和多层框架结构,这两类结构因为室内可容纳的人数多、结构自重大,人员被压埋后,很难实现自救互救,需要专业的救援力量投入。专业救援队伍,由于其专业特点,主要是针对建筑物内埋压人员进行救援,所以主要的救援对象是城市区(包括县城区)和大的乡镇,需要按城市、乡镇、乡村进行分级。城中村的房屋大多数没有经过正规的设计施工,且因为管理问题,存在大量加层乱建的现象,这些房屋结构本身的抗震能力不足,空间错综复杂,多为自建的多层砖混结构和框架结构,倒塌后救援复杂且大型器械很难进入,应采用专业救援力量和自救互救相结合的方式开展救援。农村多为独户独院,房屋结构简单,倒塌后室内人员较少,在震后第一时间,通常是以自救互救为主,但极个别情况需要专业救援队。同时,需考虑当前农村的人员结构多为老人和儿童,自救互救能力受限。综上,在考虑压埋人员救援时,专业救援力量和自救互救力量的比例系数如下:城市为 90% 专业救援力量和 10% 自救互救力量;城中村为 50% 专业力量和 50% 自救互救力量;农村为 20% 专业救援力量和 80% 自救互救力量。

在救援现场选择废墟时,先要评估是否有压埋人员,并对压埋人员信息进行调查,最后确定优先救援等级(图 3-14)。如果没有压埋人员,那么该废墟不作为需救援的废墟;如果有,则需要求证是否有幸存者,在有幸存者的前提下开展救援需求评估。如果压埋人员情况不明,需要进一步根据废墟生存空间(表 3-21)、人员分布情况进行分析,进而评估救援所需的时间和资源,并根据不同的废墟类型和人员压埋位置,确定优先救援等级(表 3-22)。

在确定了变量并做出适当假定条件之后就可开始建模。地震压埋死亡人数包括建筑物倒塌后人员死亡人数和压埋受伤未得到及时救治造成的人员,原因树如图 3-15所示。

救援部分主要考虑震后交通通达情况,救援人员到达的时间、人数,自救互救力量和专业救援力量的抢挖能力,分析震后不同时间段内的救援人数,综合 72 小时压埋人员的生命曲线,给出压埋受伤人员的累计死亡数,计算不同时间段的总死亡人数,原因树如图 3-16所示。

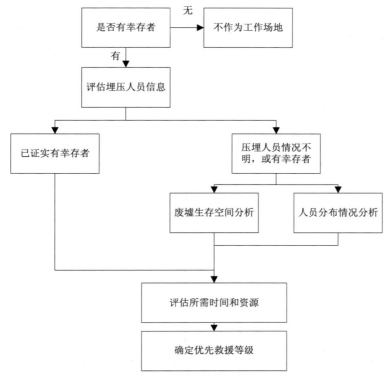

**图 3-14　救援废墟选择逻辑**

### 表 3-21　救援空间分类表

| 分类 | 定义 |
| --- | --- |
| 大空间 | 大空间指足够单人爬行的空间,在大空间中受害者存活机会要大于小空间 |
| 小空间 | 小空间指单人几乎不能活动的空间,必须等待救援 |
| 稳定 | 稳定指在救援行动之前对坍塌建筑物不需要特别的安全支撑,可以直接救援 |
| 不稳定 | 不稳定指需要进行支撑或以其他措施加固后才可以展开搜救行动 |
| 极其不稳定 | 有限条件下很难支撑和使用措施加固 |

### 表 3-22　救援优先等级判别表

| 优先等级 | 压埋人员信息 | 空间类型 |
| --- | --- | --- |
| A | 确定压埋人员存活 | 大空间 |
| B | 确定压埋人员存活 | 小空间 |
| C | 未知或压埋人员可能存活 | 大空间 |
| D | 未知或压埋人员可能存活 | 小空间 |

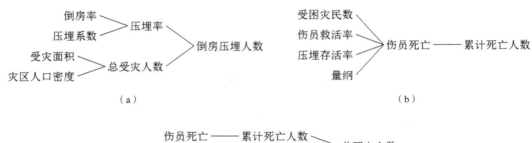

图 3-15　地震压埋死亡人数原因树

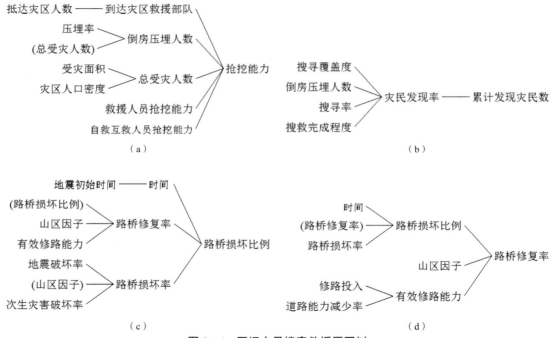

图 3-16　压埋人员搜索救援原因树

地震次生火灾的原因树如图 3-17 所示。

图 3-17　地震次生火灾原因树

在分析了各关键因素之间的因果关系之后,开始建立系统动力学模型。VENSIM 是一个可视化的建模工具,用户可以通过 VENSIM 定义一个动态系统,同时建立模型、进行仿真、分析以及最优化。VENSIM 可以通过函数库和表函数定义各参数之间的关系,函数库中的函数可以分为 5 大类,包括数学函数、逻辑函数、随机函数、测试函数和延迟函数。数学函数、逻辑函数可以描述地震压埋人员救援流程中的有物理相关性的参数和变量;随机函数和延迟函数可以表达救援决策、降雨、信息获取等各种有随机和延迟属性的参数。本书的模型中主要用了以下函数。

1. 逻辑函数

IF Then Else( {cond} , {ontrue} , {onfalse} )

用来模拟变量值在不同情况下,或者满足不同条件时,有不同的计算模型或计算值。

2. 随机函数

Random Uniform( {min} , {max} , {seed} )

可随机产生一个介于 min( 最小 )值和 max( 最大 )值之间的数值,这个数值的产生依赖种子值的分布。

3. 测试函数

测试函数包括跃阶函数、单脉冲函数、多脉冲函数。这几种函数可以产生比较典型和有特色的数值变化规律。

( 1 )跃阶函数

Step( {height} , {stime} )。其中, stime 为跃阶函数的起始时间, height 是跃阶的值。此函数可以控制对变量启动赋值的时间。

( 2 )单脉冲函数

Pulse( {start} , {duration} )。单脉冲的脉冲高度只能是 1,可以控制起始时间和脉冲值的长度。

( 3 )多脉冲函数

Pulse Train( {start} , {duration} , {repeattime} , {end} )。多脉冲函数较单脉冲函数可以实现更多的功能,可以把原本单个连续的赋值阶段切分成若干小阶段,而且可以设置反复循环出现,直到结束时间。

4. 延迟函数

延迟函数可以模拟物质或信息在模型中不同模块间的流动的延迟效果。

1 )Delay1( In , Delay Time )可根据设定的延迟时间,对于输入量做延迟处理;

2 )Delay1I( In , Delay Time , Initial Value )可以在延迟输入量的基础上,设定初始值;

3 )Delay Fixed( In,  Delay Time, Initial Value )可实现即使 Delay Time 设置为表达式,运行过程中延迟时间也不会随着表达式的变化而变化。

### 3.2.1.10　废墟安全评估

遭受极强烈地震动作用后,建筑结构倒塌现象普遍存在。在地震现场进行应急救援工作时,通常需要派遣具有丰富经验的结构工程专家,首先对建筑结构废墟进行安全评估,然后采取一定的措施快速有效地排除危及救援人员和压埋人员生命安全的障碍,最后指导施救人员深入结构废墟内部进行压埋人员救援工作。这种地震应急救援工作模式适用于救援范围较小、结构工程专家数量充裕的情况。但实际情况是我国地震现场应急救援经验丰富的结构工程专家的数量极其有限,而且当遭遇地震灾区面积极为广大、通信闭塞、交通出现障碍等情况时,分布在全国各地的结构工程救援专家很难及时到达工作现场或通过远程控制实施救援指导。

建筑结构废墟安全评估模型可以在没有救援专家在场的情况下,科学合理地给出建筑结构废墟安全状态评估结果和应急救援处置措施建议。但目前建筑结构震后倒塌机理以及倒塌规律尚不明确,因此当前不可能根据现有的震害资料直接建立一个物理意义明确、数学映射关系精确、计算结果准确的震后建筑结构废墟安全评估模型。而反向传播(Back Propagation, BP)神经网络模型可以在不揭示建筑结构废墟安全影响因素与安全评估结果之间复杂的、模糊的数学关系的前提下,直接基于训练学习样本建立建筑结构废墟安全评估模型。

基于专家经验和救援现场实际情况,每一子类被赋予不同的影响因子,各影响因子将作为输入层数值代入 BP 神经网络模型进行运算。各影响因素具体情况及其影响因子见表3-23。

表 3-23　砖混废墟结构影响因素及影响因子

| 序号 | 影响因素及其代码 | 含义 | 影响因子 |
|---|---|---|---|
| 1 | 场地情况 $X_1$ | 场地稳定,无山体崩塌、滑坡、垮岸、液化、水患等危及建筑安全的影响 | 0.4 |
| | | 场地不稳定,出现山体崩塌、滑坡、垮岸、液化、水患等危及建筑安全的影响 | 0.6 |
| 2 | 地基破坏情况 $X_2$ | 地基稳定,无滑移和滑动迹象 | 0.4 |
| | | 地基不稳定产生滑移,水平位移量大于 10 mm,并对上部废墟结构有显著影响,且有继续滑动迹象 | 0.6 |
| 3 | 基础破坏情况 $X_3$ | 基础坚实,承载力足以支撑废墟结构 | 0.4 |
| | | 基础老化、腐蚀、酥碎、折断,不足以支撑废墟结构 | 0.6 |
| 4 | 毗邻建筑情况 $X_4$ | 无毗邻建筑或毗邻建筑保存完好,无威胁 | 0.3 |
| | | 结构整体倾斜,但倾斜量不超过高度的 1/100,对废墟结构影响较小 | 0.5 |
| | | 周围房屋严重破坏,倾斜量超过高度的 1/100,有倒向废墟的危险 | 0.7 |
| 5 | 砖混结构构件破坏情况 $X_5$ | 墙体 | 若 $P_{sdm}$ 不小于 30% 取 0.6;小于 30% 取 0.4。 |
| | | 柱 | |
| | | 主梁 | |
| | | 次梁 | |
| | | 楼屋面 | |
| | | 屋架 | |
| 6 | 墙体交接处的连接情况 $X_6$ | 墙体及其交接处的连接,在墙砌体和抹灰层面等面饰上均无裂缝,震前已有的裂缝未扩展 | 0.4 |
| | | 墙体及其交接处的连接处出现裂缝,震前已有的裂缝出现扩展 | 0.6 |

| 序号 | 影响因素及其代码 | 含义 | 影响因子 |
|---|---|---|---|
| 7 | 楼屋盖与墙体交接处的连接 $X_7$ | 楼屋盖与墙体连接良好,无松动滑移情况 | 0.4 |
| | | 楼屋盖破坏与墙体连接不良,出现开裂、移位等情况 | 0.6 |
| 8 | 构造措施情况 $X_8$ | 构造柱、圈梁基本完好,没有出现断裂等严重破坏情况($P_{sdm}<30\%$) | 0.4 |
| | | 构造柱、圈梁基本完好,没有出现断裂等严重破坏情况($P_{sdm}\geqslant30\%$) | 0.6 |
| 9 | 女儿墙、出屋面烟囱等非结构构件破坏情况 $X_9$ | 无女儿墙、出屋面烟囱等非结构构件或者非结构构件完好,无脱落、坠落等现象 | 0.4 |
| | | 非结构构件出现破损、坠落,危及救援现场 | 0.6 |
| 10 | 砂浆强度 $X_{10}$ | $M=7.5$ 及以上 | 0.3 |
| | | $M=5$ | 0.5 |
| | | 不足 $M=2.5$ | 0.7 |
| 11 | 施工质量 $X_{11}$ | 施工质量良好,砂浆灰缝饱满,墙体平整 | 0.4 |
| | | 施工质量较差,墙体不够平整,砂浆灰缝空虚 | 0.6 |
| 12 | 构件之间的接触点 $X_{12}$ | 两个构件之间接触点数量足够多,大于等于 4 个,接触面足够大 | 0.3 |
| | | 两个构件之间接触点数量不足,有 3 个接触点,接触面积较小 | 0.5 |
| | | 两个构件之间接触点较少,小于 3 个接触点,或者接触面积严重不足 | 0.7 |
| 13 | 生存空间大小 $X_{13}$ | 大空间,至少一个人进入是无障碍的 | 0.3 |
| | | 小空间,需要简单地清理障碍即可进入 | 0.5 |
| | | 狭小空间,必须通过清障扩张空间后方可进入 | 0.7 |
| 14 | 外界其他风险因素 $X_{14}$ | 有毒害物质;辐射;噪声;灰尘;围观群众;家属情绪失控;媒体;恶劣天气;设备不足或损坏;外部扰动 | 每一项影响因子为 0.1,多项可累加 |

在表 3-23 中,$P_{sdm}$ 为承重构件中危险构件百分数,其表达式为

$$P_{sdm} = n_d / n \times 100\%$$

$$n=2.4n_c + 2.4n_w + 1.9(n_{mb} + n_{rb}) + 1.4n_{sb} + n_s$$

$$n_d=2.4n_{dc} + 2.4n_{dw} + 1.9(n_{dmb} + n_{drt}) + 1.4n_{dsb} + n_{ds}$$

式中,各参数物理意义见表 3-24。其中,构件总数量是指构件在整个结构中所含数量,若无该类承重构件,对应的该构件数取 0;危险数量是各类构件符合对应危险构件判别标准的数量。

在使用 BP 神经网络建立砖混结构废墟救援安全评估模型的过程中,将安全评估结果定义为神经网络输出层。本书中将结构废墟救援的安全评估结果分为三个等级,各等级对应的废墟结构安全状态及其对应的安全指数区间见表 3-25。其中,安全指数是大小在 0~1 之间的衡量废墟结构安全状态的指标和参数,安全指数越大,废墟结构越不安全。

表 3-24　砖混结构承重构件危险情况判别标准

| 构件 | 数量 | 危险构件判别标准 |
|---|---|---|
| 墙体 | 总数量 $n_w$<br>危险数量 $n_{dw}$ | 墙体出现贯穿整个墙体的裂缝,或者交叉的 X 形剪切裂缝墙体出现严重倾斜、局部破损、倒塌或者整个墙体倒塌 |
| 柱 | 总数量 $n_c$<br>危险数量 $n_{dc}$ | 柱产生破坏、开裂,柱产生严重倾斜、破坏、开裂,并且裂缝有出现扩张的趋势,有断裂危险,或者柱已被剪断 |
| 主梁 | 总数量 $n_{mb}$<br>危险数量 $n_{dmb}$ | 梁跨中部位,底面产生横断裂缝,其一侧向上延伸达梁高的 2/3 以上;<br>梁顶面产生多条明显的水平裂缝,上边缘保护层剥落,底面伴有竖向裂缝 |
| 次梁 | 总数量 $n_{sb}$<br>危险数量 $n_{dsb}$ | 连续梁在支座附近产生明显的竖向裂缝;<br>产生超过跨度 1/150 的挠度,且受拉区的裂缝宽度大于 1 mm |
| 楼屋面 | 总数量 $n_s$<br>危险数量 $n_{ds}$ | 产生超过跨度 1/150 的挠度,且受拉区的裂缝宽度大于 1 mm;<br>现浇板上面周边产生裂缝,或下面产生交叉裂缝;<br>预制板下面产生明显的竖向裂缝保护层剥落,半数以上主筋外露,截面减少 |
| 屋架 | 总数量 $n_{rb}$<br>危险数量 $n_{drt}$ | 产生超过跨度 1/150 的挠度,且下弦产生裂缝大于 1 mm 竖向裂缝;支撑系统失效导致倾斜,其倾斜量超过屋架高度的 2/100;保护层剥落,主筋多处外露;端节点连接松动,且有明显裂缝;在支座与集中荷载部位之间产生明显的水平裂缝或斜裂缝 |

表 3-25　废墟结构安全等级判定表

| 安全等级 | 废墟结构安全状态 | 安全指数区间 |
|---|---|---|
| 等级一 | 废墟结构安全。废墟结构稳定,人员可以直接进入 | [0,0.5] |
| 等级二 | 废墟结构稳定但须排险措施。废墟结构无倒塌的危险,但有造成的危险因素须排除 | (0.5,0.7] |
| 等级三 | 结构有二次倒塌的危险。须做好支撑及加固、排险、清理等安全措施 | (0.7,1] |

　　砖混结构废墟救援安全评估 BP 模型采用典型的三层神经网络结构,其中输入层的神经元个数为 14 个,输出层神经元个数为 1 个。对于隐含层神经元个数,选取 Sigmoidal 函数作为隐含层的激活函数,并用下式确定:

$$n_1 = \sqrt{0.43mn + 2.54m + 0.77n + 0.35} + 0.51 \qquad （3-51）$$

式中:$m$——输入层神经元的个数;

　　　$n$——输出层神经元的个数。

　　对计算的结果 $n_1$ 取整,计算得到隐含层神经元个数为 8。

## 3.2.2　系统动力关系图

　　在确定了变量并做出适当假定条件之后开始建模,根据设定的时间轴,设定各环节情景触发条件,完成从地震发生到救援力量投入后的压埋人员救援的推演,所形成的系统动力学流图如图 3-18 所示。

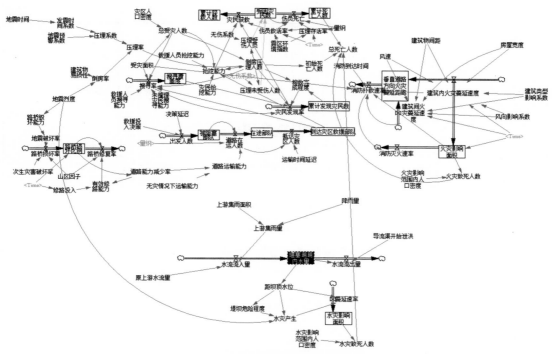

**图 3-18　建筑物压埋人员救援系统动力学流图**

### 3.2.3　要素参数确定

结合 3.1 节中给出的地震灾害计算分析模型,综合考虑各模式的适用性,结合刘爱华(2013)的城市灾害链动力学模型研究成果,黄辉等(2016)基于系统动力学的震后救援药品动态需求研究成果,李勇建等(2015)基于系统动力学的突发事件演化模型,以及王琪(2013)基于系统动力学的地震应急资源配置模型研究成果中的相关参数,给出模型的公式或确定方法,见表 3-26。

**表 3-26　系统动力学模型变量及命令和确定方法**

| 序号 | 变量名称 | 命令和确定方法 |
|------|----------|----------------|
| 1 | 地震时间 | 可以直接输入年月日时分秒 |
| 4 | 人员在室率 | 根据人员在室率表确定 |
| 5 | 压埋率 | 压埋系数 × 倒房率 |
| 6 | 倒房压埋人数 | 总受灾人数 × 压埋率 |
| 7 | 压埋受伤人数 | 倒房压埋人数 ×0.75×(1- 无伤系数) |
| 8 | 压埋未受伤人数 | 倒房压埋人数 ×0.75× 无伤系数 |
| 9 | 初始死亡人数 | 倒房压埋人数 ×0.25 |

| 序号 | 变量名称 | 命令和确定方法 |
|---|---|---|
| 10 | 受困灾民数 | INTEG( IF THEN ELSE( 受困灾民数 >(伤员死亡率 + 灾民获救率)× 受困灾民数), 压埋受伤人员 + 压埋未受伤人数 ) |
| 11 | 搜寻率 | 到达灾区救援部队 × 救援人员搜寻能力 / 受灾面积 +( 总受灾人数 - 倒房压埋人数)× 未掩埋灾民搜寻能力 / 受灾面积 |
| 12 | 搜寻覆盖度 | INTEG( IF THEN ELSE( 搜寻覆盖度 <1,搜寻率,0),0) |
| 13 | 在途部队 | INTEG( IF THEN ELSE( 在途部队 >=0,道路在运人数 - 抵达灾区人数,0),0) |
| 14 | 道路在运人数 | IF THEN ELSE( 被阻塞部队 > 道路运输能力,道路运输能力,被阻塞部队 ) |
| 15 | 被阻塞部队 | INTEG( 出发人数 - 道路在运人数,0) |
| 16 | 出发人数 | 救援决策 × PULSE( 决策延迟,0) |
| 17 | 抵达灾区人数 | DELAY FIXED( 道路在运人数,运输时间延迟,0)表示救援部队运送进入灾区速度 |
| 18 | 灾民发现率 | IF THEN ELSE( 搜寻覆盖度 <1: OR: 搜寻完成程度 <1,倒房压埋人数 × 搜寻率 ×(1- 搜寻完成程度 ^2),0) |
| 19 | 累计发现灾民数 | INTEG( 灾民发现率,0) |
| 20 | 抢挖能力 | 到达灾区救援部队 × 救援人员抢挖能力 +( 总受灾人数 - 倒房压埋人数)× 灾民抢挖能力 |
| 21 | 伤员救活率 | IF THEN ELSE( Time<120,SQRT( 1-( 震区环境指数 × Time )^2/120^2),0) |
| 22 | 压埋存活率 | IF THEN ELSE( Time<168,SQRT( 1-( 震区环境指数 × Time )^2/168^2),0) |
| 23 | 伤员死亡率 | 受困灾民数 ×0.75×0.85×(1- 伤员救活率)×(1- 压埋存活率)+ 受困灾民数 ×0.25×0.15×(1- 压埋存活率) |
| 24 | 灾民获救率 | MIN( 抢挖能力,灾民发现率)× 伤员救活率 |
| 25 | 累计死亡人数 | INTEG( 伤员死亡率,0) |
| 26 | 累计获救人数 | INTEG( 灾民获救率,0) |
| 27 | 路桥毁坏能力 | WITH LOOKUP( 地震烈度,( [( 0,0)~( 12,1)],( 0,0),( 3,0),( 4,0.02),( 5,0.03), ( 6,0.05),( 7,0.08),( 8,0.12),( 9,0.25),( 10,0.56),( 11,0.9),( 12,0.99) )) |
| 28 | 地震破坏率 | 路桥毁坏能力 × PULSE( 0,1) |
| 29 | 次生灾害破坏率 | RANDOM UNIFORM( 0.02,0.1,0.01)× PULSE TRAIN( 5,1,5,120) |
| 30 | 路桥损坏率 | ( 地震破坏率 + 次生灾害破坏率)× 山区因子 |
| 31 | 山区因子 | 0~1 范围内的常自变量参数 |
| 32 | 修路投入 | WITH LOOKUP( TIME,( [( 0,0)~( 150,1)],( 0,0),( 5,0.01),( 10,0.03),( 20,0.1), ( 30,0.22),( 40,0.38),( 50,0.65),( 60,0.85),( 80,0.95),( 150,1) )) |
| 33 | 有效修路能力 | 修路投入 ×(1- 道路能力减少率 ×0.5)×0.05 |
| 34 | 路桥损坏比例 | INTEG( IF THEN ELSE( 路桥损坏比例 >=0.9, - 路桥修复率,路桥损坏率 - 路桥修复率 )) |
| 35 | 路桥修复率 | IF THEN ELSE( 路桥损坏比例 >0,有效修路能力 / 山区因子,0) |
| 36 | 路桥能力减少率 | WITH LOOKUP( 路桥损坏比例,( [( 0,0)~( 1,1)],( 0,0),( 0.5,0.1),( 0.7,0.5), ( 0.75,1),( 1,1) )) |
| 37 | 上游集雨量 | 上游集雨面积 × 降雨量 ×0.001 |
| 38 | 原上游水流量 | ( 102+RANDOM UNIFORM( -10,10,0.5))×86400 |

续表

| 序号 | 变量名称 | 命令和确定方法 |
|---|---|---|
| 39 | 垂直道路方向火灾蔓延距离 | INTEG（建筑内火灾蔓延速度 + 建筑间火灾蔓延速度 - 消防扑救速率,0） |
| 40 | 堤坝危险程度 | IF THEN ELSE（距坝顶水位 <=7.769e+07,1,0） |
| 41 | 堰塞湖湖内水量 | INTEG（水流流入量 - 水流流出量,初始值） |
| 42 | 导流渠开始泄洪 | 0+STEP（1,30） |
| 43 | 建筑内火灾蔓延速度 | DELAY1I（0.05 × 1.5, 400, 0.05）× PULSE TRAIN（0,房屋宽度 /0.1,建筑类型影响系数 |
| 44 | 建筑间火灾蔓延速度 | 建筑物间距 /（建筑类型影响系数 × 100.6 × EXP（0.51 × 建筑物间距） |
| 45 | 水流流入量 | 原上游水流量 +0.14 × DELAY1I（上游集雨量,1,0） |
| 46 | 水流流出量 | IF THEN ELSE（导流渠开始泄洪, IF THEN ELSE（导流渠开始泄洪:AND:DELAY1I（导流渠开始泄洪,1,0）,（80+RANDOM UNIFORM（-10,10,0.1））× 86400,3/4 × 堰塞湖湖内水量）,0） |
| 47 | 水灾产生 | IF THEN ELSE（（堤坝危险程度:AND:（地震烈度 >=7）):OR:（距坝顶水位 <0):OR: DELAY1I（水灾产生,1,0）,1,0） |
| 48 | 水灾影响面积 | INTEG（蔓延速率,0） |
| 49 | 水灾致死人数 | 水灾影响范围内人口密度 × 水灾影响面积 × 0.05 |
| 50 | 消防扑救速率 | DELAY1I（IF THEN ELSE（火灾影响面积 <=0.2 × 受灾面积,建筑内火灾蔓延速度 × 0.5,建筑间火灾蔓延速度 × 0.2）,消防到达时间,0） |
| 51 | 消防灭火速率 | 消防扑救速率 |
| 52 | 火灾影响面积 | INTEG（建筑内火灾蔓延速度 ^2 ×（Time^2）× 3.14 ×（（0.84^2）+0.73^2+1 ）/4- 消防灭火速率,0） |
| 53 | 火灾致死人数 | 火灾影响范围内人口密度 × 火灾影响面积 × 0.05 |
| 54 | 蔓延速率 | IF THEN ELSE（水灾产生 =1,（80+RANDOM UNIFORM（-10,10,0.1））× 距坝顶水位,0） |
| 55 | 距坝顶水位 | 总容量 - 堰塞湖湖内水量 |
| 56 | 降雨量 | RANDOM UNIFORM（0,1,0.1）+4 × PULSE TRAIN（2,1,6,50）+10 × PULSE TRAIN（18,1,10,50） |

## 3.3　地震灾情模拟器

地震灾害情景模拟器的作用是以系统动力学方法将任意设定地震下,其灾害要素按照时间轴顺序组成复杂灾害链 / 网,模拟分析并给出最可能的或指定的地震灾情集,逻辑如图3-19 所示。地震灾害情景模拟中需包含地震引起的建筑物破坏、生命线工程破坏、地震次生灾害、人员伤亡、应急救援等。地震灾害损失预评估和城市震害预测,可以为地震灾害情景模拟提供一定的工作基础和数据基础。

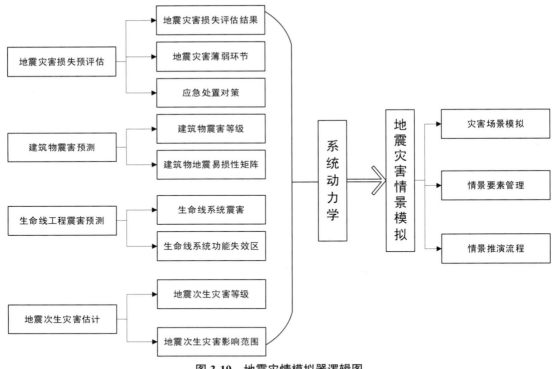

**图 3-19　地震灾情模拟器逻辑图**

　　地震灾害损失预评估与应急处置的要点工作是针对某区域设定地震的灾害损失进行事先评估和对现有地震应急准备能力的评估，并给出基于设定地震损失的应急处置建议。预评估工作的主要目的是让地方政府了解本辖区的地震灾害风险和可能造成的灾害损失，有针对性地提升地震应急准备能力，为震后进行应急处置决策提供技术支撑。预评估工作采取模型计算、现场抽样调查、专家现场分析、综合评判相结合的方法，给出潜在或设定地震的灾害损失综合评估结果，基于各地应急能力现状，分析地震应急处置可能面临的需求与困难，提出有针对性的应急准备措施和震后应急处置要点。在实地调研、评估修订、集成预评估结果的基础上，工作组要结合各个集成单元的区域特征，研究、编制各个集成单元的应急处置要点。应急处置要点包括震前应急准备要点和震后应急处置要点。震前应急准备要点是根据预评估结果给出的设定地震可能造成的伤亡情况和灾区可能出现灾情的预判，预估出未来抗震救灾所需的应急处置力量需求和应急救援资源需求等，对比评估区现有应急准备情况，分析存在不足和薄弱环节，针对性地提出强化震前应急准备能力的建议。在分析应急准备能力时，要按震级、灾害大小、周边行政区支援力量和资源等，进行综合统筹分析评估。震后应急处置要点是在对设定地震灾害的特点、危害和应急救援需求的评估分析基础上，分析提出震后应急紧急处置的重要事项和需紧急抢险的重要任务，如灾情获取、电力通信抢通、交通管制、救灾物资集散、交通线通行、重点目标、重大次生灾害、救援队伍需求与运输等，针对性地提出震后的应急处置方案和建议。地震灾害损失预评估的结果可以为相同震级、附近区域的设定地震下损失评估结果提供参考依据，并对所属地区地震灾害特点、薄弱环节以及应急处置提供决策依据,一方面其把握情景模拟结果的客观性,在应急演练中的薄弱环节设置上更加合理,另一方面其可以为应急处置决策提供参考依据。

地震灾害预测(简称震害预测)是对城市地震灾害风险评估和管理的重要方法。震害预测指全国或某一个地区在地震危险性分析、地震区划或小区划、工程建筑易损性分析的基础上,对未来某一时段因地震可能造成的人员伤亡、建(构)筑物及设施破坏、经济损失及其分布的估计。震害预测的工作包括地震动影响场生成、场地分类与地震地质灾害评价、建筑物震害预测、生命线系统震害预测、地震次生灾害评估、地震人员伤亡与经济损失评估、防震减灾对策、信息管理系统建设等 8 个部分。震害预测过程中对工作区涉及的各类承灾体的数据调查、地震灾害分析做详细的计算和分析,为地震灾害情景推演的数据和模型提供了重要依据。建筑物震害预测成果可以给出抽样单体建筑物的震害等级判定,可以分类给出群体建筑物的地震灾害易损性。此外,震害预测对城市的供水、供电、交通、通信、供气等生命线工程进行详细分析,给出各关键设备的地震灾害判定结果,并分析整个系统的功能失效情况;对城市内的地震次生火灾、水灾、爆炸、危化品泄漏等一系列的危险源进行梳理分析,给出地震灾害危险等级,并对可能造成影响的范围进行说明。在情景模拟中,上述分析结论都发挥了重要作用,但震害预测还停留在分析各独立系统的地震灾害影响,而情景推演更注重几类系统的相互作用。当面对城市海量承灾体、灾害影响环环相扣的情况时,针对独立系统的震害预测已不能胜任,因此考虑利用系统动力学原理,在地震灾害损失预评估工作和震害预测工作的基础上,从系统的角度出发,来解决各灾害相互影响的问题。

### 3.3.1　地震灾害情景库

在历史地震灾害资料中,可以挖掘地震震级、地区影响、房屋抗震能力、地震次生灾害、地震地质灾害、救援时效等一系列因素对人员伤亡的影响。通过收集历史地震灾害救援案例,可以分解救援场景、救援事件、救援方案等地震灾害救援关键要素,建立地震灾害救援情景元模型。之后,确定不同类型灾害情景元和救援情景元的属性要素,建立情景库,以历史地震灾害救援案例为依据,系统化、结构化地分析情景元,将情景元分为致灾因子、孕灾环境、承灾体、附加驱动、救援决策 5 个部分。

知识元是构造知识结构的基元,知识元以最小存储单位进行知识的存储、引用以及共享。情景元是对情景概念模型的描述,针对地震灾害救援情景,我们将情景元分为致灾因子、孕灾环境、承灾体、附加驱动、救灾决策 5 个部分,所以构建的情景元模型需要包含 5 个参数。

1. 致灾因子

致灾因子是推动灾害事件不断发展、演变的要素,在地震灾害中,致灾因子就是地震。以汶川地震为例,致灾因子的参数包括时间、震级、经纬度和震源深度,详情见表 3-27。

**表 3-27　致灾因子参数表**

| 时间<br>2008 年 5 月 12 日 | 震级 | 地点<br>（经度，纬度） | 震源深度<br>（km） |
|---|---|---|---|
| 2008 年 5 月 12 日 14:28:04 | 8 | （30.95，103.40） | 14 |
| 2008 年 5 月 12 日 14:43:15 | 6 | （31.00，103.50） | 33 |
| 2008 年 5 月 12 日 15:34:48 | 5 | （31.00，103.50） | 10 |
| 2008 年 5 月 12 日 16:21:47 | 5.2 | （31.30，104.10） | 10 |
| 2008 年 5 月 12 日 17:07:03 | 5 | （31.30，103.80） | 9 |

**2. 孕灾环境**

孕灾环境是指灾害事件系统中能诱发致灾因子产生的环境要素，地震灾害孕灾环境主要包括断层分布、场地条件和衰减关系 3 种因素见表 3-28。其中：断层分布包括断层的几何展布、活动性参数、地震活动历史、断层地震危险性；场地条件主要是场地的类别；衰减关系包括各地区的地震动衰减关系模型。

**表 3-28　孕灾环境参数表**

| 孕灾环境 | 参数 |
|---|---|
| 断层分布 | 断层的几何展布、活动性参数、地震活动历史、断层地震危险性 |
| 场地条件 | 场地的类别（$I_0$、$I_1$、II、III、IV） |
| 衰减关系 | 地震动衰减关系模型 |

**3. 承灾体**

承灾体是指直接受到灾害影响和损害的主体，其中包括自然环境和社会环境两部分，见表 3-29。自然环境主要涉及地质灾害中主要的承灾体——山体，参数包括地形（DEM）、岩性、地质构造等；社会环境包括工程结构和人。工程结构主要包括建筑物和生命线工程，建筑物的参数包括空间分布、层数、结构类型、用途、建造年代、地震易损性，生命线工程的参数包括空间分布、类型、建造年代、地震易损性；人的参数为地震发生时的在室率、灾区范围内的人员年龄结构以及人的空间分布。

**表 3-29　承灾体参数表**

| 承灾体 | | 参数 |
|---|---|---|
| 自然环境 | | 山体：地形、岩性、地质构造等 |
| 社会环境 | 工程结构 | 建筑物：空间分布、层数、结构类型、用途、建造年代、地震易损性 |
| | | 生命线：空间分布、类型、建造年代、地震易损性 |
| | 人 | 在室率、年龄结构、空间分布 |

4. 附加驱动

附加驱动是指能够影响非常规突发事件发展的情景要素,主要包括附加作用因子和主观决策两个参数,见表 3-30。

**表 3-30　附加驱动参数表**

| 附加驱动 | 参数 |
|---|---|
| 附加作用因子 | 次生危险源:水、火、毒气或放射性危险源等<br>宗教:多民族宗教冲突等<br>疫情和传染病等 |
| 主观决策 | 危险源阀门关闭、自救互救、应急疏散、避难避险等主观决策 |

5. 救援决策

救援决策是一种在不确定条件下对各种意外事态进行研判并采取应急救援处置措施的决策,其参数见表 3-31。

**表 3-31　救援决策参数表**

| 救援决策 | 参数 |
|---|---|
| 时间 | 年 / 月 / 日,时 / 分 |
| 环境 | 温度、照度、降水、风、毒害物质等 |
| 措施 | 救援类型、救援主体、救援客体、采用资源、措施内容 |

以汶川地震中都江堰市中医院的救援案例为例进行分析和梳理,详情见表 3-32。

**表 3-32　都江堰市中医院救援案例**

| 参数 | 概况 |
|---|---|
| 时间 | 2008 年 5 月 13 日凌晨 2 时 48 分—5 时 13 分 |
| 地点 | 都江堰市中医院 |
| 环境 | 夜晚照明条件有限 |
| 压埋建筑情况 | 6 层楼,含地下一层,整个楼房在地震中呈叠层式垮塌 |
| 搜索方法 | 犬搜索 + 人工搜索(废墟面积大、埋压深,犬搜索不奏效;现场大型机械熄火、人员保持安静条件下,实施人工搜索) |
| 被困者情况 | 楼顶塌落的预制板、桌子、铁皮柜及砖块等埋压,门板、桌子和铁皮柜构成了生存空间 |
| 营救方案 | 8 人分两组,一组建立救援通道,另一组准备救援设备 |
| 安全保障 | 安全员将半瓶矿泉水放在比较平的地方,观察瓶子中的水是否有晃动 |
| 生命通道建立 | 清理落在桌子和铁皮柜上的瓦砾,采用顶升设备,将倒塌的预制板的横梁顶住,放入木块等进行支撑,其后用液压剪剪去阻挡营救通道的铁皮柜,运用支撑、扩张、剪切等救援方法打开救援通道 |

在情景元分析的基础上,建立地震灾害救援情景库,情景要素的架构如图 3-20 所示。

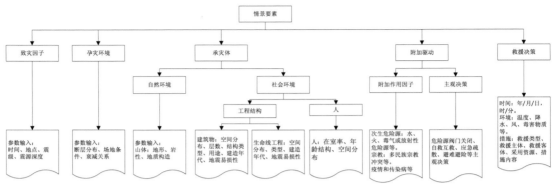

图 3-20　情景要素架构

### 3.3.2　地震灾情模拟器功能

地震灾害情景编辑主要是完成演练的脚本流程。通过不同用户的需求选择情景要素，将各情景按演练流程的时间顺序部署在系统的时间轴上，保证演练启动后各情景能够按照预先设定好的顺序和方式进行触发。地震灾情模拟器主要包括 3 个主要功能，分别是灾害场景管理、情景要素管理、情景推演流程，如表 3-33 所示。

表 3-33　灾情模拟器功能结构

| 名称 | 功能模块 | 子模块 | 功能描述 |
|---|---|---|---|
| 灾情模拟器 | 灾害场景管理 | 场景内容选择和控制 | 选择当前场景内容并加载，进行交互控制，包括环境因素、承灾体、人、次生危险源等 |
| | 情景要素管理 | 情景库 | 根据情景元建立情景要素库以及典型情景的模型方法 |
| | | 情景注入和编辑 | 根据演练目标选择对应的情景注入、删除、修改、锁定等 |
| | 情景推演流程 | 情景推演控制 | 对整个灾害情景推演过程进行灵活的控制 |
| | | 情景动态调整 | 根据用户的交互和需求，进行情景动态的调整，包括自动计算调整和手动输入调整 |

1. 情景注入和编辑

从功能上来说，系统运行时间轴控件需要完成两个主要任务：一是使前期编辑完成的地震应急事件能够正确地按照事先设定好的顺序注入系统；二是在演练过程中，确保已经注入系统的地震应急事件能够被正确地触发。因此，系统时间轴控件包括两个功能模块：时间管理模块与事件管理模块。在系统的最终实现中，采用构造一个可视化的随时间运动的标签对象结合标准进度条控件类来实现时间管理功能，采用构造一个随时间前进而对事件进行控制的类来实现事件管理功能。

（1）事件创建编辑

事件创建编辑可以编辑地震应急处置过程中的各种事件，包括事件内容、来源、类型、交互呈现方式等属性,点击编辑器中"地震事件"选项卡→点击"EVENT"按钮进入事件编辑状态→点击"添加新信息"按钮,选择信息类型并添加一个空信息→在事件的各属性框内填入属性内容→点击"添加事件"按钮测试当前添加的新事件。

（2）注入事件至时间轴

注入事件至时间轴可以向演练流程中注入触发事件,事件将按照添加在时间轴上的顺序依次被触发。在导演组主界面左边的事件库列表中点击某事件使其成为选中状态,再拖动时间轴上的滑块,选定一个时间点,点击"注入事件"按钮,完成事件的注入。

（3）注入事件操作

注入事件操作可对已注入时间轴内的事件进行删除、锁定、导入、导出等,在导演组界面上点击相应按钮即可完成操作。

（4）客户端连接

客户端连接可以将演练组连接到导演组,导演组可观察当前连入演练平台的用户和类别,启动演练组或评审组客户端自动连接到导演组,要求导演组已处于启动运行状态。

（5）情景推演的时间轴

情景推演的时间轴是情景推演的主线,其时间因素是整个流程中各个模型参数计算的关键参数,但用于演习的情景推演时间轴不可能跟实际地震灾害演化、救援的时间完全保持一致。因此,在主体时间轴的基础上,需要辅助演练时间轴,根据演练要点的设定,辅助演练时间轴可能是隐藏在系统内部的多条时间轴,时间缩尺比例可以根据演练的需求进行编辑和设定。

1）地震时间轴,可根据实际地震发生、发展、演化、救援的时间线来设定,可以按震后 72小时设定。

2）事件时间轴。在演练救援力量调度时,不可能同步实际调度时间,时间比例尺需要,换算,如根据演练需要可采用 10 分钟代替一天。因此,需要单独设定一个救援力量调度时间轴并嵌入总时间轴中,实际时间和地震时间轴之间建立换算关系,编辑演练方案时可以选择。同理,可以嵌入实际救援时间轴。

3）功能要求:设定主时间轴和辅助时间轴之前,时间轴之间的换算关系可以定义;时间轴上的任意时间点可以添加、删除、修改插入情景。

2. 情景推演控制

场景显示控制的功能是使导演组客户端的用户演练事件注入、测试及监控演练流程,观察演练环节中的实际影像。

演练流程控制提供在实际演练环境下,对演练流程进行预备演练、开始演练、暂停演练、继续演练、结束演练等流程的控制功能,从而方便系统在实际演练和教学环境中的应用。演练流程控制可实现对整个演练流程的灵活控制。在导演组界面中,当所有事件注入完毕并且锁定选项勾选状态下,点击"准备开始"按钮开始整个演练流程;在演练开始后,可以随时点选"暂停""继续""停止""开始"按钮对流程进行控制,可以点击"速度调节"按钮加快或者放慢演练速度。当锁定选项在勾选状态下时,一旦开始演练,不允许控制时间轴滑块来控制流程;当锁定选项在未勾选状态下时,可以控制时间轴滑块。此外,可以保存和恢复服务器状态以应对突发状况造成的演练中断。

演练控制组件主要用来创建地震应急处置演练场景,并且在演练过程中连接演练用户,实时控制演练流程,保存服务器状态,即时插入突发事件和信息,是整个演练的发起者和监控者。其主要事务有如下几方面。

1)连接演练用户:演练中的其他两部分用户(演练组和评估组)通过局域网与导演组相连,完成系统的互通互联。

2)实时控制演练流程:导演组可以灵活地控制演练流程,加快或者放慢演练速度,暂停或者继续演练流程等。

3)保存/恢复服务器状态:导演组可以随时保存当前服务器的状态和各项数据,防止意外事故发生后服务器数据丢失造成演练失败。当事故险情排除后,导演组可重新启动服务器,以恢复上次保存的服务器状态,继续进行演练。

4)即时插入突发事件:导演组可以随时向地震流程中插入事件,模拟突发事件的发生,真实地反映实际地震过程中的突发状况,培养受训人员的应急处置能力。

3. 情景动态调整

情景动态调整包括临时注入事件和决策反馈。临时注入事件包是为了达到增强演练的灵活性,考察演练组成员的临场应变能力,提高应急处置演练的实际效果而设计与实现的。在实际的地震应急处置工作中,由于具体地理环境及社会环境不同,往往会出现很多非常规事件,这些事件能否被正确处置有可能关系到整个地震应急工作的成败。因此,在地震应急处置演练的过程中加入临时注入事件,可以考核演练组成员的临场应变能力。在实际演练过程中,导演组客户端操作人员可以随机地在系统时间轴的任意未处理位置注入地震事件库中的事件,随后导演组客户端向所有已连接客户端广播该时刻,当系统时间到达该事件触发时刻时,触发该临时注入事件。

### 3.3.3　演练灾情模拟客观度分析

在地震灾害情景模拟中,对于地震灾情推演训练而言,人员死亡数量和经济损失一直以来都是灾评工作的核心。能够客观、公正、科学地设定人员死亡和经济损失的数值,并以此为依托构建模拟地震灾场,对于增强情景推演训练的效果,提升灾评队员的专业能力有着重要的帮助。从预估地震直接经济损失的角度出发,考虑应用贝叶斯网络建立基于客观度优化的地震直接经济损失预估模型,在有效分析历史震例数据的基础上,计算出房屋和工程结构设施在不同地震中可能产生的直接经济损失,并通过经济损失设计推演训练中各结构类型的房屋调查点分布和各类工程结构设施调查点的分布。

贝叶斯网络模型遵循贝叶斯定理,基于贝叶斯公式:

$$P(A|B) = \frac{P(B|A)\ P(A)}{P(B)} = \frac{P(A \cap B)}{P(B)} \tag{3-52}$$

式中:$P(A)$ ——$A$ 的先验概率,即不考虑任何 $B$ 方面的因素;

　　$P(A|B)$ ——$B$ 发生条件下发生 $A$ 的概率,称为 $A$ 的后验概率;

$P(B)$ ——$B$ 的先验概率；

$P(B|A)$ ——$A$ 发生条件下发生 $B$ 的概率，称为 $B$ 的后验概率；

$P(A\cap B)$ 或 $P(A, B)$ ——$A$ 和 $B$ 都发生的概率。

　　贝叶斯网络作为一种强有力的不确定性知识表示和概率推理工具，适合对火灾、地震等突发事件的发生、发展过程进行建模分析，能够对突发事件的整个发生、发展过程进行分析预测。相关研究表明，贝叶斯网络已在地震可靠性评估、地震次生灾害演化机理等方面广泛应用。采用贝叶斯网络对地震灾害直接经济损失客观度进行概率分析，可为地震灾害损失调查评估推演训练提供参考。在构建贝叶斯网络时，主要按照图 3-21 中的流程来进行。根据构建好的贝叶斯网络图和计算出的节点条件概率，综合地震灾害事件的推演假定情况，可以估算出在设定地震下，可能发生的各类经济损失的后验概率。

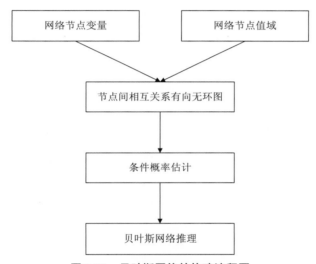

图 3-21　贝叶斯网络的构建流程图

　　地震烈度代表了地震引起的地面和房屋等建筑物震动而产生的影响和破坏的程度。因此，在确定了震中烈度后可以分别估计房屋和工程结构设施的破坏情况，即估计它们的破坏概率。地震三要素共同决定了地震影响场的范围和大小，即确定了灾区的范围。建筑物和工程结构设施的破坏造成了经济损失，而灾区的影响范围越大则经济损失会相应地被放大。在进行地震灾害损失调查评估推演训练情景设定时，首先要考虑的就是地震三要素，即发震时间、发震地点和震级。当地震三要素确定后，可以依据经验公式分别设定震中烈度和地震影响场的范围，亦可以根据当地的烈度衰减关系来进行设定。在确定了震中烈度后可以分别估计房屋和工程结构设施的破坏情况，即估算其破坏概率。将造成地震灾害经济损失的各要素建成一个贝叶斯网络，见表 3-34。

表 3-34　地震灾害直接经济损失贝叶斯网络节点变量值域表

| 序号 | 网络节点变量 | 取值范围 | 网络节点赋值 |
|---|---|---|---|
| A | 震中烈度 | Ⅵ度及以下 / Ⅶ度 / Ⅷ度 / Ⅸ度及以上 | 1/2/3/4 |

| 序号 | 网络节点变量 | 取值范围 | 网络节点赋值 |
|------|-------------|----------|-------------|
| B | 影响范围 | 2 000 km² 以下 /2 000~4 000 km²/4 000 km² 以上 | 1/2/3 |
| C | 建筑物破坏 | 破坏 / 未破坏 | 1/2 |
| D | 供水系统破坏 | 破坏 / 未破坏 | 1/2 |
| E | 供电系统破坏 | 破坏 / 未破坏 | 1/2 |
| F | 通信系统破坏 | 破坏 / 未破坏 | 1/2 |
| G | 交通系统破坏 | 破坏 / 未破坏 | 1/2 |
| H | 水利系统破坏 | 破坏 / 未破坏 | 1/2 |
| I | 建筑物经济损失 | 0 万元 /5 000 万元以下 /5 000~10 000 万元（不含 10 000 万元）/10 000~50 000 万元（不含 50 000 万元）/50 000~100 000 万元（不含 100 000 万元）/100 000 万元以上 | 0/1/2/3/4/5 |
| J | 供水系统经济损失 | 0 万元 /100 万元以下 /100~200 万元（不含 200 万元）/200~400 万元（不含 400 万元）/400 万元以上 | 0/1/2/3/4 |
| K | 供电系统经济损失 | 0 万元 /100 万元以下 /100~200 万元（不含 200 万元）/200~1 000 万元（不含 1 000 万元）/1 000~4 000 万元（不含 4 000 万元）/4 000 万以上 | 0/1/2/3/4/5 |
| L | 通信系统经济损失 | 0 万元 /100 万元以下 /100~200 万元（不含 200 万元）/200~1 000 万元（不含 1 000 万元）/1 000 万元以上 | 0/1/2/3/4 |
| M | 交通系统经济损失 | 0 万元 /500 万元以下 /5 000~1 000 万元（不含 1 000 万元）/1 000~5 000 万元（不含 5 000 万元）/5 000 万以上 | 0/1/2/3/4 |
| N | 水利系统经济损失 | 0 万元 /500 万元以下 /500~1 000 万元（不含 1 000 万元）/1 000~2 000 万元（不含 2 000 万元）/2 000~5 000 万元（不含 5 000 万元）/5 000 万以上 | 0/1/2/3/4/5 |

为各个变量赋予相应的域值，取值范围详见表 3-34，具体的地震灾情影响范围变量说明如下（图 3-22）。

（1）地震

地震的设定，主要是地震三要素的设定，基于地震三要素可以客观地估算出震中烈度和灾区影响范围。

（2）震中烈度

地震的烈度能够决定地震灾害对承灾体的破坏程度，造成较严重经济损失的地震灾害，其震中烈度通常都在Ⅵ度以上。因此，本章将烈度共划分为 4 个区间，即Ⅵ度及以下、Ⅶ度、Ⅷ度、Ⅸ度及以上，为其赋值分别为 1、2、3、4。

（3）影响范围

影响范围指地震烈度影响场的面积，地震造成的灾区范围面积增大，经济损失也会相应地增加。

（4）建筑物破坏

建筑物在地震作用下，能够产生的状态只有两种，一种是破坏，另一种就是未破坏。破坏状态用 1 表示，未破坏状态用 2 表示。

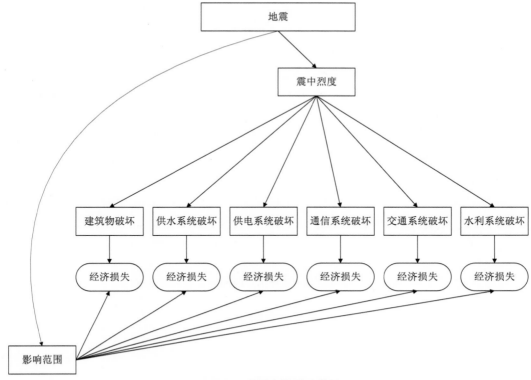

**图 3-22 地震灾情影响范围**

（5）工程结构设施破坏

和建筑物一样,在地震的作用下,工程结构设施(供水、供电、通信、交通、水利)的状态也只有两种,一种是破坏,另一种是未破坏。破坏等状态用 1 表示,未破坏状态用 2 表示。

1）供水系统:用 1 表示破坏,用 2 表示未破坏。

2）供电系统:用 1 表示破坏,用 2 表示未破坏。

3）通信系统:用 1 表示破坏,用 2 表示未破坏。

4）交通系统:用 1 表示破坏,用 2 表示未破坏。

5）水利系统:用 1 表示破坏,用 2 表示未破坏。

（6）经济损失

1）建筑物经济损失:根据经济损失的数值,将建筑物直接经济损失划分为 5 000 万元以下, 5 000~10 000 万元(不含 10 000 万元), 10 000~50 000 万元(不含 50 000 万元), 50 000~100 000 万元(不含 100 000 万元),100 000 万元以上,赋值分别为 1、2、3、4、5。

2）供水系统经济损失:根据经济损失的数值,将排水系统直接经济损失划分为 100 万元以下,100~200 万元(不含 200 万元),200~400 万元(不含 400 万元),400 万元以上,赋值分别为 1、2、3、4。

3）供电系统经济损失:根据经济损失的数值,将供电系统直接经济损失划分为 100 万元以下, 100~200 万元(不含 200 万元),200~1 000 万元(不含 1 000 万元), 1 000~4 000 万元(不含 4 000 万元),4 000 万以上,赋值分别为 1、2、3、4、5。

4）通信系统经济损失：根据经济损失的数值，将通信系统直接经济损失划分为100万元以下，100~200万元（不含200万元），200~1 000万元（不含1 000万元），1 000万以上，赋值分别为1、2、3、4。

5）交通系统经济损失：根据经济损失的数值，将交通系统直接经济损失划分为500万元以下，500~1 000万元（不含1 000万元），1 000~5 000万元（不含5 000万元），5 000万以上，赋值分别为1、2、3、4。

6）水利系统经济损失：根据经济损失的数值，将水利系统直接经济损失划分为500万元以下，500~1 000万元（不含1 000万元），1 000~2 000万元（不含2 000万元），2 000~5 000万元（不含5 000万元），5 000万以上，赋值分别为1、2、3、4、5。

通过应用国家统计局公布的我国历年消费者物价指数（Consumer Price Index，CPI），对我国每年地震灾害经济损失进行折算。CPI能够清晰地反映出近40年来我国的物价水平变化，如表3-35所示。例如，根据表中数据，1979年的100元钱，相当于2016年的604.1元。

表 3-35　1979—2019 年我国 CPI 和通货膨胀率数据

| 年份 | CPI（上年 =100） | 累计 CPI（1979 年 =100） |
|---|---|---|
| 1979 | — | 100.0 |
| 1980 | 106.0 | 106.0 |
| 1981 | 102.4 | 108.5 |
| 1982 | 101.9 | 110.6 |
| 1983 | 101.5 | 112.3 |
| 1984 | 102.8 | 115.4 |
| 1985 | 109.3 | 126.1 |
| 1986 | 106.5 | 134.3 |
| 1987 | 107.3 | 144.1 |
| 1988 | 118.8 | 171.2 |
| 1989 | 118.0 | 202.1 |
| 1990 | 103.1 | 208.3 |
| 1991 | 103.4 | 215.4 |
| 1992 | 106.4 | 229.2 |
| 1993 | 114.7 | 262.9 |
| 1994 | 124.1 | 326.3 |
| 1995 | 117.1 | 382.0 |
| 1996 | 108.3 | 413.8 |
| 1997 | 102.8 | 425.3 |
| 1998 | -100.8 | 421.9 |
| 1999 | -101.4 | 416.0 |
| 2000 | 100.4 | 417.7 |

| 年份 | CPI（上年 =100） | 累计 CPI（1979 年 =100） |
|------|-----------------|------------------------|
| 2001 | 100.7 | 420.6 |
| 2002 | -100.8 | 417.3 |
| 2003 | 101.2 | 422.3 |
| 2004 | 103.9 | 438.7 |
| 2005 | 101.8 | 446.6 |
| 2006 | 101.5 | 453.3 |
| 2007 | 104.8 | 475.1 |
| 2008 | 105.9 | 503.1 |
| 2009 | -100.7 | 499.6 |
| 2010 | 103.3 | 516.1 |
| 2011 | 105.4 | 544.0 |
| 2012 | 102.6 | 558.1 |
| 2013 | 102.6 | 572.6 |
| 2014 | 102.0 | 584.1 |
| 2015 | 101.4 | 592.2 |
| 2016 | 102.0 | 604.1 |
| 2017 | 101.6 | 613.7 |
| 2018 | 102.1 | 626.4 |
| 2019 | 102.9 | 644.6 |

举例来说，2008 年西藏当雄县 6.6 级地震共造成直接经济损失 41 137.00 万元，该数据损失折算到 2016 年的公式为

$$L_{2016}=L_{2008}\times\frac{CPI_{累计指数2016}}{CPI_{累计指数2008}}=41\,137\times\frac{604.1}{503.1}=49\,395（万元）\tag{3-53}$$

从式（3-53）可以得出，2008 年西藏当雄县 6.6 级地震如果发生在 2016 年，其造成的直接经济损失约为 49 395 万元。同理，可以应用此方法对历年的地震灾害直接经济损失进行折算，从而提升地震直接经济损失推演训练的客观度，增加演练的科学性。

## 3.4　地震灾情模拟分析案例

### 3.4.1　灾情模拟背景

情景推演计算案例中，对城市中的建筑物、生命线工程、地震次生灾害等的分析均在城市震害预测基础上开展，而分析后的成果，如不同烈度下的倒塌率、功能失效区等结果纳入

系统动力学模型计算。倒塌率是一个统计值,功能失效区是一个影响范围。因此,考虑以单元格网为输入方式,对格网单元中的建筑物倒塌,供电、供水、供气设施失效,爆炸危险源,火灾危险源,放射危险源,水库等信息赋值,便于情景推演计算工作的开展,如表 3-36 所示。

表 3-36　格网单元属性数据矩阵

| 序号 | 属性分类 | 参数信息 | | | | |
|---|---|---|---|---|---|---|
| | | 1 | 2 | 3 | 4 | 5 |
| 1 | 建筑物倒塌 | Ⅷ度倒塌率 | Ⅸ度倒塌率 | Ⅹ度倒塌率 | — | — |
| 2 | 人员分布 | 人口密度 | 在室率 | — | — | — |
| 3 | 供电失效区 | Ⅷ度失效区 | Ⅸ度失效区 | Ⅹ度失效区 | — | — |
| 4 | 供水失效区 | Ⅷ度失效区 | Ⅸ度失效区 | Ⅹ度失效区 | — | — |
| 5 | 供气失效区 | Ⅷ度失效区 | Ⅸ度失效区 | Ⅹ度失效区 | — | — |
| 6 | 爆炸危险源 | 名称 | 类型 | 容量 | 数量 | 危险等级 |
| 7 | 火灾危险源 | 名称 | 容量 | 危险等级 | — | — |
| 8 | 放射危险源 | 名称 | 数量 | 危险等级 | — | — |
| 9 | 水库 | 名称 | 影响区 | — | — | — |

将每个格网单元输入矩阵作为情景推演的基础数据,并使其在系统动力学模型计算中发挥作用,见表 3-37。

表 3-37　格网单元属性数据矩阵参数赋值单位及说明

| 序号 | 属性分类 | 参数信息 | | | | | 说明 |
|---|---|---|---|---|---|---|---|
| | | 1 | 2 | 3 | 4 | 5 | |
| 1 | 建筑物倒塌 | % | % | % | — | — | |
| 2 | 人员分布 | 人/平方千米 | % | — | — | — | |
| 3 | 供电失效区 | 1/0 | 1/0 | 1/0 | — | — | |
| 4 | 供水失效区 | 1/0 | 1/0 | 1/0 | — | — | 1 代表是,0 代表否 |
| 5 | 供气失效区 | 1/0 | 1/0 | 1/0 | — | — | |
| 6 | 爆炸危险源 | / | / | 立方米 | 个 | 1—4 级 | |
| 7 | 火灾危险源 | 名称 | 容量 | 危险等级 | — | — | |
| 8 | 放射危险源 | / | 枚 | 1~3 级 | — | — | |
| 9 | 水库 | / | 1/0 | — | — | — | |

以临汾市核心区 100 平方千米的区域(工作区)为计算案例,选择历史地震法在工作区域附近设定了 8.0 级地震,目标区域均位于 Ⅹ 度区内。将人口按照建筑面积分布情况进行矢量化分布,统计获得各个格网内的人口分布(图 3-23),并对各格网内的人口密度赋值。

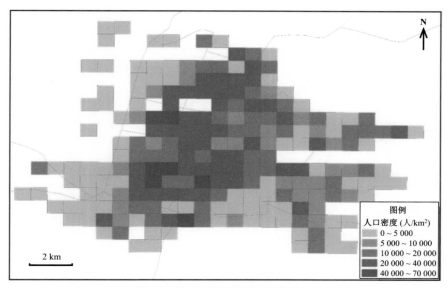

图 3-23　临汾市城区人口密度分布图

在地震烈度为 X 度时，倒塌率的分布情况如图 3-24 所示。

X 度下的房屋倒塌率分布示意图

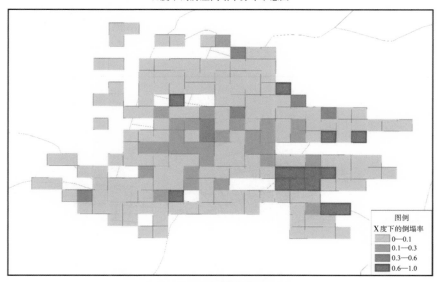

图 3-24　X 度下的倒塌率分布

深色片区为高危害街区，建筑物震害程度严重，主要集中在工作区的东南区域，应着重调配救援力量到相关区域开展灾情核查与现场救援工作。

在供电系统方面，在 X 度情况下，尧都站和城站建筑物发生毁坏，其他站也发生了严重破坏情况；各种类型的高压电气设备破坏严重，主控室内设施也都发生严重破坏或毁坏。各变电站的抗震可靠性和供电可靠性分别表现为毁坏和完全不可靠，造成整个供电系统近乎瘫痪,震害等级为Ⅳ级。工作区主要变电站在Ⅸ度下的震害情况如图 3-25 所示。

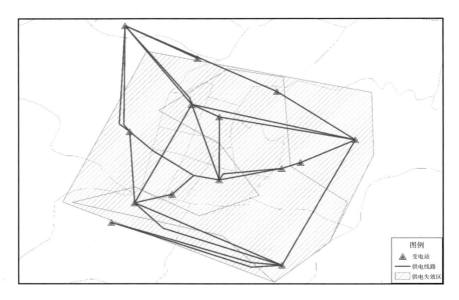

**图 3-25　Ⅹ度下的供电失效区分布**

在供水系统方面,大部分供水枢纽设施发生严重破坏,中心城区的大部分管段发生破坏,使得相应区域处于供水失效状态,供水系统已经不能正常供水,供水管网出现大片供水失效区。供水系统在Ⅹ度情况下的管网震害及供水功能失效区分布如图 3-26 所示。

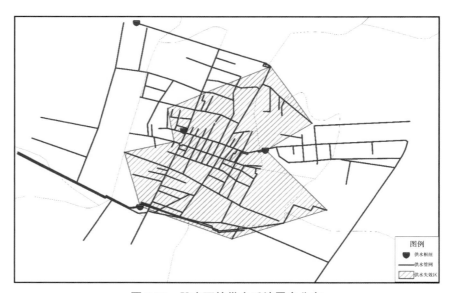

**图 3-26　Ⅹ度下的供水系统震害分布**

在供气系统方面,整个中心城区的供气管网基本被破坏,供气功能完全失效,可能发生因燃气泄漏引发的次生火灾和爆炸。供气系统在Ⅹ度情况下的管网震害及功能失效区分布如图 3-27 所示。

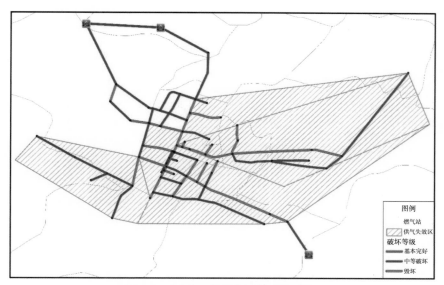

**图 3-27　X 度下的供气系统震害分布**

　　在交通系统方面,除工作区周边的高铁站外,其余交通枢纽均发生严重破坏,对外的交通联络能力显著降低,工作区内 1 座桥梁倒塌, 3 座大桥出现严重破坏,对所在道路通行造成明显影响。交通系统在 X 度下的震害分布如图 3-28 所示。

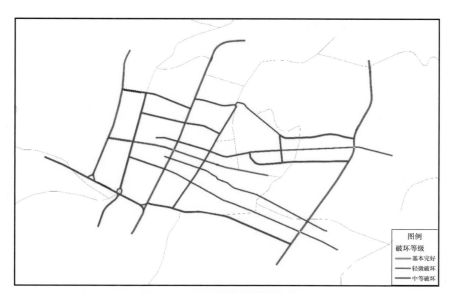

**图 3-28　X 度下的路网震害分布**

　　在通信系统方面, 2 个通信公司的枢纽楼发生严重损坏,大量设备出现严重破坏,整个通信系统的功能受到严重影响,通信部分中断。

　　在次生灾害方面,次生火灾总的发生件数为 9 起,多发在住宅区域,尤其是老旧片区如

图 3-29 所示。

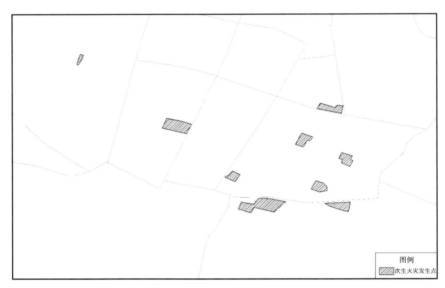

**图 3-29　X 度下的次生火灾发生分布**

　　工作区内的涝河水库和巨河水库长期处在干旱低水位运行状态，因此发生次生水灾的风险较低。如果地震发生在雨季，又恰逢降雨量较大时期，则存在次生水灾的风险。

　　工作区内东芦油库、金尧气源厂、邻近居住区的加油站等发生次生爆炸危险的风险较高，如图 3-30 所示。

**图 3-30　工作区内的加油站分布**

工作区内危化品生产存储企业亦有发生危化品泄漏的风险，如图 3-31 所示。

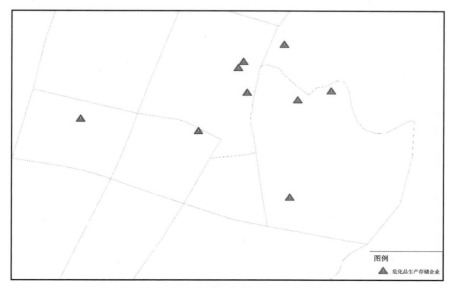

**图 3-31　工作区内的危化品生产存储企业分布**

放射源均分布于医院中,其中有 2 所医院因建筑物破坏较重,有发生医用放射源泄漏的风险,如图 3-32 所示。

**图 3-32　存在发生医用放射源泄漏的风险点分布**

工作区内现主要有 2 个消防队,担负着全市的防灭火和抢险救援工作,如图 3-33 所示。

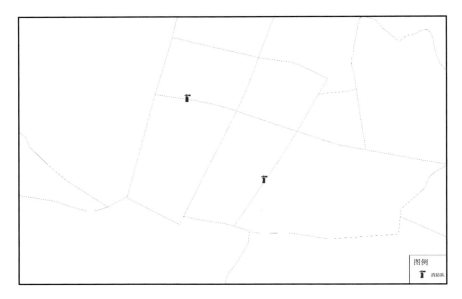

图 3-33　工作区内的消防队分布

## 3.4.2　灾情模拟

在之前模拟的基础上,对系统动力学模型进行建模分析,计算模型见 3.3.2 节,计算所用变量的值根据演练设置情况来设定,可以设定不同地震发生时间、不同降雨条件、不同着火点分布、不同风速、不同的救灾决策等因素,以分析其对最终灾情演化的影响。因此,取值也可以设定为一系列的矩阵,计算地震发生后的 150 h 内的灾情演化。此次模拟中,设定时间步长为 0.5 h,初始时间为 0 h。

计算案例需要模拟不同条件下的地震灾害,自变量的取值和输入矩阵分别见表 3-38 和表 3-39。

表 3-38　系统动力学模型中各自变量值的取值

| 序号 | 参数 | 取值 | 单位 |
| --- | --- | --- | --- |
| 1 | 初始时间 | 0 | h |
| 2 | 结束时间 | 150 | h |
| 3 | 时间步长 | 0.5 | h |
| 4 | 地震时间 | 24 h 制 | — |
| 5 | 地震烈度 | 6~11 | 度 |
| 6 | 建筑物倒塌率 | 0~100% | — |
| 7 | 上游集雨面积 | 自定义数值 | m² |
| 8 | 决策延迟 | 自定义时间,不超过 24 h | h |
| 9 | 受灾面积 | 根据影响场面积计算 | km² |

| 序号 | 参数 | 取值 | | 单位 |
|---|---|---|---|---|
| 11 | 建筑物间距 | 自定义数值 | | m |
| 12 | 建筑类型影响系数 | 0~1 | | — |
| 14 | 房屋宽度 | 自定义数值 | | m |
| 15 | 救援人员抢挖能力 | 可根据演练需求自定义数值 | | 人/h |
| 16 | 救援人员搜寻能力 | 可根据演练需求自定义数值 | | 人/h |
| 17 | 救援投入决策 | 自定义数值 | | 人 |
| 18 | 无伤系数 | 0~1 | | — |
| 19 | 无灾情况下运输能力 | 自定义数值 | | 人/h |
| 20 | 水灾影响范围内人口密度 | 读取格网内人口密度 | | 人/km² |
| 21 | 消防到达时间 | 自定义时间 | | min |
| 22 | 火灾影响范围内人口密度 | 读取格网内人口密度 | | 人/km² |
| 23 | 灾区人口密度 | 读取格网内人口密度 | | 人/km² |
| 24 | 运输时间延迟 | 根据演练时间自定义 | | h |
| 25 | 震区环境指数 | 0~1 | | — |
| 26 | 风向影响系数 | 0~1 | | — |
| 27 | 风速 | 自定义数值 | | m/s |
| 28 | 山区因子 | 0~1 | | — |
| 29 | 降雨量 | 降雨,取自定义数值 | 不降雨,取0 | mm |

**表 3-39 自变量输入矩阵**

| 变量名称 | 初始时间 | 结束时间 | 时间步长 | 地震时间 | 地震烈度 | 建筑物倒塌率 | 上游集雨面积 |
|---|---|---|---|---|---|---|---|
| 取值 | 0 h | 150 h | 0.5 h | 8 h | 10度 | 0.5% | $4.507 \times 10^8 \ \mathrm{m}^2$ |
| 变量名称 | 决策延迟 | 受灾面积 | 建筑物间距 | 建筑类型影响系数 | 房屋宽度 | 救援人员抢挖能力 | 救援人员搜寻能力 |
| 取值 | 2 h | 100 km² | 30 m | 0.14 | 10 m | 0.8 人/h | 0.08 人/h |
| 变量名称 | 救援投入决策 | 无伤系数 | 无灾情况下运输能力 | 水灾影响范围内人口密度 | 消防到达时间 | 火灾影响范围内人口密度 | 灾区人口密度 |
| 取值 | 1 000 人 | 0.2 | 200 人/h | 100 人/km² | 5 min | 1 000 人/km² | 1 000 人/km² |
| 变量名称 | 运输时间延迟 | 震区环境指数 | 风向影响系数 | 风速 | 山区因子 | | |
| 取值 | 2 h | 1 | 0.8 | 0 m/s | 1.5 | | |

分析给出各个指标在不同时间点的计算值,如图 3-34 所示。

根据城市地震灾害和地震救援的复杂性和时滞性,采用系统动力学模型完成地震灾害救援系统动力学模型的建模,实现地震灾害及救援过程的情景推演。结合临汾市震害预测成果,可以根据输入的计算工况,输出各个变量实时的计算结果,可以为应急演练做支撑。

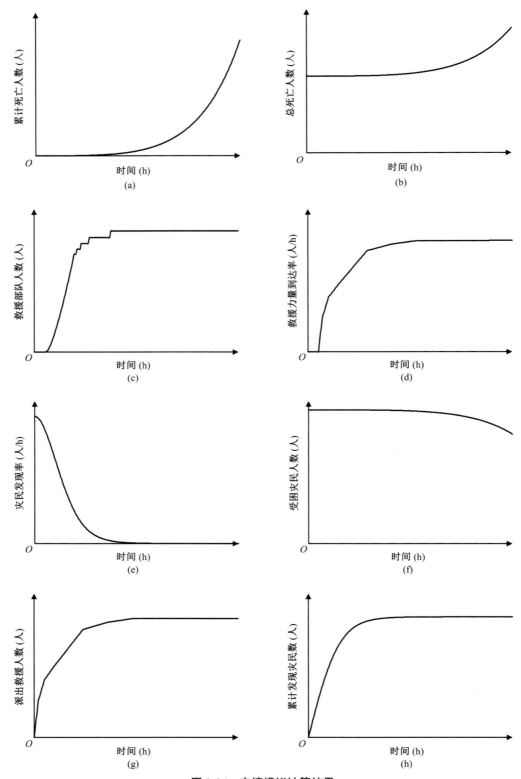

**图 3-34　灾情模拟计算结果**

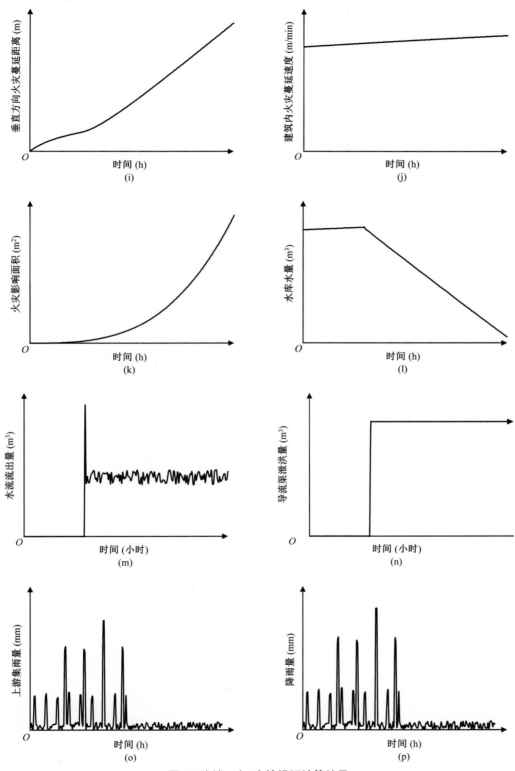

图 3-34(续一)　灾情模拟计算结果

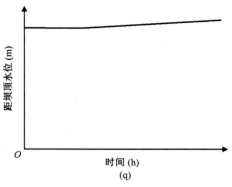

图 3-34（续二）　灾情模拟计算结果

# 第4章 能力提升训练器

正确应对地震灾害,始终考验着人们的能力和智慧。地震灾害具有突发性、不可预测性、破坏性极强、损失惨重、恢复困难、全范围复合受创、多灾影响叠加、链式效应复杂和对社会伤害与影响深远等诸多显著特点。在地震灾害发生时,应急救援有效控制灾害影响、有效减小灾害损失是"能"的表现;如果在地震之前就能有效识别地震危险源和地震灾害风险源,对可能的灾害规模和后果进行风险评估与评价,进而进行全面的风险管理,不断消除隐患,最大程度控制地震灾害风险则是"智慧"的表现。地震灾害陪伴着人类的进化和发展走到今天,防灾、减灾、救灾技术取得了长足进步,同时历史上发生的所有地震灾害也让人类取得了宝贵的经验和教训。建立地震应急指挥和救援能力提升训练器(简称"能力提升训练器"),就是希望用现代计算机虚拟仿真技术模拟地震灾害或重现历史地震灾害,让人们可以经常性地感受地震和地震灾害;可以方便地认识地震灾害危险源和风险源,感受地震灾害风险转化成地震灾害现实的情景;可以彻底理解地震灾害风险管理和地震应急管理的理念和策略,明白与地震灾害的斗争是永恒的,防范地震灾害的风险是永恒的;可以认识地震及地震灾害的规律,并能有效管控地震灾害的风险和减轻地震灾害损失,确保人和经济社会的地震安全。

本书中的能力提升训练器的功能如下:依据任意设定的训练目标确定训练,想定各要素,进而构建一次完整的地震,得出从地震发生、致灾到形成最终灾场的模拟结果,并提供展布于训练设定的时间轴上的恰当的地震灾情演化下的复杂灾害链/网;在完成训练科目设定,及席位、角色等系统性导调设置后,受训人员个体或集体可进入能力提升训练器构建的全过程虚拟仿真环境中进行人机交互和沉浸于系统的能力提升训练;系统自动记录训练过程并进行动态效能评估。该能力提升训练器基于能模拟地震灾害全过程的虚拟仿真计算机环境,是作者团队自主研发的包括地震灾害虚拟仿真引擎、通信与控制技术、感知与互操作技术、三维仿真建模技术、仿真评估技术和众多与真实世界对应的专业数据库等的新一代地震灾害虚拟仿真系统。该系统的目标是同时支持上万人处于全面而逼真的虚拟环境中放开手脚地与地震灾害进行"斗争"体验,在完全模拟现实的管理体制、机制和工作框架下,"如心使臂,如臂使指"地调动资源和力量,训练的最高境界——体系性的全过程的对抗。同时,在废墟环境下的救援设备操作层面上,该系统也充分借助虚拟现实(VR)技术,建立了VR训练器让专业队员进行技术流程、具体操控、急救医疗等的专项技能训练。能力提升训练器的概念模型,如图4-1所示。

从业务逻辑上来说,能力提升训练器覆盖地震灾害风险防治工作中的从震前防御,到震后救援与恢复的全部业务链条,如图4-2所示。该训练器的使用者可以针对性地提升与地震灾害相关的风险感知能力、灾害认知能力、工程防御能力、风险防治能力、应急响应能力、应急处置能力、紧急救援能力和恢复重建能力,见表4-1。

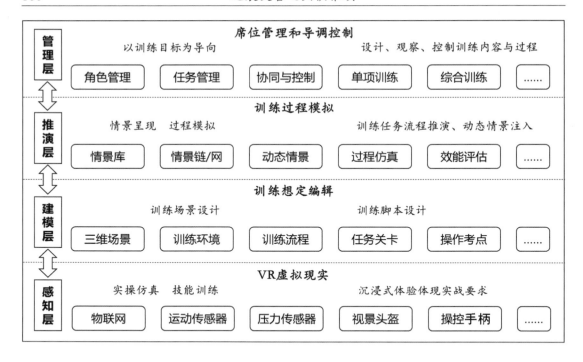

图 4-1　能力提升训练器的概念模型

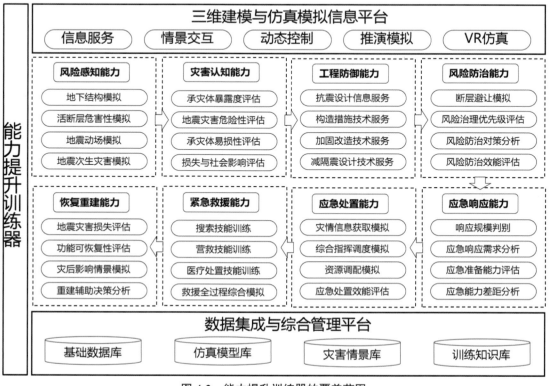

图 4-2　能力提升训练器的覆盖范围

鉴于上述"八大能力"涉及工程地震、地震工程、相似性理论、系统动力学理论、计算机仿真、虚拟现实、演练科学等多学科和众多高新技术,能力提升训练器的建设是个复杂的系统性工程,要构建整套的训练体系本身更是个浩大工程。限于时间及篇幅原因,本书重点介绍能力提升训练器的设计与实现,瞄准震后地震应急指挥与搜救模拟训练的核心要求。

### 表 4-1　地震灾害应对"八大能力"

| 序号 | 能力 | 能力描述 |
|---|---|---|
| 1 | 风险感知能力 | 通过新的探测、探察等技术手段的应用,不断优化完善地下结构三维仿真模拟、活动断层精定位及危害性模拟、地震动场生成、地震次生地质灾害分析等模型,不断提升灾害危险源识别的精度和可靠性。<br>● 明白地震孕育发生过程;<br>● 明白地震灾害风险与隐患的概念、地震灾害风险管理的逻辑及体系;<br>● 明白地震灾害风险监测、预警的新方法、新技术 |
| 2 | 灾害认知能力 | 通过对地震灾害危险性、承灾体易损性、暴露数据等的综合评估与评价,结合实际地震案例,对模型方法进行不断优化升级,实现对地震灾害可能造成的人员伤亡、经济损失、社会影响等的科学认知。<br>● 明白地震直接灾害、次生灾害、衍生灾害的概念;<br>● 明白地震灾害损失组成、影响;<br>● 明白地震灾害的致灾过程 |
| 3 | 工程防御能力 | 通过抗震设计、加固改造、减隔震设计等工程技术手段,不断寻求提升工程结构自身抗力的方法。<br>● 明白工程防御的概念、策略;<br>● 明白各类工程防御措施的技术体系、实施过程 |
| 4 | 风险防控能力 | 从制度体系建设、责任传导机制、法律法规建设、协同联动模式等多方面,提升防震减灾能力。<br>● 明确地震灾害风险防治的综合性、体系性;<br>● 锻炼和体验如何实施地震灾害风险防治 |
| 5 | 应急响应能力 | 基于可能的灾害风险的科学评估,模拟地震灾害事件可能造成的灾害损失,从而针对性地评估现有的应急备灾准备是否合理,目的是在震前发现短板,及时补强。<br>● 明白地震应急响应的概念、技术体系;<br>● 明白应急响应的对策、操作步骤;<br>● 体验应急响应的紧迫性和产出的精准性要求 |
| 6 | 应急处置能力 | 不断通过模拟训练来提升社会、政府、组织以及个人应对突发地震灾害的能力,包括指挥调度、资源调配、自救互救技能等,不断强化多部门、多主体综合协调、处置应对大震巨灾的效能。<br>● 明白应急处置的概念、策略、内容、技术体系;<br>● 应急指挥与调度、物资调配、紧急事态处置等;<br>● 地震现场各项专项应急工作,损失调查与评估、烈度调查与评定、流动监测、应急科考等 |
| 7 | 紧急救援能力 | 针对专业的救援队和社会救援力量,开展专项和综合的技能训练,提升现场搜索和救援、医疗处置等的技能,并积极模拟新技术、新设备的应用,有的放矢地提升紧急救援能力。<br>● 明白地震紧急救援的概念、策略、技术体系;<br>● 地震压埋区评估、救援区域评估、救援废墟安全评估;<br>● 废墟各类搜索手段、搜索策略、实施搜索;<br>● 废墟安全通道设置、支撑、评估;<br>● 实施救援、心理抚慰、紧急医疗、救援外送、标记 |

| 序号 | 能力 | 能力描述 |
|---|---|---|
| 8 | 恢复重建能力 | 模拟评估震后社会经济、社会功能等的受损程度以及恢复时效,科学地识别防灾韧性中的薄弱环节,提高恢复重建的效能。<br>● 明白恢复重建的概念、理念、策略;<br>● 恢复重建建议、恢复重建方案 |

## 4.1　理论基础

### 4.1.1　5w1h 原理

能力提升训练器的建设遵循 5w1h 原则。所谓 5w1h,是指 why( 为什么 )、who( 谁 )、what( 训练的内容是什么 )、when( 时间 )、where( 在哪里 )和 how( 如何进行 )5w1h 的内涵与能力提升训练器的训练计划方案相对应,即要求明确如下要素问题。我们组织训练的目的是什么? 训练的对象是谁? 并由谁负责? 授课讲师是谁? 训练的内容如何确定? 训练的时间、期限? 训练的场地、地点? 如何进行正常的教学? 这些要素所构成的内容就是组织救援团队训练的主要依据。

1. 训练目的( why )

训练管理员在进行训练前,一定要明确训练的真正目的,并将训练目的与救援团队和个人救援能力结合起来。这样,可以使训练效果更有效,针对性也更强。因此,在组织一个训练项目的时候,要将训练的目的用简洁、明了的语言描述出来,以成为训练纲领。

2. 训练负责人( who )

训练管理员是训练负责人。虽然依团队的规模、种类、归属部门,各团队各有不同,但大体上,规模较大的团队一般都设有负责训练的专职部门,如训练中心等,其负责对团队的全体人员进行有组织、有系统的持续性训练。因此,在设立某一训练项目时,一定要明确具体的训练负责人,这样可以使之全身心地投入训练的策划和运作,避免出现训练组织失误。另外,在遴选训练讲师时,如团队内部有适当人选时要优先选择,如内部无适当人选时,再考虑外部讲师。受聘的讲师必须具有广泛的知识面、丰富的经验及专业的技术,因为这样才能受到受训者的信赖与尊敬;同时,还要有卓越的训练技巧和对教育的执着、耐心与热心。

3. 训练对象( who )

地震救援的训练对象,可依照阶层( 垂直的 )及职能( 水平的 )加以区分。阶层大致可分为管理层和执行层。在组织、策划训练项目时,首先应该确定受训对象,然后再确定训练内容、时间期限、训练场地以及授课讲师。

4. 训练内容( what )

训练内容包括以开发受训人员的专门技术、技能和知识,改变工作态度的团队文化教育,改善工作意愿等为目的的各种课程,可依照受训人员的不同而分别确定。在拟订训练内容以前,应先进行训练需求的分析调查,了解团队及人员的训练需要,研究受训人员所担任的职务,明确不同职务应达到的任职标准,然后再考察受训人员的工作实绩、能力、态度等,并与岗位任职标准相互比较,如果某受训人员尚未达到其职位规定的任职标准时,不足部分的知识或技能,便是训练内容的重点,通过团队训练,给予迅速的补足。

5. 训练时间、期限(when)

一般而言,训练时间和期限可以根据训练目的、训练场地、讲师、受训人员的能力及上班时间等因素决定。一般对新入职人员的训练(不管是操作员还是管理人员),可在实际从事工作前实施,训练时间可以是一周至十天,甚至一个月;而对在职人员的训练,则可以以受训人员的工作能力、经验为标准来确定训练期限。训练时间的选定以尽可能不影响工作为宜。

6. 训练场地(where)

训练场地可以因训练内容和方式的不同而有区别,一般可分为真实训练场地和利用灾情模拟技术创建的虚拟仿真训练场地。真实训练场地上的训练项目主要有工作现场训练和针对部分技术、技能或知识、态度等的训练,主要是利用团队内部现有训练场地实施的训练。这种方式的优点是组织方便、费用低,缺点是训练形式较为单一且受外部环境影响较大。虚拟仿真训练场地训练利用虚拟仿真技术真实模拟各种实际灾情,受训个体或集体进入训练器构建的全过程虚拟仿真环境中进行人机交互和沉浸式的能力提升训练,所有训练过程均被自动记录和效能动态评估。

7. 训练方法(how)

在各种教育训练方法中,选择各种方法来实施教育训练,是制定训练计划的主要内容之一,也是决定训练成败的关键因素之一。根据训练项目、内容、方式的不同,所采取的训练方法也有区别。从训练方法的种类来说,其可以划分为讲课类、学习类、研讨类、演练类和综合类。每一类训练方法中所包含的内容又各有不同,如讲课类可以分为自我管理架构、监督能力提高法等;学习类可以分为 SAAM 法、博览式学习法、读书法等;研讨类可以分为个人心理疗法、案例分析法、管理原则贯彻法等。

## 4.1.2　复杂巨系统

能力提升训练器涉及对客观灾害事件的发生、演化和后果的模拟,同时也涉及对受训对象,特别是以人为主体的决策和行为的模拟,是一个需要主客观相结合来统筹设计的复杂系统。近几十年,作为一门新兴学科,复杂性科学的快速发展,为能力训练器的设计与实现提供了有力的理论支撑,其中最具代表性的就是复杂巨系统理论研究与应用。

现代的复杂系统学科是在系统科学的基础上发展而来的。20 世纪 60—70 年代,耗散结构论、协同学、突变论、混沌学、分形理论、超循环理论等的提出,从不同角度展示了系统的复杂性,揭示了一些系统复杂现象的规律性。1984 年,圣塔菲研究所(Santa Fe Institute, SFI)的成立,掀起了复杂系统研究的热潮,标志着复杂性科学作为一门学科开始受到学术界的关注与认可。之后,系统复杂性研究取得了很大进展,霍兰的复杂适应性系统理论、钱学森的开放复杂巨系统及其方法论等的提出,进一步推动了人们对复杂系统的认识。但到目前为止，复杂系统理论研究仍处于初级阶段，各种学科交叉研究，提出的各种理论相互影响。

要研究复杂巨系统，首先就要认识复杂巨系统和系统复杂性的来源。复杂巨系统的复杂性表现为多个层次、多个方面。从国内外对复杂巨系统的研究来看，各种复杂巨系统理论是从复杂巨系统所表现出来的某些方面的复杂特征或现象出发，揭示了复杂巨系统在某些点面的规律。对系统复杂性的认识逐渐从局部到整体，从低层到高层。总的来说，对于具有主动性的研究主体——人参与的复杂巨系统的复杂性研究还十分薄弱，而人为干预是造成系统复杂性的最重要因素，尤其是对人造系统、人类社会、经济系统、军事系统更是如此。人们的每一项决策都会影响系统运行，而且人们的意志会要通过决策对系统运行造成可观的影响，并且希望系统运行能向符合人们（或者某个人、某些人）利益的方向发展。在相对简单的情况下，在决策者对系统的运行规律掌握较好的情况下，决策者的理智决策是可以预期的，从而系统的运行状态也是可以预期的。但是在许多情况下，决策者对系统运行规律并未完全掌握，决策者掌握的信息不完全，而且决策者并非完全理智。这时候决策者的行动不可预知，从而系统的运行轨迹也不可预知，这样的复杂巨系统将是不可重复的。不可重复性是复杂巨系统最重要的特征。

将复杂巨系统描述为一类动态系统，该系统的状态变量为 $z$。状态变量会有很高的维数，它们满足状态方程：

$$\dot{z} = f(t, z, x, u) \tag{4-1}$$

式中：$\dot{z}$ 为状态变量 $z$ 对时间 $t$ 的导数，在状态变量的某些分量不是连续、可导的情况下，需要改换另一种形式，或者用一些数学方法来解释，本书不在这些数学处理细节上花更多的笔墨；$x$ 是不可控的影响因素的全体，主要是自然环境因素，它也是高维变量；$u$ 为可控因素，即人们的决策，如果决策者（或者主体）共有 $m$ 个，其中第 $m$ 个决策者的决策为 $u_m$，则 $u = (u_1, u_2, \cdots, u_m)$。

上式表示复杂巨系统的状态变量 $z$ 的状态由当时的时刻，状态变量的当时值，不可控因素 $x$ 以及各决策者的决策 $(u_1, u_2, \cdots, u_m)$ 共同决定。各主体的决策满足一定的规律，而这个规律是最不可捉摸的。因为，首先每一个决策者的决策是因时、因情的，这点已体现在 $u_m$ 作为 $t$、$z$、$x$ 的函数上；其次每一个决策者是否掌握了决策应有的全部信息非常重要，虽然这也可通过状态变量 $z$ 来表现；最后每一项决策与决策者的个人情况有关。如果已知系统的状态变量的初值 $z(0) = z_0$ 和不可控因素的一个现实 $x$，以及决策函数的一个现实 $u$，则可以解微分方程组而获得系统状态变量的演变过程：$z_u^x = z_u^x(t), t \geq 0$。这就是系统的一条轨迹。随着不可控因素 $x$ 在一定范围 $X$ 内变化，系统将表现为不同的轨迹，这些轨迹的全体可表示为

$$z_u^X \triangleq \{z_u^x : x \in X\} \tag{4-2}$$

式（4-2）称为"轨迹簇"。当决策 $u$ 在一定范围 $U$ 内变化时，轨迹族全体称为"轨迹簇群"，可表示为

$$z_U^X = \cup \{z_u^X : u \in U\} = \{z_u^x : x \in X, u \in U\} \tag{4-3}$$

当确定 $x \in X$ 与 $u \in U$ 后，对 $z_u^x = z_u^x(t)$ 的研究主要涉及系统结构复杂性，一般来说可以用还原论的方法，通过建立概念模型对数据模型进行研究，还可用计算和仿真的方法进行计

算、仿真和推演。因此,对一条轨迹 $z_u^x$ 的研究应以定量分析为主。

在对轨迹 $z_u^x$ 研究的基础上对轨迹簇 $z_u^X$ 研究的关键是对不可控因素 $X$ 的研究。要确定有哪些不可控因素,它们的变化范围是什么。由于不可控因素众多,可能给研究造成困难,但是通过对复杂系统以及我们所感兴趣问题开展深入研究,往往可以将问题简化到一定程度,从而大大缩小可能对系统演变产生重大影响的不可控因素的范围。这时对轨迹簇 $z_u^X$ 的研究也许需要概率统计、模糊数学等带有不确定性的方法,但总体上还是可以用定量分析为主的方法进行研究。

在对轨迹簇 $z_u^X$ 研究的基础上,对轨迹簇群 $z_U^X$ 研究的关键是对可控因素取值范围 $U$ 的判定。对于 $U$,有一些可以进行定量分析,如可以假定各决策主体的目标函数为

$$J_m = J_m(T, z(T), x(T)) \quad (m = 1, 2, \cdots, M) \tag{4-4}$$

式中:$T$ 为满足评判时刻条件,可表示为 $g(T, z(T), x(T)) = 0$;$J_m$ 也可表示为矢量形式,即 $\boldsymbol{J} = (J_1, J_2, \cdots, J_M)$。

式(4-4)可以概括多种不同的最优控制和微分对策的模型,具体的数学关系细节本书不做详细讨论。对于每一个 $u$,研究 $u$ 是否属于 $U$ 可以根据 $z_u^x$ 计算得到 $J_m$,判断每一个主体 $m$ 对 $J_m$ 的满意程度。这里以利用行为科学、经济学中的效用函数等方法进行分析。但是作为决策者个体的特征,他的决策习惯、偏好都是无法预料的。因此,可以说对决策范围 $U$ 的确定是最具有不可预知性的,是不可重复性的最重要原因。

根据上面的叙述与分析,我们可以将复杂巨系统的理论框架归纳如下。

1)用定性方法初步确定决策函数 $u$ 的取值范围 $U$ 和不可控因素 $x$ 的取值范围 $X$。

2)对于 $x \in X$ 与 $u \in U$,用定量分析方法研究系统状态演变的轨迹 $z_u^x$。

3)以定量分析方法为主,进一步确定不可控因素 $x$ 的取值范围 $X$,并研究轨迹簇 $z_u^X$。

4)以定性分析方法为主,在定量分析研究的轨迹簇 $z_u^X$ 的基础上进一步研究决策者可能采取的决策函数集 $U$。

必要时,上述过程需要经过若干次迭代。这个框架中指出了定量分析的主要工作是研究 $z_u^x$ 和 $z_u^X$,而定性分析的主要研究内容是确定 $U$。定量分析中的 $u$ 应满足 $u \in U$,这就是定性对定量的指导。定性分析中的基础在于 $z_u^X$ 对各决策主体的满意度,因此必须建立在定量分析基础上。这个研究框架指出了定性分析与定量分析的分工以及关系问题,这种关系体现了定性分析与定量分析的有机结合和综合集成。这里提供的是一个理论研究的框架。在实际工作中,必须将复杂巨系统适当简化,才能进行下去。只要保留各决策者决策函数的复杂性,那么系统的复杂性就会保留。

### 4.1.3　对抗性训练理论应用

对抗性训练系统是比较常见的对抗性复杂巨系统。由于双方利益具有高度的对抗性,会造成一些新问题、新特点。为了简单起见,只考虑对抗双方,不涉及有第三方作为盟友加入任意一方的情况。

在对抗性复杂巨系统的研究上，不区分决策与决策的实施，即认为每一方都具有严格的控制机制，所有的决策都会得到实施。在对上面分析的基础上，可以看出，这是 $M=2$ 的问题，该问题可以具象为

$$\dot{z} = f(t,z,x,u,v) \tag{4-5}$$

式中：$u,v$ 分别为对抗双方的决策函数，其他变量的意义同前。

因此，

$$u = u(t,z,x), v = v(t,z,x), z(0) = z_0 \tag{4-6}$$

$$z_{u,v}^x = z_{u,v}^x(t), t \geqslant 0 \tag{4-7}$$

$$z_{u,v}^X \triangleq \{z_{u,v}^x : x \in X\} \tag{4-8}$$

$$z_{u,V}^X = \cup\{z_{u,v}^x : x \in X, v \in V\} \tag{4-9}$$

$$z_{U,v}^X = \cup\{z_{u,v}^x : x \in X, u \in U\} \tag{4-10}$$

$$J = (T, z(T), x(T)) \tag{4-11}$$

式中：$J$ 为目标函数，甲方希望 $J$ 越大越好，$J > 0$ 表示甲方获胜；乙方希望 $J$ 越小越好，$J < 0$ 表示乙方获胜。这体现了双方的对抗性，不考虑合作、和解的可能。

研究对抗性复杂巨系统的特殊性关键体现在式（4-11）。当双方确定一定的决策函数 $u$ 和 $v$ 以及不可控因素的一个具体实现 $x$，显然 $J$ 也就确定了，因此与 $z_{u,v}^x$ 相仿，可以将 $J$ 记为 $J_{u,v}^x, J_{u,v}^X, J_{u,V}^X, J_{U,v}^X$，其含义类似。如果 $J_{u,v}^x > 0$，则称对于 $x, (u,v)$ 是甲方胜利策略对。反之，若 $J_{u,v}^x < 0$，则称对于 $x, (u,v)$ 是乙方胜利策略对。如果 $\forall x \in X, J_{u,v}^x > 0$，则称 $(u,v)$ 是甲方胜利策略对。如果 $\forall x \in X, J_{u,v}^x < 0$，则称 $(u,v)$ 是乙方胜利策略对；如果 $\exists x_1, x_2 \in X$，使 $J_{u,v}^{x_1} > 0, J_{u,v}^{x_2} < 0$，则称 $(u,v)$ 是随机胜利策略对；如果 $\forall x \in X, v \in V$，总有 $J_{u,v}^x > 0$，则称 $u$ 是甲方胜利策略，即只要甲方采用策略 $u$，不管乙方采用何种策略，也不管不可控因素的现实为何值，甲方总能获胜；如果 $\forall x \in X, v \in V$，总有，$J_{u,v}^x < 0$，则称 $v$ 是乙方胜利策略。

如果 $t=0$ 时刻对抗系统的状态初值 $z_0$ 表明甲方实力远强于乙方，这时就可能存在甲方胜利策略 $u$，对于这种格局的研究不是最具有挑战性的。最具有挑战性的就是双方初始实力相差不远，任何一方都不存在胜利策略的情况。这时不仅任何一方的失误均可导致对抗的失败，而且不管对方采用什么策略，另外一方必定存在一种取胜的策略或者至少使得对抗结果形成平局。如果按照对策论中允许混合策略的做法，这时一定可以找到使双方达成平局的鞍点策略（$u^*, v^*$），这时（$u^*, v^*$）应成为双方追求的目标。但实际系统的复杂性，获取信息的不完备性或者决策者的个性，导致双方都很难找到准确的（$u^*, v^*$）。也许双方都能够找到接近（$u^*, v^*$）的策略，但还不是。这时任何一方的策略的改进都可能取胜，而策略的失误都将导致失败。这时候双方的斗智是最复杂的。双方都会尽自己最大的努力，发挥自己充分的想象力和创造力来设计自己的策略，揣测对方的策略。对于对抗性复杂巨系统，用不可重复系统的观点来分析考察，将不追求个别的轨迹 $z_{u,v}^x$ 或者轨迹簇 $z_{u,v}^X$，代之以分析轨迹簇群 $z_{u,V}^X$ 和 $z_{U,v}^X$。轨迹簇群 $z_{u,V}^X$ 和 $z_{U,v}^X$ 也可以用数学建模、计算机仿真，或者与定性推演相结合来研究。既要保证其中每一条轨迹的合理性，又看重 $U$ 与 $V$ 的合理性。我们通过轨迹簇

群 $z_{u,v}^X$、$z_{U,v}^X$ 及 $z_{U,V}^X = \{ z_{u,v}^x : x \in X,\ u \in U,\ v \in V\}$ 来研究无从预知的轨迹 $z_{u^*,v^*}^x$ 与轨迹簇 $z_{u^*,v^*}^X$。

将这一复杂巨系统理论具体实践的一个典型例子就是战争对抗训练设计。战争设计工程,俗称"兵棋推演",就是在现代技术,特别是现代系统工程、信息技术的支持下采用集体研讨方式,充分发挥人的创造性,将定性分析方法与科学计算、模型模拟等定量分析方法相结合,在可预期的武器装备体系变革条件下,对未来战争形态的探索与设计。其既可用于对未来武器装备体系发展进行研究,也可用于对未来战争样式、战术运用等方面进行探讨。和其他军事理论相比,战争设计工程的特点主要表现在三个方面:研究未来信息化战争、充分体现武器装备和作战理论相互依存关系、需要充分的创造性。

战争设计工程把"设计"的思想引入军事理论研究中,在想象力和技术发展许可范围之内研究未来武器装备发展的各种可能性,在此基础上对未来战争进行"设计",把未来信息化战争作为研究的出发点和归宿,充分体现未来信息化战争的特点。战争设计工程的理念是既然不存在或者不可预知交战双方实际会采取什么策略,就不去"揣测"它,代之以"设计"它。就是设计甲方的策略 $u$,分析乙方的策略空间 $V$,研究相应的轨迹 $z_{u,v}^x$、轨迹簇 $z_{u,v}^X$"以及轨迹簇群 $z_{u,V}^X$,计算相应的 $J_{u,v}^x$、$J_{u,v}^X$、$J_{u,v}^X$;如果能够证明 $\forall x \in X$,$v \in V$,总有 $J_{u,v}^x > 0$,则 $u$ 就是甲方的胜利策略。这就是战争设计工程的基本思路,也是能力提升训练器设计的基本理论依据。

## 4.2 设计要点及适用范围

### 4.2.1 整体设计

在综合演练和仿真模拟过程中,需要针对特定的演练目标,将一系列需要在演练中完成的实操过程中的技术环节、考察要点、操作流程等,通过完整的演练脚本有机地组织起来,基于时间轴构建一条或多条演练逻辑线,并结合随机事件集的动态情景注入,实现情景推演的多场景组合,从而达到贴近实战、全面演练的效果。其中,如何构建演练脚本,如何实现情景自动化的推演,如何通过导调组织将多种演练任务和场景有机地组合起来并实现对演练过程的控制是非常重要的,这需要结合情景模拟和虚拟仿真技术研发能力提升训练器。

推演与训练是一个复杂的过程,能力提升训练器的设计需要仔细考量系统结构、逻辑关系、时间轴变化以及各类演练考察要点的模拟与实现等。在具体的演练需求分析的指导下,需按照训练任务确定训练实施过程,并以虚拟仿真模拟的方式展现出来。训练器的总体设计逻辑架构如图 4-3 所示。

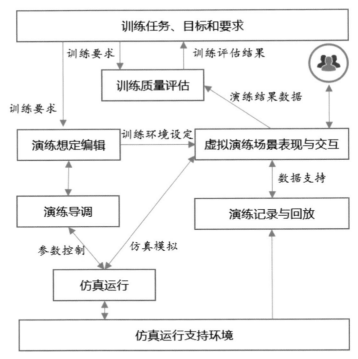

**图 4-3　能力提升训练器整体设计逻辑架构**

　　在每一次演练的开始,演练的组织方负责设定训练任务、目标和要求,任务、目标与要求的确定一方面是演练过程的需要,同时也是评定每个参训者训练质量的基础。训练任务与目标被转换为具体的训练要求,同时作为演练想定编辑与训练质量评估的数据输入。演练想定编辑是根据演练要求,在导调人员的控制下,生成演练脚本。该脚本对应具体的仿真变量控制与仿真环境设定,分别控制演练仿真运行与虚拟训练环境的表现与交互过程,受训者接收来自演练想定环境的表现(包括视觉、听觉、数据信息交互等反馈),并与处在虚拟环境中的其他受训人员、非玩家角色(NPC)等进行实时交互,以完成特定演练任务要求的各种操作过程和训练。一方面演练结果会由演练记录与回放系统实时记录下来,以备演练后回顾与效能评估;另一方面演练结果会传递给训练质量评估系统来评定演练效果与等级。推演与训练的仿真模拟需要特定的仿真运行支持,而且需要环境来提供支持,包括通信支持、数据交换支持、模型管理支持等,仿真运行支持环境需要具有可扩展性,以满足未来进一步扩展演练内容与范围的需要。针对地震应急指挥和救援训练,能力提升训练器设计的逻辑路线如图 4-4 所示。

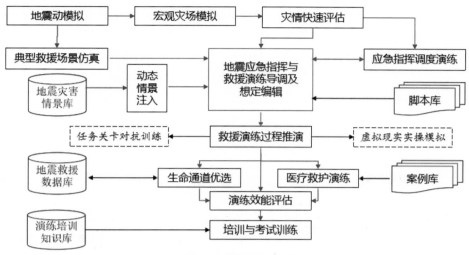

图 4-4　能力提升器的设计逻辑路线

## 4.2.2　业务流程设计

结合地震救援的技术需求,能力提升训练器在功能实现方式上拟借鉴角色扮演游戏（RPG）中的情景关卡模式,如图 4-5 所示。

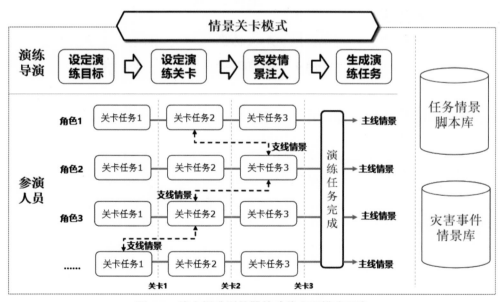

图 4-5　能力提升训练器的功能实现模式示意

在模拟演练中,参训人员按照分工扮演一位角色,在一个虚拟仿真的地震救援情景中活动。参训人员扮演的这个角色在一个结构化规则下通过一些行动令执行救援任务。此外,每次救援演练的任务由演练的导调组通过系统提供的定制化接口来设计任务内容,采用剧情关卡的形式考察参训人员完成任务的情况。每一个任务关卡都有特定的考察目标,通过提前设计好的任务主线剧情脚本来将不同的任务内容串联起来。同时由导调组设置随机情景事件,与建立的情景库对接,形成支线剧情走向,实现演练过程的动态变化。参训人员在模拟执行任务时,需按照主线剧情的设置,完成一系列关卡任务,系统会记录参训人员关键节点的操作,来量化评价关卡任务的完成情况,最终根据全部参训人员执行整个演练任务的情况来形成一个综合的评分。系统的总体业务流程如图4-6所示。

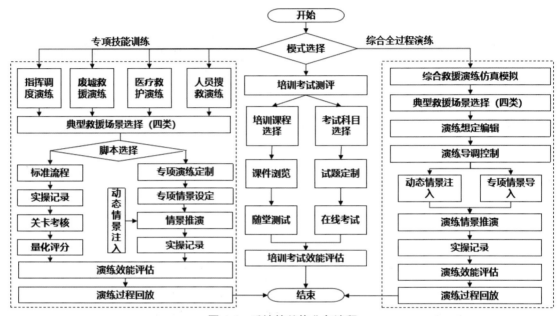

图 4-6  系统的总体业务流程

## 4.2.3  适用人群及功能覆盖范围

针对我国地震救援目前的管理体制和实际救援过程中的执行特点,该训练器在服务层主要是满足应急指挥人员、专业救援队、社会救援力量、救援培训机构等的需求,结合实战应用,综合设计和规划训练的科目与考核关卡。同时,能力提升训练器还要适应受训对象业务能力的差异性需求,既可以为初级人员提供培训、考试等知识技能的训练,又可以为中级人员提供单项专业科目的强化训练和专项任务的过程演练,也可以为高级人员提供多角色协同、多任务综合的演练与考核,如图4-7所示。

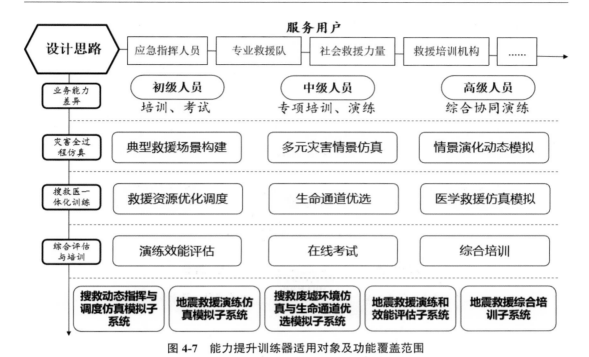

图 4-7　能力提升训练器适用对象及功能覆盖范围

　　能力提升训练器要实现上述的应用服务要做到以下几点：第一，要针对地震灾害的特点，进行全过程仿真模拟，包括典型救援场景的构建、多元灾害情景仿真以及情景演化的动态模拟；第二，要将"搜、救、医"一体化的理念融入整个训练过程，有机地将救援资源优化调度、生命通道优选、医学救援仿真模拟结合起来；第三，能力提升训练器还要具备对整个训练过程的评估与服务的能力，从而实现"学、研、练、考、评"全链条、全过程仿真模拟的目标。遵循这一设计思路，我们初步构建了五个子系统来支撑能力提升训练器的实现，包括：搜救动态指挥与调度仿真模拟子系统、地震救援演练仿真模拟子系统、搜救废墟环境仿真与生命通道优选子系统、地震救援演练和效能评估子系统和地震救援综合培训子系统。

　　能力提升训练器的核心功能涵盖三个层次。

　　1. 提供领导决策能力训练

　　在这种方式中，一位参训者被赋予指挥者的角色，其控制预案的全过程，其他参训者讨论并协助方案的制定。这种方式的重点在于受训者之间的互动。通过对方案的讨论及仿真推演，受训者将学习在面对一个真实问题时，如何制定出最优方案。

　　2. 提供单技能情景式训练

　　这种方式是对某一具体技能进行单人针对性培训，如针对人员搜救技术的专项演练、针对特定废墟的救援生命通道优选专项演练、针对特定伤员的救护实操演练等。受训者在演练过程中对预设的关卡做出操作，系统会根据标准的操作过程对其进行评判，从而对该参训的技能实操效能进行综合评估。

　　3. 多角色协同演练

　　通过合理地设定参训者的颗粒度来考察参训者的决策能力以及多角色协同调度能力。

在演练过程中,导调组可以随机推送突发情况,考验参训者的应变能力。

## 4.3　核心功能架构

虽然能力提升训练器是一个复杂巨系统,但构成其内核的关键组件可分为五部分,如图4-8和图4-9所示。本节中分小节着重介绍想定编辑组件(想定编辑器)、导调控制组件(导调控制器)、虚拟现实组件(虚拟现实器)、演练模拟组件(演练模拟器)。

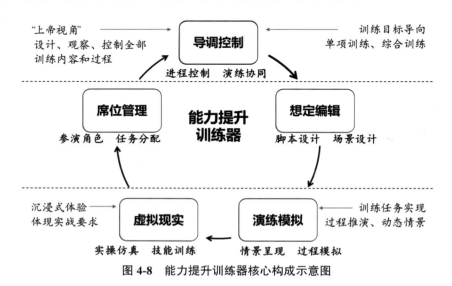

图 4-8　能力提升训练器核心构成示意图

1. 席位管理组件

席位管理组件实质上是针对不同的用户需求、训练目标来进行动态调整和组合的一个控制接口。我们在设计一项训练时,要明确具体参加训练的对象是谁,数量有多少;同时我们也要厘清所有的参训对象在整个训练过程中担任什么角色(如指挥长、救援小队长、救援队员、群众等)、需要承担什么任务等。席位管理组件提供一个交互接口,导调组可以根据训练的需求,动态设置参训对象的数量(从几个到几十个、上百个)、角色分类等,从而满足不同规模训练的需求。

2. 导调控制组件

导调组就像是一部电影的导演,其通过导调控制组件设计整个训练需要完成的任务(关卡),并可以随时动态调整这个训练的进程(包括一些随机事件的注入、角色的加入等),也可以根据训练情况动态地修改、调整训练任务等。导调控制组件实质上是为能力提升训练器提供了一个观察者的角色,通过更高层面的"上帝视角"来观察、统筹所有参训对象在训练情境这个虚拟世界中的各种表现,并且通过组件具有不同侧重的训练要素,来开展单项训练和综合训练,从而达到特定的训练目的。

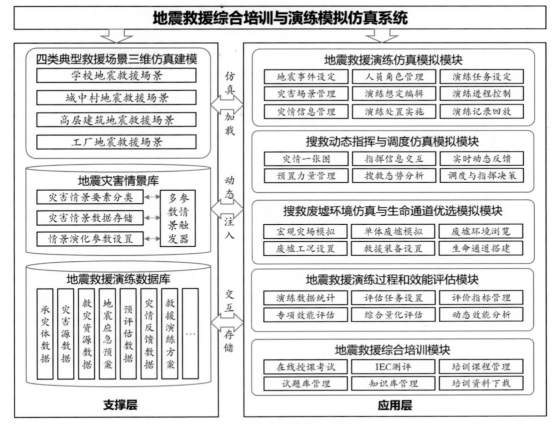

图 4-9　能力提升训练器关键模块

3. 想定编辑组件

能力提升训练器在模拟各种灾害事件过程、实际操作过程、训练任务考点设计等时,都需要通过想定编辑组件来提前进行细致的编辑及统筹组合。想定编辑组件类似于电影的编剧,为导演有效地组织、实现一个训练目标提供各种训练情景脚本。能力提升训练器功能的不断丰富,不断满足特定用户的需求,都需要通过想定编辑组件不断设计训练脚本,充实能力提升训练器的脚本库和情景库。

4. 演练模拟组件

通过导调控制和想定编辑组件设计的所有训练情景和脚本,最终都要靠一个强大的模拟技术平台展现出来,这就是演练模拟组件。目前,随着信息技术和三维建模技术的飞速发展,已经可以非常逼真地实现各类灾害情景、灾害事件动态演化过程的模拟,为参训对象提供一个完整的训练环境。同时,还可以通过设置多种参数实现不同训练场景和演练过程的动态变化和调整,充分发挥桌面演练相比于实景训练,内容更丰富、变化更灵活、成本更经济的优势。

5. 虚拟现实组件

对于一些特殊的实操训练需求,简单的过程模拟已经不能满足需要。目前,VR 技术的成熟已经可以为这类注重操作细节、注重实体感受的训练科目提供一个完整的解决方案。因此,在能力提升训练器中引入虚拟现实组件,就可以让参训对象身临其境般地进行训练。但是由于虚拟现实技术是一个高投入的技术环节,所以不可能使全部的训练过程都通过虚拟现实的方式实现,只能根据具体的经费投入和训练要求,设计和构建若干个训练考核情景,起到画龙点睛、锦上添花的作用。

### 4.3.1　想定编辑器

#### 4.3.1.1　功能总述

虚拟仿真想定主要包括任务想定、仿真过程想定、三维场景想定和补充想定四个方面的内容。

1. 任务想定

任务想定是确定虚拟仿真所要实现的目标、实施手段的总体构思和仿真的行动特点。作为整个仿真的统帅部分,任务想定的内容由导调组统一制定,包含虚拟仿真的总体目标、各个参训人员(或是终端软件代理)所要完成的任务目标、背景、实施规则及约束条件,对参训人员的任务领取、仿真过程的设定及仿真环境的生成起着决定性作用。

2. 仿真过程想定

仿真过程想定主要是设定仿真过程中的各个阶段过程模型,根据仿真的总体目标及各种背景条件限制,合理地将仿真过程划分为不同的执行阶段,有利于仿真指挥人员根据现场情况实时地制定或修改下一步的计划,增加仿真的可塑性。

3. 三维场景想定

三维场景想定是根据虚拟仿真的任务特点及其过程模型确定实施虚拟仿真所需的三维仿真虚拟环境,其中包括地理、气候、气象和人文社会环境。作为虚拟仿真的基础,该环境可通过编程或可视化建模工具来生成,主要由可视化的地形、地貌、建筑、机械、花草树木及人物模型等组成。在场景里,可以设定其中各个模型的各种属性,包括静态属性、动态属性、存在时限、声音属性及人机互时可能产生的各种动作行为属性等。这里的三维场景环境应该是动态变化的和可修改的,可根据仿真中不同阶段的属性、各种交互作用结果及所设定的各种模型的属性动态地改变;同时可根据导演组的要求,实时地增添各种所需模型或是修改已有模型的相关属性。这是虚拟仿真中非常重要的一环,能给人以真实感,直接决定了虚拟仿真的可视化效果。

4. 补充想定

补充想定是对上述三种想定的必要补充,它围绕总的仿真目标,针对不同的仿真问题提供情况和条件,包括对仿真时间、指挥员的指令和其他附加方针条件的进一步说明。补充想定一般分为两类:一类是仿真准备阶段的补充想定,即仿真作业条件,如上级的指令、要求、计划等;另一类是仿真运行阶段的补充想定,其内容主要是围绕某一个训练目标而展开的,如仿真时间、地点、仿真过程及要求执行的事项等。补充想定可以通过文字形式提出,也可以对三维场景进行动态修改来实现。

想定编辑器模块是整个地震现场救援虚拟仿真演练中最重要的功能模块之一。有了它,才能保证系统在震害场景、震害模型、救援设备、专业救援人员、演练方案及评估标准等诸多方面具有可扩充性。例如,当系统需要增加仿真场景时,系统管理者只需要通过一个具有图形化界面的想定生成模块,把事先生成好的演练场景拖放到大的震害环境中,由想定编辑器模块管理新的想定,并通知其他模块。这样,在演练开始时,参训者就能看到并与新的训练场景交互,而不需要修改任何系统代码。与增加一个虚拟受害者的过程类似,系统管理者不需要修改任何系统代码就直接由可视化的想定编辑界面,修改生成新的想定,由新的想定控制新的训练过程。基于此,想定编辑器模块是直接与系统管理者交互的模块。实际上,在日常训练管理中,系统管理者只需要与想定编辑器模块打交道(如果需要修改三维场景模型或设备模型或虚拟救援人员模型,则由系统管理者自己或通过其他专业人士来修改)。管理者若仍需要修改虚拟场景、虚拟救援人员的信息、虚拟受害者的数量与位置等信息,都只需要操作想定编辑器模块。所以,想定编辑器模块被设计成图形化的用户界面,尽量不需要系统管理者记忆什么命令,其可直接通过鼠标拖放就能完成大多数工作。为了使想定编辑器实现上述任务目标,需要满足以下要求。

第一,具有良好的灵活性和可扩充性。想定编辑器提供了图形化的用户界面,在想定编制过程中,避免了用户输入代码,同时提供了扩展工具,方便用户按需扩展想定功能、丰富想定生成工具的数据库。

第二,满足分布式的要求,想定生成模块内部提供了底层的支持,方便用户使用。

第三,具有较好的交互性,在仿真运行过程中,提供方便用户修改和控制的接口。

第四,想定中的模型都有符合 DS/HLA 标准的接口。

想定编辑器模块分为三个层次:底层着重研究各种规范和协议,使想定有统一的接口规范描述;中间层着重研究想定方法,如怎样建立仿真模型间的关系,怎样描述任务等;高层主要涉及想定的应用,针对不同的背景定制不同的想定等。这里,中间层要符合底层提出的规范和协议,高层的应用要符合中间层的描述方法和接口,以便信息共享。

在以往的研究中,还有这样的缺陷:由于对救援训练任务描述和认识的缺乏,救援训练想定很难被仿真开发人员直接使用;对用户开发仿真项目的目的认识不明确,加大了后期返工的可能性;想定与模型的紧耦合,使想定被具体的模型所束缚,同时导致想定模型的可重用性很差等。为了解决以上的问题,本书提出的训练器在参考了美军军方的任务空间概念模型(CMMS)以及相关的研究成果后,提出在建立仿真想定的前一阶段建立一个概念想定开发阶段,也就是依据对地震救援的概念描述,建立想定模型,即概念想定模型。概念想定模型独立于具体的仿真,它的建立不但能大大提高想定的重用性,而且有利于仿真技术人员和地震救援专业人员进行有效的沟通,使仿真目的和需求能够在概念想定中得到最大程度的体现,解决用户和仿真开发者交互的问题。

### 4.3.1.2　主要功能模块

想定编辑器主要包括想定输入模块、想定生成模块、想定数据渲染模块、想定裁剪与重构模块、想定管理与维护模块。想定编辑器的根本任务就是为用户提供快速输入、了解、制定想定的环境，为仿真做准备。

### 1. 想定输入模块

想定输入模块为用户提供基本的输入模板，要求用户添加必要的信息来生成一个详细的想定，主要是提供输入向导引导下的三维场景的二维缩略图标绘式、对话框输入方式的想定数据输入，其根本目的在于提供一种可视化的操作手段，为用户输入、修改想定库提供方便，为演示想定奠定基础。

三维场景的二维缩略图标绘式是在桌面上显示三维场景的二维缩略图，操作人员根据想定的需要将各种模型"拖拽"到缩略图上，完成基本的布局工作，并设置各种模型的属性（模型的参数）。作为一个可视化的输入工具，想定编辑器既有简单易用的图形操作界面，同时具有快捷的文本命令功能，比如对于某个实体，既可以用鼠标将其拖动到某一位置上，又可以直接输入坐标位置，使该实体自动移到目标位置上。对于模型，想定编辑器除了有通用的生成、删除、剪切、复制等功能外，还有一致性检验功能，可对用户设置的所有不正确的参数或不科学的参数给出警告。例如，当设置的实体海拔高度与该实体所在位置的实际海拔高度不符时，想定编辑器就会给出提示。

另外，该编辑器还检查名字和空间的一致性问题等。上述操作不仅可以对单个实体模型作用，还对分组的多个实体模型起作用。

### 2. 想定生成模块

想定生成模块主要是负责把从输入模块导进来的数据分类组织成系统需要的数据结构，并生成想定库所需的各种数据库表格，如模型索引表、人员装备表和行为属性表等。表格生成后，该模块会理清它们之间的关系，并存入相应的关系表中，之后把它们导入数据库中相应的想定库中以供虚拟仿真使用。

### 3. 想定数据渲染模块

借助先进的渲染平台（如：OSG、VEGA 等），想定数据渲染模块以语音、音乐、颜色、图表、三维模型等多种生动的表现形式对想定进行渲染，生成三维虚拟的真实场景，给人一种良好的人机交互界面。可以通过它来预览我们所生成或者使用的想定的整体效果，有利于对想定的修改。同时，生成的三维场景可以通过想定管理模块以达到介绍想定的目的。要将制作好的演示文件的文件名放到想定数据库的想定索引表的对应位置，以便与具体想定联系起来。

### 4. 想定裁剪与重构模块

想定裁剪与重构模块以想定数据库提供的典型想定为基础，充分利用想定演示、检索模块，数据库的管理与维护模块的功能，达到快速生成想定的目的。该模块的另一个重要功能是检查机制，可以检查新制定想定的时序、指挥关系等是否有冲突，如果不合适还要反复修改直至达到要求，主要步骤有观看想定演示、选定参考想定、对想定库记录或属性的增删改查。

### 5. 想定管理与维护模块

想定管理与维护模块直接对想定数据库进行操作，主要完成数据库维护及想定裁剪与重构,该模块规定了各种级别的用户不同权限,如浏览库、修改属性值、增删记录、修改表的结构等。该模块可以直接操作想定库文件,也可在二维缩略图上直接通过鼠标等点击工具进行可视化的修改。例如,对人员编成表中的某训练单位的位置属性值进行修改时,缩略图上相应模型组的位置也会相应地改变;当直接在人员编成表中删除某训练单位后,它的三维模型会自动从缩略图上消失;若在缩略图上挪动单位模型组时,人员编成表中相应训练单位的位置属性值会自动修改。用户可以实时地观察各处改动,而改动所产生的结果也可以直接反映到现行的仿真环境上,为指挥员在仿真中修改想定环境提供条件。

### 4.3.1.3　想定数据库

想定数据是仿真应用系统的基础,想定数据库中存储三维数字化的想定,不但为用户研究提供三维典型想定,还体现人员、装备、指挥控制、训练过程等在时间、空间上的制约关系,便于想定制定与重构。想定数据库包括想定库、规范化名称数据库、三维模型数据库等。

1. 想定库

想定库的作用是保存已经制定的或系统预设的想定描述文件及相应的附件,包含有关想定的三维环境文字描述(包括地形、气候、人文和其他相关条件的三维模型文件名及其位置信息等)、想定基本假设(可以用三维模型属性来体现)、训练企图、人员使用原则、训练任务等内容。想定行为可以大体可分为三个组成部分:行为设计想定、信息设计想定、交互设计想定。其中,行为设计想定是确定仿真中所包含的模型或是模块的行为动作属性,包括行为特点、行为可能路径、行为限制、不同个体之间行为的影响和周围环境对行为的限制等;信息设计想定是确定场景的各种描述信息,不仅包含场景的地理、气象、气候等自然环境信息,还包括人文社会环境信息及对场景包含的各种模型及其相互关系的描述,主要指用渲染引擎生成三维的场景;交互设计想定是确定预留给参训人员或是软件代理的交互接口及其条件,这里要设定用户或是软件代理所能更改的参数,以便于根据想定环境的改变来触发想定事件向前进行,它增加了想定执行结果的不可预知性。

2. 规则库

规则库是为了使想定具有通用化和可重用性,为想定制定一套语言名称规范,并获得与集成知识的标准,包括一系列工具、规则和用户接口,包括通用语法和语义(Common Semantics and Syntax,CSS)、语义 - 符号及符号按规定排列所包含的意义、语法 - 符号按允许结构进行排列的方法。想定输入模块中利用规则库为用户提供参考提示,规范化用户的输入,可以便于不同想定编辑者进行信息交流与共享,有利于想定文件中模型名称与模型的正确连接。在军事上,规则库已经形成了一套非常好的规范,在民事上还有待于进一步发展。规则不是要求所有不同类型的单位用完全统一的规范,还需要根据不同的部门特点,在大体结构相同的前提下建立具有各自单位特色的名称规范。

3. 三维模型数据库

三维模型数据库中的模型,主要是战场、武器、人等的可视物理模型及对其相关参数、功能、行为、声音等的描述。因此,这些模型不是普通的数学模型,而主要是指仿真训练想定的各种三维模型及其物理参数,如仿真场景中的天气、气压、湿度、温度、可见度、风力、人物、建筑物、工具模型及其属性等,还包括其他几个组成单元及其可视化等。本系统可以通过想定编辑子系统修改模型属性及添加和删除模型。模型由模型名称、模型图标数据结构和定义三部分组成。系统通过模型管理工具建立模型名称、模型图标数据结构和定义之间的映射关系。模型重用问题随着仿真资源的不断丰富而被提出,也是目前仿真界亟待解决的问题之一。为提高本系统中模型的可重用性,需要注意以下两方面。

1. 模型的参数化(抽象化)

模型是对真实世界中具有相同结构、特征和实质的事件、现象或过程的抽象描述。因此,模型具有抽象性,它描述了一类对象。模型在实例化过程中通过加载不同的模型参数来生成特定的实例化对象。比如现实生活中的狼和狗,它们外貌、习性相似,但叫声不一样,我们可以在虚拟环境中对它们使用相同的物理模型,只是把它们的声音属性设成不同就可以了。这样一方面可以减少建模的复杂度,另一方面又可以只载入一类模型,在场景中使用其拷贝,减少了系统内存的消耗,提高了运算速度。

2. 模型结构的层次化

模型结构层次化是组织复杂模型的有效方法。复杂模型对于建模人员来说需要花费较大的人力和物力,同时由于它太复杂,不利于建立与管理。然而,我们可以通过将模型根据功能分为各个相对独立的组成部分。这些部分可以一部分一部分地建,也可以分由几个人来负责,每个人负责相应的一部分,建完之后再集成。这样充分利用现有的人力资源提高建模的效率,也为以后的模型更改提供了方便。例如,救援场景是由多个子系统(如废墟、虚拟人物等)组成的,而每个子系统又是由一些结构和功能更简单的实体模型组成,针对救援场景的建模方式应当是针对任务的多层结构,由上至下,由总体至局部直至原始数据。用户可根据仿真任务需要自由选择或修改模型的某一部分,由于其各个部分相对独立,相关修改操作非常简单方便。

4. 演练效能评估数据库

演练效能评估数据库的作用是对虚拟仿真的效果、操纵人员或是软件代理的操作进行想定范围内的评价,以让指挥者或是参训人员能够更好地了解想定的执行过程或者是检验训练效果。它包含训练评价结果库、训练评价参数及相应的评价规则库。评价参数包含各项需要评价的训练参数及参考值。训练评价结果就是每次的评价结果汇集成的库,其中相应的各项指标归类存放,以便于下步训练的改进和上级评价个人提供参考。评价规则是评价参数的运用法则,它对训练在什么时候、哪个阶段、如何评价等做了统一的规定,实现了评价的自动化。

## 4.3.2 导调控制器

### 4.3.2.1 功能总述

导调控制器负责演练想定的查询、维护,并组织和控制想定的运行过程。导调控制器就像是一部电影的导演。通过导调控制器可以设计整个训练需要完成的任务(关卡),可以随时动态调整训练的进程,包括一些随机事件的注入、角色的加入等,也可以根据训练的情况动态地修改、调整训练的任务等。导调控制器实质上是为能力提升训练器提供了一个观察者的角色,通过更高层面的"上帝视角"来观察、统筹所有参训对象在训练情境这个虚拟世界中的各种表现,并且通过组合具有不同侧重训练要素,来开展单项训练和综合训练,从而达到特定的训练目的。通过对想定的各种数据表格、模型库和进程参数管理数据的判读,实时地生成想定的三维虚拟环境,并通过相应的控制参数或从接口模块得到的参数数据实时地修改相应的三维虚拟环境或想定的内容,并修改相应的数据库文件,以达到控制演练想定的运行和修改想定库内容的目的。

通过导调控制,可以实现如下功能。

1. 仿真演练和培训不仅仅是考核救援全过程的技能,而重在通过动态情景推演和随机情景触发实现"灾害处置能力""现场应变力"的训练。

2. 需设立演练控制环节,通过导调在演练过程中进行干预,造成判断依据的多样性,使推导结果同样具有多样性。

3. 具备预设标准流程推演和自动托管功能,当参训角色出现中断时,系统会自动托管操作,确保演练过程具有容错性。

### 4.3.2.2　主要功能模块

导调控制器的功能包括演练进程控制和导调接口控制,其中演练进程控制涉及如下功能模块。

1. 想定检索模块

该模块为用户提供基于三维想定数据库的浏览和信息检索功能,在检索向导中有关检索内容、输入格式以及选择检索结果表现形式的提示下,为用户提供快捷、准确的检索环境,让使用人员更加详细地了解人员编成、指挥关系、装备配备、行动路线、预期目标等,并以表格、三维图形、树权图、动态效果等方式表现检索结果,为导调人员了解想定和进一步地介入修改演练进程提供一种可视化的参考。

2. 想定进程管理模块

虚拟仿真想定的一部分是对三维场景的描述,另一部分是对想定进程控制条件的设定。想定进程管理模块负责对进程的各种控制条件进行判读,同时通过与仿真系统的数据进行实时交互,对三维仿真场景的进程进行管理。比如,当仿真进行到某个阶段时,该模块就会自动检测想定场景的各相关参数,以确定场景是否应该进入下一级的模块。如果条件成熟,该模块将会通知渲染模块调用下一阶段相应的想定环境或者是更改当前场景中模型及其相关参数,以便于下一步场景仿真的开展。同时,操作人员也可以通过该模块对想定的进程进行运行期间的干预,以增加仿真结果的不可预知性,提高仿真的有效性。因为自然环境和各种人文环境往往是千变万化的,作为仿真中的场景也不应是一成不变的。比如,在地震救援训练环境中,天气可能会突然变化或是有洪水、泥石流等的突然爆发,这往往会影响训练单位的机动性和战斗力。这时候就要求指挥员有随机应变的能力。当指挥员受伤或下场时,也需要有其他人来替代他的位置等。这些都可以由导调人员根据考官的指示,随机地在想定运行过程中人为地添加,增强了考核的灵活性。

3. 动态情景注入模块

（1）情景推演控制

情景推演控制功能用于导演组进行演练事件注入、测试,监控演练流程,观察演练环节中的实际影像。情景推演控制功能提供在实际演练环境下,实现预备演练、开始演练、暂停演练、继续演练、结束演练等流程控制功能,从而方便系统在实际演练和教学环境中的应用。

该功能模块可以实时控制演练流程、保存服务器状态、及时插入突发事件和信息,是整个演练的发起者和监督者,包含以下功能。

1）连接演练用户。演练中的演练组和评估组通过局域网和导演组连接,实现系统的互通互联。

2）实时控制演练流程。导演组可以灵活地控制演练流程,加快或者放慢演练速度,暂停或继续演练流程等。

3）保存／恢复服务器状态。导演组可以随时保存当前服务器的状态和各项数据,防止意外事故发生后服务器数据丢失造成演练失败。

（2）情景动态调整

情景动态调整包括临时注入事件和决策反馈,临时注入事件是为了达到增强演练的灵活性,考察演练组成员的临场应变能力,从而提高应急处置演练的实际效果而设计的。在实际的地震应急处置工作中,由于具体地理环境及社会环境的不同,往往会出现很多非常规事件,这些事件能否被正确处置有可能关系到整个地震应急工作的成败。因此,在演练的过程中加入临时注入事件,可以考核演练组成员的临场应变能力。在实际演练过程中,导演组人员可以随机地在系统时间轴的任意未处理位置注入地震事件库中的事件,当系统时间到达该事件的触发时刻时,该临时注入事件就会被触发。

4. 接口设置

接口设置功能模块主要提供三维场景与人和仿真应用模块之间交互的界面,是想定和仿真应用模块进行交流的桥梁。其主要功能是实现想定参数数据和仿真数据之间的转换和交流,相关的接口主要分为人机接口和仿真模块接口两部分。

（1）人机接口

人机接口负责给导调人员提供一个想定调整与修改的界面,便于导调人员完成对演练想定进程的实时管理与干预。比如指挥员在指挥训练的过程中,可针对三维场景条件的不足或是训练需要对场景进行一些必要的修改,以达到更好的训练效果。指挥员可以通过人机接口的界面直接对场景模型进行添加、删除操作,或对想定中的仿真进程结束条件进行更改。指挥员通过传递相应的参数给想定进程管理模块,再由该模块反映到当前的想定运行环境中,进而在渲染窗口或在仿真中将相关操作体现出来。指挥员还可以对与仿真系统的接口进行强制干预,为仿真添加各种“意外”,并可以实时地控制各种仿真模块的添加和删除。人机接口的存在增加了训练的不可预知性和灵活性。

（2）仿真模块接口

仿真模块接口是想定编辑器与仿真应用模块的桥梁,主要负责想定参数与仿真系统参数之间的转换与交流,实现想定数据组织和"指挥"(通过传递参数)仿真按演练想定推进。仿真成员分为有确定位置和行动的基本训练单位成员(如指挥所、一个救援分队或一辆救护车)和控制仿真进程的导调组成员。通常,训练成员直接使用演练想定数据,而导调组成员是协助仿真。具体地说,可以设立几个职责分明的导调组成员,如训练过程监控成员、仿真控制成员和仿真过程记录成员。训练过程监控成员根据参训成员的仿真状态和想定,动态地规划剧情、生成行动数据;导调组成员负责仿真开始和结束、成员加入和退出以及选择进程;仿真过程记录成员收集并记录演练中参训人员的状态及数据交互,便于事后进行数据分析和仿真现场恢复。基本训练单位成员向训练过程监控成员索取下一步仿真的行动数据。当训练计划改变、训练单位不变时,只要修改训练计划表,无须改变参训成员就可继续仿真;当训练单位改变、训练计划不变时,只要修改人员编成表,替换基本训练单位成员,就可继续仿真。

### 4.3.3 虚拟现实器

#### 4.3.3.1 功能总述

目前的 VR 技术已经可以为这类注重操作细节、注重实体感受的训练科目提供一个完整的解决方案。对于一些特殊的实操训练要求,简单的过程模拟已无法满足需求。在能力提升训练器中引入虚拟现实器,就可以让参训对象身临其境般地进行训练。能力提升训练器通过沉浸显示与交互模块直接与参训者交互,使参训者能够得到身临其境的临场感在此过程中,训练器实时采集来自参训者的交互动作,并将这些交互信息传递给三维视景实时渲染模块。

#### 4.3.3.2 主要功能模块

虚拟现实器负责控制和管理想定仿真运行,其底层基于高层体系结构 / 运行支撑环境(HLA/RTI)。仿真资源管理模块是虚拟仿真系统的重要组成部分,为虚拟仿真系统提供模型、数据等资源服务,该模块的底层由 Oracle 数据库支撑,负责管理包括模型库、数据库、想定库、方案库及训练环境库等各类基础资源。

从以上描述可以看出,仿真资源具有多样性、异构性和分布化仿真服务等特点,必须采用形式化的高层建模方法,构建与平台无关的仿真服务请求描述规范;用形式化的仿真资源服务描述语言,建立与平台无关的仿真服务描述规范;并实现对仿真服务的动态操作。这种仿真服务描述一方面要符合公共的仿真服务引擎调度机制,另一方面要满足异类仿真资源的特殊要求。因此,我们采用服务的概念来对仿真资源的功能进行描述,屏蔽仿真资源实现方式的差异,不同的仿真资源只是提供规定的若干功能接口,并不需要暴露具体的内容。

三维视景实时渲染模块能实时渲染出虚拟灾害现场、破坏的建筑物、虚拟救援设备、虚拟救援人员等视觉触觉信息,呈现给参训者。这种表现是通过沉浸显示与交互模块实现的。此外,三维视景实时渲染模块也通过沉浸显示与交互模块获取来自参训者的交互信息,并实时做出响应。

　　建模与仿真模块负责生成虚拟仿真演练所需的各种模型,并实时运行这些模型,模型运行的结果将实时提交给三维视景实时渲染模块;三维视景实时渲染模块也会把用户交互的结果实时反馈给建模与仿真模块;建模与仿真模块根据用户的交互,得到新的模型运行结果,再实时提交给三维视景实时渲染模块。在这个过程中,信息流是不断循环地实时运行的,如图4-10所示。整个过程中,信息交换是通过HLA/RTI完成的。

图4-10　建模与仿真模块与三维视景实时渲染模块信息交互意图

　　值得特别强调的是地震救援虚拟仿真推演与基于训练器的训练不仅仅是一个视景仿真过程,其中不仅要完成三维场景建模,还需要构建建筑物破坏模型、虚拟救援设备行为模型等。三维场景建模是视景仿真的需要,建筑物破坏模型是为了更好地表现废墟的结构,以利于搜索组与营救组开展训练。特别地,建筑物破坏模型能够非常好地支持建筑物的二次倒塌的呈现。要在一定程度上表现次生灾害险情(如气、水、火等),必须构建流体扩散模型。由于建筑物破坏模型与流体扩散模型一般比较复杂,需要大量计算,这给实时运行造成了一定的难度。而一般训练的目的是训练救援队员对过程操作的准确性和熟练度,而不是指导建筑设计等目的,因而不十分强调模型具有很高的精细程度。所以,能力提升训练器可以且应该使用简化的建筑物破坏模型与流体扩散模型。虚拟救援设备行为模型是为了呈现虚拟救援设备与用户、与虚拟场景之间的交互过程。

### 4.3.3.3　虚拟现实数据库

　　1.救援装备模型库

　　各类救援装备是紧急救援工作得以高效开展的前提条件。按模型功能的不同,救援装备模型包含实体、关系、环境影响三类。按功能分,救援装备模型可分为仿真对象模型、装备实体模型、效能评估模型、环境描述模型、人员行为模型、管理控制模型、综合分析模型和可视化模型等几大类。救援装备模型库的建设,就是逐步完成上述模型的建设并在确定模型的分类方式基础上,提供包括模型的生成、组装、修改、检索等维护和管理手段。

　　2.多媒体数据库

　　在训练之前,根据演练想定的要求,需要准备大量的数据;训练过程中也会产生大量的数据;训练完成后还需要保存大量的数据。所以,数据是进行训练仿真与演练的基础。毫无疑问,这些数据不是单一的文本数据或表格数据,而是由图形、图像、视频、音频与文字等多种媒体组成的多媒体数据。建立多媒体数据库是高效合理地利用这些多媒体数据的技术手段和前提。因此,必须在系统设计时就重视收集管理与多媒体数据库的建设。

　　3.演练想定库

　　演练想定库通过演练想定的标准化描述技术,将多种训练样式下的典型想定进行数字化表示,以实现仿真系统的想定自动输入和想定重用。演练想定库负责管理训练想定相关的各种信息与表示。想定数据是仿真应用系统的基础,想定数据库存储数字化的想定,不但为用户研究提供典型想定,还提供想定剪裁与重构的手段,主要包括以下数据表。

(1)想定索引表

想定索引表储存想定概貌性数据,便于用户快速了解想定的概要,主要用于想定的重构、检索和库维护时参考想定的选取该表储存的内容包括想定代码、想定名称、想定描述(想定的研究目的)、训练目标、训练人员情况、演练区域、想定制定人员、想定制定日期、想定演示文件名等。

(2)想定背景表

想定背景表储存想定背景、想定基本假设、人员使用原则、救援任务等想定内容。其中,常变化的各项作为单个属性存在表中,便于修改;不常变化各项集中在一起,便于重用,表中只保留集中的文件名。该表储存的内容主要包括想定代码、人员投入规模、地震救援企图、想定背景多媒体的文件名。

(3)设备表

设备表存储设备的型号和数量,主要包括想定代码、多功能参数表。

(4)行动区域及路径表

行动区域及路径表储存行动区域、行动路线的关键节点坐标,主要包括想定代码、编号、节点坐标。

(5)救援计划表

救援计划表可以体现按时间顺序的基本的指挥、救援过程,该表中只储存命令的最初发出单位、命令最终接收单位,而中间的命令过程由指挥关系得到。该表储存的内容主要包括想定代码、命令编号、命令发出单位代码、命令接收单位代码、命令发出时间、命令内容、行动时间、初始位置、路径号、行动目标的名称、行动目标坐标。

(6)后勤保障表

后勤保障表可以体现救援单位的物资、运输、设备的消耗标准和保障情况。

上述各表间通过想定代码建立联系,每个想定都有唯一标识。想定索引表与想定背景表为 $1:1$ 关系、想定索引表与救援人员编成表为 $1:n$ 关系,兵力编成表与行动区域及路径表为 $1:n$ 关系,人员编成表与行动计划表为 $1:n$ 关系,人员编成表与后勤保障表为 $1:n$ 关系。

想定数据库的管理与维护模块可直接对数据库操作,完成数据库维护及辅助想定裁剪与重构,该模块给各种级别的用户规定不同权限,如浏览、修改属性值、增删记录、修改表的结构等。该模块既可以直接操作想定库,也提供在标绘图上修改的功能。例如,对数据库人员组成表中某行动小组的位置属性值进行修改时,标绘图上相应行动小组的位置自动改变;而直接在救援人员编成表中删除某行动小组后,它的标号会自动从标绘图上消失。

4.训练环境库

训练环境包括地震现场中的各种地物地貌、人员等。训练环境库是视景仿真与结构仿真的重要信息来源。

5. 专家信息库

专家信息库把地震专家、结构专家、搜救专家、装备专家、医疗急救专家、后勤保障专家等的知识进行规范化描述,使之能在救援训练中的施救方案制定、行动实施(搜索、营救、医疗)、质量评定等方面提供技术准则和评估依据。

6. 训练记录库

训练过程以时态连接事件的方式存储在数据库中,形成训练记录库。时态连接在数据库中以对象的形式出现,为了便于处理,时间属性为时态连接事件的关键字,并以时间属性自动排序。

### 4.3.4 演练模拟器

#### 4.3.4.1 功能总述

演练模拟器包括 5 个子系统:地震救援演练仿真模拟子系统、搜救动态指挥与调度仿真模拟子系统、搜救废墟环境仿真与生命通道优选模拟子系统、地震救援演练过程和效能评估子系统、地震救援综合培训子系统。各子系统间的接口拓扑关系如图 4-11 所示。

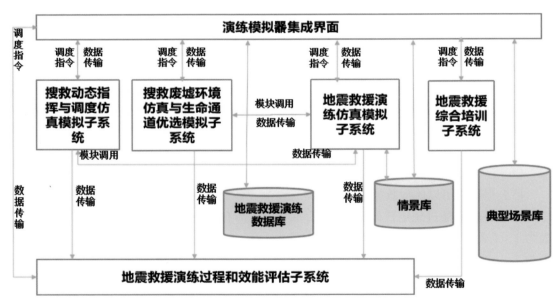

图 4-11 演练模拟器各子系统之间的关系

#### 4.3.4.2 地震救援演练仿真模拟子系统

地震救援演练仿真模拟子系统(简称"演练系统")可结合对历次地震应急救援案例的分析结果,参照专业应用模型(建筑物破坏状态分析模型、城市生命线易损分析模型等),模拟出地震发生后的震害影响范围与影响程度,它利用虚拟现实开发工具,综合应用仿真建模与再现、场景实时渲染、物理引擎等技术,构建一种接近真实的虚拟地震救援环境。参训者通过必要的设备与虚拟环境中的对象进行交互,从而产生"沉浸"于等同真实环境的感受和体验。此外,可用多台计算机终端使多个参训者在同一个场景内进行联合演练,从而增强其临场感觉,提升快速反应和处置能力。演练系统主要包括地震事件设定、人员角色管理、演练任务设定、灾害场景管理、演练想定编辑、演练进程控制、灾情信息管理、演练处置实施、演练记录回放 9 个主要功能模块,如图 4-12 所示。

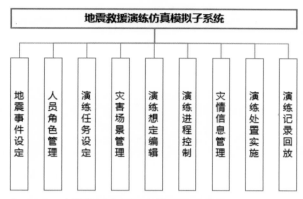

**图 4-12 地震救援演练仿真模拟子系统的 9 个功能模块**

1. 地震事件设定

该功能模块提供两种地震事件设定模式:一是历史地震事件选择,可以从系统数据库中直接调取历史上已发生过的地震作为救援仿真演练的事件;二是提供用户交互接口,可以通过设定地震三要素的方式人工设定地震事件。

2. 人员角色管理

该功能模块用来控制和管理参训人员所担任的角色和任务。角色的任务可根据具体的演练需求定制。该功能模块可对当前演练所设定的所有角色及其权限进行统一的编辑和管理。该功能模块仅对系统管理员和演练指挥人员开放。根据在应对灾害时的职责和所需能力的不同,角色主要包括以下几类:群众、社会救援力量、现场专业救援力量,指挥中心人员等。

3. 演练任务设定

该功能模块根据演练的需求设定演练开始和结束的控制条件、各参训人员的分组与信息管理、各角色的任务分配、演练协同任务指标等。

4. 灾害场景管理

演练系统运用三层不同细节度的模型方案支持三维场景建模。这三层细节度的模型分别是宏观灾区模型、搜索区域模型、作业现场模型,不同细节度的模型对应不同的演练任务。灾害场景管理功能模块根据不同的演练目标和任务,调取典型的救援场景信息,并在场景内设置相应的灾害或突发事故情景,形成一个逼真的虚拟演练环境。该功能模块提供三维场景浏览,包括:自动漫游和手动漫游;鹰眼定位、地图导航、支持指北针、高精度抓图功能;三维场景中的动态标注、绘制线、多边形功能。

5. 演练想定编辑

演练想定编辑有两种模式:一是预案演练模式,参训者按照预案规定的内容,各司其职,完整地按照预案执行救援的全过程,这种模式将预案变得可以执行,并形成考核手段;二是情景演练模式,即由演练导调人员根据演练考察的技能设计不同的任务关卡,系统通过与其他子系统的数据接口来实现对应关卡的应用模块的调用与数据处理,最终形成一个完整的演练脚本。

6. 演练进程控制

演练进程控制功能模块可以对演练的过程进行管理,控制演练进程,在各阶段触发事件处注入相应信息。导调人员可以随时对预设的演练脚本中的情景进行动态修正,可以通过向移动端进行动态灾情信息注入,实现演练进程的多样化推进,达到不一样的演练效果。同时,演练进程控制功能模块也提供人机交互界面,便于导调人员添加和改变演练环境,包括气象条件调整、灾情信息更新、救援力量调整、新任务下达、突发情景注入等。

7. 灾情信息管理

该功能模块提供查询和管理接口,供参训人员随时查询和了解与演练相关的各类灾情数据。同时,它也提供编辑接口,供导调人员对当前演练中的灾情信息进行动态编辑。

8. 演练处置实施

该功能模块提供多种数据统计分析工具和功能,方便各类人员对演练的全过程进行全方位观看和数据查询。演练处置实施功能模块可观察、分析、判断各阶段注入的信息和事件,对演练进行处置或提出决策分析意见。

9. 演练记录回放

该功能模块可记录并回放整个演练过程,包括所有的事件细节、处理过程、通信语音录音等。演练导调人员可通过回放观察各小组的演练情况并依据系统评分、自身经验、系统提供的评价要点,对参训人员的决策和处置进行检查确认,设置评语,然后在演练结束后进行点评。该模块为训练总结、处置预案生成等提供手段。

### 4.3.4.3　搜救动态指挥与调度仿真模拟子系统

搜救动态指挥与调度仿真模拟子系统(简称"调度系统")通过"一张图"模式实现对地震应急力量预置与动态管理,并提供交互情景,重点模拟考察地震应急指挥人员获取和掌握设定地震的震情、灾情的技术操作,以及其通过结合动态灾情信息,综合做出救援力量调配、救援处置方案制定、救援工作实施,协同多个队伍开展救援等指挥决策。

调度系统主要包括灾情一张图、指挥信息交互、实时动态反馈、应急预置力量管理、应急搜救态势分析、应急救援调度和综合指挥决策 6 个模块。调度系统的功能模块架构如图4-13 所示。

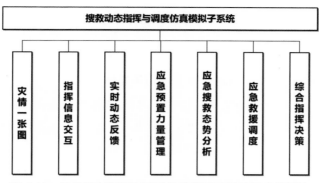

图 4-13　搜救动态指挥与调度仿真模拟子系统的功能模块

1. 灾情一张图

该功能模块选择要进行演练的设定地震信息,在地图界面上呈现设定地震的震情数据;基于地图界面,集成展示包括对应设定地震影响场、高危害街区、人员伤亡、地震次生灾害等灾情信息,提供空间检索和属性检索功能。

2. 指挥信息交互

该功能模块提供在线信息交互界面,展示各个救援队伍、任务组反馈的信息,并实时发布指挥指令。

3. 实时动态反馈

该功能模块对接灾情采集 App,实时将动态变化的灾情信息展示在地图界面上,通过"一张图"形式的展示,并通过信息滚动播报的方式,实时反馈最新的信息,实现多元信息的实时地图展示与发布。

4. 应急预置力量管理

该功能模块提供交互界面,实现对各类应急资源数据,包括预评估结果数据、应急物资储备数据、应急力量分布数据等的集成管理(增、删、改、查),并提供数据的批量导入和导出功能,实现应急资源数据的维护;基于数据库中的应急资源数据表,将带有空间信息的数据进行地图化展示,实现"一张图"模式下的查询、展布和数据统计,实现应急资源信息的空间展布显示。

5. 应急搜救态势分析

该功能模块按照设定的时间间隔,动态刷新数据,在地图界面动态展示救援队伍位置变化、应急物资储备量变化、伤员转运信息变化等信息,同时在地图界面上动态展示待救援伤员的数量及分布信息、救援物资需求信息等。

6. 应急救援调度

该功能模块提供交互界面,由演练指挥人员根据综合灾情变化信息,对人员、物资、车辆、保障措施等内容进行统一调度,发布调度指令,并实时反馈给参训的队伍,该模块同时根据调度指令动态更新灾情、应急力量等的数据信息,并在地图界面上动态展示各类信息的变化情况。

7. 综合指挥决策

该功能模块按照指挥演练脚本的设置,考察各个指挥决策考点的执行和完成情况,记录参训人员发布的指挥决策信息,对各训练考点通过情况进行综合评分。

#### 4.3.4.4　搜救废墟环境仿真与生命通道优选模拟子系统

搜救废墟环境仿真与生命通道优选模拟子系统(简称"生命通道优选系统")基于四类救援场景,通过仿真模拟搭建典型的救援废墟环境,通过连接外设和数据交互,以及基于粒子模型的仿真建模来实现对救援废墟场景的力学特性模拟,为参训人员熟悉废墟环境,以及根据废墟环境的特点来优化选择和搭建生命通道的实操训练提供模拟平台。

该子系统主要包括废墟环境浏览、废墟设置、救援装备设置、生命通道搭建 4 个功能模块,生命通道优选系统的功能模块架构如图 4-14 所示。

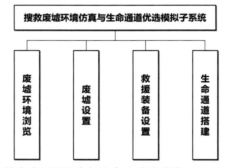

图 4-14　搜救废墟环境仿真与生命通道优选模拟子系统的功能模块

1. 废墟环境浏览

该功能模块提供 360 度的全景视角,参训人员可对废墟环境的外部、局部特征进行浏览;参训人员通过点击废墟局部特征,可以查看具体的破坏信息、废墟的结构特征信息、建筑材料信息等。

2. 废墟设置

该功能模块提供接口,导演人员可以通过选择系统内嵌的典型废墟场景,根据演练需求加载相应的演练废墟仿真模型;提供人机交互接口,导演人员可以在基础废墟场景的基础上,对可设置的废墟特征参数(包括用于演练考核的关卡参数值,如楼板材质、质量、压埋人员状态、压埋人员位置等)进行人工修正,实现针对不同的演练重点,考察不同的废墟救援技能的目标。

3. 救援装备设置

该功能模块提供接口,导演人员可以根据演练需求,从数据库中的救援装备表中设定该演练场景能提供的备选装备清单,演练人员在实际操作时可以从装备清单中选择合适的工具完成演练任务;提供不同的备选装备,也直接影响采用的废墟救援的方式,从而实现对多个废墟救援生命通道搭建技能的灵活考察。

4. 生命通道搭建

该功能模块根据废墟救援的任务关卡设置,对狭小空间顶撑、破拆、支护等技能进行多要点的综合考察,参训人员需根据对废墟场景的判断,以及备选的救援装备,合理设计生命通道的搭建方案,并按照脚本的设置进行通道实操训练,该功能模块通过仿真模拟和力学性能参数等信息的计算,来模拟参训人员搭建生命通道的情况;根据参训人员搭建的生命通道,按照标准的技术要点流程进行自动检查,并给出相应的量化评分。

#### 4.3.5.5　地震救援演练过程和效能评估子系统

地震救援演练过程和效能评估子系统(简称"评估系统")重点实现演练数据的统计分析、基于客观度的专项技能演练效能评价、不同角色任务达标性评价以及总体效果量化评估等业务功能。评估系统主要包括 8 个功能模块:演练数据统计、评估任务设置、评价指标管理、客观度分析、专项演练效能评估、任务达标性评估、演练综合量化评估以及动态效能分析。评估系统的功能模块架构如图 4-15 所示。

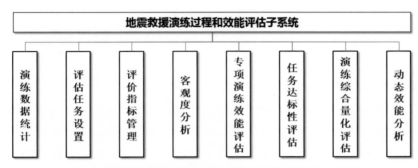

**图 4-15　地震救援演练过程和效能评估子系统功能模块示意图**

1. 演练数据统计

该功能模块提供可视化统计分析工具,对参训人员全过程的演练数据进行不同阶段、不同角色、不同任务关卡等的分类查询和统计分析,输出折线图、柱状图、饼图等数据分析图形。

2. 评估任务设置

该功能模块提供人机交互接口,由用户设定参与进行评估的演练任务、演练关卡、参训人员范围、演练阶段等条件,自动生成演练评估任务;提供查询接口,实现对当前评估任务、历史评估任务数据的检索和统计分析。

3. 评价指标管理

该功能模块提供人机交互接口,可选择演练过程和效能评估的模型,设置初始参数,对各项评估指标的权重值进行定制,对纳入评估的指标项进行定制选择等。

4. 客观度分析

基于演练过程客观度算法,计算每一步关键节点操作、关卡操作等的完成数据,并与标准程序进行自动比对,给出偏离值的量化评价,并根据指标权重计算整体演练完成的客观度指标值。

5. 专项演练效能评估

该功能模块提供人机交互接口,由用户设定要评估的专项演练内容,基于客观度指标值,计算每一名参训人员各专项演练的完成情况。系统会自动汇总所有参训人员的评价结果,同时考虑完成时间的差异,综合给出整体演练完成的效能评价结果。

6. 任务达标性评估

提供人机交互接口,可选择要评估的演练任务,对指定参训人员的演练数据进行统计分析,根据各任务关卡和任务剧情流程完成情况进行量化评分,对整体任务是否完成、是否达到联合国国际救援队伍分级测评( Insarag External Classification, 简称 IEC )等测评要求进行综合评估。

7. 演练综合量化评估

该功能模块实现对所有参训人员协同完成各项任务指令的情况进行量化评估,重点评价规定时间节点的任务完成情况、不同参训人员在协同任务关卡的完成情况等,形成对整个演练效能的总体评价。

8. 动态效能分析

该功能模块实现演练过程中的不同阶段任务达标性和演练综合量化指标的动态计算分析。

#### 4.3.5.6　地震救援综合培训子系统

地震救援综合培训子系统重点实现专项救援知识和综合救援技能知识的培训与测试、IEC 测评相关知识培训与测试等业务功能。该子系统主要包括在线授课模块、在线考试模块、IEC 测评模块、培训课程管理模块、试题库管理模块、知识库管理模块和培训资料下载模块。该子系统的功能模块架构如图 4-16 所示。

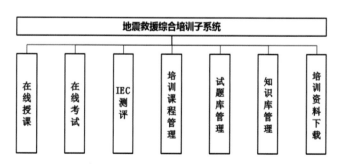

**图 4-16　地震救援综合培训子系统功能模块示意图**

1. 在线授课

该功能模块提供地震救援相关培训课程的在线浏览、选课、答题与自主评价功能。该功能模块可基于在线视频会议系统,实现在线专家的实时授课与培训。

2. 在线考试

该功能模块提供人机交互接口,由管理员设置考试内容,参加测试的人员可在线进行答题,系统自动进行评分。

3.IEC 测评

该功能模块结合最新的 IEC 测评指南,梳理关键技术流程和环节,进行相关知识的答题测试。

**4. 培训课程管理**

该功能模块提供人机交互接口,由管理员实现不同培训课件内容的上传、查询、删除、更新等,提供不同课表内容的定制与管理。

**5. 试题库管理**

该功能模块提供交互接口,实现对试题及答案的编辑、分类管理、更新与上传。

**6. 知识库管理**

该功能模块提供交互接口,实现对地震救援与演练相关的历史案例数据、专家经验数据、在线考试知识数据等的集成管理、查询与分类检索。

**7. 培训资料下载**

该功能模块提供交互接口,实现地震救援与演练相关的培训课件、标准、指南、文档资料、音视频资料、案例资料等的定制下载。

### 4.3.5.7　系统数据库

演练模拟器的系统数据库内容多样,涵盖基础数据、中间数据及成果数据。根据总体的数据资源规划需求,系统数据库选用 SQL Server 数据库管理平台进行维护。所涉及的空间数据采用统一的 shape 格式的数据文件进行交换。

系统数据库中的数据分为 15 大类,具体的类别编码及主要内容说明如表 4-2 所示。

**表 4-2　演练模拟器的系统数据库中的数据类型**

| 序号 | 类别 | 分类码 | 数据说明 |
|---|---|---|---|
| 1 | 基础地理信息数据 | A1 | 空间数据,包括地理地图数据、行政区划数据、遥感影像数据等 |
| 2 | 社会经济统计数据 | A2 | 数据表,包括人口统计数据、经济统计数据、房屋建筑统计数据等 |
| 3 | 承灾体数据 | A3 | 空间数据和数据表,包括房屋建筑分布数据、生命线工程分布数据、次生灾害源数据、重大工程数据、易损性数据表等 |
| 4 | 地震背景数据 | B1 | 空间数据和数据表,包括地震地质构造背景数据、地震动参数区划数据、地震活动性数据、衰减关系参数等 |
| 5 | 地震地质数据 | B2 | 空间数据和数据表,包括大规模崩塌、滑坡、泥石流等危险区分布数据、砂土液化、软土震陷区分布数据等 |
| 6 | 救灾资源数据 | C1 | 空间数据和数据表,包括救援力量统计数据、避难场所分布数据、救灾物资储备统计数据等 |
| 7 | 应急法规预案数据 | C2 | 数据表,包括不同职能部门制订的地震应急预案 |
| 8 | 灾害情景数据 | D1 | 空间数据和数据表,包括灾情数据、情景模型参数数据、情景关系索引数据、灾害情景属性数据等 |
| 9 | 人员搜救技术数据 | D2 | 数据表,包括各类搜救技术设备的参数、环境参数等 |
| 10 | 废墟场景数据 | D3 | 空间数据和数据表,包括不同类型结构废墟的建模参数数据、生命通道构建参数数据、废墟结构属性数据等 |
| 11 | 医疗救援数据 | D4 | 数据表,包括不同类型伤员和伤情的状况参数数据、检伤设备数据、医疗处置预案数据等 |
| 12 | 效能评估数据 | E1 | 数据表,包括量化评估指标参数数据、效能评估结果数据等 |

续表

| 序号 | 类别 | 分类码 | 数据说明 |
|------|------|--------|----------|
| 13 | 培训考评数据 | E2 | 数据表,包括培训课件数据、考试题库数据、考核结果数据等 |
| 14 | 非结构化数据 | F | 包括音视频、图像、电子文档等 |
| 15 | 系统运维数据 | G | 数据表,包括系统日志数据、模型中间成果数据、数据备份文件、系统参数表、用户信息表、环境变量数据等 |

### 4.3.5.8　演练脚本库

#### 1. 任务关卡

地震救援演练的脚本是由若干任务关卡组合而成的。任务关卡实际上就是一次演练过程中若干的关键的操作步骤或节点。譬如一次营救演练,其任务关卡就可包括:营救准备(考察任务分工方案、装备设备选择等考核要点,具体参照不同角色的任务考点设计)、搜索定位(考察用不同工况下的搜索设备使用等考核要点)、营救通道搭建(考察采用不同设备进行救援通道支撑、搭建、破拆等一系列考核要点)、检伤识别(考察对伤员伤情检查、判别、标定等一系列操作要点)、人员救治(考察把伤员救出、临时救治、转移等操作要点)。这一系列任务关卡都通过后,该营救演练的任务才算完成。在关卡完成过程中,对于参训人员的操作不当、遗漏关键步骤等,系统都按照考点的权重进行扣分,最后会得到完成该关卡的操作分值,用来评估最终的演练效果。

救援演练剧情脚本库是一个复杂的体系,涉及地震救援不同专业需求、不同时间节点任务需求等多方面因素。而剧情脚本设计的好坏也直接决定了演练是否与实战相贴合、训练考核是否能达到目标。其中,主要的演练脚本包括:人员搜索任务脚本、人员营救任务脚本、医疗急救任务脚本等,如图 4-17 至图 4-19 所示。通过不断优化完善演练脚本,逐步构建一个丰富的救援演练剧情脚本库,为地震救援演练与仿真模拟系统提供重要基础。

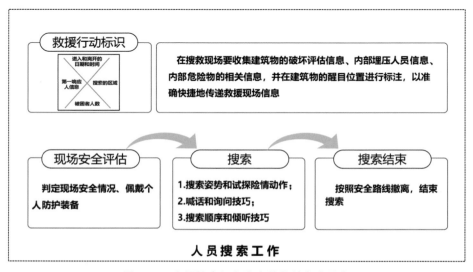

图 4-17　人员搜索任务脚本的关键考察要点

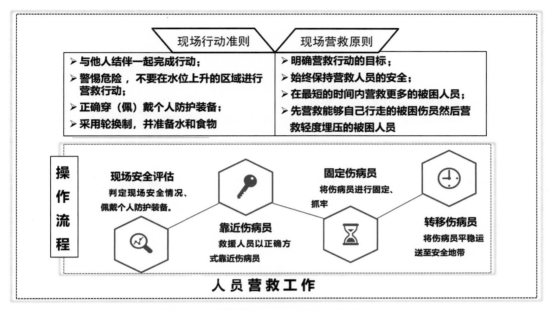

图 4-18　人员营救任务脚本的关键考察要点

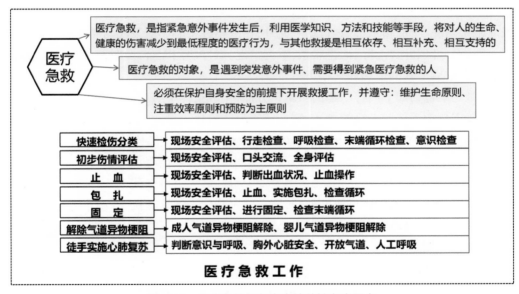

图 4-19　医疗急救任务脚本的关键考察要点

2. 演练考点设计

面向波及范围广的大震巨灾,高效、科学地开展救援行动可有效减少人员伤亡,降低灾害损失。本书中的地震救援演练主要对象为指挥决策人员和救援队员,需通过设置合理的仿真演练来提高他们的地震灾害应对能力。在对指挥决策人员的指挥调度演练中,使用地震灾害情景构建技术为演练提供多种复杂的宏观灾害仿真情景,使指挥决策人员在救援目标确定、物资和人员调配等方面得到充分训练,并明确自身职责和基本的救援指挥流程;在对救援队员的现场救援行动演练中,通过梳理地震现场应急救援工作,对影响救援行动的关键因素进行分析,使他们在救援行动方面得到充分的训练,并熟练掌握地震现场救援任务流程。因此,本书分别从指挥决策人员和救援队员的现场救援演练需求出发,对指挥调度和救援行动进行了分析,为科学、高效开展救援仿真演练提供参考依据。

破坏性地震的发生往往造成大量人员伤亡和严重社会经济损失,实施快速有效的地震救援行动是挽救生命、减少损失的重要途径。然而,在地震灾害发生后的关键救援期内,有诸多因素影响救援行动的进行,通过分析并确定影响救援行动的关键因素,可为针对救援队员的现场救援演练任务设置提供重要指导。

实际的地震救援过程,大体上可以分为前往地震现场过程及现场搜索营救过程两个主要阶段,其中主要的工作流程和技术要点可以归纳如下。

（1）前往地震现场阶段

1）首先是准确接警,科学地调集各种力量。

①接警包括如下内容。对于地震灾害应急救援,作战指挥中心在接警时,一定要详细询问地震灾区的大致面积,建筑物倒塌状况,人员伤亡和被困数量、分布位置和其他次生灾害情况;了解交通、供电、供水、建筑、通信、医疗设施破坏情况;明确任务性质,是以灭火为主,还是以抢救生命或排除险情为主,以便准确判断出动力量的合理编队。在接到报警后,作战指挥中心应及时将灾情报告值班领导,并保持与当地政府、公安机关和上级消防部门的联系,及时汇报情况、听取指示、部署行动。此外,作战指挥中心还应及时与受灾地区的当地政府、派出所、军分区和医疗部门取得联系,掌握情况,做好协同配合;及时与气象、地震部门保持紧密联系,获取最新的地震和气象资料。

②力量调集包括如下内容。在消防队站方面,作战指挥中心根据受灾区域的具体情况,按照抗震救灾总指挥部和上级的指示,统一调集消防救援力量。在车辆装备方面,作战指挥中心视情调集水罐消防车、照明车、化学事故抢险救援车、多功能抢险救援车、举高消防车、后勤保障车,以及防护、侦检、救生、破拆、起重、牵引、照明、通信等消防器材装备。在社会力量方面,作战指挥中心启动应急预案,调集公安、交通、气象、地质、建设、安监、卫生、环保、供电、供水、供气、通信等部门到场协助救援,请求驻军和武警部队支援,并调集大型运载车、吊车、铲车、挖掘车、破拆清障车等大型工程机械。

2）其次是先期到场并成立消防应急救援指挥部。

灾情发生后,指挥员应迅速率领指挥中心人员先期赶赴灾区,及时开展如下工作。

①及时与抗震救灾总指挥部取得联系,领受救灾任务,并协调有关保障事项。

②积极采取各种手段,了解任务地区的灾情。

③成立消防应急救援指挥部,服从地震应急指挥系统的指挥调度。

地震应急指挥系统是指当破坏性地震发生时,各级政府根据震情、灾情的实际情况,迅速调度指挥一切可以救灾的资源,包括救灾队伍和救灾物资等,针对救灾工作建立的决策系统,建立该系统的目的是最大限度地减少灾害损失、稳定灾区社会秩序。从目前的操作情况看,一般在地震发生后的30分钟内,应该做出首次救灾部署的反应并下达指令;之后,将一直处于不断收到灾区信息和不断做出各种救灾决策的时段。

3）之后是组织编队，开赴救援现场。

由于地震灾害应急救援不同于日常火灾或一般情况下的应急救援任务，所以出动前指挥员要利用最短的时间做好战前动员，交代注意事项，条件允许时也可以针对制订的应急行动预案做简要介绍。

地震所在地的消防部队应根据地震对消防人员和消防装备的损坏情况，在自救的基础上及时整编部队，尽快投入处置工作；外地的消防部队在接到调派命令后要及时组织开赴灾区，在行进途中要以中队或大队为单位，队伍的前后要保持通信畅通、联络不间断，尽可能以最快的速度向灾区开赴。行进途中要密切注意沿途公路有无断裂、塌陷，桥梁有无断开，山坡地带有无崩塌、滑坡，堤坝有无溃决隐患，高层或超高层建筑群有无倒塌的可能和征兆，以及途中有无新的灾情产生，次生火灾情况有无新的变化等。在开赴现场途中，还应注意以下几点。

①确定行驶路线，标出交通形势图，规定前后方车辆联络方式，统一通信频道，随时保持通信畅通。

②车辆按编队顺序行驶，不准随意超越内部车辆。

③首车控制车速，将车距保持在 30~50 米；在路面狭窄和堵车时，首车要尽快通报给各车辆，提醒其注意安全。

④随行的最高指挥员要向事故地区的交通部门报告车队所在位置，请求做好交通疏导和接应工作，确保救援力量安全、迅速赶赴现场，并根据预案到指定地点集结待命或直接进入指定区域展开救援行动。

4）最后是开展侦查检测，设立警戒区域。

编队到达后要及时进行侦查检测，划定警戒区域，这对于有效开展地震灾害应急救援行动十分重要。侦检人员可以通过询问知情人和使用检测仪器探测两种方式对以下内容进行初步侦查检测。

①倒塌建筑物的建造时间、使用性质、结构类型、层数、面积、平面布局等。

②倒塌建筑物内可能被埋压人员的人数、震前失踪者所处的部位、活动情况或居住的环境等。

③建筑物倒塌后是否造成燃气、自来水管道爆裂，掉落的电线是否带电等。

④有无易燃、易爆、有毒有害等危险化学品，并确定其数量、存放形式和具体位置。

⑤周围环境、气象等情况。

⑥先期救援活动及开展情况。

⑦周围交通情况及搜救通道。

根据初步侦查检测情况，及时划定警戒区域，并协助公安民警、武警部队等部门设置警戒线，封锁事故路段交通，建立进出事故现场的通道，维护现场秩序。确定警戒范围时，应综合考虑现场火灾、水灾、燃气及危险化学品泄漏、供电状况和建筑物二次倒塌等因素。需要注意的是，经初步侦查检测后，侦检人员应根据救援行动的需要或灾情变化，对事故现场进行不间断的侦查检测，并贯穿救援行动的始终。警戒范围的大小也应根据救援工作的进程或险情排除情况适时调整。

（2）地震现场救援考察要点

地震救援业务流程主要包括四阶段:准备,搜索,营救和撤离,如图4-20所示。

在准备阶段,救援队领受任务后一到救援现场便进入准备状态,这时救援队队长应命令救援队员走访群众,搜集信息,还应要求结构专家对废墟进行初始评估以及命令营救队员准备器材。根据所搜集的信息和专家的评估报告,指挥员决定救援队进入搜索状态或是撤离状态。如分析搜集来的信息和评估报告后,认为可能存在生存的受难者,则进入搜索状态;否则救援队进入撤离状态。

在搜索阶段,救援队指挥员选定某一个场区并下达搜索指令后,救援队进入搜索状态。首先需要进行防化侦检和进一步的结构安全评估;然后开展两个阶段(概略搜索和深入搜索(精确定位))的搜索工作。在搜索工作结束后,如发现受难者,则救援队指挥员应组织营救,使救援队进入营救状态;否则下达撤离指令,使救援队进入撤离状态,撤离现场。

在营救阶段,确定受难者位置后,救援队自动进入营救状态。首先需要评估结构的营救安全,制定搜索计划(包括划分营救工作区),然后分三个阶段实施,包括:创建达到受难者的通道、原地救治和转移受难者到安全地点。待所有场区的工作完成后,救援队进入撤离状态。

在撤离阶段,救援队完成救援工作后,要完成以下工作:①保留现场记录;②收拢救援队人员,清点人数,确保全部到齐;③收回救援工具、装备、器材及所有物资,进行清点登记;④拆除帐篷、临时设施,恢复原貌;⑤妥善处理垃圾,不致污染环境;⑥归还借用物品,对已消耗的资源向当地政府做出说明;⑦按照进入的机动方式进行转移／撤离。

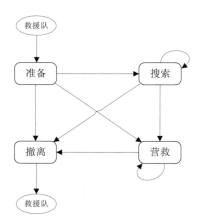

**图4-20　地震救援业务流程示意图**

1)准备阶段的工作详情如下。

第一,领受救援任务。救援队指挥员应到现场指挥部领受救援任务,并从现场指挥部(以及上级部门)得知相关信息(当地宗教习惯、地震概况等),同时要向现场指挥部报告本救援队的人员组成和装备配置情况,并沟通以下一些问题:

①灾害或事故造成的建筑物破坏情况;

②受难者数量,受难状态;

③救援队受领的任务,责任区域;

④现场的道路,通信(市话、长话、移动电话、计算机网络)、供电(动力电、照明电)、供水等条件的现状;

⑤现场 1∶500 比例的地形图和有关楼房的建筑平面图;

⑥熟悉现场情况的向导;

⑦灾区相关社情民风(民族、宗教、习俗、建筑特点等)。

第二,快速勘查外围。先遣队(包括救援队员、结构专家等)到达现场后。结构专家快速勘查全场,一般遵循"每栋建筑物的勘查时间最多不超过 5~10 分钟"的原则,以快速确定可能存在幸存者地方。

首先,确定救援工作区,组织人员进行封锁。

其次,进行勘查与评估并绘制草图,内容包括:

①工作区方位、边界、接合部划分;

②工作区建筑物的数量、分布、结构类型、层数;

③各建筑物的破坏程度、破坏类型的评估;

④建筑物内压埋受难者的估计;

⑤危险源的位置、种类、数量、威胁程度的估计。

第三,进行场区划分。将现场所有的建筑物按照自然位置进行场区划分。

第四,收集群众信息。指挥员应从现场群众中收集建筑物用途、地震时人员位置、失踪人员可能压埋位置等信息,这是对建筑物进行搜索排序的重要依据。

第五,保护现场。实施此过程旨在为灾害现场内的救援人员、围观者、受害者提供尽可能的保护(减轻危险),包括设置警戒区等措施。

第六,选择工作区。根据搜集的信息(占有率、倒塌机理、发生时间、前期情报、可利用资源和建筑物的结构稳定条件等)进行优选排序。

准备阶段的流程如图 4-21 所示。

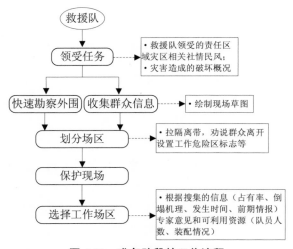

**图 4-21　准备阶段的工作流程**

2）搜索阶段的工作详情如下。

搜索阶段的工作，主要包括制定搜索计划、概略搜索、深入搜索和准备营救器材等。当现场存在化工厂、学校化学实验室等，可能产生化学危害的建筑物时，在展开搜索行动以前，需要使用专门仪器对毒气和可燃气体进行检测；另外对于不能确保已断电的建筑物也要进行漏电检测。搜索阶段的工作流程如图 4-22 所示。

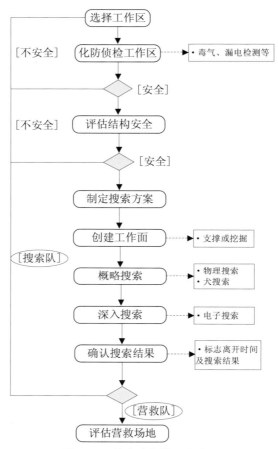

**图 4-22　搜索阶段的工作流程**

在搜索阶段，不同角色的参演人员的业务职责也有所不同。救援队长下达概略搜索指令后，搜索人员按照指令进行概略搜索并在完成概略搜索后向救援队长汇报结果。若没有发现受难者的线索，则由救援队长决策是否进行更进一步的搜索，或转移到其他搜索区域；若发现受难者的线索，救援队长应根据废墟的特点，选取搜索仪器，下达深入搜索指令。搜救队员按这个指令进行深入搜索，并在深入搜索完成后汇报搜索结果。结构专家需要在整个搜索过程中监控搜索活动的安全，指导整个搜索活动安全进行。搜索行动中，各类人员的业务职责划分如图 4-23 所示，搜索队员的具体行动流程如图 4-24 所示。模拟的搜索技术方法通常分为概略搜索和深入搜索两种。概略搜索包括物理搜索和犬搜索。深入搜索在得到受难者大体方位的可靠判断后，使用电子侦察设备（主要是生命探测仪）精确判定受难者的位置及方向,目前所使用的生命探测仪有声波／振动探测仪、光学探测仪、红外线探测仪。

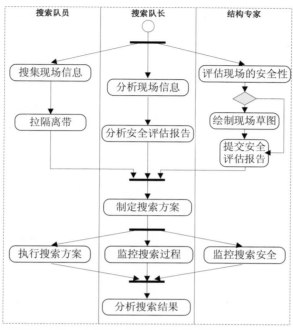

**图 4-23　搜索行动中的各种角色的业务职责划分示意图**

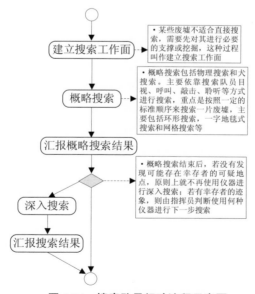

**图 4-24　搜索队员行动流程示意图**

3)营救阶段的工作详情如下。

营救阶段的工作,主要包括安全评估、排除险情、现场清障、搜索定位、营救生命等。

①安全评估。地震灾害现场情况复杂,次生灾害、二次倒塌等多种危险因素共存,在总

体情况不明的情形下匆忙派人或自发进入施救,可能会造成额外的伤亡事故。因此,在未经安全评估和排险之前,不得进入倒塌建筑物内进行搜索与营救。

②排除险情。为保证救援人员及被困人员的生命安全,应根据安全评估结果及时对现场存在的次生灾害或潜在险情进行排除。对于倒塌建筑内的水、电、气供应,在一时难以实施关断时,要考察并及时通知当地的供电、供气、供水部门的检修人员赶赴现场实施排险操作。当现场伴有次生火灾发生时,应该迅速使用喷雾水枪或使用直流开花水枪,及时控制和扑灭现场火灾,及时转移现场存在的易燃、易爆、有毒、有害等危险化学品,消除火势对被困人员和施救工作的威胁。

③现场清障。应该迅速清理进入现场的通道,在救援作业区附近开辟救援人员和车辆集聚空地,确保现场拥有一个急救场所和一条供救援车辆进出的通道,使到场的主要力量能迅速部署在要实施救援的主要区域。同时要避免辅助力量占据主要通道,以便后续救援车辆进入。

④搜索定位。搜索人员可以利用以下几种方法对倒塌建筑场地内的被困人员实施搜索:询问知情人,特别是未被埋压的幸存者和早期被救出的人员,根据他们提供的情况,有针对性地进行搜索;利用敲、喊、听、看等手段进行人工搜索;利用搜救犬搜索;利用生命探测仪搜索,对被困人员位置进行精确定位;根据实际情况,综合利用人工、搜救犬和仪器搜索方法,对被困人员位置进行复核。一旦确定被困人员的位置,应立即进行标记,并向消防应急救援指挥部报告。搜索定位结束后,应使用固定、醒目的标记符号对已经完成搜索的区域进行标识。

⑤营救生命。营救废墟表面被困人员的注意事项如下。废墟表面被困人员是指在倒塌建筑边缘、顶部、浅层处能看到的,以及经过简单操作就能施救的人员。应首先对废墟表面被困人员进行救助,使其尽快脱险。营救废墟表面的被困人员时,应注意以下几点:一是及时给予正确的指导,防止其脱险后因惊慌失措而再次遇险;二是指派专人负责对刚脱离险境的人员进行清点和姓名、单位登记;三是如果时间和情况允许,应仔细询问脱险人员,了解其他被埋压人员所处的位置,以便确定后续的搜寻与挖掘工作;四是对于受伤人员,在进行必要的现场急救后,应及时安排运输车辆将其送医院治疗,并做好已送院伤员的记录,避免因疏忽漏记造成后续对已脱险人员进行不必要的现场搜寻。

营救废墟内部被困人员的注意事项如下。在完成对废墟表面被困人员的营救工作后,营救废墟内部被困人员时,一般应遵循下述三个步骤。一是开辟救生通道。选用合适的方法和工具,开辟救生通道。可采取的措施主要有在楼板、墙体上打洞;挖掘竖井;用梯子、救生索道、三脚架等搭建救生通道;推倒一面墙或割断一块楼板;有选择地使用起重机等重型机械清理部分倒塌废墟。二是扩展救生空间。可采取的措施主要有清理被困人员周围的建筑废墟;扩张、顶升倒塌建筑物形成的空区;起吊、牵引被困人员周围的大型建筑构件;切割建筑钢筋或梁柱,加固建筑构件。三是转移被困人员。根据被困人员的情况,视情采取引导、搬运等方式安全转移被困人员。需注意的是,营救行动可能会触动承重的不稳定构件,导致二次倒塌的发生。因此,在实施这项工作前,应在建筑结构专家的协助下制定初步营救方案,行动要细致谨慎,尽可能选派有经验或受过专门训练的人员来承担此项工作。

4）撤离阶段的工作详情如下。

①清理现场。应会同地震、公安、受灾单位利用搜救犬和生命探测仪再次对倒塌现场进行探测搜索，在确定倒塌现场内再无被埋压的幸存者后，才允许对倒塌废墟进行全面清理工作。有时全面清理工作还得在仍有未找到失踪者的情况下开始，前提是倒塌废墟内部所有可能的生存空间都已搜寻过，并且经过各个生存空间的局部清理和挖掘已确定没有可能的生存者。全面清理工作涉及清理任务和区域的划分，清理的先后次序的确定，废物临时集中场所的确定，废物的挖、铲、搬、移装运及拉离现场、贵重物品和可能失踪者尸体搜寻等，这些都必须在总指挥部的统一指挥下有序进行。

②移交归队。现场清理工作结束后，搜救队应清点人员，收集整理器材装备，移交现场，安全撤离；检查有无受伤或失踪的人员，特别对于大型救援现场，应由各队清点人数并将检查结果上报消防应急救援指挥部。

依据地震救援案例对地震救援工作流程进行梳理，确定救援工作的各阶段中的角色的工作流程及相关要点如图 4-25 至图 4-29 所示。

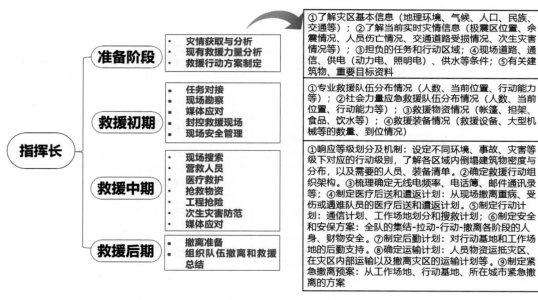

**图 4-25　指挥长的工作流程及相关要点**

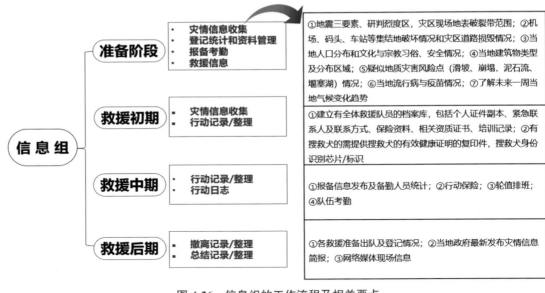

图 4-26　信息组的工作流程及相关要点

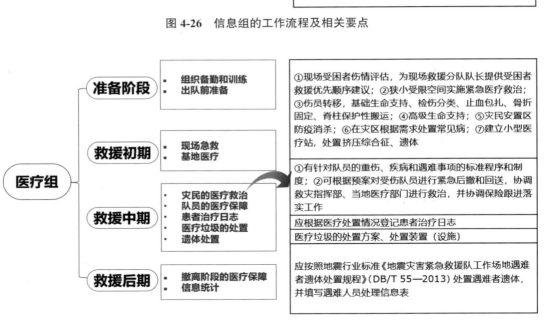

图 4-27　医疗组的工作流程及相关要点

图 4-28　救援队长的工作流程及相关要点

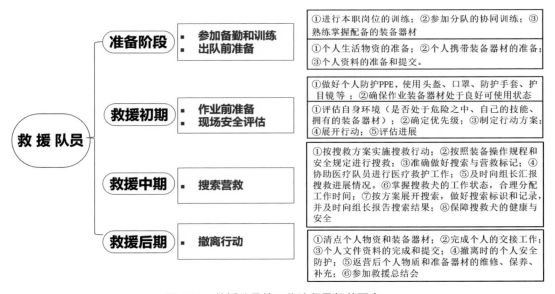

图 4-29　救援队员的工作流程及相关要点

可见,救援行动不同阶段的救援工作涉及多种技术的综合应用,如搜索技术、营救技术、医疗技术以及安全评估技术等,而且倒塌建筑物的构造复杂,余震和次生灾害的影响等诸多因素都给救援工作带来挑战。为了在地震救援过程中科学高效地应用各种实用技术,要求救援人员在充分掌握地震灾害特性以及救援困境的基础上,熟练地震救援方法,逐步形成完备的地震救援实用技术应用方案,保障地震救援工作顺利进行。

由于地震救援工作中各种人员的任务不同,地震应急救援演练的侧重考察的内容会有所区别。通过分析地震救援不同阶段的任务要求,可通过想定设计的方式,构建多个关卡式考点,从而考察参训队员对相关技能的掌握程度。通过对不同演练考点的梳理,主要考点关卡设计见表4-3。

表4-3 考察内容和相应的考点关卡

| 考察内容 | 考点关卡 |
|---|---|
| 抢险救援行动应遵循的理念 | 安全意识(如何体现双安全观) |
| | 先进救援技术和装备选取(效能评价) |
| | 医疗是否贯穿始终 |
| 救援行动的一般程序 | 封控现场流程 |
| | 安全评估流程 |
| | 搜索确认流程 |
| | 实施营救流程 |
| | 医疗救护流程 |
| | 救助转移流程 |
| | 救援行动总结流程 |
| 救援训练组织方法 | 倒塌废墟救援 |
| | 地下救援 |
| | 高空救援 |
| 救援队的主要装备器材 | 救援装备车 |
| | 搜索探测设备 |
| | 营救设备 |
| | 医疗救治设备 |

在地震搜索救援演练中,针对不同的角色,侧重考察的内容会有所不同,其中指挥协调层角色和救援实施层角色的任务有较大差别,具体见表4-4和表4-5。

表4-4 地震救援指挥协调层角色任务

| 角色名称 | 救援过程阶段 | 主要任务 | 演练考核要点(操作注意事项) | 评价权重(1~5分) |
|---|---|---|---|---|
| 指挥长 | 准备阶段 | 1. 灾情获取与分析 | ①了解灾区基本信息(地理环境、气候、人口、民族、交通等);②了解当前实时灾情信息(极震区位置、余震情况、人员伤亡情况、交通道路受损情况、次生灾害情况等);③担负的任务和行动区域;④现场道路、通信、供电(动力电、照明电)、供水等条件;⑤有关建筑物、重要目标资料 | 4 |
| | | 2. 现有救援力量分析 | ①专业救援队伍分布情况(人数、当前位置、行动能力等);②社会力量应急救援队伍分布情况(人数、当前位置、行动能力等);③救援物资情况(帐篷、担架、食品、饮水等);④救援装备情况(救援设备、大型机械等的数量、到位情况); | 4 |

| 角色名称 | 救援过程阶段 | 主要任务 | 演练考核要点（操作注意事项） | 评价权重（1~5分） |
|---|---|---|---|---|
| 指挥长 | 准备阶段 | 3.救援行动方案制定 | ①响应等级划分及机制：设定不同环境、事故、灾害等级下对应的行动级别，以及需要的人员、装备清单。②救援行动组织架构。③无线电频率、电话簿、邮件通讯录等。④医疗后送和遣返计划：从现场撤离重病、受伤或遇难队员的医疗后送和遣返计划。⑤行动计划：通信计划、工作场地划分和搜救计划。⑥安全和安保方案：全队的集结-拉动-行动-撤离各阶段的人身、财物安全。⑦后勤计划：对行动基地和工作场地的后勤支持。⑧运输计划：人员物资运抵灾区、在灾区内部运输以及撤离灾区的运输计划等。⑨紧急撤离预案：从工作场地、行动基地、所在城市紧急撤离的方案 | 5 |
| | 救援初期（启动响应并到达灾区） | 1.任务对接 | ①灾害指挥部报备（第一时间与当地救灾指挥部取得联系，登记报备并提交相关资料）；②任务领取（获取信息和任务）；③营地搭建（选址、建设和运维） | 4 |
| | | 2.现场勘察 | ①确定搜救范围，划定封锁区域；②评估受损建（构）筑物结构，了解和掌握任务区域内的建筑物数量、分布、结构类型和层数，建筑物遭破坏的程度；③评估危险因素，如可能压埋伤亡人数，危险源的位置、种类、数量和威胁程度等情况；④绘制工作场地草图，包括建（构）筑物外部、内部定位标记、层数标记 | 4 |
| | | 3.封控救援现场 | ①划定封控范围；②转移现场内的居民；③实施封控行动 | 4 |
| | | 4.现场安全管理 | ①安全风险评估（结构专家及安全员开展风险评估）；②安全区域建立（现场设立警戒区和安全休息区）；③救援信号系统（约定紧急撤离信号、紧急撤离路线以及紧急避险区）；④个人安全防护；⑤通信联络和追踪系统（保持全程通信通联并有追踪系统） | 5 |
| | 救援中期（现场救援行动） | 1.现场搜索 | ①制定搜索方案（区域、方法、人员编组分工、信号规定、撤离路线等）；②确定搜索方法（人工搜索、搜救犬搜索、仪器搜索）；③实施搜索行动 | 5 |
| | | 2.营救人员 | ①制定营救方案（营救通道、营救方法、人员编组分工、保障措施、资源需求、进入和紧急撤离路线）；②划分营救功能区（如指挥区、紧急撤离区、装备存放区、医疗处置区、供电和照明区、搜救犬活动区等）；③组织实施营救（创建营救通道）④营救行动记录（救援行动标记、受困者救出信息、遇难人员处置信息） | 5 |
| | | 3.医疗救护 | ①组织医疗急救（队员的自我医疗保障、被救者的医疗处置）；②组织应急心理医疗和救治（队员、被救人员身体及心理健康监测与检查）；③组织医疗救护保障（建立小型医疗站、挤压综合征、遗体处置）；④组织医疗资源协调 | 5 |
| | | 4.抢救物资 | ①确定物资抢救方案（抢救方法、人员编组分工、保障措施、资源需求、进入和紧急撤离路线）；②组织实施抢救（抢救顺序为危险物品、重要物资、生活物资）；③抢救行动记录（抢救物资信息、抢救物资处置信息） | 5 |
| | | 5.工程抢险 | ①确定工程抢险方案（抢险方法、人员编组分工、保障措施、资源需求、进入和紧急撤离路线）；②工程抢险实施（交通道路的抢险、城市基础设施的抢险等）；③工程抢险行动记录（抢救物资信息、抢救物资处置信息） | 5 |

| 角色名称 | 救援过程阶段 | 主要任务 | 演练考核要点(操作注意事项) | 评价权重(1~5分) |
|---|---|---|---|---|
| 指挥长 | 救援中期(现场救援行动) | 6. 次生灾害防范 | ①确定次生灾害防范方案(方法、人员编组分工、保障措施、资源需求);②次生灾害防范实施(供水、供电、供气等生命线设施的破坏情况进行调查并报告、帮助和指导社区居民对家庭中的次生灾害源进行处置);③次生灾害防范行动记录 | 5 |
| | | 7. 媒体应对 | ①新闻发布会准备(新闻应对制度、发言人制度、发言内容的审核);②参加新闻发布会(遵循的发言要点和禁止事项) | 5 |
| | 救援后期(行动结束与撤离) | 1. 撤离准备 | ①制定撤离计划(人员收拢、物资清查、交接等);②完成交接工作(向灾区捐赠、移交设备和其他不需要带走的物品);③提交撤离计划和相关文档资料(填写队撤离表格,并制定由指挥部派其他任务的紧急预案等) | 4 |
| | | 2. 组织队伍撤离和救援总结 | ①下达撤离命令;②明确撤离的相关事项(明确撤离的时间、顺序、方法、路线、到达指定地区的时间和要求,以及撤离过程中的各项保障);③队伍归建后的工作(器材、装备的检修保养,对损坏的装备器材和消耗的物资及时请领补充);④救援资料的整理归档;⑤任务总结(完成任务基本情况、主要成绩、经验教训及下一步意见建议等) | 4 |
| 副指挥长 | 准备阶段 | 协助指挥长工作,当指挥长不在时履行指挥长的职责 | ①组织和协调灾害信息分析;②参与救援力量分析;③参与制定行动方案 | 4 |
| | 救援初期 | 协助指挥长工作,当指挥长不在时履行指挥长的职责 | ①统筹人员分工,协助指挥长管理指挥;②应急管理部门报备、批文办理;③组织和协助营地的建设和管理 | 5 |
| | 救援中期 | 协助指挥长工作,当指挥长不在时履行指挥长的职责 | ①各救援组沟通;②协调资源调配;③评估行动风险;④提醒指挥长安全隐患和终止行动;⑤组织和协调队搜救行动;⑥组织和协调队综合保障;⑦组织和协调队的新闻、医疗等工作 | 5 |
| | 救援后期 | 协助指挥长工作,当指挥长不在时履行指挥长的职责 | ①参与制定撤离计划;②协助完成交接工作(向灾区捐赠、移交设备和其他不需要带走的物品);③组织撤离计划和相关文档资料的填写;④负责撤离过程中的安全;⑤组织和协调装备保养和维修及补充;⑥参与救援行动总结 | 4 |
| 信息组 | 准备阶段 | 1. 登记统计和资料管理 | ①建立有全体救援队员的档案库,包括个人证件副本、紧急联系人及联系方式、保险资料、相关资质证书、培训记录;②有搜救犬的需提供搜救犬有效健康证明的复印件,搜救犬身份识别芯片/标识 | 4 |
| | | 2. 报备考勤 | ①报备信息发布及备勤人员统计;②行动保险;③轮值排班;④队伍考勤 | 4 |
| | 救援初期 | 行动记录/整理 | ①编制救援队现场信息工作方案 | 4 |
| | 救援中期 | 1. 行动记录/整理 | ①收集灾情与救援进展信息,编写救援队日志和工作简报;②收集整理救援行动文字、图像和音视频资料 | 5 |
| | | 2. 行动日志 | 对每天的行动结果形成书面报告,主动向当地救灾指挥部和政府部门汇报救援行动开展情况 | 5 |

| 角色名称 | 救援过程阶段 | 主要任务 | 演练考核要点（操作注意事项） | 评价权重（1~5 分） |
|---|---|---|---|---|
| 信息组 | 救援后期 | 1. 撤离记录／整理 | ①编制撤离计划；②收集撤离行动文字、图照和音视频资料 | 4 |
| | | 2. 总结记录／整理 | 收集整理总结文字、图像和音视频资料 | 4 |
| 灾评组 | 准备阶段 | 1. 救援队安全评估 | ①评估行动整体安全形势；②编制救援队安全工作方案；③排查安全隐患 | 4 |
| | | 2. 队员安全评估 | ①对行动队员所使用的个人防护用品进行检查测试（头盔、护目镜、口罩、工作鞋等）。 | 4 |
| | 救援初期 | 3. 灾情获取与评估 | ①与当地居民和相关机构收集灾情信息；②填写灾情调查表；③综合灾情研判，并主动上报现场指挥部或政府部门 | 4 |
| | 救援中期 | 4. 工作场地评估 | ①对工作场地及相邻区域可能存在危险因素评估，开阔空间的工作场地及周边的危险品与风险评估（包括受困人数和位置、受损建（构）筑物对施救的不利影响、危险品及危险源、崩塌、滑坡、泥石流、洪水、台风等潜在危险因素）；②评估受损建（构）筑物（用途、结构类型、层数、承重体系、基础类型、空间与通道分布、倒塌类型及主要破坏部位、二次倒塌风险及影响范围、施救可能对结构稳定性产生的影响）；③侦检工作场地及相邻区域的危险品和危险源（包括氧气浓度、物质或周围空气易燃性、漏电、毒性、可燃性气体浓度、放射线等） | 5 |
| | | 5. 救援行动安全评估 | ①对救援行动进行安全指导和监督；②监督行动中的安全防范措施实施，检查落实情况；③对救援队员进行救援现场安全教育；④编制工作场地及行动基地医疗和卫生防疫工作方案及实施 | 5 |
| | 救援后期 | 6. 撤离行动安全评估 | ①对撤离行动进行安全指导和监督；②监督撤离行动中的安全防范措施实施，检查落实情况；③对救援队员进行撤离安全教育 | 4 |
| 专家组 | 准备阶段 | 1. 各类预案计划的审核 | ①队员受伤时的医疗后送与撤离预案；②工作场地和营地的安保与紧急撤离预案；③队内和队外的通信保障计划；④工作场地和营地的后勤保障计划；⑤救援队抵达灾区、灾区内运输以及从灾区返回驻地的计划；⑥现场的任务安排计划 | 4 |
| | 救援初期 | 2. 工作场地评估提供咨询和指导 | 评估工作场地及相邻区域可能出现坍塌、坠落、危化品泄漏等危险的区域 | 4 |
| | 救援中期 | 3. 提供现场救援行动咨询和指导 | ①指导搜救程序；②指导搜救方法；③指导营救程序；④指导营救方法；⑤指导现场急救程序；⑥指导现场急救方法 | 5 |
| | 救援后期 | 4. 提供撤离行动咨询和指导 | ①指导救援交接工作；②指导撤离行动；③指导救援行动总结 | 4 |
| 医疗组 | 准备阶段 | 1. 组织备勤和训练 | ①明确医疗队员编组；②培训医疗救护技能；③组织与救援队员的协同训练 | 4 |
| | | 2. 出队前准备 | ①确保医疗救护队员做好出队准备；②所有的器材、设备全部准备到位就绪；③医疗组必需的文件资料齐全；④收集灾区的医疗风险、医疗救护能力和医疗资源 | 4 |

| 角色名称 | 救援过程阶段 | 主要任务 | 演练考核要点（操作注意事项） | 评价权重（1~5分） |
|---|---|---|---|---|
| 医疗组 | 救援初期 | 3. 基地医疗 | ①每天开展队员身体及心理健康监测与检查；②对食品、饮用水与基地环境卫生及队员进行监测；③对队员提供基础和紧急医护、洗消服务 | 5 |
| | 救援中期 | 4. 灾民的医疗救治 | ①狭小受限空间实施紧急医疗救治；②伤员转移；③基础生命支持、检伤分类、止血包扎、骨折固定、脊柱保护性搬运；④高级生命支持；⑤灾民安置区防疫消杀；⑥在灾区根据需求处置常见病；⑦建立小型医疗站、挤压综合征、遗体处置 | 5 |
| | | 5. 队员的医疗保障 | ①有针对队员的重伤、疾病和遇难事项的标准程序和制度；②可根据预案对受伤队员进行紧急后撤和回送，协调救灾指挥部、当地医疗部门进行救治，并协调保险跟进落实工作 | 5 |
| | | 6. 患者治疗日志 | 应根据医疗处置情况登记患者治疗日志 | 4 |
| | | 7. 医疗垃圾的处置 | 医疗垃圾的处置方案、处置装置（设施） | 4 |
| | | 8. 遗体处置 | 应按照地震行业标准，《地震灾害紧急救援队伍 工作场地遇难者遗体处置规程》（DB/T 55—2013）处置遇难者遗体，并填写遇难人员处理信息表 | 5 |
| | 救援后期 | 9. 撤离阶段的医疗保障 | ①每天开展队员身体及心理健康监测与检查；②对食品、饮用水与撤离环境卫生及队员进行监测；③对队员提供基础和紧急医护、洗消服务 | 4 |
| 后勤组 | 准备阶段 | 1. 队员个人携带物品准备 | 队员需携带自己的睡袋、防潮垫、餐具、洗漱用品抵达集结地点并接收装备检查 | 4 |
| | | 2. 通信文件 | 应提供出库通信设备清单、号码、频段等信息 | 4 |
| | | 3. 后勤物资准备 | ①备有足够的食物、水、药品、通信、电力、营地等后勤物资；②能够保障建立的营地运作；③能保障队伍在工作场地持续工作； | 4 |
| | | 4. 装备器材准备 | ①提供完整的行动队伍出动装备清单（包括种类、名称、数量、质量、体积）；②参照国家地震行业标准《地震救援装备分类、代码与标签》（DB/T 57—2014）建立装备颜色编码系统，按照装备功能分类整理，如搜索装备、营救装备等；③装备清单应同时准备纸介质版和电子版 | 4 |
| | 救援初期 | 5. 通信保障 | ①救援队指挥部（行动营地）应具备与地方人民政府救灾指挥机构和后方指挥平台之间通信，并实现实时畅通；②具备与派遣执行任务的行动小组之间通信的能力，并实现实时畅通；③前后方语音、数据、图片、视频、卫星图传递等实时畅通 | 4 |
| | | 6. 行动营地建设 | ①行动营地选址；②行动营地设立；③行动营地安全控制；④行动营地运维 | 5 |
| | | 7. 医疗资源协调 | ①向救灾指挥部或当地卫生部门了解医疗机构及医疗资源情况；②制定医疗资源协调机制，根据缺口协调医疗资源；③能够满足或保障救援现场和营地的伤员后送、卫生防疫、紧急医疗处置需求 | 4 |
| | 救援中期 | 8. 工作现场保障 | ①工作现场有必要的电力、照明、通信、医疗、后勤保障；②队员有合理轮换休息制度 | 5 |

| 角色名称 | 救援过程阶段 | 主要任务 | 演练考核要点（操作注意事项） | 评价权重（1~5 分） |
|---|---|---|---|---|
| 后勤组 | 救援后期 | 9. 撤离行动保障 | ①行动基地撤除；②装备器材撤离准备；③撤离过程中的后勤支持（物资清单、打包、装货）；④计划并保障输送 | 4 |

### 表 4-5  地震救援执行层角色任务

| 角色名称 | 救援过程阶段 | 主要任务 | 演练考核要点（操作注意事项） | 评价权重（1~5 分） |
|---|---|---|---|---|
| 救援队队长 | 准备阶段 | 1. 组织备勤和训练 | ①明确救援队员编组；②培训救援技能；③组织与医疗人员的协同训练；④指导搜救犬的使用和训练 | 4 |
| | | 2. 出队前准备 | ①确保救援队员和搜救犬做好出队准备；②所有的器材、设备全部准备到位就绪；③救援分队必备的文件资料齐全 | 4 |
| | 救援初期 | 3. 作业前准备 | ①检查督促队员做好防护；②确定技术搜索与营救方案 | 4 |
| | | 4. 安全评估 | ①持续对队员和搜救犬工作的区域进行危险评估，并采取适当的减轻措施或行动；②坚持评估安全保卫情况并遵守相关程序 | 4 |
| | 救援中期 | 5. 搜救行动 | ③实施技术搜索与营救行动；④及时报告行动进展情况；⑤掌握队员工作状态，合理调配人员；⑥组织队员做好现场装备管理 | 5 |
| | 救援后期 | 6. 撤离行动 | ①队员和装备器材的清点；②组织交接工作；③撤离中的管理；④进行分队总结 | 4 |
| 救援队队员 | 准备阶段 | 1. 参加备勤和训练 | ①进行本职岗位的训练；②参加分队的协同训练；③熟练掌握配备的装备器材 | 4 |
| | | 2. 出队前准备 | ①个人生活物资的准备；②个人携带装备器材的准备；③个人资料的准备和提交 | 4 |
| | 救援初期 | 3. 作业前准备 | ①做好个人防护，准备头盔、口罩、防护手套、护目镜等；②确保作业装备器材处于良好可使用状态 | 4 |
| | | 4. 现场安全评估 | ①评估自身环境（是否处于危险之中、自己的技能、拥有的装备器材）；②确定优先级；③制定行动方案；④展开行动；⑤评估进展 | 4 |
| | 救援中期 | 5. 搜索营救 | ①按搜救方案实施搜救行动；②按照装备操作规程和安全规定进行搜救；③准确做好搜索与营救标记；④协助医疗队员进行医疗救护工作；⑤及时向组长汇报搜救进展情况；⑥掌握搜救犬的工作状态，合理分配工作时间；⑦按方案展开搜索，做好搜索标识和记录，并及时向组长报告搜索结果；⑧保障搜救犬的健康与安全。 | 5 |
| | 救援后期 | 6. 撤离行动 | ①清点个人物资和装备器材；②完成个人的交接工作；③个人文件资料的完成和提交；④撤离时的个人安全防护；⑤返营后个人物资和准备器材的维修、保养、补充；⑥参加救援总结会 | 4 |
| 医生 | 准备阶段 | 1. 参加备勤和训练 | ①进行本职岗位的训练；②参加分队的协同训练；③熟练掌握配备的装备器材 | 4 |
| | | 2. 出队前准备 | ①个人生活物资的准备；②个人携带装备器材的准备；③个人资料的准备和提交 | 4 |
| | 救援初期 | 3. 作业前准备 | ①做好个人防护，准备头盔、口罩、防护手套、护目镜等；②确保作业装备器材处于良好可使用状态 | 4 |

| 角色名称 | 救援过程阶段 | 主要任务 | 演练考核要点（操作注意事项） | 评价权重（1~5分） |
|---|---|---|---|---|
| 医生 | 救援中期 | 4. 医疗救护行动 | ①行动队员及搜救犬的自我医疗保障；②被救者的医疗处置；③指导搜救队员制定符合医疗要求的营救方案；④在工作场地对受困者进行检伤分类和现场急救，并做好医疗记录；⑤为救援队员提供全程健康监测和医疗保障；⑥行动基地医疗卫生帐篷的建设与运维；⑦为救援队员和受困者提供心理安抚；⑧救援队队员卫生防疫洗消 | 5 |
| | 救援后期 | 5. 撤离中的医疗救护 | ①与相关医疗机构完成交接；②评估潜在的危险及后续医疗需求；③在撤离途中继续提供医疗护理 | 3 |
| 结构专家 | 准备阶段 | 1. 灾情评估咨询 | ①为灾情评估提供咨询；②参与救援行动方案制定 | 4 |
| | 救援初期 | 2. 安全评估 | ①负责工作场地的建（构）筑物结构安全评估，提出救援优先级建议； | 4 |
| | 救援中期 | 3. 救援指导 | ①协助搜救队指挥长制定工作场地的搜救方案；②对工作场地现场救援进行技术指导及参与救援行动 | 3 |
| | 救援后期 | 4. 撤离行动指导 | 协助救援队长组织撤离的相关事项 | 3 |
| 联络官 | 准备阶段 | 1. 前期准备沟通联络 | 协助指挥长开展救援队与相关部门的联络协调 | 4 |
| | 救援初期 | 2. 救援行动中的沟通联络 | ①协助指挥长开展救援队与相关部门的联络协调；②协助本救援队与其他救援队的联络协调；③协助救援队与地方救灾指挥机构的联络协调；④与救援工作相关的组织、机构及人员通讯录的编写和更新 | 4 |
| | 救援中期 | | | |
| | 救援后期 | 3. 撤离中的沟通联络 | 协助指挥长开展救援队与相关部门的联络协调 | 3 |
| 保障组组长 | 准备阶段 | 1. 组织备勤和训练 | ①明确保障队员编组；②培训保障技能；③组织与救援人员、医疗人员的协同训练 | 4 |
| | | 2. 出队前准备 | ①确保保障队员做好出队准备；②所有的器材、设备全部准备到位就绪；③保障组必需的文件资料齐全 | 4 |
| | 救援初期 | 3. 保障准备 | ①编写救援队的保障方案（通信、装备、后勤），组织实施队的日常保障；②组织协调队的交通运输；③协助指挥长进行基地选址，并组织现场行动基地的搭建、运维 | 4 |
| | 救援中期 | 4. 保障行动 | ①每日向指挥长汇报基地运维情况；②提出装备和物资的补给需求；③确保行动基地的安全运行；④协助指挥长做好捐赠救援装备和接受捐赠的相关事宜 | 4 |
| | 救援后期 | 5. 撤离中的保障行动 | ①协助指挥长进行基地撤收工作；②做好撤离交接工作；③做好撤离中的通信、装备、后勤保障 | 4 |
| 保障队队员 | 准备阶段 | 1. 参加备勤和训练 | ①进行本职岗位的训练；②参加分队的协同训练；③熟练掌握配备的装备器材 | 4 |
| | | 2. 出队前准备 | ①个人生活物资的准备；②个人携带装备器材的准备；③个人资料的准备和提交 | 4 |

| 角色名称 | 救援过程阶段 | 主要任务 | 演练考核要点（操作注意事项） | 评价权重（1~5 分） |
|---|---|---|---|---|
| 保障队队员 | 救援初期 | 3.作业前准备 | ①做好个人防护,准备头盔、口罩、防护手套、护目镜等;②确保作业装备器材处于良好可使用状态 | 4 |
| | 救援中期 | 4.救援行动保障 | 通信:①制定和落实救援队通信实施方案;②架设通信系统,保证队与各方的数据、音视频的传输线路畅通;③救援队通信装备运维。<br>装备:①搜救装备的清点、登记和发放等管理工作;②搜救装备及救援车辆的维护和保养;③工作场地及现场行动基地的动力、照明和燃料等保障。<br>后勤:①制定和落实救援队后勤保障方案;②制定和落实救援队交通运输方案;③每日报告后勤物资消耗情况,并提出补给建议;④饮食、卫生和其他勤务保障工作;⑤后勤物资的清点、登记和发放;⑥现场基地的运行维护和安全警卫 | 5 |
| | 救援后期 | 5.撤离行动保障 | ①撤离行动中的通信和装备保障;②返营后的装备保养维修及补充 | 5 |

## 4.4 应用示例

### 4.4.1 示例 1:搜救局部垮塌住宅下的压埋人员

训练目标:搜救局部垮塌住宅下的压埋人员。

考察要点:搜索和营救技术流程,狭小空间支撑和破拆技术流程,人员检伤分类、伤员紧急救治和处理流程,伤员转运流程。

参训人员:救援队队长 1 名,救援队队员 3 名,结构专家 1 名。

1.废墟场景参数

局部倒塌的 6 层砖混住宅,有压埋人员 2 人,分别在 1 楼和 3 楼。1 楼局部出现座层,承重墙体和构造柱垮塌,现浇楼板破碎、垮塌。3 楼局部承重墙体严重开裂,未全部垮塌,部分构造柱开裂,现浇楼板局部塌落。

2.周边环境参数

设置 1:该住宅处在小区的道路较宽阔,周边无临近垮塌的房屋,周边无加油站等次生灾害源,住宅周围有可用的消防栓,供电正常,通信正常。

设置 2:该住宅处在小区的道路较宽阔,周边无临近垮塌的房屋,周边 100 米内有一加油站,住宅周围的消防栓损坏泄漏,供电中断,通信正常。

设置 3:该住宅处在小区的道路狭窄,大型救援车辆无法抵达,周边邻近有成片垮塌的房屋,周边无次生灾害源,住宅周围的消防栓损坏泄漏,供电中断,通信中断。

3. 搜索训练考点

（1）行动准备

1）救援队在获得灾情信息后，应设专人跟踪灾情。【通过软件信息公屏交互】

2）救援队队长接到出动命令后，应完成下列行动准备工作：

①确定组队、装备、物资配置方案；【模拟从装备、物资列表中选择】

②确认队员、搜救犬及装备状态；【模拟选择搜救犬】

③确定机动方式和行动路线；【通过软件信息公屏交互】

④确定运输工具的种类、数量及运输先后顺序；【模拟选择运输工具】

⑤为出队人员办理人身意外保险。【模拟选择确认搜救队员信息，勾选购买保险选项】

3）救援队到达现场之前，队长应根据灾区的各种信息编制并适时修改救援行动计划，主要包括：

①现场形势评估；【通过软件信息公屏界面和资料交互界面，发布现场形势评估结论】

②需求评估；【通过软件信息公屏界面和资料交互界面，发布现场形势评估结论】

③一般情况应对措施；【通过软件信息公屏界面和资料交互界面，发布处置措施信息】

④意外情况处置措施。【通过软件信息公屏界面和资料交互界面，发布处置措施信息】

（2）现场场地评估

救援队进入工作场地前，应对工作场地及其周边环境的危险性进行评估，主要内容包括：

1）受损建（构）筑物对施救的可能影响；

2）危险品及危险源；

3）崩塌、滑坡、泥石流、洪水、台风等潜在危险因素。

【通过全景浏览废墟场景、查阅场景参数信息等，在软件信息公屏界面和资料交互界面，发布评估信息】

结构专家应对建（构）筑物进行结构评估，评估应当考虑以下内容：

1）用途；

2）估计人数；

3）结构类型、层数；

4）承重体系、基础类型；

5）空间与通道分布；

6）倒塌类型及主要破坏部位；

7）二次倒塌风险；

8）施救可能对结构稳定性产生的影响。

评估完成后，应填写"工作场地评估表"（表4-6），并绘制现场草图。【通过软件资料交互界面，上传草图，评估表在系统的资料库中查找下载后调用后填写】

表 4-6 工作场地评估表

| 救援队名称 | | | | | |
|---|---|---|---|---|---|
| 工作场地名称及位置 | | | | | |
| 环境危险性评估<br>（在□上画√） | 煤气泄漏 | □有 □无 | 其他危化品泄漏 | | □有 □无 |
| | 易燃易爆 | □有 □无 | 台风 | | □有 □无 |
| | 崩塌 | □有 □无 | 滑坡 | | □有 □无 |
| | 泥石流 | □有 □无 | 洪水 | | □有 □无 |
| | 周边建（构）筑物稳定性 | □稳定 □不稳定 | 周边易损建（构）筑物对施救的影响 | | □有 □无 |
| | 水管破裂 | □有 □无 | 其他 | | |
| 建筑物基本信息 | 建筑物名称 | | | | |
| | 地址 | | | | |
| | 用途 | | | | |
| | 估计人数 | | 受困人数 | | |
| | 结构类型 | | | | |
| | 层数 | 地上 | | 地下 | |
| | 基础类型 | | | | |
| | 承重体系 | | | | |
| | 空间与通道分布 | | | | |
| 结构评估 | 倒塌形成的空间类型 | | | | |
| | 主要破坏部位 | | | | |
| | 二次倒塌 | | | | |
| | 施救可能对结构稳定性产生的影响 | | | | |
| 行动建议 | 人员装备配置 | | | | |
| | 特别注意事项 | | | | |
| | 其他 | | | | |
| 评估人： 绘图人： | | | | 年 月 日 时 分 | |

救援队队长应根据结构评估的结果，确定工作场地的优先等级，填写"工作场地优先等级表"和"工作空间优先等级表"示例分别见表 4-7 和表 4-8。优先等级划分方法如图 4-30 所示。

表 4-7 工作场地优先等级表

| 优先等级 | 受困者的生存状况 | 空间类型 | 结构稳定程度 |
|---|---|---|---|
| 1 | 受困者存活 | | 稳定或不稳定 |
| 2 | 不能确定受困者状态 | 小空间 | 稳定 |
| 3 | 不能确定受困者状态 | 小空间 | 不稳定 |
| 4 | 不能确定受困者状态 | 狭小空间 | 稳定 |

| 优先等级 | 受困者的生存状况 | 空间类型 | 结构稳定程度 |
|---|---|---|---|
| 5 | 不能确定受困者状态 | 狭小空间 | 不稳定 |
| 6 | 受困者存活 | | 极不稳定 |
| 7 | 不能确定受困者生存状态 | | 极不稳定 |
| 8 | 没有受困者幸存 | | |

表 4-8　工作空间优先等级表

| 优先等级划分因素 | 特征描述 |
|---|---|
| 小空间 | 可容纳一个成年人的空间,在这种空间中,受困者致伤概率小于狭小空间,生存概率较大 |
| 狭小空间 | 很难容纳一个成年人的空间,在这种空间中,受困者被限制在固定姿势,致伤概率较大,生存概率较小 |
| 稳定 | 受损建构筑物结构稳定,不需要额外的安全支承 |
| 不稳定 | 建构筑物结构不稳定,需要通过支承和移除作业,使结构稳定才能开展救援 |
| 极不稳定 | 建构筑物严重受损,极易发生二次倒塌 |
| 可进入性 | 指接近受困者或狭小空间的困难程度 |

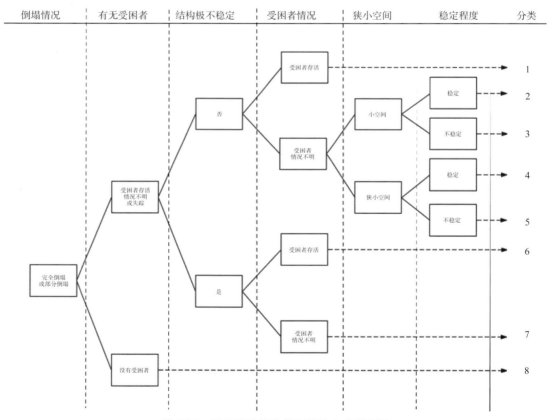

图 4-30　工作场地优先等级划分方式示意图

（3）现场搜索

在搜索行动阶段,救援队的主要任务是依据搜索区域现场实际情况,对区域及场地进行分类及优先等级排序,按需求进行资源调配并制定搜索战术。这一阶段的主要搜索力量是搜索队队员、搜索犬和搜索设备,这些搜索力量的能力决定着搜索行动的效能。在搜索行动中,需要搜索队队员与救援队队员密切合作,对倒塌建筑物的内部情况及结构稳定做出评估并进行必要的加固,在保证安全的情况下在倒塌和受损的建筑中进行搜索。

任务要求对每一个场地采用人工搜索、设备搜索、犬搜索等方法对受困者进行搜寻,并有限度地深入建筑物内部寻找。一般来说,不同倒塌类型的建筑其内部残存空间和被埋压人员生存率也有不同,其中倾斜型倒塌建筑中的人员生存率最高;其次为局部倒塌型,如 V 形局部倒塌型建筑的坍塌底部及呈 V 形的两侧墙体的夹角处有较多生存空间,人员生存率高但结构不稳定;此外还有悬臂型和夹层型,但夹层型建筑中的人员生存率较低;完全倒塌型建筑的损坏面积大、施救难度大,但建筑的底部空间在建筑结构的支撑下往往可以形成多个独立空间,有人员幸存的可能。

在现场,可以通过与现场第一响应人获取相关受困人员的位置、数量及身体状况等信息,也可通过直接与受困者取得联系,了解所需信息。如果确认有深埋的幸存者,在与其他部门协调沟通后,可进行全面的搜索和营救。这一级别的搜索和营救通常在单个场地和少量的场地来开展。运用一切可利用的搜索设备和技术,构建破拆通道与支承,深入建筑内部了解受困者情况,与救援及医疗人员进行营救配合。

开展搜索行动时,应将人工搜索,犬搜索和仪器搜索等方式结合使用,以下对人工搜索、犬搜索和仪器搜索分别进行介绍。

1）人工搜索。人工搜索前一般先询问知情者,了解相关信息,再利用看、听、喊、敲等方法寻找受困者。人工搜索一般需要配备的装备见表 4-9。

**表 4-9　人工搜索所需配备的装备**

| 装备名称 | 数量 | 装备名称 | 数量 |
| --- | --- | --- | --- |
| 对讲机 | 2 台 | 定位旗 | 2 套 |
| 书写工具 | 1 套 | 漏电探测棒 | 1 根 |
| 测距仪 | 1 台 | 有毒气体探测仪 | 1 台 |
| 喷漆 | 2 罐 | 可燃气体探测仪 | 1 台 |
| 扩音喇叭 | 1 个 | 敲击锤 | 1 把 |
| 口哨 | 1 个 | 望远镜 | 1 台 |
| 照相机 | 1 台 | 手电筒 | 1 个 |

实施人工搜索前需进行任务分工,一般需要队长和 3 名队员。队长对废墟情况进行评估,制定搜索计划、路线,登记被困人员位置以及其他情况;1 号队员开展漏电探测、可燃、有毒气体侦检;2 号队员发出呼叫搜救信号;3 号队员发出敲击搜救信号。

人工搜索的操作流程见表 4-10。

表4-10　人工搜索的操作流程

| 程序 | 组长对废墟情况进行评估,制订搜索计划、路线,登记被困人员位置以及其他情况,并协同1号队员、2号队员、3号队员对废墟进行搜索 |
| :---: | :--- |
| | 1号队员在废墟现场利用漏电探测棒,可燃、有毒气体探测仪进行漏电侦检,可燃、有毒气体侦检,并协助组长对废墟进行搜索。 |
| | 2号队员利用扩音喇叭对废墟进行呼叫(有没有人?我们是×××救援队,听到请回应),发出搜救信号,并协助组长对废墟进行搜索 |
| | 3号队员利用敲击锤对瓦砾或邻近建筑物构件敲击(3~5声)发出搜救信号,并协助组长对废墟进行搜索 |
| 操作要求 | （1）呼叫搜索<br>①螺旋形搜索时,4名搜索人员围绕搜索区等间排列,间隔8 m左右,搜索半径5 m左右,围绕搜索区按顺时针同步向前走动至首尾重合;线性搜索时,4名搜索人员依照1号队员、2号队员、3号队员、组长的顺序一字分开,间隔3~4 m,从开阔区一边平行向前推进,一次推进1.5~2 m,通过整个开阔区域至另一边,可以从反方向反复搜索。②搜索时,1号队员对废墟表面进行漏电侦检,可燃、有毒气体侦检,2号队员、3号队员依次发出搜救信号后,搜索人员俯身紧贴地面保持安静,仔细捕捉幸存者响应的声音,并辨别信号的方向;若不止一个搜索员听到回音,可由3名搜索人员判定的方向交会,确定幸存者的位置。③搜索过程中,搜索区及其邻近地区需要保持场地安静。呼叫搜索时间一般保持5~10分钟。④初步确定幸存者的位置后,现场做搜索标识并同时标记在搜索草图上。<br>（2）空间搜索<br>①1号队员、组长、2号队员、3号队员依次进入建筑物内部后,向右转,右侧贴墙向前搜索,逐个房间进行搜索,直到全部房间或空间搜索完毕,再回到起始点。②如果搜索人员忘记或迷失方向,全体向后转,并按位于同一墙体的左侧向前进即可返回进入时的位置。③在陌生环境和黑暗环境下,最安全的行动是靠呼叫和触摸搜索,搜索宜围绕空间贴墙转圈搜索,如空间较大还需沿空间对角线搜索。④在进入不知情的房间前,用手背贴门试探温度,如感到热,尽量不要打开房门,远离该房间;如必须进入,搜索人员应弯腰前倾,将身体的中心落在后腿上,避免打开门时在较大压差下将人推进门内。⑤在黑暗房间内移动时,搜索人员将一只手举起放在自身,轻轻握拳,手背向上,感觉前进方向的障碍物,脚不要离地向前拖动方式,身体的重量应当由后脚支撑平衡,直到前脚探测到向前移动安全时止。<br>（3）网格搜索<br>①网格搜索需要较多的搜索人员,在搜索区草图上,将搜索区域分成若干个网格,每个网格由6名搜索人员(志愿者,救援人员均可)组成搜索组,通过呼叫搜索被困者,避免各网格搜索组相互干扰。②所有未能确定遇难者的位置都应该标记在该网格上,同时向搜索队领队报告,该网格如必要可由搜索犬和专门监听仪器进一步搜索。<br>（4）其他人工搜索<br>当废墟不安全或未经处理,搜索人员无法进入废墟搜索时,可采取"周边搜索"方法,4名搜索人员围绕着瓦砾堆边缘等间排列顺时针同步转动,直至首尾重合,并进行呼叫搜索技术动作 |

2）犬搜索。采用犬搜索应采用多条犬进行搜索。系统模拟多只犬在废墟进行移动搜索,在目标人员位置附近进行吠叫。搜索人员数量、搜索设备适用性与犬数量对搜索行动的效能有显著影响。一般来说,一只训练成熟的搜索犬可以在20~30 min内不间断工作。搜索人员与搜索犬应安排轮换休息,以保持充分的行动体力。根据国内外经验,每个搜索犬小组一般由2名训导员和2条搜索犬组成,每个搜索队建议配备2个搜索犬小组。

3）仪器搜索。使用搜索设备是在特定灾害现场进行受困人员搜索、提升搜索效能的重要方法之一。搜索队员对搜索设备的基本要求是:设备方便易用,能够在大范围或黑暗条件下给出生命信息。搜索设备通常包括:"蛇眼"生命探测仪、声波生命探测仪、雷达或红外生命探测仪等多种设备。仪器搜索应根据现场环境选择声波/振动、光学、热成像等探测仪器。常用的搜索设备见表4-11。

**表 4-11　仪器搜索所用的搜索设备**

| 装备名称 | 数量 | 装备名称 | 数量 |
|---|---|---|---|
| 对讲机 | 2 台 | 定位旗 | 2 套 |
| 书写工具 | 1 套 | 测距仪 | 1 台 |
| 喷漆 | 2 罐 | 手电筒 | 1 个 |
| 雷达生命探测仪 | 1 台 | 声波生命探测仪 | 1 台 |
| 光学生命探测仪 | 1 台 | 望远镜 | 1 台 |

进行仪器搜索前,需对 4 名操作人员(组长、1~3 号队员)进行任务分工。组长负责对废墟情况进行评估,制订搜索计划、划分仪器搜索区域,登记被困人员位置以及其他情况;与 1 号队员编为 A 组;1 号队员操作仪器主机开展定点搜索;2 号队员负责操作仪器主机开展定点搜索;3 号队员协助 2 号队员开展仪器搜索。仪器搜索的主要操作程序见表 4-12。

**表 4-12　仪器搜索的主要操作程序**

| | |
|---|---|
| 程序 | 组长对废墟情况进行评估,制订搜索计划、划分仪器搜索区域,登记被困人员位置以及其他情况,与 1 号队员编为 A 探测小队利用仪器对废墟搜索 |
| | 1 号队员辅助组长划分仪器搜索区域,与组长编为 A 探测小队利用仪器(雷达、光学)对废墟进行搜索 |
| | 2 号与 3 号队员编为 B 探测小队,利用仪器(声波)协同 A 探测小队对废墟进行搜索 |
| 操作要求 | (1)声波生命探测仪<br>①B 探测小队的 3 号队员负责分布拾振器,2 号队员利用麦克风和耳机进行喊话监听。②可采用不同排列方式进行搜索:环形排列搜索是指将拾振器围绕搜索区域等间布设,拾振器间距一般不宜大于 5 m,长度不超过信号电缆长度,最多为 6 个传感器进行搜索;半环形排列搜索是指将搜索区分成两个半环形区域,分两次进行搜索;平行排列搜索是指将搜索区分成若干个平行排列分别进行搜索,排列间隔为 5~8 m;十字排列搜索是指在搜索区布设相互垂直的搜索排列,每条排列单独进行搜索。③搜索时可直接发出的求救信号(呼叫或敲击 5 次后,现场保持安静),通过探测响应信号测定其位置。④如探测到幸存者的呼救或响应信号,通过各拾振器接收到信号的强弱(理论上信号最强、声音最大的那个传感器距幸存者最近)判断幸存者位置。⑤将所有传感器尽量安置在相同建筑材料上并且与建筑构件的耦合条件要一致。<br>(2)雷达生命探测仪<br>①A 探测小队组长负责摆放雷达探测器位置,1 号队员利用平板电脑进行搜索监控。②手持探测仪扫描杆应始终保持向同一个方向直线运动。③各次扫描应首尾重叠。④包括操作者扫描 3 m 范围内(具体参考仪器性能和雷达探测器摆放位置确定),不允许其他人存在。⑤应避免风和建筑物构件对扫描杆的干扰。⑥扫描时,探测仪最前端应保持略低水平线,倾角 2° 左右。⑦如探测到生命迹象,需用另一台雷达生命探测仪或声波、光学生命探测仪进行再次确认。<br>(3)光学生命探测仪<br>①A 探测小队组长负责摆放视频探头位置,1 号队员利用可视主机进行观察搜索。②在有自然空洞或缝隙的地方,可将光学仪器直接插入其中进行搜索。③对无自然空洞的构筑物探测,首先需要机械成孔,然后进行搜索,钻孔排列方式视构筑物几何形状而定,可以是平行排列,也可以环形或交叉排列 |

4)综合搜索。除了上述三种搜索模式外,还可以进行综合搜索。通过专项训练可使参训人员熟练掌握综合搜索的技术,能够在复杂救援环境下提高搜索效率和定位精度。综合搜索所需的设备和动物见表 4-13。

表 4-13　综合搜索所需设备和动物

| 装备名称 | 数量 | 装备名称 | 数量 |
|---|---|---|---|
| 对讲机 | 4 台 | 定位旗 | 2 套 |
| 书写工具 | 1 套 | 漏电探测棒 | 1 根 |
| 测距仪 | 1 台 | 有毒气体探测仪 | 1 台 |
| 喷漆 | 2 罐 | 可燃气体探测仪 | 1 台 |
| 扩音喇叭 | 1 个 | 敲击锤 | 1 把 |
| 口哨 | 1 个 | 望远镜 | 1 台 |
| 照相机 | 1 台 | 手电筒 | 1 个 |
| 雷达生命探测仪 | 1 台 | 声波生命探测仪 | 1 台 |
| 光学生命探测仪 | 1 台 | 搜索犬 | 3 条 |

综合搜索的人员和任务分工情况如下。

①人员组成:操作人员 4 人(组长、1~3 号队员);引导员 3 人、搜索犬 3 条(1 犬,2 犬,3 犬)。

②任务分工:采用综合搜索的技术要求对废墟进行搜索侦检。组长队员对废墟情况进行评估,制订搜索计划,划分仪器搜索区域,登记被困人员位置以及其他情况;1 号队员进行人工或仪器搜索;2 号队员进行人工或仪器搜索;3 号队员进行人工或仪器搜索;1 犬进行主要搜索;2 犬进行辅助搜索;3 犬进行机动搜索。

综合搜索的操作程序见表 4-14。

表 4-14　综合搜索的操作程序

| | |
|---|---|
| 程序 | 组长对废墟情况进行评估,制订搜索计划、路线,登记被困人员位置以及其他情况,并协同 1 号队员、2 号队员、3 号队员对废墟进行人工、仪器搜索 |
| | 1 号队员在废墟现场利用漏电探测棒、可燃、有毒气体探测仪进行漏电侦检,可燃、有毒气体侦检,并协助组长对废墟进行人工搜索;仪器搜索时与组长编为 A 探测小队对废墟进行搜索 |
| | 2 号队员利用扩音喇叭对废墟进行呼叫(有没有人? 我们是 ××× 救援队,听到请回应)发出搜救信号,并协助组长对废墟进行人工搜索;仪器搜索时与 3 号编为 B 探测小队协同 A 探测小队对废墟进行搜索 |
| | 3 号队员利用敲击锤对瓦砾或邻近建筑物构件敲击(3~5 声)发出搜救信号,并协助组长对废墟进行人工搜索;仪器搜索时与 2 号编为 B 探测小队协同 A 探测小队对废墟进行搜索 |
| | 1 犬对废墟情况进行主要搜索和自由搜索 |
| | 2 犬辅助 1 犬进行验证性搜索 |
| | 3 犬机动待命,随时准备替换 1 犬和 2 犬开展搜索 |

| 操作要求 | （1）犬、仪器联合搜索<br>①在第一时间抵达救援现场后，如现场尘土烟雾大，应首先采用电子仪器进行大面积搜索定位，当条件允许时，采用犬搜索进一步确定被困人员位置；对无响应受害者，或声音或振动传播条件不利的环境下，应首先采用犬进行搜索定位，然后通过光学仪器进一步观察被困者状态及受害者所处的环境和压埋情况。②对气温较高或其他不适宜犬搜索的环境，应首先采用声波/振动生命探测仪进行大面积搜索定位，然后通过光学仪器进一步观察被困者状态及受害者所处的环境和压埋情况。③对大型混凝土式结构，首先应采用声波/振动生命探测仪定位，而不是采用搜索犬。<br>（2）人工、仪器联合搜索<br>①采用人工进行表面搜索时，必要时可配合红外仪或光学生命探测仪器进行联合搜索以确定埋藏较浅的受害者；②一旦发现幸存者，应用光学生命探测仪进一步精确定受害者的位置和被压埋情况，以指导营救方案的制定。<br>（3）人、犬联合搜索<br>大面积实施人工搜索过程中，对怀疑有可能存在受害者的区域，应由搜索犬进一步确定，对有些狭小空间，人难以进入的区域，应由搜索犬配合进行搜索定位 |
|---|---|

搜索人员在确定受困者位置后，应立即报告队长，并填写"搜索情况表"（表 4-15），移交营救组实施救援。搜索人员对搜索过的工作场地应按图示的方法做出标记，形成行动场记，如图 4-31 所示。

**表 4-15　搜索情况表**

| 救援队名称 | | | | | | | |
|---|---|---|---|---|---|---|---|
| 工作场地名称及位置 | | | | | | | |
| 开始时间 | | | | | | | |
| 结束时间 | | | | | | | |
| 搜索方法 | 人工 | 搜索犬 | | 仪器 | | 综合 | 其他 |
| | | | | | | | |
| 搜索结果 | 受困者 | 数量 | | | | | |
| | | 位置 | 表层 | | 浅层 | | 深层 |
| | | 状态描述 | | | | | |
| | | | | | | | |
| | | | | | | | |
| | 遇难人员 | 数量 | | | | | |
| | 财物 | 数量 | | | | | |
| | 其他 | | | | | | |
| 标记 | 搜索标记 | | | 明显标志物 | | | |

续表

| 行动建议 | 营救通道建议 | |
| | 人员/装备配置 | |
| | 特别注意事项 | |
| | 其他 | |

负责人：　　　　填表人：　　　　　　　　　　　　年　月　日　时　分

救援队应在评估或搜索过的建(构)筑物的入口或附近的显著位置上做出明显的救援行动标记。

救援行动标记由不小于1米×1米的正方形、外围圆圈及水平线构成。

在与外国救援队协同工作时应采用国际救援行动场记。

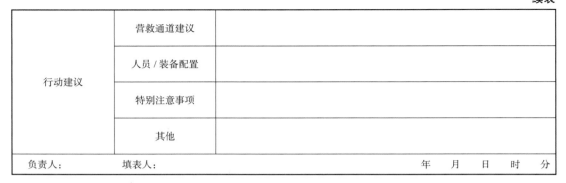
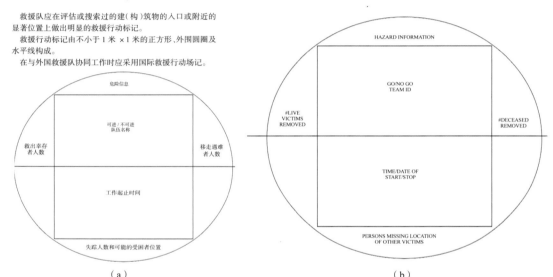

（a）　　　　　　　　　　　　　　　（b）

**图 4-31　救援工作的行动场记**

（a）中文行动场记　（b）英文行动场记

### 4. 救援训练考点

救援行动开展时，救援队员将与搜索队员和医疗队员紧密联系配合，向搜索人员获取受困者的位置及状态，并听取相关建议。救援时，救援队员需要深入倒塌或受损的重型木结构、钢结构及钢筋混凝土结构等建筑物中开展救援行动，因此应先由结构工程师对工作区域进行危险性评估，并采取必要的减轻措施，保证救援工作安全进行。在营救的过程中，救援人员与医疗队员沟通相关注意事项，降低对受困者的影响。在将受困者救出后，立即转交给医疗队员进行后续医疗救护。

在进行地震现场救援时，应首先对受困者所在的倒塌建筑物废墟进行分类，一般可以分为倾斜型、倒塌型及复合型。倾斜型有左右倾斜型和前后倾斜型两种，建筑结构基本保持稳定。在此种倒塌类型建筑物下被埋压人员主要因门窗变形或楼梯间变形受困，其生存率较高。倒塌型有完全倒塌型和部分倒塌型两种，局部倒塌型又包括 V 形、悬臂型、夹层型。在 V 形局部倒塌建筑物中，主要是在 V 字形的内部和坍落的底部存在生存空间，需要对结构进行加固或破拆，以获取救援通道并保证其结构稳定，救援难度较高。完全倒塌型包括 V

形、A 形、饼形,完全倒塌型建筑物的结构损毁程度大,救援难度最大,需要破拆与支撑并建立救援通道,给救援行动带来较多障碍和困难。复合型倒塌的建筑同时存在倾斜和倒塌两种情况,往往首层或某些楼层压碎成饼状,在倾斜的部位人员生存率高,坍落部分救援难度大,人员生存率低。不同建筑倒塌形式的救援难易程度不同,明确建筑物倒塌形式可指导建立救援通道,寻找可能存在的出入口以提高救援效能。

倾斜型倒塌建筑物因其结构相对稳定,建筑外部与内部均可构建救援通道。外部可由附近相邻建筑物的顶端或其他合适的位置通过绳索等工具破窗而入,内部可通过现有的结构空间等进入楼体内部营救。对倒塌型建筑物中受困者的施救是救援行动的难点,浅层埋压的受困者其埋压情况可通过视觉观察判断,救援路线明确简单;对于深层次的埋压者,则需要通过横向挖掘、纵向挖掘、通道支撑等技术构建救援通道。部分或全部倒塌建筑物的内部空间残存少,救援耗时长且难度大。

USAR 对救援队伍的能力进行了分级,可分为轻型救援队、中型救援队和重型救援队。其中,轻型救援队在救援设备、救援知识能力等方面需要满足城市地震救援的最低要求,能够在素混凝土结构、轻钢结构、木结构、土坯泥质房屋内开展救援,队伍应具备手持操作的切割工具与绳索以及用于稳定受损结构的支撑和支护物。中型救援队要求能够在重木倒塌和钢筋混凝土结构(钢混砌体结构或钢结构)建筑倒塌的情况下进行较为复杂的搜索和救援行动,队伍应具备绳索和顶升能力,能够在一个场地持续行动 24 h,并最多可以持续 7 d。重型救援队能力标准最高,必须具有同时在两个场地上行动的装备和人力。

救援队伍的破拆切割、顶升牵引、支撑固定、绳索等技术的运用对救援效能和救援任务的执行情况有显著影响。在破拆与切割方面,重型救援队要求可以切割 300 mm 厚的混凝土墙和地板、450 mm 厚的混凝土柱和梁、6 mm 厚的钢架、直径为 20 mm 的钢筋、直径为 600 mm 的木料;中型救援队要求可以切割 150 mm 厚的混凝土墙和地板、300 mm 厚的混凝土柱和梁、4 mm 厚的钢架、直径为 10 mm 的钢筋和直径为 450 mm 的木料;轻型救援队则没有相关要求。在重装吊升、移动能力上,要求重型救援队能够实现手动 2.5 t、机械 20 t 的提升能力;中型救援队满足手动 1 t、机械 12 t 的提升能力;轻型救援队则没有相关要求。在结构物或救援通道的支撑技术上,有踝式支架、楔子、门窗固定、垂直固定、斜向固定、水平固定等。

救援人员开展救援行动前,宜根据工作场地的优先等级制定营救方案,主要包括:

1)接近受困者的通道和紧急撤离路线;

2)结构稳定性评估和加固措施;

3)拟采用的营救设备和技术方法;

4)医疗救援措施;

5)意外事件应对措施。

营救人员应根据受困者的位置和状态以及倒塌建(构)筑物的特点,选用合适的方法和工具,填写"营救情况表"(表 4-16),并绘制现场草图。当有人员救出时,还应填写"受困者救出信息表"(表 4-17)和"遇难人员处置信息表"(表 4-18)。在完成营救行动后,应按图示法绘制救援行动标记。当确认救援环境会对救援队员生命造成威胁时,应暂停作业,并采取相应措施。在发现文物、文件、财物、武器后,应记录并移交有关部门。

#### 表 4-16　营救情况表

| 救援队名称 | | | | | | | | | | |
|---|---|---|---|---|---|---|---|---|---|---|
| 工作场地名称及位置 | | | | | | | | | | |
| 开始时间 | | | | 年　月　日　时　分 | | | | | | |
| 结束时间 | | | | 年　月　日　时　分 | | | | | | |
| 营救方案 | 人员 | 指挥 | | 营救 | | 专家 | | 医疗 | | 保障 |
| | 装备配置 | 照明 | | 机械 | | 破拆 | | 顶撑 | | 支撑 |
| | | 绳索 | | 移除 | | 其他 | | | | |
| | | | | | | | | | | |
| | | | | | | | | | | |
| | 轮班时间 | 班组 | | | 队伍 | | | | | 其他 |
| | 安全措施 | | | | | | | | | |
| 营救过程 | 方案确定 | | | | 日　时　分 | | | | | |
| | 打开通道 | | | | 日　时　分 | | | | | |
| | 接近受困者 | | | | 日　时　分 | | | | | |
| | 医疗处置 | | | | 日　时　分 | | | | | |
| | 移出受困者 | | | | | | | | | |
| 特别事项 | | | | | | | | | | |
| 行动启示 | | | | | | | | | | |
| 负责人:　　　　填表人: | | | | | | | 年　月　日　时　分 | | | |

#### 表 4-17　受困者救出信息表

| 救援队名称 | | | | | | | | |
|---|---|---|---|---|---|---|---|---|
| 工作场地名称及位置 | | | | | | | | |
| 序号 | 姓名 | 性别 | 年龄 | 救出时间 | 营救时限 | 救出状态 | 移交单位 | 接收人 |
| 1 | | | | | | | | |
| 2 | | | | | | | | |
| 3 | | | | | | | | |
| 4 | | | | | | | | |
| 5 | | | | | | | | |
| 6 | | | | | | | | |
| 7 | | | | | | | | |
| 8 | | | | | | | | |
| 9 | | | | | | | | |
| 负责人:　　　　填表人: | | | | | | 年　月　日　时　分 | | |

**表 4-18　遇难人员处置损失表**

| 救援队名称 | | | | | | | | |
|---|---|---|---|---|---|---|---|---|
| 工作场地名称及位置 | | | | | | | | |
| 序号 | 姓名 | 性别 | 年龄 | 救出时间 | 营救时限 | 救出状态 | 移交单位 | 接收人 |
| 1 | | | | | | | | |
| 2 | | | | | | | | |
| 3 | | | | | | | | |
| 4 | | | | | | | | |
| 5 | | | | | | | | |
| 6 | | | | | | | | |
| 7 | | | | | | | | |
| 8 | | | | | | | | |
| 9 | | | | | | | | |
| 负责人：　　　　填表人： | | | | | | 年　　月　　日　　时　　分 | | |

在救援演练中，需要重点考察的救援技能包括狭小空间支撑操作（包括垂直 T 形支撑 T、单支点顶撑、多支点顶撑、米字水平支撑等）、空间破拆操作（包括横向安全破拆、横向快速破拆、狭小空间破拆、向上快速破拆、向下安全破拆、向下快速破拆、斜面破拆等）、绳索软梯救援操作（包括利用救生软梯设置上升通道、绳索救援等）。具体的操作流程说明参见附件 1：救援演练实操要点说明。

5. 医疗救治训练考点

医疗救援人员应对受困者进行安抚以及紧急医疗处置，指导和配合营救人员将其安全救出。医疗救援人员应对已救出的伤员进行检查和医疗处置，并填写"现场医疗处置记录表"（表 4-19）。医疗救援人员应将伤员和现场医疗处置记录表移交给接收部门。

**表 4-19　现场医疗处置记录表**

| 救援队名称 | | | | | | |
|---|---|---|---|---|---|---|
| 姓名 | | 年龄 | | 性别 | 编号 | |
| 身份证号码（选填） | | | | | 救出时间 | |
| 联系方式 | | | | | 送到时间 | |
| 初步诊断结果和伤情评估 | | | | | | |
| 治疗措施 | | | | | | |
| 后送治疗意见及建议 | | | | | | |
| 主任（主治）医生签字： | | | | | 年　　月　　日　　时　　分 | |

训练中模拟开展用 START 法（Simple Triage and Rapid Treatment，简单分类快速治疗）对大规模伤员进行分类，国际检伤分类标签有绿、黄、红、黑 4 种，用于确定伤员救治和后送

优先顺序。见图 4-32、图 4-33。

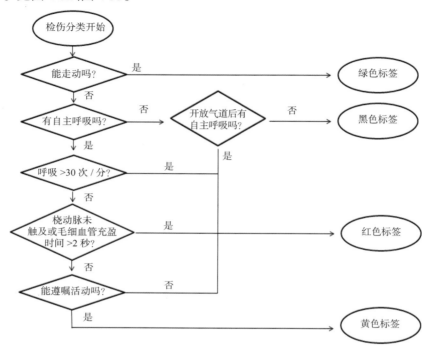

**图 4-32　适用于成人的 START 方案**

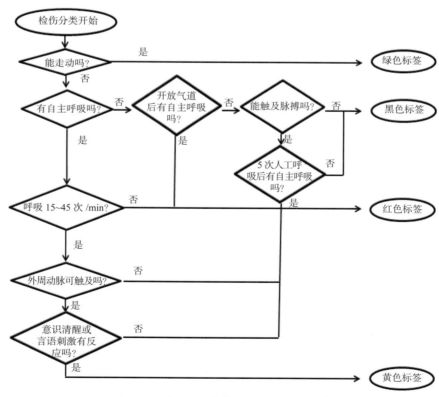

**图 4-33　适用于儿童的 jump-START 方案**

在模拟训练中,可以从下面的含有 22 例伤员伤情的数据库中,随机选择 2 位压埋人员的伤情情况。

(1)伤员救治流程和技术操作要点

22 名伤,包括重伤员 6 名,中度伤员 8 名,轻伤员 8 名,其中有化学品沾染伤员 4 名(包括重伤 2 名,轻伤 2 名)。

1)1 号伤员的情况如下。

简要伤史:伤者被不规则玻璃碎片扎伤右侧胸部,伤口大量出血。

动画模拟表达:伤者坐在地上,倚靠墙壁,面色苍白,表情痛苦,呼吸急促,心率为 32 次/分,胸部胀痛。右胸部可见碎玻璃残留在伤口,伤者用双手捂住右胸部。

检伤分类:测生命体征,做简单查体,挂红色伤标,填写伤单。

现场急救:固定伤口处异物,包扎伤口,防止移动以免造成二次损伤。

医疗后送:半卧位后送;到至车载医院手术治疗。

2)2 号伤员队员的情况如下。

简要伤史:伤员被水泥板压砸下肢,导致剧烈疼痛,当即倒地,不能行走。

动画模拟表达:面色苍白,躺在担架上,患肢肿胀明显,局部皮肤擦伤,局部可见约 5 cm×6 cm 皮下淤血。

检伤分类:测生命体征,做简单查体;挂黄色伤标,填写伤单。

现场急救:给予皮肤表面碘伏消毒,无菌纱布简单包扎。

医疗后送:担架后送;到达车载医院后,采取平卧位,查体并给予消肿、抗感染治疗,根据病情变化行进一步治疗。

3)3 号伤员的情况如下。

简要病史:伤员摔伤致全身多处擦伤及软组织损伤,疼痛难忍,少量出血。

动画模拟表达:伤者双手、右上肢、左小腿多处擦伤。

检伤分类:测生命体征,做简单查体;挂绿色伤标,填写伤单。

现场急救:给予皮肤表面碘伏消毒,无菌纱布、三角巾简单包扎。

医疗后送:用救护车后送车载医院或帐篷医院留观。

4)4 号伤员的情况如下。

简要伤史:伤员被落石击中左侧额部,面部有血,表情痛苦。

动画模拟表达:面部化土灰色,坐在地上,伤员用手捂住左侧额部,伤口有血液渗出,流到左侧眼角;情绪激动,大声呼喊"我眼睛瞎了,快救救我"。

检伤分类:测生命体征,简单查体,填写伤票,注明"伤员情绪不稳,必要时加以心理疏导";挂绿色伤标,填写伤单。

现场急救:对伤口进行清创消毒并包扎。

医疗后送:将伤员扶至车载医院或帐篷医院;采取平卧位,详细查体,对病人情况进行检查并给予安慰性输液,心理救援队医生做好心理疏导工作。

5)5 号伤员的情况如下。

简要伤史:伤员摔倒时左肩部着地,左上臂疼痛,无法活动。

动画模拟表达:右手托左上肢,左侧卧位躺在地上,左上臂疼痛、肿胀、畸形,无法自主活动,被动活动时疼痛加剧;左手麻木。

检伤分类:测生命体征,做简单查体;检伤分类后,挂黄色伤标,填写伤单。

现场急救:用夹板或三角巾给予左上肢简单包扎固定及上肢悬吊。

医疗后送:搀扶伤员到急救车上;后送至车载医院或帐篷医院行进一步检查和治疗。

6)6号伤员的情况如下。

简要伤史:伤员从高处跌落伤及后枕部;后枕部有2 cm×3 cm皮肤血肿,局部有血液渗出。

动画模拟表达:面部化土灰色,昏迷不醒,口腔内有呕吐物,半俯卧位;后枕部有2 cm×3 cm皮肤血肿,局部有血液渗出。

检伤分类:挂红色伤标,填写伤单。

现场急救:解开伤员衣领口,保持呼吸道通畅,取恢复体位,进行风帽式包扎。

医疗后送:到达车载医院后,清理头皮、伤口清创并补充包扎,补液,进行手术治疗。

7)7号伤员的情况如下。

简要伤史:伤员在爆炸中被利器扎伤下腹部,腹痛难忍,立即倒地,大量出血。

动画模拟表达:面色苍白,躺在担架上,右下腹部有5 cm×6 cm的伤口,有血液不断渗出,创面可见脱出的肠管。

检伤分类:测生命体征,简单查体,见伤员表情淡漠,口唇发绀,面色苍白,额部出冷汗,四肢厥冷,能自动睁眼,回答不切题,能按吩咐动作;挂红色伤标,填写伤单。

现场急救:包扎。

医疗后送:救护车后送至车载医院或帐篷医院,行抗休克治疗和各项检查;术前准备后行剖腹探查、肠管吻合术。

8)8号伤员的情况如下。

简要病史:属于老体弱伤;出现呼吸心搏骤停,已被周围居民抬至安全区域。

动画模拟表达:伤员面色青紫,呼吸微弱,无明显外伤。

检伤分类:挂红色伤标。

现场急救:查明情况后,迅速行心肺复苏术。

医疗后送:抢救成功后迅速后送至车载医院或帐篷医院详细检查,密切监测生命体征,进一步治疗。

9)9号伤员的情况如下。

简要病史:伤员从高处滑倒摔伤头部,出血不止,头部疼痛。

动画模拟表达:面部呈土灰色,坐在地上,伤员用手捂住头部,头顶部有4 cm×4 cm肿胀区域,其上可见3 cm皮肤裂伤,深及骨膜,伤口有血液流出,染红双手,流至颌下。

检伤分类:测生命体征,做简单查体;检伤分类后,挂绿色伤标。

现场急救:给予止血、简单加压包扎,采用风帽式包扎法,填写伤单。

医疗后送:后送至车载医院;采取平卧位,详细检查,对症治疗。

10)10号伤员的情况如下。

简要伤史:伤员不慎倒地,被人踩踏致多处皮肤擦伤,少量渗血,左上臂疼痛、肿胀,不能活动。

动画模拟表达:表情痛苦,双手、颜面部多处皮肤擦伤,左上臂肿胀明显,压痛。

检伤分类:测生命体征,做简单查体,检伤分类后,挂绿色伤标。

现场急救:给予简单止血包扎后,用夹板或三角巾固定左上臂,上肢悬吊,填写伤单。

医疗后送:后送至车载医院或帐篷医院;行 X 线检查,待结果回报后,视病情治疗。

11 )11 号伤员的情况如下。

简要伤史:伤员被重物砸中头颈部,头部出血,颈部疼痛,不能活动。

动画模拟表达:伤员坐在地上,神志清楚,生命体征平稳,额面部可见 3 cm 皮肤挫伤,深及骨膜,伤口出血严重;颈部疼痛,主动活动受限,头疼,无恶心、呕吐、头晕等症状;双侧瞳孔等大等圆,对光反射存在;四肢感觉运动正常。

检伤分类:测生命体征,做简单查体,检伤分类后,挂黄色伤标。

现场急救:头部伤口给予简单止血包扎,颈部给予颈托外固定;用脊柱板担架后送,并使用头部固定器。

医疗后送:填写伤单,后送至车载医院行 X 线、CT 等检查,进一步治疗。

12 )12 号伤员的情况如下。

简要伤史:伤员被落石砸伤右下肢,当即感觉下肢肿胀、疼痛剧烈,不敢活动。

动画模拟表达:面色苍白,心率为 110 次 / 分,呼吸频率为 20 次 / 分,右下肢部分肿胀明显伴皮温升高,四肢无明显畸形;伤员表情痛苦,不能活动。

检伤分类:测生命体征,简单查体;挂黄色伤标,填写伤单。

现场急救:右下肢抬高、制动。

医疗后送:送至车载医院;监测生命体征,建立静脉通道,肌注盐酸曲马朵注射液 20 mL,甘露醇 250 mL 快速静脉输入;患肢 X 线检查、血常规和血型检查,密切留观。

13 )13 号伤员的情况如下。

简要伤史:伤员鼻部受到撞击,致出血不止。

动画模拟表达:伤员用毛巾捂住鼻部,毛巾已成红色,鼻部有一长约 1 cm × 1.5 cm 擦伤,渗血;无头疼、头晕、恶心、呕吐等症状,神志清楚,双侧瞳孔等大等圆,对光反射存在。

检伤分类:测生命体征,进行查体;挂绿色伤标,填写伤单。

现场急救:简单包扎。

医疗后送:陪同伤员步行至车载医院,留观治疗。

14 )14 号伤员的情况如下。

简要伤史:伤员被落石击中右下肢,至右下肢屈曲侧卧,不能活动。

动画模拟表达:面色苍白,躺在担架上,右下肢屈曲侧卧;伤员有明显疼痛表现,并有面色苍白,额部出冷汗,四肢厥冷。

检伤分类:测生命体征,做简单查体;挂红色伤标,填写伤单。

现场急救:用夹板固定患肢。

医疗后送:救护车后送至车载医院;详细查体,建立静脉通路并补液,行 X 线、血常规检查,生命体征平稳后留观治疗。

15)15 号伤员的情况如下。

简要伤史:伤员被狗咬伤左下肢,创面少量出血。

动画模拟表达:面部略痛苦,坐在地上,左外踝部可见两个小孔,从孔内少量出血。

检伤分类:简单查体;挂绿色伤标,填写伤单。

现场急救:对伤口进行初步清创处理。

医疗后送:用救护车送至车载医院或帐篷医院;采取平卧位,对伤员情况进行检查并给予消毒处理,给予狂犬疫苗注射后,留观后送至后方医院。

16)16 号伤员的情况如下。

简要伤史:伤员在奔跑中跌倒,被人踩踏致全身多处疼痛,不能直立行走,以颈部为甚。

动画模拟表达:生命体征平稳,表情痛苦,双上肢麻木,双下肢感觉无、运动能力无。

检伤分类:测生命体征,做简单查体;挂红色伤标。

现场急救:用颈椎损伤移动法将患者移至脊柱板担架上,用头部固定器进行固定。

医疗后送:用救护车送至车载医院,采取平卧位,颈部牵引固定,检查伤员情况并给予激素冲击治疗,尽快后送手术治疗。

17)17 号伤员的情况如下。

简要伤史:伤员被落石击中右上腹部,面色正常,表情痛苦,额角有冷汗。

动画模拟表达:伤员腹痛,躺在地上,不触摸不太明显;按压时疼痛加剧,无放射性疼痛,随时间的延长疼痛无加剧。

检伤分类:测生命体征,简单查体;挂黄色伤标,填写伤单。

医疗后送:救护车送至车载医院或帐篷医院,密切观察患者病情变化,并定时测量腹围;进行腹穿和腹部 B 超,未见明显异常,尽快后送至后方医院进行治疗。

18)18 号伤员的情况如下。

简要伤史:伤员被重物砸中背部。

动画模拟表达:面色苍白,趴在地上;伤员背痛明显,向下肢放散,双下肢感觉运动无异常。

检伤分类:测生命体征,简单查体;检伤分类后,挂黄色伤标,填写伤单。

医疗后送:救护车后送至车载医院;采取俯卧位,检查病人情况并进行 X 线检查,同时尽量减少搬动伤员,留观治疗。

19)19 号伤员的情况如下。

简要伤史:爆炸中,伤员双上肢不慎沾染化学品,造成双上肢灼伤。

动画模拟表达:表情痛苦,右手食指、中指及右手背部遭到化学品沾染,灼伤,诉疼痛,可活动,无其他不良反应。

检伤分类:不做肢体接触,简单询问问题;检伤分类后,挂绿色伤标,悬挂标识有沾染洗消的分类牌。

医疗后送:引导伤员到救护车上,送至车载医院或帐篷医院进行洗消。

20)20 号伤员的情况如下。

简要伤史:伤员吸入泄漏的煤气,现感头疼,头晕,恶心,无力,其自行逃离到安全区域。

动画模拟表达:伤者面色苍白,躺在地上;腹痛从左上腹扩展到全腹。

检伤分类:查体后挂黄色伤标,填写伤单。

医疗后送:救护车后送至车载救援医院,采取平卧位;检查伤员情况并给予低流量吸氧,密切观察患者病情变化,尽快后送至后方医院进行康复治疗。

21)21 号伤员的情况如下。

简要伤史:伤员被爆炸起火烧伤右下肢,周围群众已帮助灭火,并抬离火灾区域,伤者剧烈疼痛,不能活动。

动画模拟表达:伤者面色苍白,躺在地上。

检伤分类:挂红色伤标,填写伤单。

现场急救:用湿敷料,保护创面。

医疗后送:救护车后送至车载医院或帐篷医院;详细查体,判断并处理下肢创面,注意保温,检测生命体征,建立静脉通道并补液,血常规检查、查验血型。

22)22 号伤员的情况如下。

简要伤史:伤者不慎沾染并吸入不明危险化学品,呼吸困难。

动画模拟表达:伤者呼吸困难,呼吸频率为 32 次 / 分,口唇发绀,面色青紫,额部出冷汗,四肢厥冷,意识淡漠。

检伤分类:查体后挂红色伤标。

医疗后送:迅速后送至车载医院后进行洗消;建立液路快速补液,纠正呼吸困难,低流量吸氧,尽快后送进一步治疗。

(2)狭小空间内的救治流程和技术操作要点

在狭小空间内进行医学救援时,需配备创伤外科或急诊科医生 1~2 名,其应熟练掌握创伤救治技能;配备护士 1 名,其应熟练掌握各类护理操作技能,擅长急救护理;配备麻醉师 1 名,其可独立完成各类野外条件下紧急手术的麻醉操作。

在狭小空间内进行环境风险评估时,必须配备可检测有毒有害气体、可燃气以及氧气的气体检测仪。狭小空间救治常使用的便携式诊断 / 监护设备有掌式血气生化分析仪、便携式毒物分析仪、便携式超声、便携式远程医疗监测系统;常使用的抢救 / 手术设备有自动体外除颤仪、自动心肺复苏系统等心肺复苏设备,可视生命支持系统(用于在救援人员无法到达的狭小空间里为幸存者提供氧疗与液体营养支持),野外截肢工具箱(主要用于狭小空间下伤员的紧急截肢术)。

狭小空间医学救援救治流程包括评估狭小空间现场环境风险、做好个人防护。个人防护分为 4 个级别,A 级防护级别最高,D 级防护级别最低。A 级防护适用于需隔离性防护环境中一切气体与液体的环境;A 级防护的装备有全面罩正压空气呼吸器(需根据容量、肺活量、活动情况等确定气瓶使用时间)、全封闭气密化学防护服(气密系统,可防止各类化学液体、气体渗透)、防护手套(抗化学防护手套)、防护靴(防化学防护靴)、安全帽。B 级防护适用于环境中的有毒气体、蒸气以及其他物质对皮肤危害不严重的环境;B 级防护对象有已知的气态毒性化学物质,其能经皮肤吸收或对呼吸道造成危害,达到立即威胁生命和健康浓度

（IDLH），缺氧；B 级防护的装备有全面罩正压空气呼吸器（需根据容量、肺活量、活动情况等确定气瓶使用时间）、头罩式化学防护服（非气密性，防化学液体渗透）、防护手套（抗化学防护手套）、防护靴（防化学防护靴）、安全帽。C 级防护适用于低浓度污染环境或现场支持作业区域；C 级防护对象为非皮肤吸收有毒物，毒物种类和浓度已知，浓度低于 IDLH，不缺氧；C 级防护的装备有空气过滤式呼吸防护用品（正压或负压系统，选择性空气过滤）、头罩式化学防护服（隔离颗粒物、少量液体喷溅）、防护手套（防化学液体渗透）、防护靴（防化学液体渗透）。D 级防护适用于需一般性防护的环境；D 级防护对象有非皮肤吸收有毒物，毒物种类和浓度已知，浓度低于 IDLH 浓度，不缺氧；D 级防护的装备有空气过滤式呼吸防护用品（正压或负压系统，选择性空气过滤）、头罩式化学防护服（隔离颗粒物、少量液体喷溅）、防护手套（防化学液体渗透）、防护靴（防化学液体渗透）。

协助搜救幸存者可采用的手段有人工搜救、雷达／红外线探测仪搜救、可视生命支持系统搜救。医护人员进入狭小空间后，首先要尽快判断该伤员是否幸存，如幸存，必须快速评估伤情，进行检伤分类。下面举例说明。

此次地震引发周边某化工厂突发危险化学品仓库火灾爆炸事故，本次事故中爆炸总能量约为 450 吨 TNT 当量，造成 10 余人遇难，近 100 人受伤（危重伤员 28 人），30 余幢建筑物受损倒塌。

1）1 号伤员（心搏骤停）的情况如下。

简要伤史：该伤员为老体弱者，被压埋在空间狭小的废墟下，身体活动受限，面色青紫，呼吸微弱，无明显外伤。

检伤分类：伤员呼吸心搏骤停；挂"红色"标识，填写伤单。

现场急救：将伤员搬运至安全环境，立即进行心肺复苏。

搬运注意要点：狭小空间环境复杂、道路不畅，搬运伤员时要尽量做到轻、稳、快，应做到不增加伤员的痛苦，避免造成新的损伤及并发症。

2）2 号伤员（张力性气胸）的情况如下。

简要伤史：伤员被压埋在空间狭小的废墟下，身体活动受限，被不规则玻璃碎片扎伤右侧胸部，伤口大量出血，面色苍白，发绀明显，表情烦躁、惊恐，呼吸急促，出汗，胸部胀痛；右胸部可见碎玻璃残留在伤口，用双手捂住右胸部。

检伤分类：测生命体征，查体，初步判断为张力性气胸。

现场急救：狭小空间内固定伤口处异物，包扎伤口，防止移动造成二次损伤；半卧位后送；搬运出狭小空间后，紧急放置肋间引流管，排气减压。

3）3 号伤员（通气）的情况如下。

简要伤史：伤者被压埋在空间狭小的废墟下，身体活动受限，头部被重物砸伤，伤及后枕部；面部灰土色，昏迷不醒，口腔内有呕吐物，后枕部有 2 cm×3 cm 皮肤血肿，局部有血液渗出。

检伤分类：测量生命体征，简单查体；挂"红色"标识，填写伤单。

现场急救：狭小空间内立即开放气道保持呼吸道通畅，迅速建立静脉通路，燕尾式包扎伤口，风帽式包扎伤口；搬运出狭小空间后，测量生命体征，清理头皮、伤口清创并补充包扎，建立静脉通路,降颅压,给予氧气吸入。

4)4 号伤员(出血)的情况如下。

简要伤史:伤员在爆炸中被压埋在空间狭小的废墟下,下腹部被利器扎伤,腹痛难忍,面色苍白,右下腹部有 5 cm×6 cm 的伤口,有大量血液不断渗出。

5)5 号伤员(化学品沾染)的情况如下。

简要伤史:伤员被压埋在空间狭小的废墟下,身体活动受限,爆炸中伤员双上肢不慎沾染化学品,造成双上肢灼伤;伤者表情痛苦,右手食指、中指及右手背部遭到化学品沾染,灼伤,诉疼痛,可活动,无其他不良反应。

个人防护:在自身做好防护的基础上,首先要对伤者进行化学品污染检测。

现场急救:狭小空内,发现伤者皮肤沾染了液滴态化学品,首先用纱布进行吸附,然后用洗消剂进行洗消,最后对伤口进行包扎处理;从狭小空间中搬运出伤员后,将伤者沾染部位局部包裹,不做肢体接触,标识有沾染挂洗消牌;引导伤者到急救车,送至车载医院进行洗消。

(3)转场与撤离

具备下述条件之一,可申请转场:

1)救援队负责的工作场地中的受困者已经全部找到,其中幸存者已经救出,反复搜索确认未发现生命迹象;

2)接到抗震救灾指挥机构的命令。

救援队转场前应向地方人民政府抗震救灾指挥机构提出申请,填写"转场申请表"并得到批准后方可转场;救援队在抗震救灾指挥机构宣布救援结束后,可向地方人民政府抗震救灾指挥机构提出申请,填写"撤离申请表"得到批准后方可撤离,转场/撤离申请表见表4-20。

救援队撤离时应向地方人民政府抗震救灾指挥机构提交"任务总结报告"。

**表 4-20　转场/撤离申请表**

| 救援队名称 | | | | |
|---|---|---|---|---|
| 联络信息 | 联络人姓名 | 联络人手机 | 值班电话 | 电台频率 |
| | | | | |
| 到达时间 | 年　月　日　时　分 | | | |
| 接受任务来源 | | | | |
| 行动基地地点 | | | | |
| 转场/撤离原因 | | | | |

| | | 工作场地 1 | 工作场地 2 | 工作场地 3 |
|---|---|---|---|---|
| 救援行动结果 | 搜索受困者数量 | | | |
| | 救出受困者数量 | | | |
| | 转移遇难者数量 | | | |
| | 医疗救援数量 | | | |
| 预计转场 / 撤离时间 | | | | |
| 负责人:　　　　　填表人: | | | 年　月　日　时　分 | |

## 4.4.2　示例 2:对地震救援指挥协调工作进行模拟训练

训练目标:对地震救援指挥协调工作进行模拟训练。

考察要点:考察指挥长、副指挥长在救援前期准备和救援启动响应并到达灾区过程中的重点操作环节。

参训人员:救援指挥长 1 名,副指挥长 1 名,救援队员 3 名。

1. 地震震情参数

模拟在西昌发生 7.0 级地震,发震时间为凌晨 4:55 分,震中经度:N28.3° E101.5°,震源深度 10 km。

2. 现场反馈地震灾情参数

设置 1:极震区为冕宁县,已报送死亡人数 58 人,受伤 279 人,需安置群众 21 万人;倒塌房屋 1 957 间,冕宁县电力中断,通信中断;在雅砻江出现堰塞湖。

设置 2:极震区为冕宁县,已报送死亡人数 140 人,受伤 578 人,需安置群众 35 万人;倒塌房屋 2 145 间,冕宁县电力中断,通信中断,出现多处山体滑坡,交通大面积地中断。

3. 指挥调度训练考点

(1)灾情获取与分析

1)了解灾区基本信息(地理环境、气候、人口、民族、交通等)。

【通过软件提供的资料交互界面,模拟查询极震区附近的基本信息】

2)查询是否有地震灾害预评估的结果,了解预评估的灾情情况。

【通过软件提供的资料交互界面,模拟通过震中位置和震级的查询条件,从数据库中检索历年预评估结果,并提供相关预评估报告的预览。】

3)了解当前实时灾情信息(极震区位置、余震情况、人员伤亡情况、交通道路受损情况、次生灾害情况等)。

【通过灾情 App 报送的数据交互界面,模拟查询实时灾情基本信息】

4）向指挥部确认所担负的任务和行动区域。

【通过软件提供信息交互界面,模拟与抗震救灾指挥部的信息沟通】

5）了解现场道路、通信、供电(动力电、照明电)、供水等条件。

【通过软件提供信息交互界面,模拟与副指挥长的信息沟通,模拟查询相关的背景资料数据】

6）收集了解有关建筑物、重要目标资料。

【通过软件提供的资料交互界面,模拟查询相关重要目标的数据资料】

（2）现有救援力量分析

1）专业救援队伍分布情况(人数、当前位置、行动能力等)。

【通过软件提供的资料交互界面,模拟从预评估数据库中检索震中所在地区专业消防力量的数据,包括人数、装备、位置等,并提供地图界面的信息浏览】

2）社会力量应急救援队伍分布情况(人数、当前位置、行动能力等)。

【通过软件提供的资料交互界面,模拟从预评估数据库中检索震中所在地区社会力量的数据,包括人数、装备、位置等,并提供地图界面的信息浏览】

3）救援物资情况(帐篷、担架、食品、饮水等)。

【通过软件提供的资料交互界面,模拟从预评估数据库中检索救援物资需求数据,包括帐篷、担架、食品、饮水等,并提供表格信息浏览】

4）救援装备情况(救援设备、大型机械等的数量、到位情况)。

【通过软件提供的信息交互界面,模拟与副指挥长沟通,了解救援装备、大型机械准备情况】

（3）救援行动方案制定

1）响应等级划分及机制:设定不同环境、事故、灾害等级下对应的行动级别,以及需要的人员、装备清单。

【通过软件提供的信息交互界面,发布对响应等级的判定结论】

2）救援行动组织架构。

【通过软件提供的信息交互界面,发布对救援行动组织的安排】

3）无线电频率、电话簿、邮件通讯录等。

【通过软件提供的信息交互界面,发布救援行动使用的无线电频率、联系方式等】

4）医疗后送和遣返计划:从现场撤离重病、受伤或遇难队员的医疗后送和遣返计划。

【通过软件提供的信息交互界面和资料共享界面,发布综合考虑制订的医疗后送和遣返计划,与副指挥长协同,提供文本编辑接口】

5）行动计划:通信计划、工作场地划分和搜救计划。

【通过软件提供的信息交互界面和资料共享界面,发布综合考虑制定的通信计划、工作场地划分和搜救计划,与副指挥长协同,提供文本编辑接口】

6）安全和安保方案:全队的集结 - 拉动 - 行动 - 撤离各阶段的人身、财物安全。

【通过软件提供的信息交互界面和资料共享界面,发布综合考虑制定的全队的集结 - 拉动 - 行动 - 撤离各阶段的人身、财物安全计划,与副指挥长协同,提供文本编辑接口】

7）后勤计划：对行动基地和工作场地的后勤支持。

【通过软件提供的信息交互界面和资料共享界面，发布综合考虑制定的对行动基地和工作场地的后勤计划，与副指挥长协同，提供文本编辑接口】

8）运输计划：人员物资运抵灾区、在灾区内部运输以及撤离灾区的运输计划等。

【通过软件提供的信息交互界面和资料共享界面，发布综合考虑制订运输计划，与副指挥长协同，提供文本编辑接口】

9）紧急撤离预案：从工作场地、行动基地、所在城市紧急撤离的方案。

【通过软件提供的信息交互界面和资料共享界面，发布综合考虑制订的紧急撤离预案，与副指挥长协同，提供文本编辑接口】

（4）前往任务区

1）队伍集结。

【通过软件虚拟人模拟救援队伍集结的过程，列队、点到】

2）前往灾区。

【通过软件虚拟动画模拟，表现乘坐飞机抵达灾区，软件进行场景转换】

3）抵达任务区。

【通过软件模拟宏观在场】

（5）任务对接

1）灾害指挥部报备（第一时间与当地救灾指挥部取得联系，登记报备并提交相关资料）。

【通过软件提供的信息交互界面和资料共享界面，完成报备信息填写】

2）任务领取（获取信息和任务）。

【通过软件提供的信息交互界面和资料共享界面，领取导调组发布的演练救援任务】

3）营地搭建（选址、建设和运维）。

【通过软件虚拟动画，模拟建立救援营地过程】

（6）现场勘察

1）评估受损建（构）筑物结构：了解和掌握任务区域内的建筑物数量、分布、结构类型和层数，建筑物遭破坏的程度。

2）评估危险因素：可能压埋伤亡人数，危险源的位置、种类、数量和威胁程度等情况。

3）绘制工作场地草图：建（构）筑物外部、内部定位标记、层数标记。

（7）救援现场封控

1）划定封控范围。

【通过软件虚拟动画，模拟搜救封锁区划定过程】

2）转移现场内的居民。

【通过软件虚拟动画，指挥救援队员模拟群众转移过程】

3）实施封控行动。

【通过软件虚拟动画，指挥救援队员模拟拉封控线、设定封控区过程】

（8）现场安全管理

1）安全风险评估（结构专家及安全员开展风险评估）。

2）安全区域建立（现场设立警戒区和安全休息区）。

3）救援信号系统（约定紧急撤离信号、紧急撤离路线以及紧急避险区）。

4）个人安全防护。

5）通信联络和追踪系统（保持全程通信通联并有追踪系统）。

# 第5章 地震应急救援虚拟仿真系统

重特大地震发生后,政府组织的地震应急救援是与地震"斗争"的最高形式。汶川地震之后,为进一步提升地震应急救援能力,迫切需要新一代地震应急救援虚拟仿真系统。在国家重点研发计划"大规模救援现场场景仿真与搜救培训演练模拟技术系统"(2018YFC1504405)的资助下,作者带领课题组瞄准地震紧急救援训练和培训的现实需求,针对大规模实体地震应急救援训练场景难构建、动态复杂场景设置困难、训练科目设置和调整灵活性差、综合培训演练支撑技术缺乏的玩家问题,研发了具有278个功能点的新一代"地震应急救援虚拟仿真系统"。该系统是本书所述的"能力提升训练器"在地震应急救援中的示范,它可有效提升地震应急指挥、搜索、营救、紧急医疗等综合训练水平。

目前,该系统主要由救援演练模型引擎子系统、救援演练导调控制子系统、搜救动态指挥与调度仿真子系统、救援演练模拟仿真训练子系统、搜救废墟环境仿真与生命通道优选子系统、地震救援演练与效能评估子系统、地震救援与综合培训子系统共7个子系统以及典型城市三维仿真场景库、地震灾害情景库、地震救援演练数据库3个数据库组成。

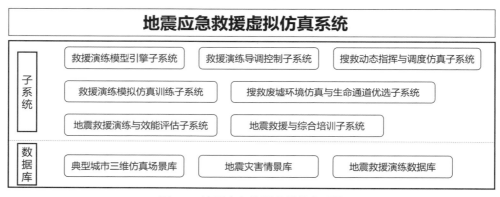

图 5-1 地震应急救援虚拟仿真系统

该系统的特点是可以实现动态加载在多元地震灾害情景条件下的地震应急救援"学 - 研 - 练 - 考 - 评"全过程仿真模拟、综合培训和演练,充分体现了"搜、救、医一体化"的救援理念。该系统会根据确定性的培训或者演练目标,提供完整的全景式的地震灾害事件及情景的模拟导调设置,参训人员按照自身真实职责分工在系统中领取培训或演练的角色定位,并利用各自的计算机进入培训或演练仿真系统,进而按照训练或演练大纲及导调、上级下达的命令进行与真实一致的应对训练。在综合演练中,角色之间的互相配合是有组织的行为,培训和演练是被全过程自动记录和动态评估的,并被"导调"计算机以"上帝视角"全部展现出来,便于监督、评估或领导观摩指导。单项训练主要是对操作层次的技能训练,主要构建了 5 个虚拟现实(VR)训练系统,专业队员使用 VR 设备进入虚拟环境中进行虚拟操作,考察流程和操作熟练度等。目前,该系统已在一些消防队伍和救援队伍中试用,试用者普遍十分感兴趣,均认为新一代地震应急救援虚拟仿真系统是当前培训和演练急需的技术支撑平台。因此,我们将组织力量采取多种办法向全国各级救援队伍进行推广和试用,并在使用中不断优化和完善功能。

## 5.1　系统体系结构

### 5.1.1　系统目标

地震应急救援虚拟仿真系统(之后简称"系统")建设目标是针对不同的用户角色需求,提供个性化、针对性强的仿真演练和技能培训与评估。其核心功能涵盖三个层次。

一是提供指挥决策能力训练。这种方式是由一位参训者被赋予指挥角色,并控制预案的全过程,其他参训者讨论并协助方案的制定,这个功能的重点在于参训者之间的互动,参训者将学习在面对一个真实问题时,如何制定出最优方案。该功能主要依托搜救动态指挥与调度仿真模拟子系统和地震救援导调控制子系统来实现。

二是提供单技能情景式训练。这种培训方式是对某一具体技能进行单人针对性培训,譬如针对人员的搜救技术专项演练、针对特定废墟救援生命通道优选专项演练、针对特定伤员的救护实操演练等。参训者完全置身于真实的三维仿真环境中,在演练过程中对预设的关卡做出操作,该功能主要依托搜救废墟环境仿真与生命通道优选子系统来实现。

三是多角色协同演练。多角色协同演练的重点在于角色充分融入系统生成的虚拟仿真模拟环境中进行全面协同和互操作,通过演练想定编辑构建出某一设定地震事件的应急救援全过程场景,在演练过程中导调模拟器还可以随机推送突发情景,考验参训者的应变能力。该功能主要依托救援演练模拟仿真训练子系统和救援演练导调控制子系统来实现。第三层次训练的层级是最高的。

### 5.1.2　系统总体架构

系统由救援演练模型引擎子系统、救援演练导调控制子系统、搜救动态指挥与调度仿真子系统、救援演练模拟仿真训练子系统、搜救废墟环境仿真与生命通道优选子系统、地震救援演练与效能评估子系统、地震救援与综合培训子系统以及典型城市三维仿真场景库、地震灾害情景库、地震救援演练数据库组成,总体如图 5-2 所示。

1)救援演练模型引擎子系统为救援演练导调控制子系统、救援演练模拟仿真训练子系统和搜救动态指挥与调度仿真子系统提供模型计算功能。救援演练模型引擎子系统提供震情演变、灾情演变、物资调度、救援任务执行的模型计算功能。

2)救援演练导调控制子系统主要用于仿真运行前的想定编辑,主要功能包括:地震设定及救援场景设置;演练人员角色管理及任务设定;仿真运行过程中的演练进程控制,即根据救援训练的进程,进行情景注入及突发信息注入。

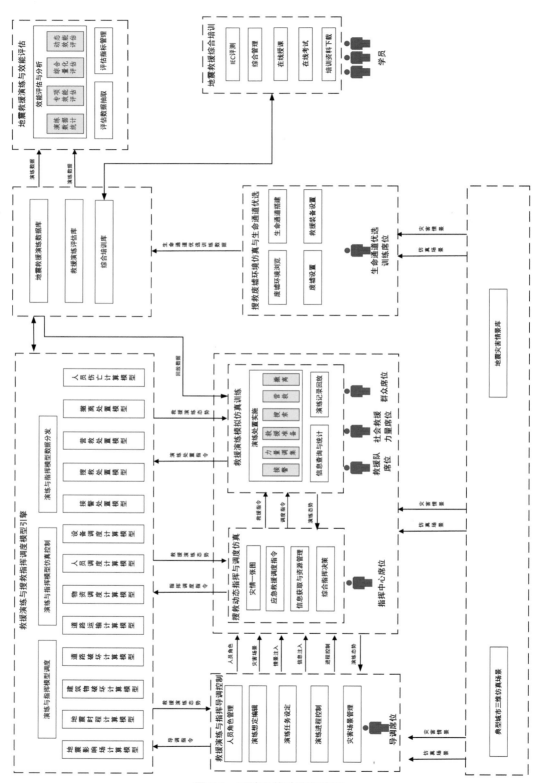

**图 5-2 系统总体功能架构图**

3）救援演练模拟仿真训练子系统为救援人员、群众等救援演练席位提供演练场景显示、演练任务接收、演练任务执行、演练过程回放等功能。

4）搜救废墟环境仿真与生命通道优选子系统针对四类救援场景，通过仿真模拟，搭建典型的救援废墟环境，通过与外设的连接和数据交互，为参训人员熟悉废墟环境、根据废墟环境的特点来优化选择和搭建生命通道的实操训练提供模拟平台。

5）地震救援演练与效能评估子系统根据演练全过程的记录数据，对不同角色的参训人员完成相应任务的情况进行量化考评，全面客观地反映不同参训人员在单向技能演练、多项技能综合演练、多任务协同演练等方面的训练效果，为针对性制定不同目标的演练方案提供依据。

6）地震救援与综合培训子系统通过在线授课和考试等方式，对参训人员开展地震救援知识和技能要求的综合培训和测评。

7）典型城市三维仿真场景库为演练模拟提供构建宏观灾区、搜索区域、作业现场的多尺度的三维救援仿真场景的功能。

8）地震灾害情景库为救援演练提供演练情景，导调人员可以根据演练任务的需要，从情景库中选择情景要素，将各情景按演练流程的时间顺序部署在系统时间轴上，演练启动后各情景能够按照预先设定好的顺序和方式进行触发，从而达到训练救援人员应对各类突发情况的能力。

9）地震救援演练数据库存储系统运行所需要的各类数据资源。

基于地震应急救援虚拟仿真系统的地震救援"兵棋推演"仿真流程如图 5-3 所示。

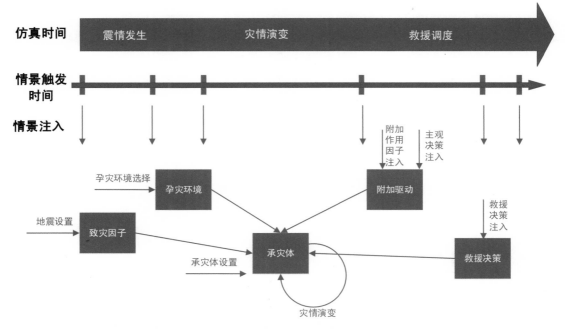

**图 5-3　基于地震应急救援虚拟仿真系统的地震救援"兵棋推演"仿真流程**

### 5.1.3 主要功能

系统通过人机交互方式和组件化建模,实现基于多种灾害情景动态注入的地震救援演练全过程仿真模拟,并通过参数化的模块控制实现对演练想定的智能化编辑、人员角色管理、灾害场景和灾情信息管理、演练过程控制、演练过程记录与回放等功能。系统利用数据可视化技术在计算机系统平台上实现搜救动态指挥与调度信息的发布、地图展示、实时反馈、态势分析与展布以及搜救指挥与调度全过程的仿真模拟;利用物理引擎技术构建多参数控制的搜救废墟三维仿真模型,并实现生命通道优选过程的模拟演练;基于知识库实现地震救援演练结果的定量化评估和搜救演练效能的动态评估;建立地震搜救培训课程资料库和试题库,通过人机交互方式实现在线培训、出题、在线考试、和培训效果统计评估。系统的主要功能如下。

1)实现4类典型城市大规模现场救援三维仿真场景的构建。系统利用虚拟现实、图形处理、三维建模、场景渲染、物理引擎等技术,通过相似性数字建模实现4类典型城市大规模现场救援三维仿真场景的构建;完成包括典型建筑结构的地震废墟三维仿真模型和废墟体系的物理属性模拟。

2)系统具备多元地震救援仿真信息数据库和情景库。系统基于不同地震救援情景多参数匹配与关联模型,系统化集成存储地震救援仿真与演练相关的基础数据,构建多元地震救援仿真信息数据库和情景库,实现多元情景的筛选、关联、加载和演化模拟。

3)基于救援演练模型引擎子系统,对救援演练中的地震生成计算、灾情演变计算、地震应急指挥调度等功能提供模型计算支撑。

4)基于救援演练导调控制子系统,实现地震场景想定编辑、救援训练席位控制、救援演练情景注入以及救援演练仿真运行控制等功能。

5)基于救援演练模拟仿真子系统,构建地震救援演练数据库,通过灵活的人机交互方式和组件化建模实现不同演练方案和演练过程的数据快速检索、多情景动态注入的救援演练全过程仿真模拟、演练脚本的智能化编辑、演练过程控制、记录与回放。

6)搜救动态指挥与调度仿真子系统基于数据可视化技术,实现搜救动态指挥与调度过程的仿真模拟。

7)搜救废墟环境仿真与生命通道优选子系统利用物理引擎技术,构建多参数控制的搜救废墟三维仿真模型,并实现生命通道优选过程的模拟演练。

8)地震救援演练与效能评估子系统基于知识库和评估算法以救援目标为导向,开展不同情景下的地震救援效能评估要素的相关性和独立性分析,实现地震救援演练结果的定量化评估和搜救演练效能的动态评估。

9)基于地震救援综合培训子系统,系统分类集成建立了培训课程资料库、试题库和量化考评指标体系,通过人机交互方式实现在线培训、智能出题、在线考试、培训效果统计评估。

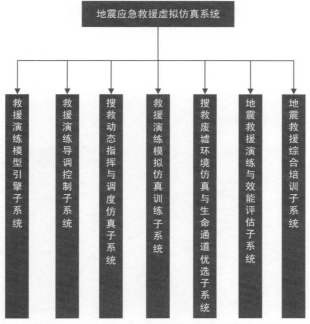

图 5-4　地震应急救援虚拟仿真系统功能组成图

### 5.1.4　地震救援兵棋推演关键技术

兵棋推演被誉为导演战争的"魔术师",推演者可充分运用统计学、概率论、博弈论等科学方法,对战争全过程进行仿真、模拟与推演,并按照兵棋规则研究和掌控战争局势,其创新与发展历来为古今兵家所重视。

作战模拟的主要作用是研究如何合理组织具有明确目的的作战活动,为指挥员进行决策提供分析方法和依据。而兵棋推演则是通过对历史的更深理解,将作战环境和作战规律量化到推演规则中,通过回合制进行一场真实或虚拟战争的模拟。兵棋实际上就是一种策略游戏,其根本目的是通过推演者的不断推演,形成更为合理的决策。

兵棋推演目前在作战仿真领域已经取得了很大的成功,国内的墨子智能兵棋、某军校的战役兵棋,国外的 JTLS 等兵棋系统,已经越来越多地应用于作战仿真中,而且取得了很好的成效。兵棋推演技术同样也适用于地震救援研究,地震灾情就是地震救援需要面对的战场,通过对灾害情景的模拟、灾害演变的仿真,对地震指挥和救援人员进行各项技能的训练,提升地震救援队伍的现场处置能力。

构建地震救援兵棋系统,需要解决几个关键性技术问题:①地震救援兵棋棋盘的生成技术,用于量化地震灾害现场的地理环境、生命线系统、各种类型的灾情信息;②兵棋推演仿真引擎,以实现对地震灾害的产生、震灾演变、救援过程的模拟;③支持多席位协同训练的分布式通信架构,以实现多个参演席位间的信息同步以及席位管理;④基于 VR 的地震现场救援训练技术,以便用 VR 的沉浸式环境模拟真实感的地震救援现场环境,给救援训练人员提供一个身临其境的训练环境。

### 5.1.4.1　地震救援兵棋棋盘生成技术

兵棋地图作为兵棋推演的棋盘,用来表示地形、部队的位置和移动等,其普遍采用正六边形的网格(六角格网)概括性地表示地形、地貌信息,如图 5-5 所示。传统的兵棋棋盘制作方法是以真实的地形图作为基础底图,将六角格网叠置其上,然后对六角形格元覆盖的地理区域进行手工制图综合,实现资料地图内容到六角格网地图内容的转换。

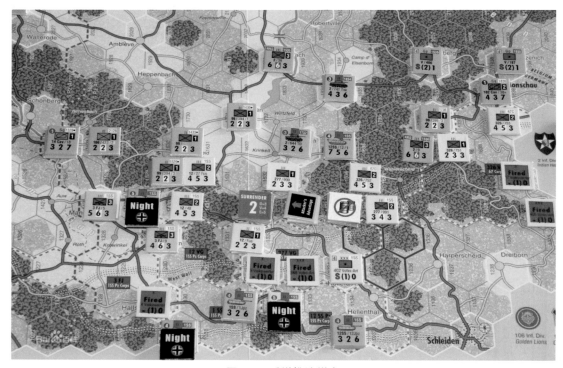

**图 5-5　兵棋推演棋盘**

在计算机环境下,制图综合的意义被延伸为地理信息综合,也就是地形量化。兵棋地图的地形量化方法将地貌类型、高程、海深、交通等对作战产生重要影响的地理因子映射到六角格网的单元(格元面)或者边(格边)之上,以格元面属性和格边属性代表地理要素。经过地形量化后的格元面和格边代表均质地形,成为兵棋推演的基本地理单元。在具体应用中,不同比例尺地形图上的河流水系还会被量化到不同分辨率的六角格网上。

地震应急救援兵棋推演系统也需要构建兵棋棋盘,但是区别于用于作战模拟的兵棋推演系统的六角格棋盘,地震救援兵棋棋盘采用四角格,通过将四角格区域范围内的震情信息、灾情信息、救援力量信息进行量化,生成地震救援兵棋棋盘,供地震兵棋推演仿真引擎计算调用。

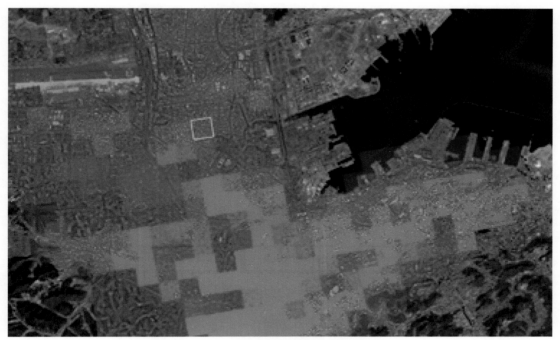

图 5-6　地震应急救援四边形棋盘

### 5.1.4.2　基于发布订阅的分布式通信框架

地震应急仿真系统采用基于发布订阅的方式,实现参训席位数据和指令直接传输,通过仿真节点的动态加入技术,实现席位的动态添加和注册,通过基于主题的消息发布订阅技术,实现节点间定制化消息和数据的传输。在满足系统运行实时性的要求下,提高了系统的可扩展性并实现了数据的定制传输。

在系统中,参与演训的席位数量较多,这时候系统要解决的一个主要问题是保证这些席位之间态势数据的同步和席位间任务的相互协作,这就对系统的数据通信和消息同步机制提出了很大的挑战,当一个席位的对象状态改变时,需要同时改变其他席位上该对象的状态。

发布订阅模式定义了一种一对多的依赖关系,让多个订阅者对象同时监听某一个主题对象。这个主题对象在自身状态变化时,会通知所有订阅者对象,使他们能够自动更新自己的状态。

发布 / 订阅( Publish/Subscribe )模式,支持多个发布者 / 多订阅者,适用于消息单向传输的应用场景,消息总是从发布者发送到订阅者。发布 / 订阅的一般使用流程如图 5-7 所示。

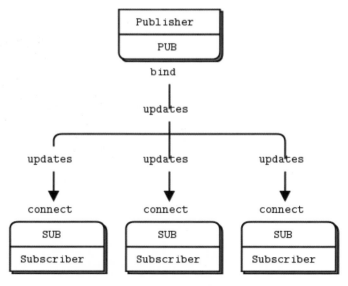

图 5-7　消息发布订阅

发布 / 订阅模式的优点主要包括以下几方面：

1）松耦合（Independence）；

2）高伸缩性（Scalability）；

3）高可靠性（Reliability）；

4）灵活性（Flexibility）；

5）可测试性（Testability）。

### 5.1.4.3　基于 VR 的地震现场救援训练技术

在地震救援训练中，采用沉浸式 VR 与分布式 VR 相结合的方式，使多个参训人员佩戴 VR 头盔（图 5-8），在构建的 VR 废墟场景中进行协同救援训练，如图 5-9 所示。

图 5-8　救援训练所用 VR 设备

**图 5-9　VR 场景中的救援队员形象**

虚拟现实（VR）技术是 20 世纪末逐渐兴起的一门崭新的综合性信息技术。它是采用以计算机技术为核心的现代高科技,可生成逼真的视觉、听觉、触觉等一体化的虚拟环境。参与者借助必要的设备以自然的方式与虚拟世界中的事物进行交互,从而产生身临其境的感受和体验。

虚拟现实具有沉浸性、交互性和想象性三大基本特征,称为 3I 特征（虚拟现实三角形）,如图 5-10 所示。这三个特征在地震救援训练中都能够很好地提高参训人员在训练中临场感,帮助参训人员感受真实的救援场景。

**图 5-10　虚拟现实三角形**

（1）沉浸性（Immersion）

沉浸性指操作人员通过多维方式与计算机所创造的虚拟环境进行交互,能使参与者全身心地沉浸在计算机所生成的三维虚拟环境中,产生身临其境的感觉,将人与环境融为一体就像在真实客观的现实世界中一样。

沉浸感被认为是 VR 系统的性能尺度,产生"沉浸感"的原因是参与者对计算机环境中的虚拟物体产生了类似于对现实物体的存在意识或幻觉。

（2）交互性（Interaction）

交互性是指操作者与虚拟环境中所遇到的各种对象的相互作用的能力。这种交互的产生,主要借助于各种专用的三维交互设备（如头盔显示器、数据手套等）,这些设备使人类能够利用自然技能与虚拟世界交互。

虚拟现实交互特性的实现方式（图 5-11）如下。

1）身体运动：3D 位置跟踪器；

2）手势：传感手套；

3）视觉反馈：立体显示器；

4）虚拟声音：3D 声音生成器；

5）观察方向眼球跟踪和操纵杆。

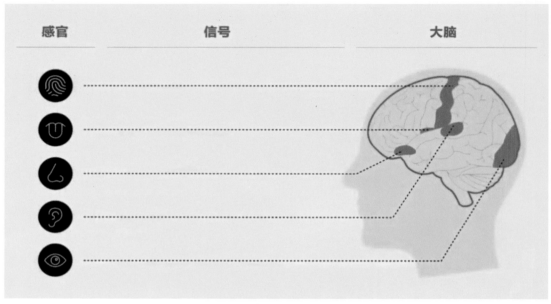

**图 5-11　虚拟现实交互特性**

（3）想象性（Imagination）

想象性是通过虚拟现实，引导人们去深化概念和萌发新意，抒发人们的创造力，可使用户沉浸于此环境中获取新的知识，提高感性和理性认识，从而产生新的构思。这是一个在虚拟环境中"学习—创造—再学习—再创造"的过程。

地震应急救援虚拟仿真训练系统（简称仿真训练系统）中的生命通道优选子系统以U3D 为开发平台，开发地震救援专用实时仿真软件，实时地对地震救援各系统进行基于物理的仿真计算。仿真训练系统由软件系统、数据库系统和硬件系统三部分构成。软件系统主要包括实时物理仿真、虚拟三维环境渲染、观察与操作控制功能组成模块等；数据库系统主要包括救援场景系统数据库；硬件系统主要包括计算机、声像处理系统、感知系统（显示设备、人机操纵装置）等。

仿真训练系统通过结合地震场景物理模型仿真及其与三维虚拟环境仿真，来实现虚拟现实技术在地震救援仿真培训中的应用。仿真训练系统采用三维虚拟视景仿真软件构建地震场景、救援设备等，开发出三维模型数据接口，采用数据融合、数据通信等技术将地震区域环境内各物理模型的数据实时反馈给三维模型控制台及监测设备、按钮，形象立体地反映出地震灾害现场的真实情况,并给出救援方案分析,如图 5-12 至图 5-14 所示。

图 5-12　基于 U3D 的协同训练场景

图 5-13　垂直支撑科目:切割木材

图 5-14　顶升科目训练

仿真训练系统包括数据实时采集处理通信、人机接口和三维场景显示、漫游引擎状态设置、控制台实体操纵、异常事故运行处理软件等几个模块单元。其中涉及的关键技术如下：

1）虚拟环境的建立、漫游引擎的实现：在定制漫游系统中，打开、关闭漫游引擎，设置某些功能，如状态参数显示、功能菜单、操作培训向导等；

2）视点控制部分：实现在漫游过程中的场景调度控制、碰撞检测与响应、环境匹配等；

3）虚拟实体操纵：对虚拟环境中的实体实施选择、操纵，如开关旋钮等；

4）交互性和沉浸感设计：构建三维虚拟舱室，使参与者能够进入其中漫游；在漫游过程中进行简单的虚拟场景动态交互，如开门、关门、救援工具操作等实时性动作；

5）数据的实时显示及通信：从仿真系统数据库到虚拟仿真平台、半实物检测装置的数据实时采集与通信。

针对地震救援演练的重点科目，仿真训练系统采用关卡式训练方式，根据救援训练需求开发相应的关卡场景，使参训者进行针对性的训练。

## 5.2　救援演练模型引擎子系统

### 5.2.1　子系统的功能

救援演练模型引擎子系统由仿真推演模型模块、仿真模型调度模块、仿真数据管理模块三个模块组成。

救援演练模型引擎子系统的功能组成如图 5-15 所示。

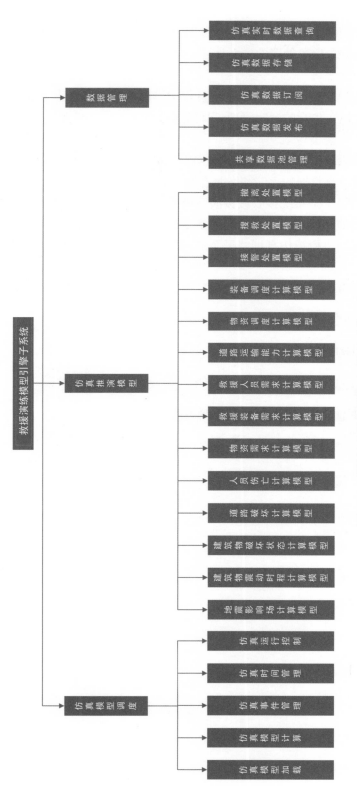

图 5-15　救援演练模型引擎子系统的功能组成

1. 仿真推演模型模块

仿真推演模型模块主要实现系统运行过程中的各类模型的计算功能,包括震情计算、灾情计算,以及资源调度、应急处置的模型计算。

2. 仿真模型调度模块

仿真模型调度模块实现仿真系统运行过程中模型的调度管理功能,包括根据各类仿真模型的加载、仿真计算、仿真的时间管理、事件管理、仿真运行控制等。

3. 仿真数据管理模块

仿真数据管理模块主要实现仿真运行过程中的数据管理、仿真数据的对外发布、外部仿真数据的订阅以及仿真数据的存储和实时查询功能。

救援演练模型引擎子系统接收救援演练模拟仿真训练子系统、搜救动态指挥与调度仿真子系统以及救援演练导调控制子系统的指令进行模型计算,计算的结果以仿真态势数据的形式发送到救援演练模拟仿真训练子系统、搜救动态指挥与调度仿真子系统以及救援演练导调控制子系统中。

系统内部由仿真调度模块调度各个仿真模型进行计算,计算结果通过数据管理模块对外发布。

## 5.2.2 子系统架构设计

1. 系统逻辑结构

救援演练模型引擎子系统的内部逻辑关系如图 5-16 所示。

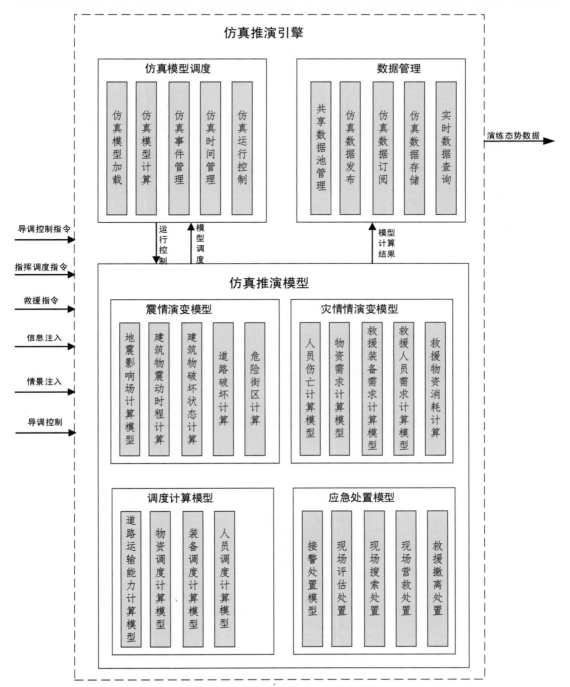

**图 5-16　救援演练模型引擎子系统内部逻辑关系图**

2. 外部接口

救援演练模型引擎子系统的外部接口见表 5-1。

表 5-1　救援演练模型引擎子系统外部接口关系表

| 序号 | 信息种类 | 接口功能描述 | 时效性 | 传输方向 | 传输协议 |
|---|---|---|---|---|---|
| 1 | 地震信息设置指令 | 接收用户设置的地震信息，进行地震影响场计算 | 实时 | 接收 | TCP/IP |
| 2 | 建筑物 GIS 数据 | 加载模型计算建筑物数据 | 实时 | 接收 | TCP/IP |
| 3 | 道路 GIS 数据 | 加载道路 GIS 数据进行计算 | 非实时 | 接收 | 文件读取 |
| 4 | 救援物资数据 | 加载救援物资数据 | 非实时 | 接收 | 文件读取 |
| 5 | 救援人员数据 | 加载救援人员数据 | 非实时 | 接收 | 文件读取 |
| 6 | 救援装备数据 | 加载救援装备数据 | 非实时 | 接收 | 文件读取 |
| 7 | 仿真运行控制指令 | 接收导调席的仿真开始、暂停、结束、加速、减速指令 | 实时 | 发送 / 接收 | TCP/IP |
| 8 | 情景注入指令 | 接收情景注入指令，进行情景注入计算 | 实时 | 发送 / 接收 | TCP/IP |
| 9 | 信息注入指令 | 接收突发状况信息指令 | 实时 | 发送 / 接收 | TCP/IP |
| 10 | 物资调度指令 | 接收物资调度指令，进行物资调度计算 | 实时 | 接收 | TCP/IP |
| 11 | 人员调度指令 | 接收人员调度指令，进行人员调度计算 | 实时 | 接收 | TCP/IP |
| 12 | 装备调度指令 | 接收装备调度指令，进行装备调度计算 | 实时 | 接收 | TCP/IP |
| 13 | 接警处置指令 | 执行接警处置任务 | 实时 | 接收 | TCP/IP |
| 14 | 搜救指令 | 执行搜救任务 | 实时 | 接收 | TCP/IP |
| 15 | 撤离指令 | 执行撤离任务 | 实时 | 接收 | TCP/IP |
| 16 | 建筑物毁伤数据 | 发送建筑物毁伤数据 | 实时 | 发送 | TCP/IP |
| 17 | 人员伤亡数据 | 发送人员伤亡数据 | 实时 | 发送 | TCP/IP |
| 18 | 道路毁伤数据 | 发送道路毁伤数据 | 实时 | 发送 | TCP/IP |

3. 内部接口

救援演练模型引擎子系统的内部接口见表 5-2。

表 5-2　救援演练模型引擎子系统内部接口关系表

| 序号 | 信息种类 | 接口功能描述 | 时效性 | 传输方向 | 传输协议 |
|---|---|---|---|---|---|
| 1 | 模型调度 | 根据任务调用模型 | 实时 | 接收 | 内部接口 |
| 2 | 模型计算 | 向模型传递数据，进行计算 | 实时 | 接收 | 内部接口 |
| 3 | 仿真时间控制 | 仿真时间步长控制 | 实时 | 发送 / 接收 | 内部接口 |
| 4 | 模型计算结果更新 | 模型计算结果传递到数据管理模块 | 实时 | 发送 / 接收 | 内部接口 |

## 5.2.3　系统部署结构

系统在局域网环境内进行部署，包括数据存储服务器、模型计算服务器、数据分发服务器等后台服务器，以及导调席位、指挥中心席位、救援队长席位、结构专家席位、救援队员席位、效能评估席位、综合培训席位等前台业务席位，如图 5-17 所示。

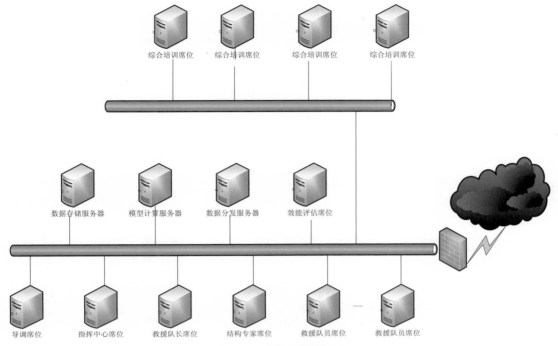

**图 5-17　系统部署结构图**

## 5.2.4　主要类结构

地震救援演练模型引擎子系统主要包含地震生成、灾情计算、应急处置等功能的类结构，以地震应急处置为例，系统需要实现救援工具、搜索工具、群众、救援人员、搜索犬、受伤人员、车辆等类结构，如图 5-18 所示。

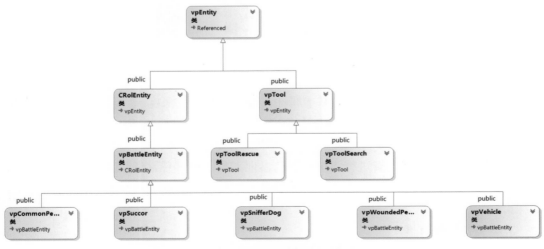

**图 5-18　应急处置模块主要类图**

## 5.3 救援演练导调控制子系统

### 5.3.1 子系统功能组成

救援演练导调控制子系统主要实现以下几方面的功能。

1）演练想定编辑：进行地震设定以及救援场景设置，设置地震发生的时间、地点、震级，设置进行救援训练的典型场景。

2）人员角色管理和演练任务设定：进行演练角色设置以及演练任务管理，设置角色执行的任务。

3）演练进程控制：演练过程中进行演练进程控制，根据救援训练进程的发展，进行情景注入以及突发信息注入。

救援演练导调控制子系统由地震事件设定、人员角色管理、演练想定编辑、演练任务设定、灾害场景管理、演练进程控制六个模块组成。

救援演练导调控制子系统的功能模块组成图 5-19 所示。

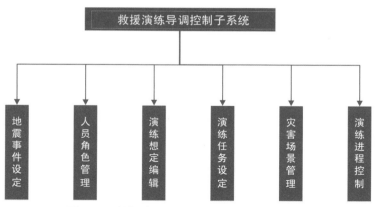

**图 5-19 救援演练导调控制子系统功能组成图**

1. 地震事件设定模块

地震事件设定模块设置地震的基本属性，包括震中位置、深度、震级。系统根据设定的信息进行地震影响场计算，如地震动场计算（图 5-20）和易损性倾斜修正计算（图 5-21）。

2. 人员角色管理模块

人员角色管理模块设置进行救援演练的参训人员角色，包括指挥人员、专业救援队、非专业救援队、群众等角色。设定的角色在推演仿真训练中有独立的训练席位，通过席位完成训练指令。

3. 演练想定编辑模块

演练想定编辑模块主要从演练训练的目的出发，设置演练预案及演习情景。

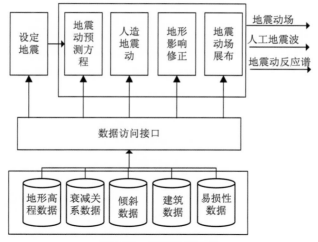

图 5-20　地震动场计算

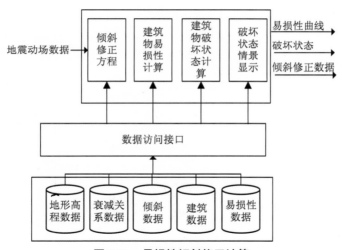

图 5-21　易损性倾斜修正计算

4. 演练任务设定模块

演练任务设定模块根据演练想定,将演练任务分配给各人员角色。

5. 灾害场景管理模块

灾害场景管理模块根据演练想定,设置灾害场景(可如选择学校场景、城中村场景、工厂场景、高层建筑场景等),进行专项训练。

6. 演练进程控制模块

演练进程控制模块对整个演练的进程进行控制,包括演练的开始、结束、演练推进速度、演练过程中的情景注入、信息注入等功能。

## 5.3.2　子系统架构设计

救援演练导调控制子系统向救援演练模型引擎子系统、救援演练模拟仿真训练子系统、搜救动态指挥与调度仿真子系统发送导调控制指令、仿真进程控制指令以及情景注入指令。

1. 系统逻辑结构

救援演练导调控制子系统的内部逻辑关系如图 5-22 所示。

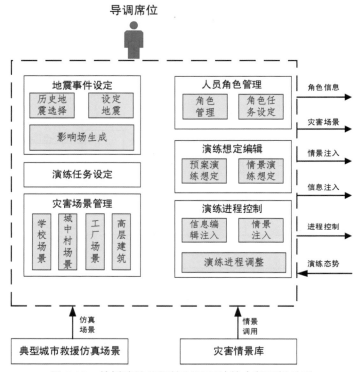

**图 5-22　救援演练导调控制子系统的内部逻辑关系**

2. 外部接口

救援演练导调控制子系统的外部接口关系见表 5-3。

**表 5-3　救援演练导调控制子系统外部接口关系**

| 序号 | 信息种类 | 接口功能描述 | 时效性 | 传输方向 | 传输协议 |
|---|---|---|---|---|---|
| 1 | 地震信息设置指令 | 发送用户设置的地震信息,进行地震影响场计算 | 实时 | 发送 | TCP/IP |
| 2 | 建筑物 GIS 数据 | 加载模型计算建筑物数据 | 实时 | 接收 | TCP/IP |
| 3 | 道路 GIS 数据 | 加载道路 GIS 数据进行计算 | 非实时 | 接收 | 文件读取 |
| 4 | 救援物资数据 | 加载救援物资数据 | 非实时 | 接收 | 文件读取 |
| 5 | 救援人员数据 | 加载救援人员数据 | 非实时 | 接收 | 文件读取 |

| 序号 | 信息种类 | 接口功能描述 | 时效性 | 传输方向 | 传输协议 |
|------|---------|-------------|--------|---------|---------|
| 6 | 救援装备数据 | 加载救援装备数据 | 非实时 | 接收 | 文件读取 |
| 7 | 仿真运行控制指令 | 发送导调席发出的仿真开始、暂停、结束、加速、减速指令 | 实时 | 发送 | TCP/IP |
| 8 | 情景注入指令 | 发送情景注入指令,进行情景注入计算 | 实时 | 发送 | TCP/IP |
| 9 | 信息注入指令 | 发送突发状况信息指令 | 实时 | 发送 | TCP/IP |
| 10 | 物资调度指令 | 发送物资调度指令,进行物资调度计算 | 实时 | 发送 | TCP/IP |
| 11 | 人员调度指令 | 发送人员调度指令,进行人员调度计算 | 实时 | 发送 | TCP/IP |
| 12 | 装备调度指令 | 发送装备调度指令,进行装备调度计算 | 实时 | 发送 | TCP/IP |

## 5.3.3　系统功能

### 5.3.3.1　主界面

系统的主界面分为 8 个区域,分别是菜单栏、工具栏、主场景显示区、演练席位显示栏、救援力量显示栏、救援信息显示栏、任务显示栏、实时动态信息显示栏,如图 5-23 所示。

**图 5-23　系统的主界面**

1. 菜单栏

系统有想定编辑、角色席位管理、导调控制、运行控制四个菜单栏,分别可以控制想定编辑、角色席位管理、导调控制、运行控制四个工具栏的切换显示。

想定编辑　角色席位管理　导调控制　运行控制

图 5-24　系统的菜单栏

2. 工具栏

工具栏包括想定编辑、角色席位管理、导调控制、运行控制，可以通过菜单栏进行切换。

（1）想定编辑工具栏

如图 5-25 所示，想定编辑工具栏的功能包括：宏观灾区、搜索区建筑物生成，作业现场典型场景设置等灾害场景设置；演练时间设定、主震设定、历史地震检索、影响场计算等震情设定；想定的导入导出等想定管理。

图 5-25　想定编辑工具栏

（2）角色席位管理工具栏

角色席位管理工具栏的功能包括编辑演练预案、角色管理和席位管理，如图 5-26 所示。

图 5-26　角色席位管理工具栏

（3）导调控制工具栏

如图 5-27 所示，导调控制工具栏的功能包括：余震设定、情景注入、灾情信息注入、群众设置等震情导调；任务导调、救援工具导调、救援物资导调等救援导调；群众等调。

图 5-27　导调控制工具栏

（4）运行控制工具栏

如图 5-28 所示，运行控制工具栏的功能包括：情景触发、情景重构、加速、减速等情景控制;标准视图、真实感图、真实感动态图、最终破坏图、震动位移放大倍数等视图选择。

**图 5-28　运行控制工具栏**

（5）演练席位栏

演练席位栏显示所有参与救援演练的席位。各参演席位登录后,演练席位栏会显示席位相关信息,如图 5-29 所示。

**图 5-29　演练席位栏**

（6）救援力量

救援力量栏显示在救援演练中可供调度指挥的救援力量,包括救援队、医疗队、消防队等,如图 5-30 所示。

**图 5-30　救援力量显示区**

（7）救援信息栏

救援信息栏显示地震的初始受灾情况及灾情信息,如图 5-31 所示。

图 5-31　救援信息栏

（8）任务显示栏

任务显示栏显示救援过程中发出的救援任务，如图 5-32 所示。

图 5-32　任务显示栏

（9）实时信息显示栏

实时信息显示栏显示推演过程中收集到的实时灾情信息，如图 5-33 所示。

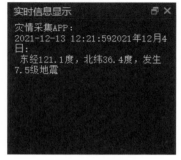

图 5-33　实时信息显示栏

#### 5.3.3.2　导调席登录功能

1）席位登录,输入导调席的用户名和密码,如图 5-34 所示。

**图 5-34　席位登录**

2）系统身份认证成功后,弹出导调席位登录成功提示,如图 5-35 所示。

**图 5-35　席位登录成功**

3）系统显示导调席主界面,如图 5-36 所示。

**图 5-36　导调席主界面**

### 5.3.3.3　孕灾环境设置

1. 断层分布选取

断层分布选取模块的功能是地震断层及属性显示。操作者在图层栏勾选地质构造图层后,地图中将显示断层分布图层。地图拉近图中可显示出地质构造图层,如图 5-37 所示。如用鼠标选取一条地质构造线,则系统会在地震构造属性显示栏中显示相应地震构造属性,如图 5-38 所示。

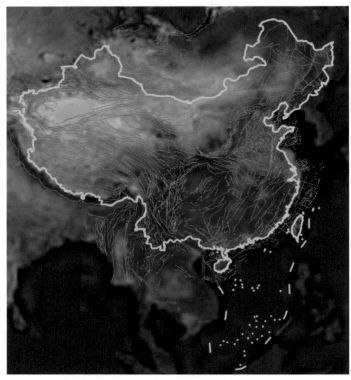

图 5-37　区域地震构造图层

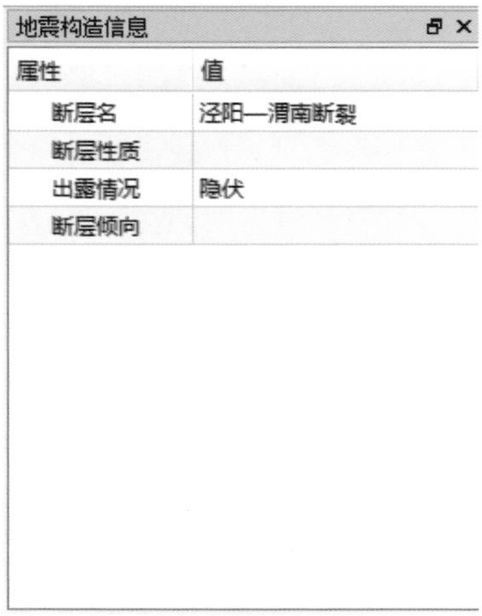

| 地震构造信息 | | &#x2610; × |
|---|---|---|
| **属性** | **值** | |
| 断层名 | 泾阳—渭南断裂 | |
| 断层性质 | | |
| 出露情况 | 隐伏 | |
| 断层倾向 | | |

图 5-38　地震构造属性

2. 场地条件选取

场地条件选取模块可以选择地震影响范围的场地条件。依据 GB 18306—2015《中国地震动参数区划图》中的场地分类,设定场地条件选择项:Ⅰ、Ⅱ、Ⅲ、Ⅳ类。点击孕灾环境工具栏中的场地条件选取按钮,弹出场地条件选取对话框,在下拉框中选取对应的场地条件,再点击确定,如图 5-39 所示。

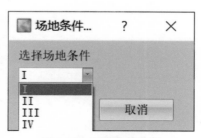

**图 5-39　场地条件选取**

3. 生命线图层选取

勾选图层中的供水、供气、供电、通信、交通等生命线图层(图 5-40),场景中会显示相应图层场景。

**图 5-40　典型场景中图层显示**

4. 供水管网

供水管网模块可以实现供水管网数据的加载、场景显示以及数据查询。点击承灾体工具栏中供水管网按钮,即弹出供水管网对话框,可以从情景库中选取供水管网数据,也可以从文件中加载供水管网数据。例如,从情景库中选择对应城市的供水管网数据,点击确定,系统加载供水管网数据,并在地图上显示,如图 5-41 所示。之后,可用鼠标左键选取一条供水管网,图层属性框中会显示选择的供水管网的属性信息,如图 5-42 所示。

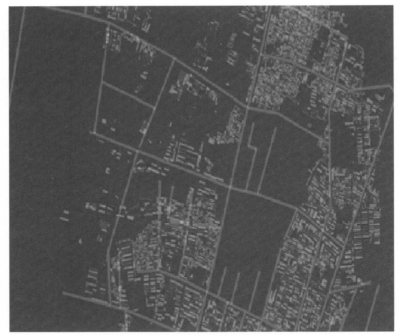

图 5-41　供水管网图层

| 供水管网信息 | |
|---|---|
| 属性 | 值 |
| 直径 | 300 |
| 埋藏深度 | 1 |
| 材料 | 球墨铸铁 |
| 时间 | 2003 |
| 链接类型 | 柔性胶 |
| 压力 | |
| 现状 | 好 |
| 破坏程度 | |

图 5-42　供水管网属性显示

5. 供气管网

供气管网模块可以实现供气管网数据的加载、场景显示以及数据查询。点击承灾体工具栏中供气管网按钮，即弹出供气管网对话框，可以从情景库中选取供气管网数据，也可以从文件中加载供气管网数据。例如，从情景库中选择对应城市的供气管网数据，点击确定，系统加载供气管网数据，并在地图上显示，如图 5-43 所示。之后，可用鼠标左键选取一条供气管网，图层属性框中会显示选择的供气管网的属性信息，如图 5-44 所示。

图 5-43　供气管网图层

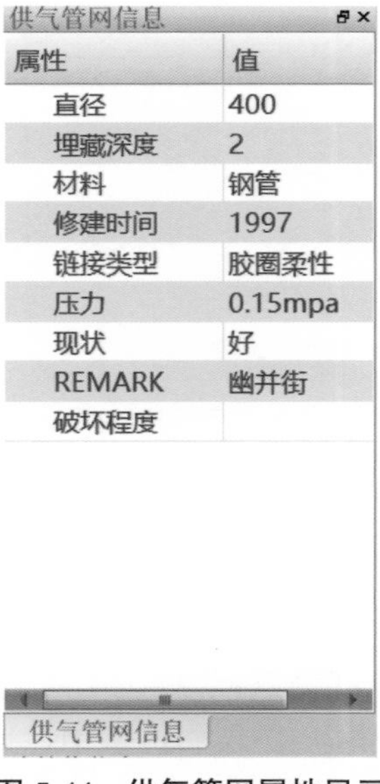

| 属性 | 值 |
| --- | --- |
| 直径 | 400 |
| 埋藏深度 | 2 |
| 材料 | 钢管 |
| 修建时间 | 1997 |
| 链接类型 | 胶圈柔性 |
| 压力 | 0.15mpa |
| 现状 | 好 |
| REMARK | 幽并街 |
| 破坏程度 | |

供气管网信息

图 5-44　供气管网属性显示

6. 路网

路网模块可以实现路网数据的加载、场景显示以及数据查询。点击承灾体工具栏中交通按钮,即弹出路网对话框,可以从情景库中选取路网数据,也可以从文件中加载路网数据。例如,从情景库中选择对应城市的路网数据,点击确定,系统加载路网数据,并在地图上显示,如图 5-45 所示。之后,可用鼠标左键选取一条路网,图层属性框中显示选择的路网的属性信息,如图 5-46 所示。

图 5-45　路网图层

图 5-46　路网属性显示

### 7. 供电

供电模块可以实现供电数据的加载、场景显示以及数据查询。点击承灾体工具栏中交通按钮,即弹出供电对话框,可以从情景库中选取供电数据,也可以从文件中加载供电数据。例如,从情景库中选择对应城市的供电数据,点击确定,系统加载供电数据,并在地图上显示。之后,可用鼠标左键选取一条供电,图层属性框中显示选择的供电的属性信息。

### 8. 通信网

通信网模块可以实现通信网数据的加载、场景显示以及数据查询。点击承灾体工具栏中交通按钮,即弹出通信网对话框,可以从情景库中选取通信网数据,也可以从文件中加载通信网数据。例如,从情景库中选择对应城市的通信网数据,点击确定,系统加载通信网数据,并在地图上显示。之后,可用鼠标左键选取一条通信网,图层属性框中显示选择的通信网的属性信息。

9. 山体参数

山体参数设置模块设置灾害地点的山体环境,包括地形、岩性、地质构造等影响山体滑坡的主要参数。点击承灾体工具栏中的山体按钮,即弹出山体参数设置对话框,可在下拉框中选择地形类型、岩性类型、地质构造类型,如图 5-47 所示。

**图 5-47　山体参数设置**

#### 5.3.3.4　地震动预测方程选取

地震动预测方程选取模块的作用是选择用来计算地震动场的地震动预测方程。在孕灾环境工具栏中选择地震动预测方程选取按钮,弹出地震动反应谱对话框,对话框中显示震源的经纬度、震级以及反应谱计算位置的经纬度、计算位置同震源位置的距离以及同计算断裂带的角度,如图 5-48 所示。从下拉列表中选择一个衰减关系,点击编辑按钮,可以对衰减关系数据进行编辑,点击导出按钮,可以将衰减关系数据导出为 Excel 格式的文件。点击计算反应谱按钮,生成反应谱曲线以及计算位置的 PGA。点击确定,关闭地震动反应谱对话框。

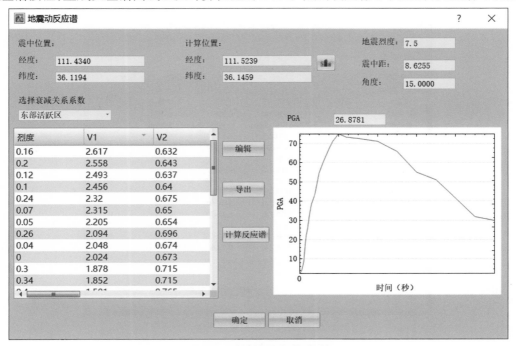

**图 5-48　地震动反应谱对话框**

#### 5.3.3.5　建筑物分布

如要进行三维建筑物场景显示以及属性信息显示,可在承灾体工具栏中选取建筑物分布按钮,弹出建筑物数据管理对话框。可以选择从情景库中导入建筑物数据或者从文件中读取建筑物数据(默认为从文件中加载数据),点击确定,系统会加载建筑物数据并显示建筑物场景。用鼠标左键点取一个建筑物,即在建筑物信息框中显示建筑物属性,如图5-49所示。

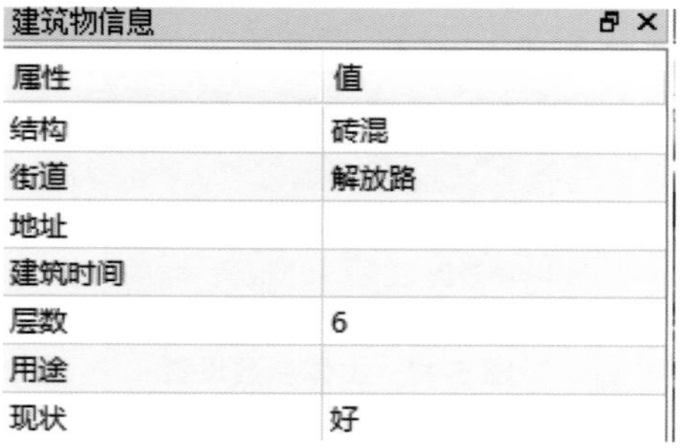

| 建筑物信息 | |
|---|---|
| 属性 | 值 |
| 结构 | 砖混 |
| 街道 | 解放路 |
| 地址 | |
| 建筑时间 | |
| 层数 | 6 |
| 用途 | |
| 现状 | 好 |

图 5-49　建筑物属性查询

#### 5.3.3.6　地震易损性参数设置

系统具有地震易损性数据的显示以及编辑和导出功能。用户可在结构类型下拉框中选取不同的结构类型,系统会在列表中显示该种类型建筑物的易损性数据,点击编辑按钮,可以对易损性数据进行编辑;点击导出按钮,可以将易损性数据导出为 Excel 格式的文件,如图5-50所示。

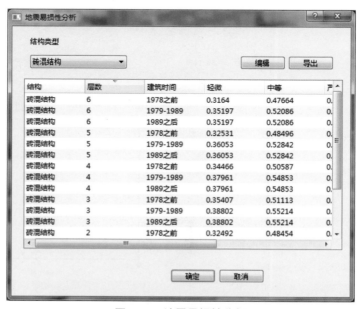

图 5-50　地震易损性分析

#### 5.3.3.7　地震事件设定

1. 震情设定

震情设定模块可以根据设定的地震信息,生成地震烈度影响场。系统根据地震动衰减关系(烈度或 PGA ),计算并绘制设定地震下的影响场。震情设定模块可以通过两种方式设定地震信息。

1)从系统数据库中读取历史地震信息作为救援仿真演练的事件,以列表的方式供用户选择,如图 5-51 所示。

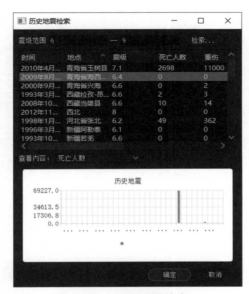

图 5-51　历史地震检索

2)通过设定地震的震级、震中位置(经度和纬度)、震源深度(km)、发震时间,人工地设定地震事件,如图 5-52 所示。

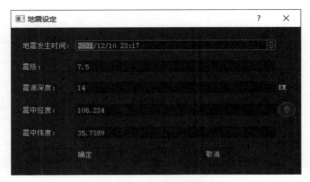

图 5-52　地震设置界面

2. 人造地震动

人造地震动模块根据从衰减关系得到的地震动反应谱,计算人造地震动的时程曲线。

点击地震动场生成工具栏中人造地震动按钮,即弹出人造地震动对话框,如图 5-53 所示。

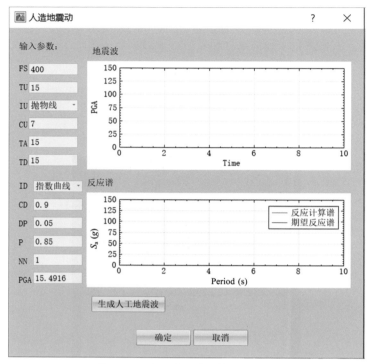

图 5-53　人工地震动计算参数设置

在对话框中输入采样频率(FS)、上升时间长度(TU)、上升包络线线性(IU)、上升时间包络线参数(CU)、持续时间长度(TA)、下降时间长度(TD)、下降时间包络线线性(ID)、下降时间包络线参数(CD)、阻尼比值(DP)、概率系数(P,一般取 0.85)、迭代次数(NN)、场点 PGA 等参数。之后,点击生成人工地震波按钮,弹出计算进度条,系统开始进行人工地震波生成计算,如图 5-54 所示。

图 5-54　人工地震波计算进度

人工地震波计算结束后,系统会显示生成的地震波、反应计算谱以及期望反应谱曲线,如图 5-55 所示。

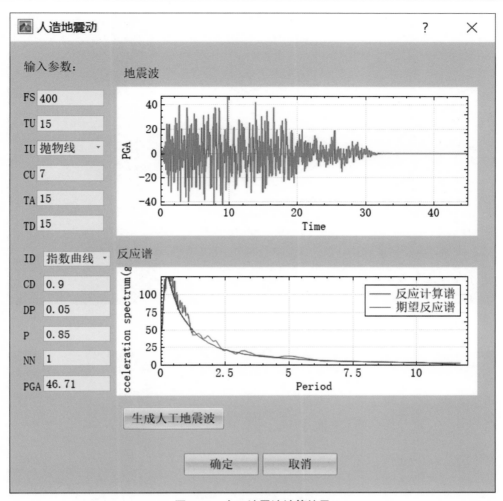

图 5-55　人工地震波计算结果

3. 地形影响修正

地形影响修正模块根据地形高差对衰减关系进行修正。点击地震动场生成模块中地形影响修正按钮,系统根据设定地震震中高程 $H_0$ 和区域场点高程 $H_1$,根据内嵌公式对衰减关系进行修正,得到修正后的地震动场。原始地震动场数据如图 5-56 所示;修正后的地震动场如图 5-57 所示。

4. 地震动场展布

地震动场展布模块对考虑地形修正后的地震动场进行展布,并在三维场景上进行显示,如图 5-58 所示。点击地震动场生成工具栏中地震动场展布按钮,可以控制修正后的地震动场的显示和隐藏。

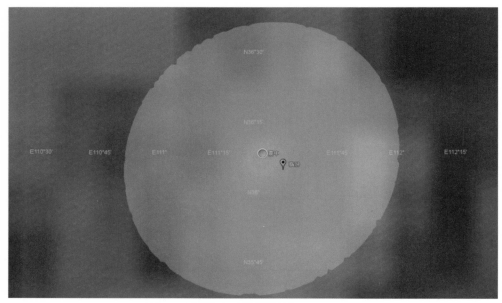

图 5-56　原始地震动场

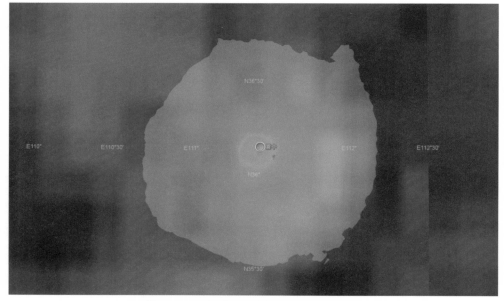

图 5-57　进行地形影响修正后的地震动场

5. 倾斜修正方程

倾斜修正方程模块给出不同结构类型、层数、倾斜程度相关的建筑物倾斜易损性修正方程参数的图表展示,系统根据结构类型、层数、倾斜程度确定所属建筑的倾斜关系系数。该模块的内部逻辑如图 5-21 所示。点击易损性倾斜修正工具栏中的倾斜修正方程按钮,显示倾斜修正方程对话框,如图 5-59 所示。

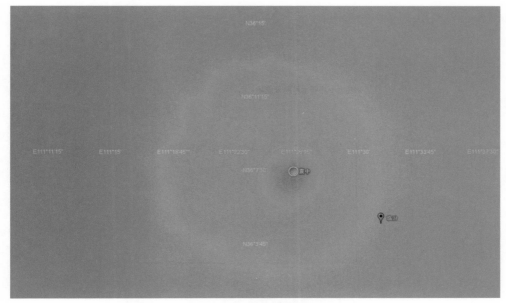

图 5-58　修正后的地震动场显示

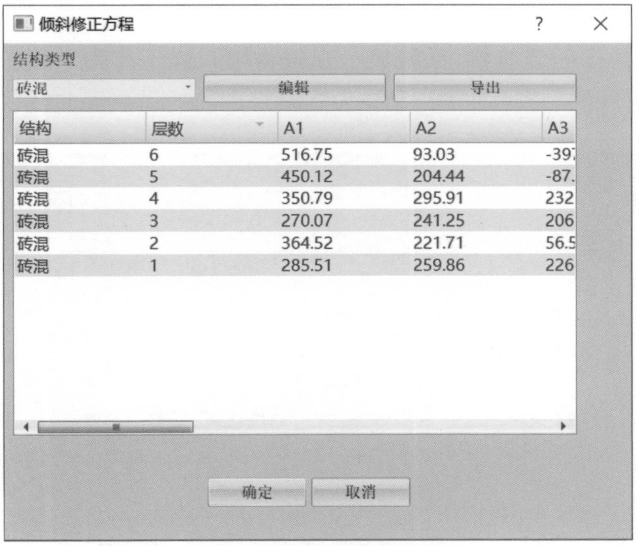

| 结构 | 层数 | A1 | A2 | A3 |
|------|------|--------|--------|------|
| 砖混 | 6 | 516.75 | 93.03 | -397 |
| 砖混 | 5 | 450.12 | 204.44 | -87. |
| 砖混 | 4 | 350.79 | 295.91 | 232 |
| 砖混 | 3 | 270.07 | 241.25 | 206 |
| 砖混 | 2 | 364.52 | 221.71 | 56.5 |
| 砖混 | 1 | 285.51 | 259.86 | 226 |

图 5-59　倾斜修正方程

可以从结构类型下拉框中选择不同的结构类型,查看该结构类型的倾斜修正方程参数。点击编辑按钮,可以在表格中对参数进行编辑;点击导出按钮,可以将倾斜修正方程参数导出为 Excel 格式的文件。

6. 建筑物易损性展布

建筑物易损性展布模块读取建筑物分布地图、易损性数据及建筑物倾斜数据,绘制建筑物易损性曲线。点击易损性倾斜修正工具栏中的建筑物易损性展布,系统会在主界面右下角显示建筑物轻微破坏、中等破坏、严重破坏、毁坏的易损性曲线,用鼠标左键点击不同的建筑物可以查看其对应的易损性曲线,如图 5-60 所示。

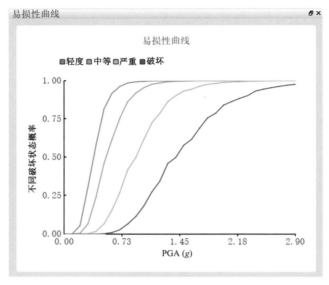

图 5-60 建筑物易损性曲线

点击基础查询工具栏中的建筑物倾斜分布按钮,可显示建筑物倾斜视图,如图 5-61 所示。点击具有倾斜数据的建筑物,系统显示建筑物倾斜修正前和修正后的易损性曲线。其中,实线为倾斜修正后的易损性曲线,虚线为倾斜修正前的易损性曲线,如图 5-62 所示。

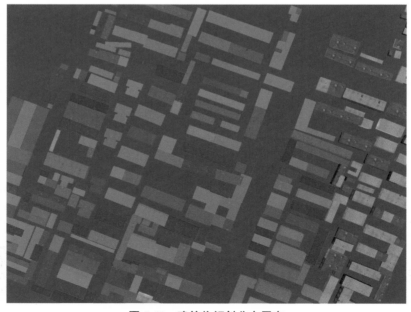

图 5-61 建筑物倾斜分布展布

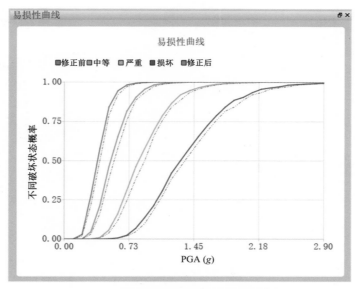

图 5-62　建筑物修正前及修正后的易损性曲线

### 5.3.3.8　演练想定编辑

演练想定编辑模块按照演练目标和演练任务设定,从情景库中选择设计演练情景,由演练导调人员根据演练考察的技能设计不同的任务场景。

1. 宏观灾区场景

从想定编辑工具栏中选取宏观灾区场景,调用创建宏观场景页面,如图 5-63 所示。选取典型的宏观灾区场景,页面中将显示选取宏观场景的结构比例、层数比例、建造年代比例以及建筑物总数等信息,如图 5-64 所示。

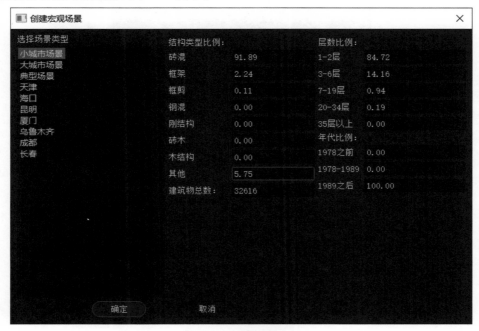

图 5-63　宏观场景设置

图 5-64　宏观灾区场景显示

2. 搜索区建筑物生成

从想定编辑工具栏中选取搜索区建筑物生成按钮,弹出选择建筑物对话框,如图 5-65 所示。用户可以按建筑物的结构类型选择不同的建筑物并加载到场景中。搜索区建筑物有基本完好、轻微破坏、中等破坏、严重破坏、毁坏五种破坏等级,用户可以根据建筑物的破坏状态动态调用,如图 5-66 所示。

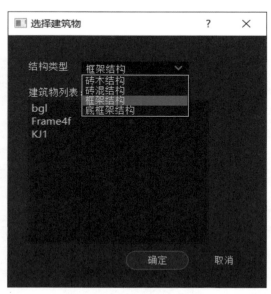

图 5-65　选择建筑物对话框

图 5-66　搜索区建筑物场景

3. 典型作业场景设置

从想定编辑工具栏中选取典型作业场景设置按钮,弹出典型建筑物设置对话框,如图5-67 所示。用户可以选择典型的作业区建筑物以及救援训练的作业点。

图 5-67　典型建筑物设置对话框

### 5.3.3.9　演练任务设置

演练任务设置可以设置演练总体任务、各个角色的演练任务以及演练席位。

1. 编辑预案

从角色席位管理工具栏中选取编辑预案按钮,弹出人员选择页面,选择预案模板 Word

文档,即可进行预案编辑,如图 5-68 所示。

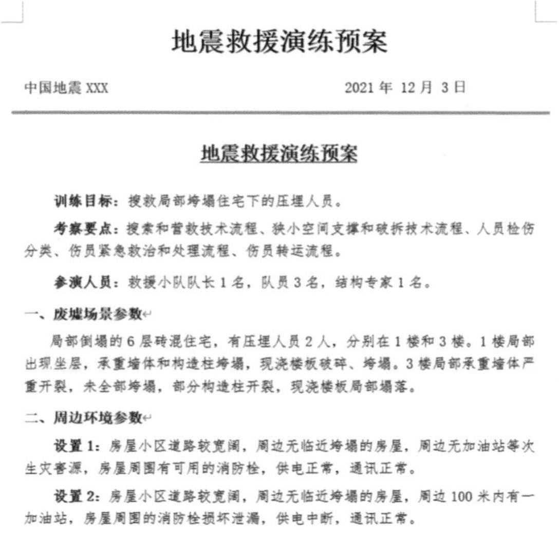

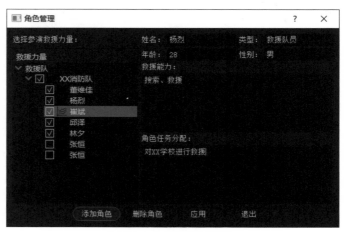

**地震救援演练预案**

中国地震 XXX　　　　　　　　　　　　　　2021 年 12 月 3 日

**地震救援演练预案**

　　**训练目标:** 搜救局部垮塌住宅下的压埋人员。
　　**考察要点:** 搜索和营救技术流程、狭小空间支撑和破拆技术流程、人员检伤分类、伤员紧急救治和处理流程、伤员转运流程。
　　**参演人员:** 救援小队队长 1 名,队员 3 名,结构专家 1 名。
　　**一、废墟场景参数**
　　局部倒塌的 6 层砖混住宅,有压埋人员 2 人,分别在 1 楼和 3 楼。1 楼局部出现坐层,承重墙体和构造柱垮塌,现浇楼板破碎、垮塌。3 楼局部承重墙体严重开裂,未全部垮塌,部分构造柱开裂,现浇楼板局部塌落。
　　**二、周边环境参数**
　　**设置 1:** 房屋小区道路较宽阔,周边无临近垮塌的房屋,周边无加油站等次生灾害源,房屋周围有可用的消防栓,供电正常,通讯正常。
　　**设置 2:** 房屋小区道路较宽阔,周边无临近垮塌的房屋,周边 100 米内有一加油站,房屋周围的消防栓损坏泄漏,供电中断,通讯正常。

**图 5-68　演练预案编辑**

2. 预案下发

从角色席位管理工具栏中选取人员下发按钮,可将编辑好的预案下发到各个参训席位。

3. 角色席位管理

角色席位管理模块用于管理各类参与救援演练训练的角色。根据在应对灾害时的职责和所需能力的不同,角色主要包括:群众、社会救援力量、现场专业救援力量,指挥中心人员等。用户可在此模块中添加、编辑和删除角色;角色设置完成后,可以在演练任务设定模块中为角色分配任务。

(1)角色管理

在角色管理对话框中,可管理参与演练的救援力量并完成救援力量任务分配,如图 5-69 所示。

**图 5-69　角色管理对话框**

（2）席位管理

在席位管理对话框中，可通过输入参演人员信息表和角色任务信息表，对注册的参训人员信息进行管理，并对每一名人员根据演练需要分配角色，实现参训人员信息检索管理、演练角色设定，如图 5-70 所示。

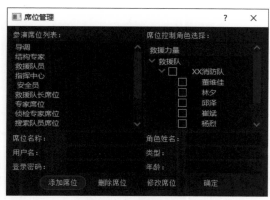

**图 5-70　席位管理对话框**

#### 5.3.3.10　情景注入导调控制

情景注入导调控制模块能够提供人工注入动态信息功能，便于用户对演练的过程进行管理，控制演练进程，在各阶段触发事件或注入相应信息。导调人员可以随时对预设的演练脚本中的情景进行动态修正，可以通过动态灾情信息注入，实现演练进程的多样化推进。

该模块提供人机交互界面，导调人员可人为添加和改变演练环境，包括气象条件调整、灾情信息更新、救援力量调整、新任务下达、突发情景注入等。

1. 余震设置

余震对话框如图 5-71 所示。

**图 5-71　余震设定对话框**

2. 情景注入设置

在情景注入对话框中，可添加灾情推演过程中要触发的突发事件的类别和属性信息。

点击工具栏中情景注入按钮,弹出情景注入对话框,如图 5-72 所示。

用户可以选择情景注入类型,发生时间以及发生地点;可以输入经纬度位置,或者点击图选按钮,从地图上选取发生地点;也可以点击导入列表按钮,将附加时间导入事件队列。用户也可点击自动生成附加作用按钮,系统根据地震烈度等级、生命线系统的状况,自动生成附加作用并添加到列表中,同时地图中显示注入情景的位置

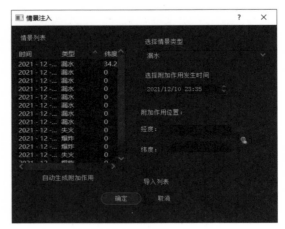

图 5-72　情景注入对话框

3. 导调任务设置

救援任务导调对话框如图 5-73 所示。

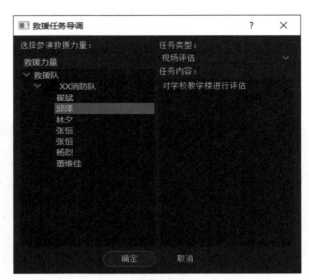

图 5-73　救援任务导调对话框

### 5.3.3.11　运行控制

在完成震情设定、演练想定编辑、演练任务设置三个步骤后,用户可以通过系统的运行控制功能,启动仿真运行,进行救援演练。

1. 情景触发

点击运行控制工具栏中的情景触发按钮,即启动仿真运行并触发各类设置好的震情和注入情景,如图 5-74 所示。

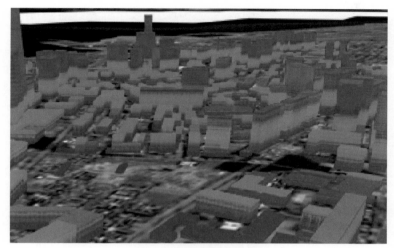

**图 5-74　建筑物震动情景**

2. 情景重构

点击运行控制工具栏中的情景重构按钮,可以重新复位救援场景。

3. 仿真加速

点击运行控制工具栏中的加速按钮,可以加快仿真运行的速度。

4. 仿真减速

点击运行控制工具栏中的减速按钮,可以降低仿真运行的速度。

5. 视图选择

在系统中,建筑物的破坏程度可以四种方式表示:在标准视图中以震害位移时程云图来表示地震对建筑物的破坏程度;在真实感图中显示建筑物的原始图像;在真实感动态图中在真实感图的基础上,叠加建筑物在地震作用下的晃动状态;在最终破坏图中用颜色表示建筑物的最终破坏程度。

(1)标准视图

城市建筑群震害位移时程云图是整个震害再现的主要组成部分。位移时程云图主要采用不同颜色反映建筑物不同位移的差异。系统中位移颜色的递进关系是蓝色—青蓝—绿色—黄色—红色。蓝色为 0.000 m,红色为 0.3 m,中间颜色按照线性插值得出。标准视图的生成流程如图 5-75 所示;标准视图下的某时刻全景位移云图如图 5-76 所示。

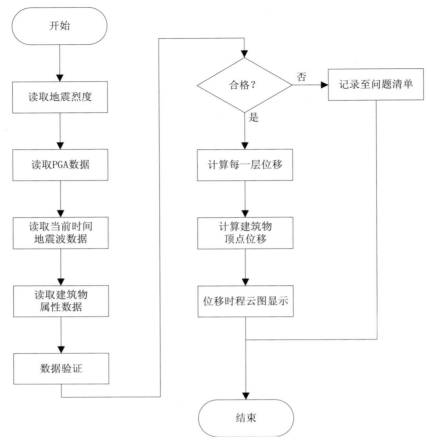

图 5-75　标准视图生成流程

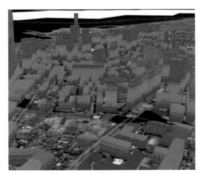

图 5-76　某时刻全景位移云图

（2）真实感图

真实感图的生成流程如图 5-77 所示。真实感模型的建立过程如图 5-78 所示。首先，根据建筑平面几何坐标和层高、层数计算得到顶点信息，生成顶点数组；其次，采用四边形建立墙面图元，并为其添加颜色和纹理；再次，采用多边形建立屋顶图元，并对多边形进行镶嵌，然后为其添加颜色与纹理；之后，将生成的图元添加到建筑模型叶节点；最后，将生成的建筑模型叶节点添加到场景根节点。最终得到的真实感图如图 5-79 所示。

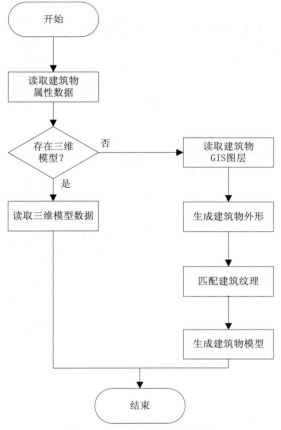

**图 5-77　真实感图生成流程**

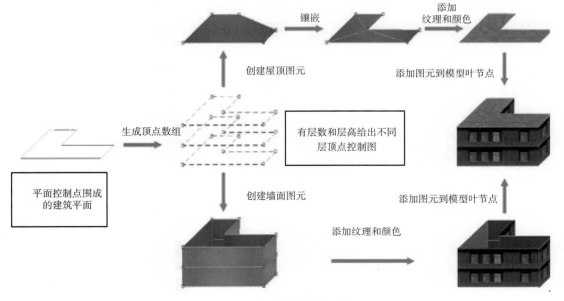

**图 5-78　真实感模型建立图解**

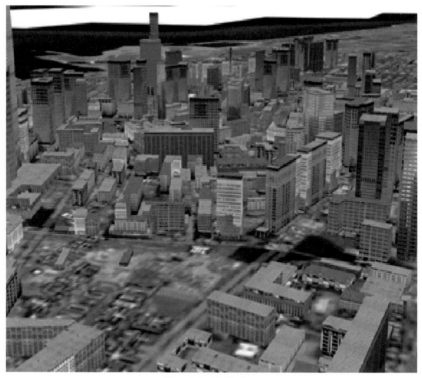

图 5-79　真实感图

（3）真实感动态图

真实感动态图的基本原理与位移时程动态图一致，差别在于真实感动态图不需要颜色数组，仅用贴图跟随顶点坐标移动，其生成流程如图 5-80 所示。最终得到的真实感动态图如图 5-81 所示。

（4）最终破坏图

最终破坏图的生成流程如图 5-82 所示。最终的生成结果如图 5-83 所示，图中给出了城市建筑群震害模拟的成果展示。其中，破坏等级共分为 5 种：完好、轻微破坏、中等破坏、严重破坏、倒塌。这 5 种破坏分别用不同的颜色表示：绿色、蓝色、黄色、粉色、红色。为了便于计算机识别，每一栋建筑不同层的破坏状态与数字对应：0 表示完好，1 表示轻微破坏，2 表示中等破坏，3 表示严重破坏，4 表示倒塌。

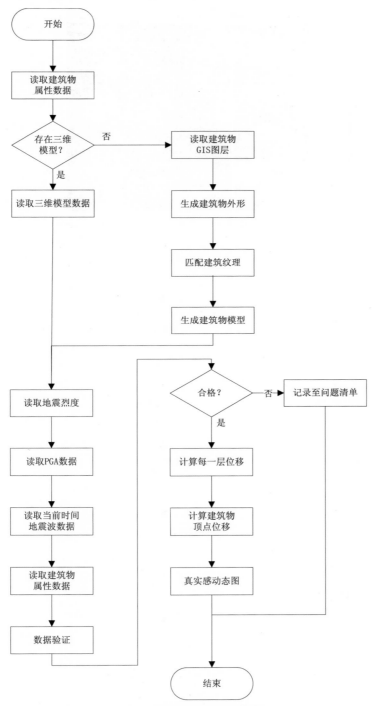

**图 5-80　真实感动态图生成流程**

**图 5-81　真实感动态图**

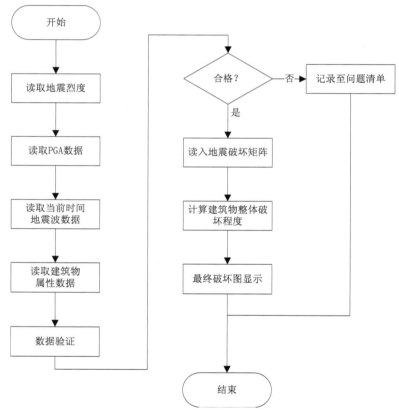

**图 5-82　最终破坏图的生成流程**

**图 5-83　最终破坏图**

## 5.4　搜救动态指挥与调度仿真子系统

### 5.4.1　子系统简介

搜救动态指挥与调度仿真子系统为搜救指挥人员提供指挥调度训练功能。搜救动态指挥与调度仿真子系统可以单独提供指挥训练也可以与救援演练模拟仿真训练子系统联合运行。搜救动态指挥与调度仿真模拟子系统通过"一张图"模式实现对地震应急力量预置力量的动态展示,并为用户提供交互情景不仅为其提供地震场景展现,而且便于其根据救援处置方案,对救援力量进行调配。

搜救动态指挥与调度仿真子系统由灾情一张图、应急救援调度、综合指挥决策评估、应急预置力量管理四个模块组成,如图 5-84 所示。

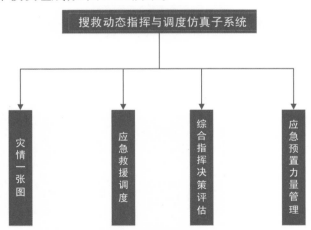

**图 5-84　搜救动态指挥与调度仿真子系统的功能模块**

1. 灾情一张图模块

灾情一张图模块在救援态势图上以一张图的形式,显示救援的震情数据,灾情数据,灾情及救援态势分析数据,救援力量、救援物资的分布数据等信息。

2. 应急救援调度模块

应急救援调度模块的功能是为用户提供人员、物资、装备等的调度指令,实现应急救援的指挥调度。

3. 综合指挥决策评估模块

综合指挥决策评估模块根据训练任务,收集灾情、震情信息以及受训指挥人员的指挥决策指令,根据训练科目对受训人员进行评估。

4. 应急预置力量管理

应急预置力量管理模块提供数据管理接口,并提供对预评估结果、救援物资、救援力量分布等进行增、删、改、查的管理功能。

## 5.4.2　子系统架构设计

搜救动态指挥与调度仿真子系统在指挥训练过程中,从救援演练导调控制子系统接收应急任务等导调指令;从救援演练模型引擎子系统接收震情、灾情态势信息以及调度指令执行结果信息等数据;该子系统的指挥决策指令会发送到救援演练模拟仿真训练子系统;会将决策指令及评估结果存入到数据库中。

1. 系统逻辑结构

搜救动态指挥与调度仿真子系统的内部逻辑关系如图 5-85 所示。

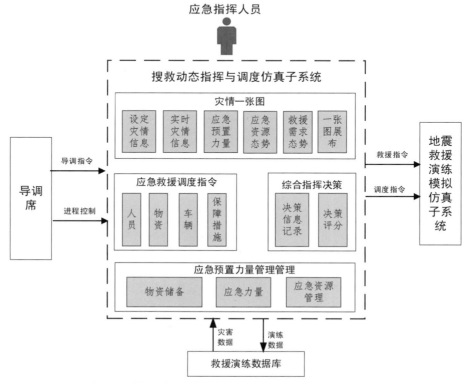

**图 5-85　搜救动态指挥与调度仿真子系统的内部逻辑关系**

2. 外部接口

搜救动态指挥与调度仿真子系统的外部接口见表 5-4。

**表 5-4　搜救动态指挥与调度仿真子系统外部接口关系**

| 序号 | 信息种类 | 接口功能描述 | 时效性 | 传输方向 | 传输协议 |
|---|---|---|---|---|---|
| 1 | 地震信息设置指令 | 接收用户设置的地震信息,进行地震影响场计算 | 实时 | 接收 | TCP/IP |
| 2 | 建筑物 GIS 数据 | 加载模型计算建筑物数据 | 实时 | 接收 | TCP/IP |
| 3 | 道路 GIS 数据 | 加载道路 GIS 数据进行计算 | 非实时 | 接收 | 文件读取 |
| 4 | 预评估结果数据 | 预评估结果数据管理 | 实时 | 发送\接收 | 文件读取 |
| 5 | 应急物资储备数据 | 应急物资储备数据管理 | 非实时 | 接收 | 文件读取 |
| 6 | 应急力量分布数据 | 应急力量分布数据管理 | 非实时 | 接收 | 文件读取 |
| 7 | 救援装备数据 | 加载救援装备数据 | 非实时 | 接收 | 文件读取 |
| 8 | 仿真运行控制指令 | 接收导调席的仿真开始、暂停、结束、加速、减速指令 | 实时 | 发送\接收 | TCP/IP |
| 9 | 灾情采集 APP 数据 | 接收灾情采集 APP 数据 | 实时 | 接收 | TCP/IP |
| 10 | 物资调度指令 | 发送物资调度指令,进行物资调度计算 | 实时 | 发送 | TCP/IP |
| 11 | 人员调度指令 | 发送人员调度指令,进行人员调度计算 | 实时 | 发送 | TCP/IP |
| 12 | 装备调度指令 | 发送装备调度指令,进行装备调度计算 | 实时 | 发送 | TCP/IP |
| 13 | 建筑物毁伤数据 | 发送建筑物毁伤数据 | 实时 | 接收 | TCP/IP |
| 14 | 人员伤亡数据 | 发送人员伤亡数据 | 实时 | 接收 | TCP/IP |
| 15 | 道路毁伤数据 | 发送道路毁伤数据 | 实时 | 接收 | TCP/IP |
| 16 | 指挥决策评估数据 | 发送指挥评估决策评估结果数据 | 非实时 | 发送 | TCP/IP |

## 5.4.3　系统功能

### 5.4.3.1　主界面

搜救动态指挥与调度仿真子系统的主界面如图 5-86 所示。

### 5.4.3.2　灾情一张图

1. 灾情网格化评估

在网格化评估模块中,系统对受灾地区按照 500 m×500 m 的网格进行划分,对每个网格区域内的建筑物统计各种结构类型分布,预测在不同烈度下建筑物的破坏情况、倒塌率、死亡人数、重伤人数以及财产损失等。

(1)在地震烈度列表中选择不同的烈度等级,系统自动计算各网格区域内建筑物的破坏情况、倒塌率、人员伤亡及财产损失情况;在列表中点击死亡人数、重伤人数、财产损失三个标题栏,可以按照相应的主题进行升序和降序排列。

(2)点击列表中不同的区块,可显示该区块在相应烈度等级下的倒塌率及不同程度的破坏比例,如图 5-87 所示。

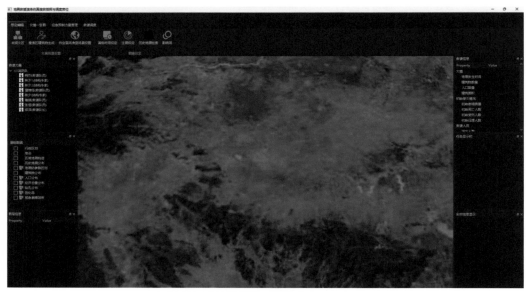

**图 5-86　救援动态指挥与调度仿真子系统的主界面**

（3）双击列表中的某一区块，场景主视图会自动漫游到该区块所在的区域，并用黄色线框标识出区域范围，如图 5-88 所示。

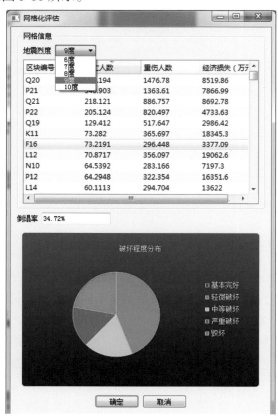

**图 5-87　网格化评估**

图 5-88　网格区域显示

### 2. 救援安全评估

进行救援安全评估时，用鼠标左键单击选取待评估的建筑物，如图 5-89 所示。此时，系统弹出安全评估对话框（图 5-90），如果未选择待评估建筑物，会弹出选择提示框。

图 5-89　选取待评估建筑物

图 5-90　救援安全评估对话框

3. 生命线系统

（1）供水管网

供水管网模块可显示地震灾区供水管网的分布及相应地震烈度下的破坏情况。

1）在图层信息栏中，勾选并选择供水管网。

2）系统在场景主窗口中用不同的颜色显示供水管网的分布及在当前地震烈度下的破坏状况（图 5-91），用户可用鼠标选取某一段供水管网。

3）选取供水管网后，系统在供水管网信息栏中显示所选供水管网的直径、埋藏深度、材料、时间、连接类型、压力、现状、破坏程度等信息。

图 5-91　供水管网的破坏情况

（2）供气管网

供气管网模块可显示地震灾区的供气管网的分布及相应地震烈度下的破坏情况。

1）在图层信息栏中，勾选并选择供气管网。

2）系统在场景主窗口中用不同的颜色显示供气管网的分布及在当前地震烈度下的破坏状况（图 5-92），用户可用鼠标选取某一段供气管网。

3）选取供气管网后，系统在供气管网信息栏中显示所选供气管网的直径、埋藏深度、创建时间、连接类型、压力、现状、破坏程度等信息。

图 5-92　供气管网的破坏情况

（3）路网

路网模块可显示地震灾区路网的分布及相应地震烈度下的破坏情况。

1）在图层信息栏中，勾选并选择路网。

2）系统在场景主窗口中用不同的颜色显示路网的分布（图 5-93）及在当前地震烈度下的破坏状况，用户可用鼠标选取某一段路网。

3）选取路网后，系统在路网信息栏中显示所选路网的类型、修建时间、破坏程度等信息。

图 5-93　路网分布情况

（4）变电站

1）在图层信息栏中，勾选并选择变电站。

2）系统在场景主窗口中显示变电站的分布情况，如图 5-94 所示。

图 5-94　变电站分布情况

（5）水厂

1）在图层信息栏中，勾选并选择水厂。

2）系统在场景主窗口中显示水厂的分布情况，如图 5-95 所示。

图 5-95　水厂分布情况

（6）气源厂

1）在图层信息栏中，勾选并选择气源厂。

2）系统在场景主窗口中显示气源厂的分布情况，如图 5-96 所示。

图 5-96　气源厂分布情况

（7）供水失效区

供水失效区模块可显示地震灾区在相应地震烈度下供水失效区的分布情况。

1）在图层信息栏中，勾选并选供水失效区。

2）系统在场景主窗口中用不同的颜色显示供水失效区的分布情况（图 5-97），用户可用鼠标选取某一供水失效区。

3）选取供水失效区后，系统在供水失效区信息栏中显示所选供水失效区的面积。

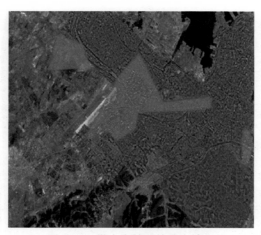

图 5-97　供水失效区的分布情况

（8）供电失效区

供电失效区模块可显示地震灾区在相应地震烈度下供电失效区的分布情况。

1）在图层信息栏中，勾选并选供电失效区。

2）系统在场景主窗口中用不同的颜色显示供电失效区的分布情况（图 5-98），用户可用鼠标选取某一供电失效区。

3）选取供电失效区后，系统在供电失效区信息栏中显示所选供电失效区的面积。

图 5-98　供电失效区的分布情况

（9）供气失效区

供气失效区模块可显示地震灾区在相应地震烈度下供气失效区的分布情况。

1）在图层信息栏中，勾选并选供气失效区。

2）系统在场景主窗口中用不同的颜色显示供气失效区的分布情况（图 5-99），用户可用鼠标选取某一供气失效区。

3）选取供气失效区后，系统在供气失效区信息栏中显示所选供气失效区的面积。

图 5-99　供气失效区的分布情况

（10）断层信息

断层信息模块可显示地震灾区的断层带信息。

1）在图层信息栏中，勾选并选择断层。

2）用鼠标在场景主窗口中选取一条断层，如图 5-100 所示。

3）系统在断层信息栏中显示所选断层带的名称、断层性质、出露情况以及断层倾向等信息。

**图 5-100　断层分布情况**

（11）抗震性能图

抗震性能图显示受灾区域的抗震性能。

1）在图层信息栏中,勾选并选择抗震性能图。

2）用鼠标在场景主窗口中选取某一区县,如图 5-101 所示。

3）系统在抗震能力信息栏中显示该区县的区域、省份、地级市、县区、地址名、设防烈度等基本信息,同时显示该区县在输入地震烈度下的抗震指数及破坏情况预测信息。

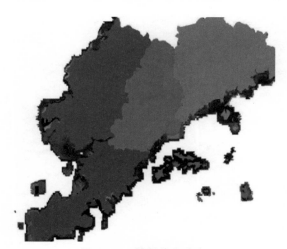

**图 5-101　抗震能力分布**

（12）网格化风险识别

网格化风险识别模块对受灾地区按照 500 m × 500 m 的网格进行划分,对每个网格区域内的建筑物统计各种结构类型分布,预测在不同烈度下建筑物的破坏情况、倒塌率、死亡人数、重伤人数以及财产损失等。

1）在图层信息栏中,勾选并选择网格化风险识别。

2）用鼠标在场景主窗口中选取网格区域,当前所选网格区域范围由黄色方框标识,如图 5-102 所示。

3）系统在网格信息栏中显示所选网格区域内的建筑物的结构分布，以及在输入烈度等级下的建筑物破坏情况、倒塌率、死亡人数、重伤人数及财产损失预测情况。

图 5-102　网格化风险识别

（13）高危街区

高危街区模块可显示受灾城市的高危街区信息，如图 5-103 所示。

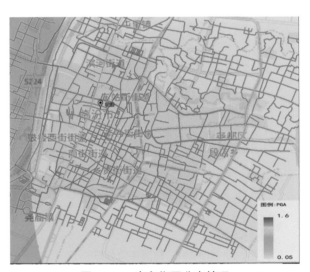

图 5-103　高危街区分布情况

（14）灾情信息

灾情信息显示栏可显示当前的震情和灾情数据，如图 5-104 所示。

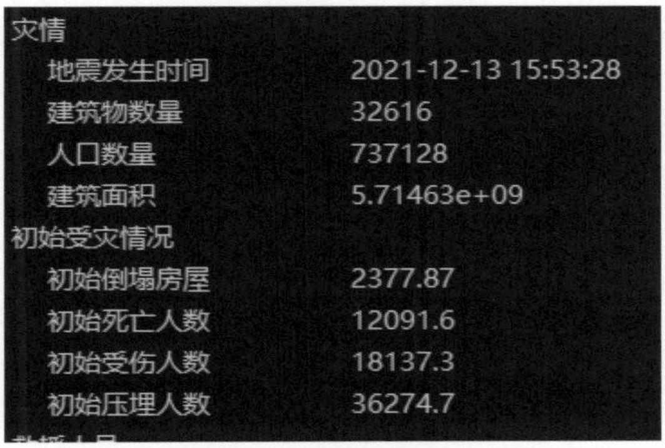

灾情
地震发生时间　2021-12-13 15:53:28
建筑物数量　32616
人口数量　737128
建筑面积　5.71463e+09
初始受灾情况
初始倒塌房屋　2377.87
初始死亡人数　12091.6
初始受伤人数　18137.3
初始压埋人数　36274.7

图 5-104　灾情信息

### 5.4.3.3　救援力量和物资调度

系统提供救援力量和物资调度功能，用户可根据灾情类别和救援环境，在情景库中调取救援措施。点击工具栏中救援力量调集按钮，即弹出救援决策对话框，用户可以从救援决策库中选择救援决策，如图 5-105 所示。在选取某一条救援决策后，基本设置栏中会显示救援类型，包括抢险救灾、道路疏通、运输物资、灾情侦查、伞降侦察、灾情拍摄侦查、搭建渡桥等；人员类型，包括解放军、武警、地震救援队、消防队、搜救犬、民兵预备役、医疗队、其他等八种人员类型；交通工具，包括汽车、火车、飞机、直升机、无人机、轮船、步行等七种交通工具类型。还包括救援策略适用的地震烈度等级、派出的救援人员数量、交通工具数量、出发时间和到达时间。在救援物资栏中，系统显示该救援策略对应的救援物资数量，包括食品、饮用水、药品、血浆、帐篷、棉被、衣服以及救援机械等。在该对话框的措施内容栏中，系统显示具体救援措施。

救援决策
救援决策库
救援类型　适用地震烈度
抢险救灾　X
抢险救灾　X
措施内容：
空军两架伊尔76军用运输机从北京南苑机场起飞，运送国家地震救援队175人飞往灾区。
基本设置
救援类型　抢险救灾
适用地震烈度　X
人员类型　消防队
人　数：175
交通工具　飞机
交通工具数量　2
出发时间：2021/12/13 18:35
到达时间：2021/12/13 20:35
救援物资
食　品：0
帐篷：0
饮用水：0
棉被：0
药　品：0
衣服：0
血　浆：0
救援机械数量　0
确定
取消

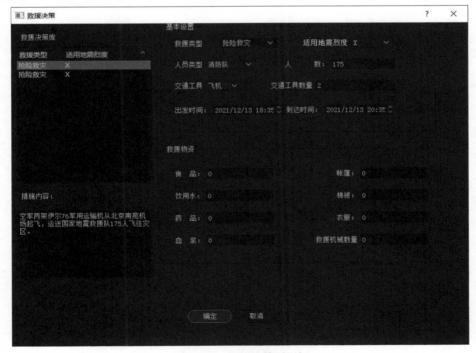

图 5-105　救援决策对话框

在救援决策库列表中,系统根据决策适用烈度等级,自动进行救援决策排列。用户可以直接点击确定以加载所选择的救援决策,也可以对决策参数修改后,点击确定。

## 5.5 搜救演练模拟仿真训练子系统

### 5.5.1 子系统功能组成

救援演练模拟仿真训练子系统为救援人员、群众等救援演练席位提供演练场景显示、演练任务接收、演练任务执行、演练过程回放等功能。

救援演练模拟仿真训练子系统由地震场景显示模块、演练处置实施模块、演练记录回放模块、信息查询与统计模块四个模块组成,如图 5-106 所示。

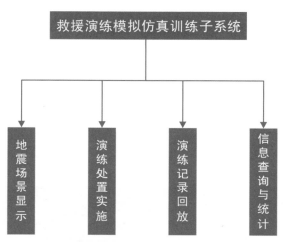

**图 5-106  救援演练模拟仿真训练子系统的功能模块**

1. 地震场景显示模块

地震场景显示模块提供地震场景显示功能,包括城市建筑物场景、建筑物破坏场景、道路破坏场景、火灾场景、漏气等的显示。

2. 演练处置实施模块

演练处置实施模块负责接收由导调席或者指挥员席设置的当前受训席位的演练任务,用户根据演练任务进行救援演练处置实施,包括接警、力量调集、救援准备、搜索、营救、撤离等。

3. 演练记录回放模块

演练记录回放模块负责记录演练过程中的演练态势数据。演练结束后,用户可以进行演练态势的回放。

4. 信息查询与统计模块

信息查询与统计模块提供演练信息查询和统计功能。用户可以在演练的过程中实时查询演练信息,并对信息进行统计分析。

## 5.5.2　子系统架构设计

1. 系统逻辑结构

救援演练模拟仿真训练子系统的内部逻辑关系如图 5-107 所示。

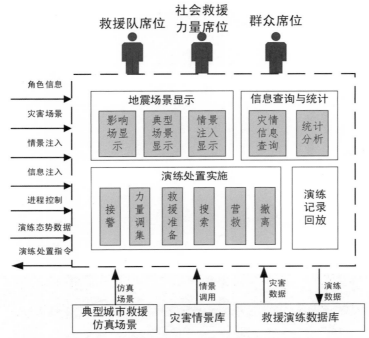

图 5-107　救援演练模拟仿真训练子系统的内部逻辑关系

2. 外部接口

救援演练模拟仿真训练子系统的外部接口见表 5-5。

表 5-5　救援演练模拟仿真训练子系统外部接口关系

| 序号 | 信息种类 | 接口功能描述 | 时效性 | 传输方向 | 传输协议 |
|---|---|---|---|---|---|
| 1 | 地震信息设置指令 | 接收用户设置的地震信息,进行地震影响场计算 | 实时 | 接收 | TCP/IP |
| 2 | 建筑物 GIS 数据 | 加载模型计算建筑物数据 | 实时 | 接收 | TCP/IP |
| 3 | 道路 GIS 数据 | 加载道路 GIS 数据进行计算 | 非实时 | 接收 | 文件读取 |
| 4 | 救援物资数据 | 加载救援物资数据 | 非实时 | 接收 | 文件读取 |
| 5 | 救援人员数据 | 加载救援人员数据 | 非实时 | 接收 | 文件读取 |
| 6 | 救援装备数据 | 加载救援装备数据 | 非实时 | 接收 | 文件读取 |
| 7 | 仿真运行控制指令 | 接收导调席的仿真开始、暂停、结束、加速、减速指令 | 实时 | 接收 | TCP/IP |
| 8 | 情景注入指令 | 接收情景注入指令,进行情景注入计算 | 实时 | 接收 | TCP/IP |

续表

| 序号 | 信息种类 | 接口功能描述 | 时效性 | 传输方向 | 传输协议 |
|------|----------|--------------|--------|----------|----------|
| 9 | 信息注入指令 | 接收突发状况信息指令 | 实时 | 接收 | TCP/IP |
| 10 | 物资调度指令 | 接收物资调度指令,进行物资调度计算 | 实时 | 接收 | TCP/IP |
| 11 | 人员调度指令 | 接收人员调度指令,进行人员调度计算 | 实时 | 接收 | TCP/IP |
| 12 | 装备调度指令 | 接收装备调度指令,进行装备调度计算 | 实时 | 接收 | TCP/IP |
| 13 | 接警处置指令 | 执行接警处置任务 | 实时 | 接收 | TCP/IP |
| 14 | 搜救指令 | 执行搜救任务 | 实时 | 接收 | TCP/IP |
| 15 | 撤离指令 | 执行撤离任务 | 实时 | 接收 | TCP/IP |
| 16 | 建筑物毁伤数据 | 发送建筑物毁伤数据 | 实时 | 接收 | TCP/IP |
| 17 | 人员伤亡数据 | 发送人员伤亡数据 | 实时 | 接收 | TCP/IP |
| 18 | 道路毁伤数据 | 发送道路毁伤数据 | 实时 | 接收 | TCP/IP |

### 5.5.3　系统功能

1. 主界面

该子系统的主界面分为 6 个区域:分别是菜单栏、工具栏、主场景显示区、救援力量显示栏、任务显示栏、实时动态信息显示栏,如图 5-108 所示。

**图 5-108　搜救演练模拟仿真系统主界面**

2. 菜单栏

导调席位包括想定编辑、角色席位管理、导调控制、运行控制四个菜单栏,分布可以控制想定编辑、角色席位管理、导调控制、运行控制四个工具栏显示的切换。

3. 工具栏

工具栏包括勘查评估、搜索、营救、表格填写、信息显示、回放、视图选择共 7 个子工具栏，用户可以通过菜单栏进行切换。

**图 5-109　搜救演练模拟仿真训练子系统的工具栏**

4. 勘查评估工具栏

勘查评估工具栏具有确定工作区、勘查评估结果、绘制草图、询问群众、设置警戒区等功能，如图 5-110 所示。

**图 5-110　勘查评估工具栏**

5. 搜索工具栏

搜索工具栏包括人工搜索、犬搜索、仪器搜索、搜索标记等搜索功能，如图 5-111 所示。

**图 5-111　搜索工具栏**

6. 营救工具栏

营救工具栏包括支撑作业、破拆作业、搭建吊升通道作业、医疗救护作业、转移被困人员作业等营救作业功能，如图 5-112 所示。

**图 5-112　营救工具栏**

7. 表格填写工具栏

表格填写工具栏包括工作场地表,搜索情况表,营救情况表,受困者救出信息表,遇难人员处置信息表,现场医疗处置记录表,转场、撤离申请表,任务总结报告,表格提交等表格填写功能,如图 5-113 所示。

图 5-113　表格填写工具栏

8. 信息显示工具栏

信息显示工具栏包括救援任务、废墟评估结果、废墟草图、可用工具、震情灾情数据等信息显示和统计分析功能,如图 5-114 所示。

图 5-114　信息显示工具栏

9. 回放工具栏

回放工具栏提供演练回放及停止复盘等回放控制功能,如图 5-115 所示。

图 5-115　回放工具栏

10. 视图工具栏

视图工具栏提供标准视图、真实感图、真实感动态图、最终破坏图、全局视角等视图选择和视角功能,如图 5-116 所示。

图 5-116　救援力量显示

11. 救援力量栏

救援力量栏显示参与本次演练的救援力量,本席位控制的角色显示为彩色图标,非本席位控制的救援力量显示为灰色图标,如图 5-117 所示。

图 5-117　救援力量栏

12. 任务显示栏

任务显示栏显示救援过程中发出的救援任务,如图 5-118 所示。

图 5-118　任务显示栏

13. 实时信息显示栏

实时信息显示栏显示推演过程中收集到的实时灾情信息,如图 5-119 所示。

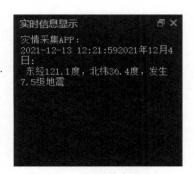

图 5-119　实时信息显示区

14. 工具选择栏

工具选择栏提供了各种救援装备或工具的模板,供救援队队长席位选择,如图 5-120 所示。

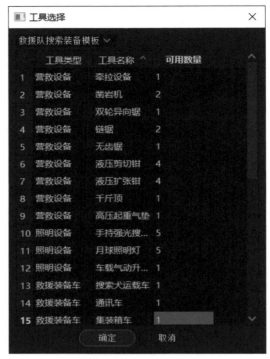

图 5-120　工具选择栏

# 5.6　搜救废墟环境仿真与生命通道优选子系统

## 5.6.1　子系统功能组成

搜救废墟环境仿真与生命通道优选子系统主要提供以下几方面的功能。

1）环境选择。该子系统提供四类废墟环境（学校、城中村、工厂、高层建筑），用户可对废墟的特征进行设置，包括特征点的材质、重量。

2）资源调配，搭建生命通道。管理员根据需求调配物资到救援现场，救援人员根据已有的物资快速安全地搭建生命通道。

3）全景浏览功能。用户可在废墟上实现全景浏览。

搜救废墟环境仿真与生命通道优选子系统由废墟环境浏览模块、设置模块、救援装备设置模块、生命通道搭建模块四个模块组成，如图 5-121 所示。

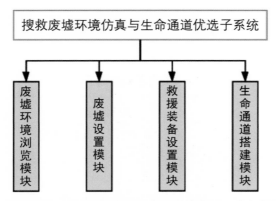

**图 5-121　搜救废墟环境仿真与生命通道优选子系统的功能模块**

1. 废墟环境浏览模块

废墟环境浏览模块提供可供管理员与参训人员实时浏览环境废墟的功能,包括:360 度的全景视角;可对废墟环境的外部、局部特征进行浏览;点击局部特征可以查看具体的破坏信息、废墟的结构特征信息、建筑材料信息等。

2. 废墟设置模块

废墟设置模块提供设置废墟场景的功能,导演人员可以通过选择系统内嵌的典型废墟场景,根据演练需求加载相应的演练废墟仿真模型;提供人机交互接口,导演人员可对废墟特征( 楼板材质、重量、压埋人员状态、压埋人员位置 )进行人工修正。

3. 装备设置模块

装备设置模块提供装备设置接口,导演人员可以根据演练需求,从数据库中的救援装备表中设定该演练场景的备选装备清单,参训人员在实际操作时可以从装备清单中选择合适的工具完成训练任务;提供不同的备选装备,参训人员可根据装备情况采用不同的废墟救援的方式,从而实现对多个废墟救援生命通道搭建技能的灵活训练。

4. 生命通道搭建模块

生命通道搭建模块为参训人员提供了一个拥有压埋人员的废墟场景,以便对参训人员在狭小空间内完成顶撑、破拆、支护等技能进行多要点的综合考察,参训人员须根据对废墟场景的判断以及备选的救援装备,合理设计生命通道的搭建方案,并按照脚本的设置进行通道实操训练。系统通过仿真模拟和对力学性能参数等信息的计算,来模拟参训人员搭建生命通道的情况,并在搭建完成后按照技术要点对搭建的场景进行量化评分。

## 5.6.2　子系统架构设计

搜救废墟环境仿真与生命通道优选子系统接收来自救援演练导调控制子系统的导调指令。

1. 系统逻辑结构

搜救废墟环境仿真与生命通道优选子系统的内部逻辑关系如图 5-122 所示。

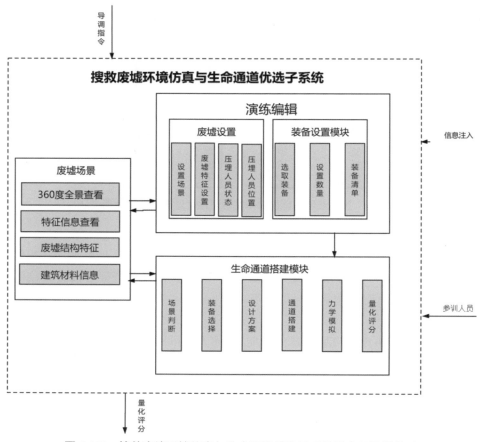

**图 5-122　搜救废墟环境仿真与生命通道优选子系统的内部逻辑关系**

2. 外部接口

搜救废墟环境与生命通道优选子系统的外部接口见表 5-6。

**表 5-6　搜救废墟环境与生命通道优选子系统的外部接口**

| 序号 | 信息种类 | 接口功能描述 | 时效性 | 传输方向 | 传输协议 |
|---|---|---|---|---|---|
| 1 | 装备资源数据 | 从装备资源库中加载装备资源数据 | 非实时 | 接收 | 文件读取 |
| 2 | 装备资源设置 | 设置当前救援任务的装备资源 | 非实时 | 发送 | 文件读取 |
| 3 | 科目数据 | 获取数据库中的科目数据 | 非实时 | 接收 | 文件读取 |
| 4 | 特征点获取 | 获取场景中的特征点数据 | 非实时 | 接收 | 文件读取 |
| 5 | 特征设置 | 对场中特征信息进行设置 | 非实时 | 发送 | 文件读取 |
| 6 | 模型导入 | 导入模型 | 非实时 | 接收 | 文件读取 |

3. 内部接口

搜救废墟环境与生命通道优选子系统的内部接口见表 5-7。

**表 5-7　搜救废墟环境与生命通道优选子系统的内部接口**

| 序号 | 信息种类 | 接口功能描述 | 时效性 | 传输方向 | 传输协议 |
|---|---|---|---|---|---|
| 1 | 装备资源数据 | 从装备资源库中加载装备资源数据 | 非实时 | 接收 | 内部接口 |
| 2 | 科目数据 | 获取设置的科目数据 | 非实时 | 接收 | 内部接口 |
| 3 | 场景信息 | 获取设置的场景信息 | 非实时 | 接收 | 内部接口 |

### 5.6.3　系统功能

1. 主界面

如图 5-123 所示,搜救废墟环境与生命通道优选子系统的主界面分为 6 个功能区:救援装备设置功能区、救援装备清单、场景选择区、科目设置区、废墟特征设置区、开始训练按钮。

**图 5-123　搜救废墟环境与生命通道优选子系统的主界面**

2. 救援装备设置功能区

救援装备设置功能区展示装备库中的所有装备,导演人员可根据需求选择相应的装备以及数量,添加到后台的清单中,如图 5-124 所示。

3. 救援装备清单

救援装备清单展示用户在救援装备设置区中选择的装备及数量,用户还可根据需求删除清单中误选或不想要的装备,如图 5-125 所示。

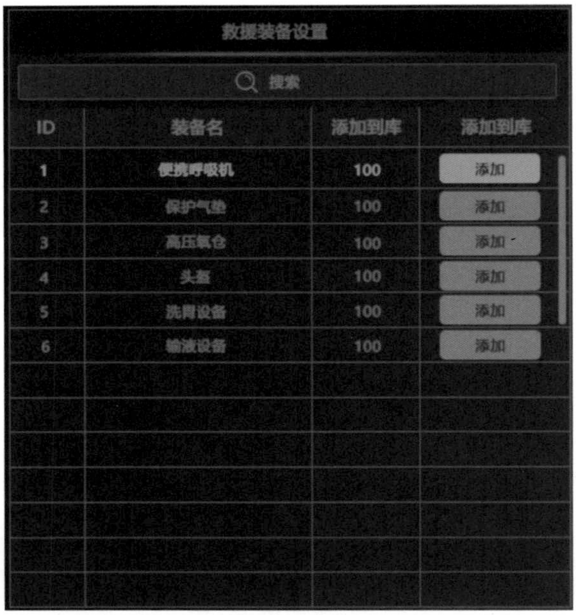

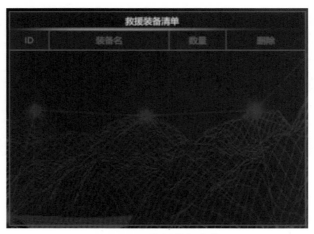

图 5-124　救援装备设置功能区

图 5-125　救援装备清单

4. 场景选择区

导演人员可根据需求选择场景,如学校、城中村、工厂、高层建筑,如图 5-126 所示。

5. 科目设置区

导演人员可根据需要,选择要考验的科目,该区域的下方会显示所选科目的详细信息,如图 5-127 所示。

6. 废墟特征设置区

导演人员可以在废墟特征设置区中浏览废墟的各种特征信息,如图 5-128 所示。

图 5-126　场景选择区（工厂）

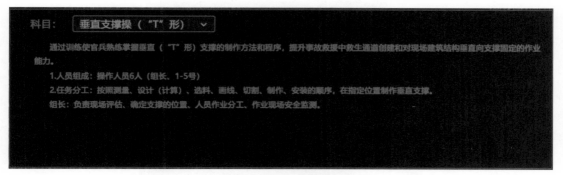

图 5-127　科目设置区

7. 开始训练按钮

导演人员可选择全景浏览（浏览已经加载好的场景）、开始训练（根据导演人员设置的参数加载场景以及三维模型），如图 5-129 所示。

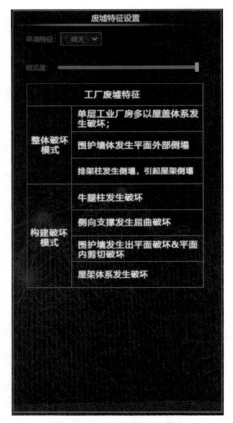

图 5-128　废墟特征设置区

图 5-129　开始训练按钮

## 5.7　地震救援演练与效能评估子系统

### 5.7.1　子系统功能组成

地震救援演练和效能评估子系统主要提供以下几方面的功能。

1）演练任务的设定：按照用户设定的指标项，对单向技能演练、综合演练记录的全流程数据进行分类统计，包括数量、正确率、完成度等。

2）评估任务设置：设定进行效能评估的演练内容范围。

3）评价指标管理：定制参与评价的指标、指标的权重、增删改查指标。

4）对专项、综合演练任务进行效能评估，并根据指标给出量化评分。

5）根据演练脚本对总体演练任务情况进行量化评估。

6）动态效能分析：由用户设定评估的起始和终止节点，可以针对演练的过程情况进行分段、分类统计分析，实现对不同演练阶段完成情况的动态效能评估，并根据不同演练数据的更新，动态修正评估结果。

地震救援演练和效能评估子系统由演练数据统计、评估任务设置、评价指标管理、专项演练效能评估、任务达标性评估、演练综合量化评估和动态效能分析七个功能模块组成，如图 5-130 所示。

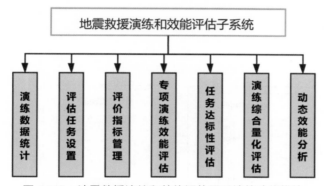

图 5-130　地震救援演练和效能评估子系统的功能模块

1. 演练数据统计模块

该模块记录单项、综合演练的全流程数据，按照用户设定的指标进行分类统计。

2. 评估任务设置模块

该模块提供用户交互接口，便于用户设定进行效能评估的演练内容范围。

3. 评价指标管理模块

该模块提供用户交互接口，便于用户根据评估任务选择内嵌的评估模型，设定参与评价的指标、每个指标的权重，对指标库进行增删改查的维护。

4. 专项演练效能评估模块

在该模块中，用户选定要进行评估的专项演练任务，系统自动读取相关演练任务的记录数据并根据设定好的评价指标进行量化评价，针对每一个专项演练任务，对每一个参训人员的演练情况给出量化评分。

5. 任务达标性评估

在该模块中，用户选定要进行评估的演练任务，系统自动读取相关演练任务的记录数据，并对每一个参训人员的演练关卡完成情况进行量化评分。

6. 演练综合量化评估模块

该模块根据演练脚本，对全体参训人员协同完成演练任务的总体情况进行量化评估。

7. 动态效能分析模块

在该模块中,用户设定评估的起始和终止节点,系统针对演练的过程情况进行分段、分类统计分析,实现对不同演练阶段完成情况的动态效能评估,并根据不同演练数据的更新,动态修正评估结果。

## 5.7.2　子系统架构设计

地震救援演练和效能评估子系统接收救援演练模拟仿真训练子系统、搜救动态指挥与调度仿真子系统、搜救废墟环境仿真与生命通道优选子系统的演练信息,通过各种评估模型、指标对数据进行分析统计,给出量化评分。

地震救援演练和效能评估子系统的内部逻辑关系如图 5-131 所示。

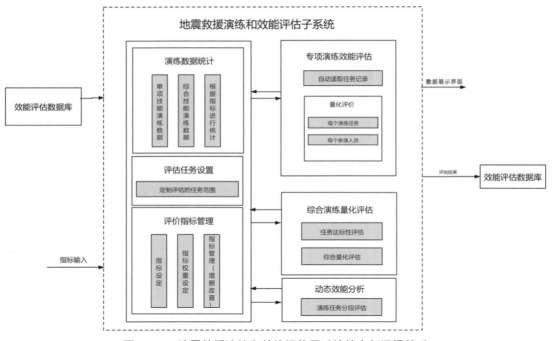

**图 5-131　地震救援演练和效能评估子系统的内部逻辑关系**

## 5.7.3　子系统功能

1. 系统登录

登录系统主页,在登录界面上输入用户名和密码,点击登录按钮,如图 5-132 所示。

**图 5-132　系统登录**

2. 设置评估指标

点击新增节点,可以建立下一级的评估指标;点击修改节点名称,可以修改节点名称,如图 5-133 所示。

**图 5-133　评估指标体系**

3. 设置指标权重

在评估指标体系编辑好后,须设置指标的权重。在编辑好的指标节点上点击鼠标右键,弹出指标权重计算方法选择菜单栏,选择其中一种方法,进行权重赋值。指标权重的设置结果如图 5-134 所示。

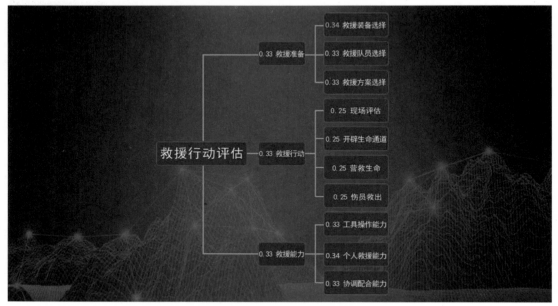

图 5-134　指标权重设置结果

4. 计算评估结果

点击已建立的评估项目的评估计算矩阵栏,计算单项指标的得分,结果如图 5-135 所示。

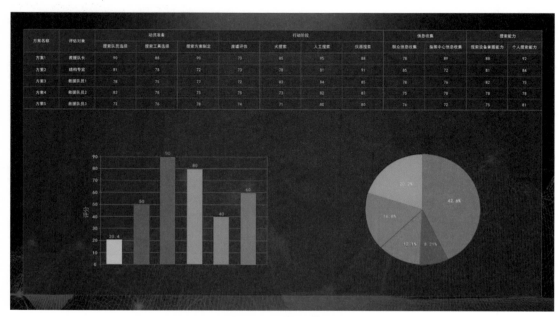

图 5-135　评估计算结果

## 5.8　地震救援综合培训子系统

### 5.8.1　子系统功能组成

地震救援综合培训子系主要提供以下几方面的功能。

1）课件资源管理：课件的上传与下载、管理端对课件的增删改查、课件的在线学习浏览以及资料下载。

2）考试系统的管理：管理端对试题库的增删改查功能、用户的在线答题以及随堂小考功能。

3）IEC 测评功能。

地震救援综合培训子系统由在线授课、在线考试、IEC 测评、培训课程管理、试题库管理、知识库管理、培训资料下载七个模块组成，如图 5-136 所示。

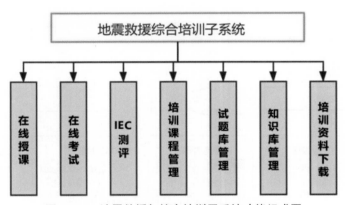

图 5-136　地震救援与综合培训子系统功能组成图

1. 在线授课模块

该模块主要提供在线浏览课程的功能，用户在进入该模块后可以根据预先设定好的课件按流程进入学习，并且在学习过程中系统会跳出随堂考题来考验用户的学习成果。

2. 在线考试模块

该模块提供在线考试的功能，用户在进入该模块后，可以根据预先设定好的考题任务进行系统化的在线考试。

3. IEC 测评模块

IEC 测评模块针对 IEC 要考察的内容，为用户提供测评功能。主要测评用户在救援过程中，对每个阶段应该注意的问题、应该采取的措施的熟悉和了解情况。

4. 培训课程管理模块

培训课程管理模块提供对培训课程增删改查和管理的功能，管理人员可以在该模块提供的界面中对培训课件进行增删改查等操作。

5. 试题库管理模块

试题库管理模块提供对试题库增删改查和管理的功能,管理人员可以在该模块提供的界面中对试题库进行增删改查等操作。

6. 知识库管理模块

知识库管理模块提供对知识库增删改查和管理的功能,管理人员可以在该模块提供的界面中对知识库进行增删改查等操作。

7. 培训资料下载模块

培训资料下载模块为用户提供在系统内下载培训资料的功能,用户可以结合自身的需要,对已学和未学的课件以及相关试题进行查询与下载。

## 5.8.2　子系统架构设计

地震救援综合培训子系统的内部逻辑关系如图 5-137 所示。

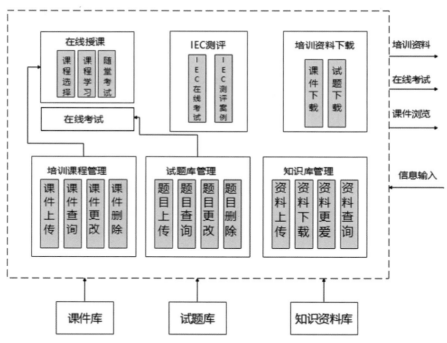

图 5-137　地震救援综合培训子系统的内部逻辑关系

## 5.8.3　系统功能

1. 主界面

如图 5-138 所示,地震救援综合培训子系统的主界面一共有四个功能区按钮:在线学习、在线考试、IEC 测评、培训资料下载。用户点击按钮即进入相应的功能界面。

图 5-138　地震救援综合培训子系统的主界面

2. 在线学习模块

在线学习模块界面的左边为课程导航栏,右边为学习课件的视频播放器,如图 5-139 所示。

图 5-139　在线学习界面

（1）课程导航

课程导航栏分为两级,其中列出所有课程以及课时,供用户选择观看,如图 5-140 所示。

图 5-140　课程导航栏

（2）课件展示区

该区域根据用户点击的课件进行播放展示，用户可根据自己的需要在滑动条处选择自己的观看进度，如图 5-141 所示。

图 5-141　课件展示区

（3）随堂考试

视频播放到一定时间后，会出现随堂小考对话框，考察学习情况，如图 5-142 所示。

图 5-142　随堂小考

3. 在线考试模块

在线考试模块界面的左边为答题卡栏，右边为考试区，如图 5-143 所示。

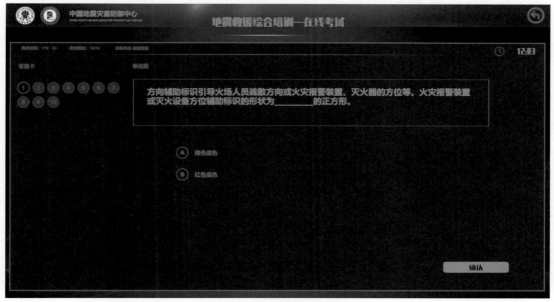

**图 5-143　在线考试模块界面**

（1）答题卡

答题卡栏中列出该考试的所有题目编号，用户可以根据题目编号定位题目，如图 5-144 所示。

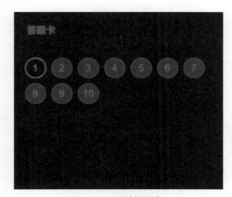

**图 5-144　答题卡**

（2）考试区

参与考试的用户需要在此区域作答，选择正确的选项，如图 5-145 所示。

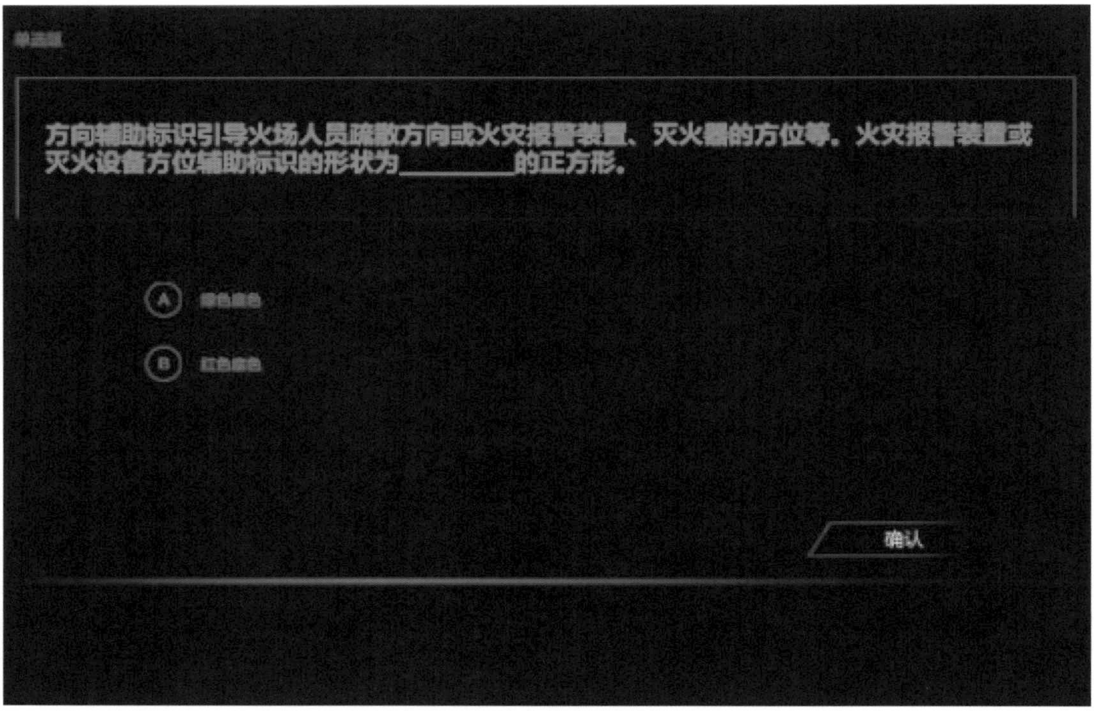

图 5-145 考试区(单选题)

4. 培训资料下载模块

在资料下载模块中,用户可以选择想要下载的资料进行下载,如图 5-146 所示。

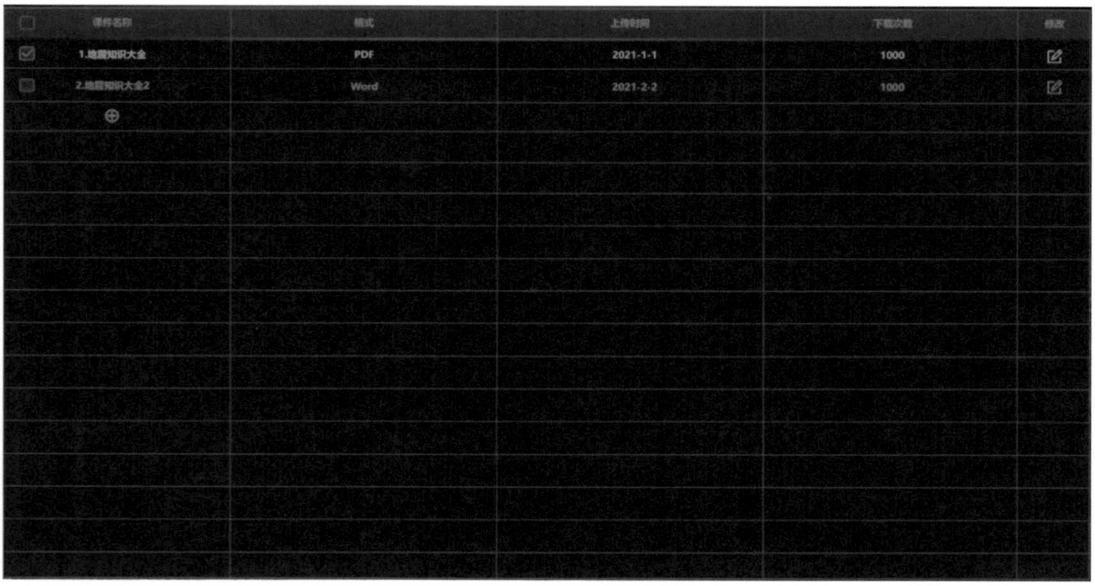

| 课件名称 | 格式 | 上传时间 | 下载次数 | 修改 |
|---|---|---|---|---|
| 1.地震知识大全 | PDF | 2021-1-1 | 1000 | |
| 2.地震知识大全2 | Word | 2021-2-2 | 1000 | |

图 5-146 资料下载模块界面

5. 后台管理模块

在进入培训课程管理、试题库管理、知识库管理模块前,用户必须登录系统后台。管理人员可在后台登录界面填写用户名和密码后进入后台管理系统,并可选择记住密码,如图 5-147 所示。

**图 5-147　后台登录界面**

(1)培训课程管理模块

在该模块的页面上会展示所有课程的信息,管理员可以根据需求对课程进行增删改查,如图 5-148 所示。

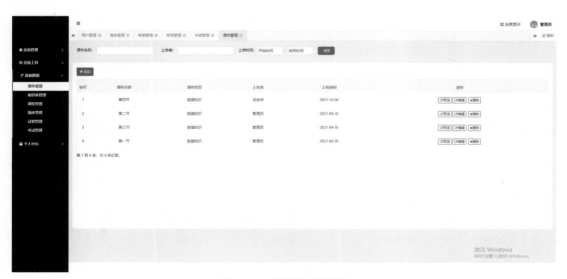

**图 5-148　课程管理界面**

1)新增课程:单击新增课程按钮后,即跳转到新增课程页面;在该页面上管理员可根据课程名称、科目、开始时间、结束时间、随堂考试试卷、学员、课件来新增课程,如图 5-149 所示。

**图 5-149　新增课程界面**

2)选择试卷:单击随堂考试试卷后,即弹出选择试卷对话框,管理员可在该对话框内选择所需的随堂考试试卷,如图 5-150 所示。

**图 5-150　选择试卷对话框**

3)选择课件:单击选择课件按钮后,即弹出选择课件对话框,管理员可在该对话框内选择需要添加的课件,如图 5-151 所示。

**图 5-151　选择课件对话框**

（2）试题库管理模块

用户可通过单击左边导航栏中的题库管理按钮进入试题库管理模块页面,该页面会展示所有试题,管理员可对试题进行增、删、改、查等操作,如图 5-152 所示。

**图 5-152　试题库管理模块页面**

1）新增试题:单击新增按钮即可弹出新增试题对话框,用户可选择新增单选题、多选题、判断题,如图 5-153 所示。

图 5-153　新增试题对话框

2）试题管理：单击导航栏中的试题管理按钮即显示试题管理页面，用户可管理单选题、多选题、判断题，如图 5-154 所示。

图 5-154　试题管理页面

3）试卷管理：单击导航栏中的试卷管理按钮即显示试卷管理页面，用户在此页面上可以编辑试卷（在线考试或随堂考试），如图 5-155 所示。

**图 5-155 试卷管理页面**

4）新增试卷：单击试卷管理页面上的新增按钮，即弹出新增试卷对话框，用户可根据需要选择试题组成试卷，如图 5-156 所示。

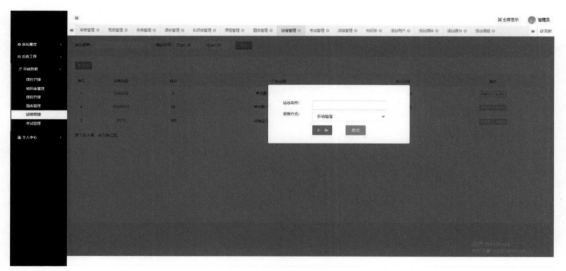

**图 5-156 新增试卷对话框**

（3）知识库管理模块

用户可通过单击导航栏上的知识库管理按钮进入知识库管理页面，用户可在该页面上对知识库进行增删改查，如图 5-157 所示。

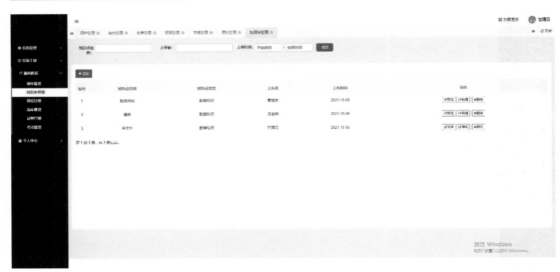

图 5-157 知识库管理页面

## 5.9 数据库设计

### 5.9.1 地震应急救援数据库表分类

地震救援虚拟仿真训练系统的数据库中的数据共有 15 大类,具体的类别编码及主要内容说明见表 5-8。

表 5-8 地震救援虚拟仿真训练系统数据分类

| 序号 | 类别 | 分类码 | 数据说明 |
|---|---|---|---|
| 1 | 基础地理信息数据 | A1 | 空间数据,包括地理信息数据、行政区划数据、遥感影像数据等 |
| 2 | 社会经济统计数据 | A2 | 数据表,包括人口统计数据、经济统计数据、房屋建筑统计数据等 |
| 3 | 承灾体数据 | A3 | 空间数据和数据表,包括房屋建筑分布、生命线工程分布、次生灾害源数据、重大工程数据、易损性数据表等 |
| 4 | 地震背景数据 | B1 | 空间数据和数据表,包括地震构造背景数据、地震动参数区划数据、地震活动性数据、地震动预测方程？参数等 |
| 5 | 地震地质灾害数据 | B2 | 空间数据和数据表,包括大规模崩塌、滑坡、泥石流等危险区分布、土壤液化、软土震陷区分布等 |
| 6 | 救灾资源数据 | C1 | 空间数据和数据表,包括救援力量统计数据、避难场所分布、救灾物资储备统计数据等 |
| 7 | 应急法规预案数据 | C2 | 数据表,包括不同职能部门制订的地震应急预案 |
| 8 | 灾害情景数据 | D1 | 空间数据和数据表,包括灾情数据、情景模型参数数据、情景关系索引数据、灾害情景属性数据等 |

续表

| 序号 | 类别 | 分类码 | 数据说明 |
|------|------|--------|----------|
| 9 | 人员搜救技术数据 | D2 | 数据表,包括各类搜救技术设备的参数、环境参数等 |
| 10 | 废墟场景数据 | D3 | 空间数据和数据表,包括不同类型结构废墟的建模参数数据、生命通道构建参数数据、废墟结构属性数据等 |
| 11 | 医疗救援数据 | D4 | 数据表,包括不同类型伤员和伤情的状况参数数据、检伤设备数据、医疗处置预案数据等 |
| 12 | 效能评估数据 | E1 | 数据表,包括量化评估指标参数数据、效能评估结果数据等 |
| 13 | 培训考评数据 | E2 | 数据表,包括培训课件数据、考试题库数据、考核结果数据等 |
| 14 | 非结构化数据 | F | 包括音视频、图像、电子文档等 |
| 15 | 系统运维数据 | G | 数据表,包括系统日志数据、模型中间成果数据、数据备份文件、系统参数表、用户信息表、环境变量数据等 |

## 5.9.2　数据表结构

地震应急救援虚拟仿真系统的主要数据库表结构见表 5-9 至表 5-32。

表 5-9　活动断裂带表

| 表英文名称 | L_Fault | | | | | | |
|------------|---------|---|---|---|---|---|---|
| 表中文名称 | 活动断裂带表 | | | | | | |
| 字段名称 | 字段别名 | 字段类型 | 字段长度 | 主外键 | 是否非空 | 域值 | 说明 |
| FaultID | 断裂编号 | Char | 20 | 主键 | 非空 | | 按统一规则编码 |
| FaultName | 断裂名称 | Char | 50 | | 非空 | | |
| Strike | 走向 | Double | | | | | 单位(°) |
| Dip_Dir | 倾向 | Double | | | | | 单位(°) |
| Length | 长度 | Double | | | | | 单位(千米) |
| Width | 断层带平均宽度 | Double | | | | | 单位(米) |
| Feature | 性质 | Char | 20 | | | | |
| Active_Period | 活动时代 | Char | 20 | | | | |
| Comment | 备注 | Char | 200 | | | | |

表 5-10　灾害场景信息表

| 表英文名称 | Table_Scenario | | | | | | |
|------------|----------------|---|---|---|---|---|---|
| 表中文名称 | 灾害场景信息表 | | | | | | |
| 字段名称 | 字段别名 | 字段类型 | 字段长度 | 主外键 | 是否非空 | 域值 | 说明 |
| ScenarioID | 灾害场景编号 | Char | 20 | 主键 | 非空 | | 按统一规则编码 |

续表

| SName | 灾害场景名称 | Char | 50 | | 非空 | |
|---|---|---|---|---|---|---|
| Version | 版本信息 | Char | 10 | | | |
| Environment | 运行环境 | Char | 50 | | | |
| DataFile | 数据文件 | Blob | | | 非空 | |
| ParaFile | 参数配置文件 | Blob | | | | |
| Update | 更新时间 | Date | | | 非空 | |
| Comment | 备注说明 | Char | 200 | | | |

### 表 5-11　地震事件表

| 表英文名称 | Table_Earthquake | | | | | | |
|---|---|---|---|---|---|---|---|
| 表中文名称 | 地震事件表 | | | | | | |
| 字段名称 | 字段别名 | 字段类型 | 字段长度 | 主外键 | 是否非空 | 域值 | 说明 |
| QuakeID | 地震事件编号 | Char | 20 | 主键 | 非空 | | 按统一规则编码 |
| EName | 地震事件名称 | Char | 50 | | 非空 | | |
| Magnitude | 震级 | Double | | | 非空 | | 保留 1 位小数 |
| Lon | 震中经度 | Double | | | 非空 | | 保留 3 位小数 |
| Lat | 震中纬度 | Double | | | 非空 | | 保留 3 位小数 |
| Depth | 震源深度 | Int | | | | | 单位（千米） |
| Epicenter | 宏观震中位置 | Char | 50 | | | | |
| QuakeDate | 发震日期 | Date | | | 非空 | | |
| QuakeTime | 发震时间 | Time | | | | | |
| Drill | 是否用于演练 | Boolean | | | | T/F | |
| Update | 更新时间 | Date | | | 非空 | | |
| Comment | 备注说明 | Char | 200 | | | | |

### 表 5-12　演练事件表

| 表英文名称 | Table_Drill | | | | | | |
|---|---|---|---|---|---|---|---|
| 表中文名称 | 演练事件表 | | | | | | |
| 字段名称 | 字段别名 | 字段类型 | 字段长度 | 主外键 | 是否非空 | 域值 | 说明 |
| DrillID | 演练事件编号 | Char | 20 | 主键 | 非空 | | 按统一规则编码 |
| StartTime | 演练开始时间 | Char | 20 | | | | |
| EndTime | 演练结束时间 | Char | 20 | | | | |
| Organizer | 演练组织方 | Char | 50 | | | | |
| QuakeID | 演练地震事件 | Char | 20 | 外键 | 非空 | | |
| PlanID | 演练脚本 | Char | 20 | 外键 | 非空 | | |
| Epicenter | 宏观震中位置 | Char | 50 | | | | |

续表

| | | | | | | | |
|---|---|---|---|---|---|---|---|
| QuakeDate | 发震日期 | Date | | | 非空 | | |
| QuakeTime | 发震时间 | Time | | | | | |
| Drill | 是否用于演练 | Boolean | | | | True/False | |
| Update | 更新时间 | Date | | | 非空 | | |
| Comment | 备注说明 | Char | 200 | | | | |

### 表 5-13　地震动预测方程参数表

| 表英文名称 | Table_ Attenuation | | | | | | |
|---|---|---|---|---|---|---|---|
| 表中文名称 | 地震动预测方程参数表 | | | | | | |
| 字段名称 | 字段别名 | 字段类型 | 字段长度 | 主外键 | 是否非空 | 域值 | 说明 |
| AttenuationID | 模型编号 | Char | 20 | 主键 | 非空 | | 按统一规则编码 |
| EName | 模型名称 | Char | 50 | | 非空 | | |
| AType | 衰减关系类型 | Char | 10 | | 非空 | 1、2 | 1(圆形)、2(椭圆) |
| FType | 函数类型 | Char | 10 | | 非空 | Lg、Ln | |
| Para1 | 参数 1 | Double | | | | | |
| Para2 | 参数 2 | Double | | | | | |
| Para3 | 参数 3 | Double | | | | | |
| Para4 | 参数 4 | Double | | | | | |
| Para5 | 参数 5 | Double | | | | | |
| Author | 提出者 | Char | 50 | | | | 研究者信息 |
| Comment | 备注 | Char | 200 | | | | |

### 表 5-14　地震伤员伤情信息表

| 表英文名称 | Table_InjuryInfo | | | | | | |
|---|---|---|---|---|---|---|---|
| 表中文名称 | 地震伤员伤情信息表 | | | | | | |
| 字段名称 | 字段别名 | 字段类型 | 字段长度 | 主外键 | 是否非空 | 域值 | 说明 |
| InjuryID | 伤员编号 | Char | 20 | 主键 | 非空 | | 按统一规则编码 |
| Wound | 简要伤史 | Char | 100 | | | | |
| Condition | 伤员表征 | Char | 100 | | | | |
| Level | 伤员等级 | Int | | | | 1、2、3 | 1(轻伤)、2(中度伤)、3(重伤) |
| IType | 检伤分类 | Char | 10 | | | 红、黄、黑、绿 | |
| CPR | 急救措施要点 | Char | 100 | | | | |
| Medevac | 医疗后送要点 | Char | 100 | | | | |
| Update | 更新时间 | Date | | | 非空 | | |
| Comment | 备注说明 | Char | 200 | | | | |

**表 5-15　小空间医疗处置要点信息表**

| 表英文名称 | Table_Treatment | | | | | | |
|---|---|---|---|---|---|---|---|
| 表中文名称 | 小空间医疗处置要点信息表 | | | | | | |
| 字段名称 | 字段别名 | 字段类型 | 字段长度 | 主外键 | 是否非空 | 域值 | 说明 |
| CaseID | 案例编号 | Char | 20 | 主键 | 非空 | | 按统一规则编码 |
| TreatMan | 救治人员要点 | Char | 100 | | | | |
| Equipment | 设备要求 | Char | 100 | | | | |
| Process | 救治流程要点 | Char | 100 | | | | |
| PLevelA | A 级防护要点 | Char | 100 | | | | |
| PLevelB | B 级防护要点 | Char | 100 | | | | |
| PLevelC | C 级防护要点 | Char | 100 | | | | |
| PLevelD | D 级防护要点 | Char | 100 | | | | |
| Aid | 协助搜救手段 | Char | 20 | | | | |
| Update | 更新时间 | Date | | | 非空 | | |
| Comment | 备注说明 | Char | 200 | | | | |

**表 5-16　模拟伤情救治技术要点信息表**

| 表英文名称 | Table_CurePoint | | | | | | |
|---|---|---|---|---|---|---|---|
| 表中文名称 | 模拟伤情救治技术要点信息表 | | | | | | |
| 字段名称 | 字段别名 | 字段类型 | 字段长度 | 主外键 | 是否非空 | 域值 | 说明 |
| CureCaseID | 伤情案例编号 | Char | 20 | 主键 | 非空 | | 按统一规则编码 |
| CaseType | 伤情案例类型 | Char | 30 | | | | |
| Wound | 简要伤史 | Char | 20 | | | | |
| IType | 检伤分类 | Char | 20 | | | | |
| CPR | 急救措施要点 | Char | 50 | | | | |
| Transfer | 搬运注意要点 | Char | 100 | | | | |
| Update | 更新时间 | Date | | | | | |
| Comment | 备注说明 | Char | 200 | | | | |

**表 5-17　救援废墟图库数据表**

| 表英文名称 | Table_FeiXuPic | | | | | | |
|---|---|---|---|---|---|---|---|
| 表中文名称 | 救援废墟图库数据表 | | | | | | |
| 字段名称 | 字段别名 | 字段类型 | 字段长度 | 主外键 | 是否非空 | 域值 | 说明 |
| FeiXuPicID | 流水号 | Char | 20 | 主键 | 非空 | | 按统一规则编码 |
| Dizhenbianhao | 地震编号 | Char | 50 | | | | |
| Jianzhubianhao | 建筑编号 | Char | 100 | | | | |
| Dizhenbianhao | 照片编号 | Char | 100 | | | | |

续表

| | | | | | | | |
|---|---|---|---|---|---|---|---|
| Dizhenmingcheng | 地震名称 | Char | 100 | | | | |
| Zhenji | 震级 | Char | 100 | | | | |
| Dizhenliedu | 地震烈度 | Char | 100 | | | | |
| Fangwumingcheng | 房屋名称 | Char | 100 | | | | |
| Jiegouleixing | 结构类型 | Char | 100 | | | | |
| Jianzhuyongtu | 建筑用途 | Char | 100 | | | | |
| Dizhi | 地址 | Char | 100 | | | | |
| Jianzhucengshu | 建筑层数 | Char | 100 | | | | |
| Zhensunzhuangtai | 震损状态 | Char | 100 | | | | |
| Pohuaimiaoshu | 破坏描述 | Char | | | | | |
| Daotaleixing | 倒塌类型 | Char | 100 | | | | |
| Shengcunkongjian | 生存空间 | Char | 100 | | | | |
| Maiyashendu | 埋压深度 | Char | 100 | | | | |
| Zhoubianhuanjingyingxiang | 周边环境影响 | Char | 100 | | | | |
| Jiuyuannandu | 救援难度 | Char | 100 | | | | |
| Tupianneirong | 图片内容 | Char | 100 | | | | |
| Chuduiriqi | 出队日期 | Char | 100 | | | | |
| Tupianlaiyuan | 图片来源 | Char | 100 | | | | |
| Jianzaoniandai | 建造年代 | Char | 100 | | | | |
| Jianzhumianji | 建筑面积 | Char | 100 | | | | |
| Jingdu | 经度 | Char | 100 | | | | |
| Weidu | 纬度 | Char | 100 | | | | |
| Shefangleidu | 设防烈度 | Char | 100 | | | | |
| Changditiaojian | 场地条件 | Char | 100 | | | | |
| Dijixianzhuang | 地基现状 | Char | 100 | | | | |
| Jiegoupingmianxingshi | 结构平面形式 | Char | 100 | | | | |
| Comment | 备注说明 | Char | | | | | |

### 表 5-18　救援设备库数据表

| 表英文名称 | Table_JiuyuanEquipment | | | | | | |
|---|---|---|---|---|---|---|---|
| 表中文名称 | 救援设备库数据表 | | | | | | |
| 字段名称 | 字段别名 | 字段类型 | 字段长度 | 主外键 | 是否非空 | 域值 | 说明 |
| JiuyuanEID | 流水号 | Char | 20 | 主键 | 非空 | | 按统一规则编码 |
| Shebeibianhao | 设备编号 | Char | 100 | | | | |
| Shebeimingcheng | 设备名称 | Char | 100 | | | | |

| Yingwenmingcheng | 英文名称 | Char | 100 | | | | |
|---|---|---|---|---|---|---|---|
| Xinghao | 型号 | Char | 100 | | | | |
| Shebeileixing | 设备类型 | Char | 100 | | | | |
| Shiyongtiaojian | 适用条件 | Char | | | | | |
| Fuzhushebei | 辅助设备 | Char | 100 | | | | |
| Yongtu | 用途 | Char | | | | | |
| Jishucankao | 技术参考 | Char | | | | | |
| Yongli | 用例 | Char | | | | | |
| Comment | 备注说明 | Char | | | | | |

**表 5-19  救援废墟仿真模型数据表**

| 表英文名称 | | | Table_VRModel | | | | |
|---|---|---|---|---|---|---|---|
| 表中文名称 | | | 救援废墟仿真模型数据表 | | | | |
| 字段名称 | 字段别名 | 字段类型 | 字段长度 | 主外键 | 是否非空 | 域值 | 说明 |
| VRModelID | 流水号 | Char | 20 | 主键 | 非空 | | 按统一规则编码 |
| Fangzhenmoxingbianhao | 仿真模型编号 | Char | 100 | | | | |
| Zhenji | 所属震级 | Char | 100 | | | | |
| Dizhenliedu | 所属地震烈度 | Char | 100 | | | | |
| Fangzhenjianzhumingcheng | 仿真建筑名称 | Char | 100 | | | | |
| Jiegouleixing | 结构类型 | Char | 100 | | | | |
| Jianzhuyongtu | 建筑用途 | Char | 100 | | | | |
| Jianzhucengshu | 建筑层数 | Char | 100 | | | | |
| Zhensunzhuangtai | 震损状态 | Char | 100 | | | | |
| Pohuaimiaoshu | 破坏描述 | Char | | | | | |
| Daotaleixing | 倒塌类型 | Char | 100 | | | | |
| Shengcunkongjian | 生存空间 | Char | 100 | | | | |
| Maiyashendu | 埋压深度 | Char | 100 | | | | |
| Zhoubianhuanjingyingxiang | 周边环境影响 | Char | 100 | | | | |
| Jiuyuannandu | 救援难度 | Char | 100 | | | | |
| Jianzhumianji | 建筑面积 | Char | 100 | | | | |
| Jingdu | 经度 | Char | 100 | | | | |
| Weidu | 纬度 | Char | 100 | | | | |
| Shefangleidu | 设防烈度 | Char | 100 | | | | |
| Changditiaojian | 场地条件 | Char | 100 | | | | |
| Dijixianzhuang | 地基现状 | Char | 100 | | | | |

| Jiegoupingmianxingshi | 结构平面形式 | Char | 100 | | | | |
|---|---|---|---|---|---|---|---|
| Comment | 备注说明 | Char | | | | | |

### 表 5-20　灾情信息表

| 表英文名称 | | | Table_DisasterInfo | | | | |
|---|---|---|---|---|---|---|---|
| 表中文名称 | | | 灾情信息表 | | | | |
| 字段名称 | 字段别名 | 字段类型 | 字段长度 | 主外键 | 是否非空 | 域值 | 说明 |
| ID | 编码 | Char | 20 | 主键 | 非空 | | 按统一规则编码 |
| QuakeID | 模拟地震编号 | Char | 100 | | | | |
| BasicInfo | 灾区基本信息 | Char | 200 | | | | |
| RYSW | 人员伤亡信息 | Char | 200 | | | | |
| JTQK | 交通情况信息 | Char | 200 | | | | |
| CSZH | 次生灾害信息 | Char | 200 | | | | |
| BZQK | 生命线保障 | Char | 200 | | | | |
| ZYMB | 重要目标信息 | Char | 200 | | | | |
| Comment | 备注说明 | Char | 200 | | | | |

### 表 5-21　救援力量信息表

| 表英文名称 | | | Table_RescueInfo | | | | |
|---|---|---|---|---|---|---|---|
| 表中文名称 | | | 救援力量信息表 | | | | |
| 字段名称 | 字段别名 | 字段类型 | 字段长度 | 主外键 | 是否非空 | 域值 | 说明 |
| ID | 编码 | Char | 20 | 主键 | 非空 | | 按统一规则编码 |
| ZYDWRS | 专业队伍人数 | Int | | | | | |
| ZYDWWZ | 分布位置 | Char | 200 | | | | |
| ZYDWNL | 专业队伍行动能力 | Char | 200 | | | | |
| SHLLRS | 社会力量人数 | Int | | | | | |
| SHLLWZ | 分布位置 | Char | 200 | | | | |
| SHLLNL | 专业队伍行动能力 | Char | 200 | | | | |
| ZhangPeng | 帐篷数 | Int | | | | | |
| DanJia | 担架数 | Int | | | | | |
| ShiPin | 食品 | Float | | | | | |
| YinYongShui | 饮用水 | Float | | | | | |
| JiuYuanSheBei | 救援设备 | Char | 200 | | | | |
| DaXingJiXie | 大型机械数量 | Int | | | | | |
| SBDWQK | 设备到位情况 | Char | 200 | | | | |

表 5-22　建筑物信息表

| 表英文名称 | | Table_Building | | |
|---|---|---|---|---|
| 表中文名称 | | 建筑物信息表 | | |
| 字段名称 | 字段别名 | 字段类型 | 字段长度 | 备注 |
| OBJECTID | ID | NUMBER | 40 | |
| SHAPE | 建筑物几何数据 | | | |
| DisCode | 网格区块编码 | VARCHAR2 | 40 | |
| DISTRICT | 乡镇行政区名称 | VARCHAR2 | 40 | 保留 |
| Name | 建筑物名称 | VARCHAR2 | 40 | |
| BYear | 建筑年代 | VARCHAR2 | 40 | |
| StrType | 结构类型 | VARCHAR2 | 40 | |
| STORY | 层数 | NUMBER | | |
| Regular | 是否规则 | VARCHAR2 | 40 | |
| Usages | 用途 | VARCHAR2 | 40 | |
| Condition | 现状 | VARCHAR2 | 40 | |
| REMARK | 备注 | VARCHAR2 | 40 | |
| VI | 6 度时破坏程度 | VARCHAR2 | 40 | |
| VII | 7 度时破坏程度 | VARCHAR2 | 40 | |
| VIII | 8 度时破坏程度 | VARCHAR2 | 40 | |
| IX | 9 度时破坏程度 | VARCHAR2 | 40 | |
| X | 10 度时破坏程度 | VARCHAR2 | 40 | |

表 5-23　供水管网信息表

| 表英文名称 | | Table_ WaterPipe | | |
|---|---|---|---|---|
| 表中文名称 | | 供水管网信息表 | | |
| 字段名称 | 字段别名 | 字段名称 | 字段长度 | 备注 |
| OBJECTID | ID | NUMBER | 40 | |
| SHAPE | 建筑物几何数据 | | | |
| Dimeter | 直径 | NUMBER | | 保留 |
| Material | 材料 | VARCHAR2 | 40 | |
| LinkType | 连接类型 | VARCHAR2 | 40 | |
| Depth | 深度 | NUMBER | | |
| Pressure | 压力 | NUMBER | | |
| BYear | 修建时间 | VARCHAR2 | 40 | |
| Condition | 现状 | VARCHAR2 | 40 | |
| VI | 6 度时破坏程度 | VARCHAR2 | 40 | |
| VII | 7 度时破坏程度 | VARCHAR2 | 40 | |

| VIII | 8 度时破坏程度 | VARCHAR2 | 40 | |
| IX | 9 度时破坏程度 | VARCHAR2 | 40 | |
| X | 10 度时破坏程度 | VARCHAR2 | 40 | |

表 5-24　供气管网信息表

| 表英文名称 | Table_ GasePipe | | | |
| --- | --- | --- | --- | --- |
| 表中文名称 | 供气管网信息表 | | | |
| 字段名称 | 字段别名 | 字段名称 | 字段长度 | 备注 |
| OBJECTID | ID | NUMBER | 40 | |
| SHAPE | 建筑物几何数据 | | | |
| Diameter | 直径 | NUMBER | | 保留 |
| Material | 材料 | VARCHAR2 | 40 | |
| LinkType | 连接类型 | VARCHAR2 | 40 | |
| Depth | 深度 | NUMBER | | |
| Pressure | 压力 | NUMBER | | |
| BYear | 修建时间 | VARCHAR2 | 40 | |
| Condition | 现状 | VARCHAR2 | 40 | |
| VI | 6 度时破坏程度 | VARCHAR2 | 40 | |
| VII | 7 度时破坏程度 | VARCHAR2 | 40 | |
| VIII | 8 度时破坏程度 | VARCHAR2 | 40 | |
| IX | 9 度时破坏程度 | VARCHAR2 | 40 | |
| X | 10 度时破坏程度 | VARCHAR2 | 40 | |

表 5-25　路网信息表

| 表英文名称 | Table_ Road | | | |
| --- | --- | --- | --- | --- |
| 表中文名称 | 路网信息表 | | | |
| 字段名称 | 字段别名 | 字段名称 | 字段长度 | 备注 |
| OBJECTID | ID | NUMBER | | |
| Shape | 建筑物几何数据 | | | |
| Code | 编码 | NUMBER | | 保留 |
| SUBTYPE | 子类型 | VARCHAR2 | 40 | |
| CLASS | 类型 | VARCHAR2 | 40 | |
| Name | 名称 | VARCHAR2 | 40 | |
| StartEnd | 起始点终止点 | VARCHAR2 | 40 | |
| RLevel | 道路等级 | VARCHAR2 | 40 | |
| RLen | 道路长度 | NUMBER | | |

| LINKRULE | 连接规则 | VARCHAR2 | 40 | |
|---|---|---|---|---|
| SHISU | 设计时速 | NUMBER | | |
| MaxLoad | 最大负载 | NUMBER | | |
| Material | 材料 | VARCHAR2 | 40 | |
| RSoilType | 路基类型 | VARCHAR2 | 40 | |
| RBaseH | 路基高度 | NUMBER | | |
| Photos | 相片 | VARCHAR2 | 40 | |
| VI | 6 度时破坏程度 | VARCHAR2 | NUMBER | |
| VII | 7 度时破坏程度 | VARCHAR2 | NUMBER | |
| VIII | 8 度时破坏程度 | VARCHAR2 | NUMBER | |
| IX | 9 度时破坏程度 | VARCHAR2 | NUMBER | |
| X | 10 度时破坏程度 | VARCHAR2 | NUMBER | |

**表 5-26　供电管网信息表**

| 表英文名称 | Table_ EStation | | | |
|---|---|---|---|---|
| 表中文名称 | 供电管网信息表 | | | |
| 字段名称 | 字段别名 | 字段名称 | 字段长度 | 备注 |
| OBJECTID | ID | NUMBER | | |
| SHAPE | 建筑物几何数据 | | | |
| NAME | 名称 | VARCHAR2 | 40 | 保留 |
| ADDRESS | 地址 | VARCHAR2 | 40 | |
| TYPES | 类型 | VARCHAR2 | 40 | |
| VOLT | 电压 | NUMBER | 40 | |
| CAPACITY | 容量 | NUMBER | 40 | |
| FLOOR | 连接规则 | VARCHAR2 | 40 | |
| BYEAR | 修建时间 | NUMBER | | |
| COST | 花费 | NUMBER | | |
| REGION | 区域 | VARCHAR2 | 40 | |
| CONDITION | 现状 | VARCHAR2 | 40 | |
| VI | 6 度时破坏程度 | VARCHAR2 | 40 | |
| VII | 7 度时破坏程度 | VARCHAR2 | 40 | |
| VIII | 8 度时破坏程度 | VARCHAR2 | 40 | |
| IX | 9 度时破坏程度 | VARCHAR2 | 40 | |
| X | 10 度时破坏程度 | VARCHAR2 | 40 | |
| LONGI | 维度 | NUMBER | | |
| LATI | 经度 | NUMBER | | |
| SUBTYPES | 子类型 | VARCHAR2 | 40 | |
| PHOTOS | 相片 | VARCHAR2 | 40 | |

表 5-27　水厂信息表

| 表英文名称 | Table_ WaterPlant | | | |
|---|---|---|---|---|
| 表中文名称 | 水厂信息表 | | | |
| 字段名称 | 字段别名 | 字段名称 | 字段长度 | 备注 |
| OBJECTID | ID | NUMBER | | |
| SHAPE | 建筑物几何数据 | | | |
| WName | 名称 | VARCHAR2 | 40 | 保留 |
| Address | 地址 | VARCHAR2 | 40 | |
| Capacity | 容量 | NUMBER | | |
| Structure | 结构 | VARCHAR2 | 40 | |
| BYear | 修建时间 | VARCHAR2 | 40 | |
| PoolNo | 水池个数 | NUMBER | 40 | |
| PumpHouse | 泵 | VARCHAR2 | 40 | |
| Cost | 花费 | NUMBER | | |
| Condition | 现状 | VARCHAR2 | 40 | |
| PHotos | 相片 | VARCHAR2 | 40 | |
| PoolPic | 水池相片 | | | |
| PumpPic | 泵相片 | | | |
| Drawings | 图纸 | | | |
| Documents | 文档 | | | |
| VI | 6 度时破坏程度 | VARCHAR2 | 40 | |
| VII | 7 度时破坏程度 | VARCHAR2 | 40 | |
| VIII | 8 度时破坏程度 | VARCHAR2 | 40 | |
| IX | 9 度时破坏程度 | VARCHAR2 | 40 | |
| X | 10 度时破坏程度 | VARCHAR2 | 40 | |
| WNote | | | | |

表 5-28　气厂信息表

| 表英文名称 | Table_ GasStation | | | |
|---|---|---|---|---|
| 表中文名称 | 气厂信息表 | | | |
| 字段名称 | 字段别名 | 字段名称 | 字段长度 | 备注 |
| OBJECTID | ID | NUMBER | | |
| SHAPE | 建筑物几何数据 | | | |
| GName | 名称 | VARCHAR2 | 40 | 保留 |
| Address | 地址 | VARCHAR2 | 40 | |
| Capacity | 容量 | NUMBER | | |
| Structure | 结构 | VARCHAR2 | 40 | |

| BYear | 修建时间 | VARCHAR2 | 40 | |
|---|---|---|---|---|
| InputP | 输入 | VARCHAR2 | 40 | |
| OutputP | 输出 | VARCHAR2 | 40 | |
| Cost | 花费 | NUMBER | | |
| Fortify | | VARCHAR2 | 40 | |
| Condition | 现状 | VARCHAR2 | 40 | |
| PHotos | 相片 | | | |
| GatePic | 阀门相片 | | | |
| ConPic | | | | |
| Drawings | 图纸 | | | |
| Documents | 文档 | | | |
| VI | 6 度时破坏程度 | VARCHAR2 | 40 | |
| VII | 7 度时破坏程度 | VARCHAR2 | 40 | |
| VIII | 8 度时破坏程度 | VARCHAR2 | 40 | |
| IX | 9 度时破坏程度 | VARCHAR2 | 40 | |
| X | 10 度时破坏程度 | VARCHAR2 | 40 | |
| GNote | | | | |

### 表 5-29　供水失效区

| 表英文名称 | Table_WFailure | | | |
|---|---|---|---|---|
| 表中文名称 | 供水失效区 | | | |
| 字段名称 | 字段别名 | 字段名称 | 字段长度 | 备注 |
| OBJECTID | ID | NUMBER | | |
| SHAPE | 几何数据 | | | |
| INTENSITY | 烈度 | NUMBER | | 保留 |
| SHAPE_Length | 区域长度 | NUMBER | | |
| SHAPE_Area | 区域面积 | NUMBER | | |

### 表 5-30　供电失效区

| 表英文名称 | Table_EFailure | | | |
|---|---|---|---|---|
| 表中文名称 | 供电失效区 | | | |
| 字段名称 | 字段别名 | 字段名称 | 字段长度 | 备注 |
| OBJECTID | ID | NUMBER | | |
| SHAPE | 几何数据 | | | |
| INTENSITY | 烈度 | NUMBER | | 保留 |
| SHAPE_Length | 区域长度 | NUMBER | | |
| SHAPE_Area | 区域面积 | NUMBER | | |

表 5-31　供气失效区

| 字段名称 | 字段别名 | 字段名称 | 字段长度 | 备注 |
|---|---|---|---|---|
| 表英文名称 | Table_ GFailure | | | |
| 表中文名称 | 供气失效区 | | | |
| 字段名称 | 字段别名 | 字段名称 | 字段长度 | 备注 |
| OBJECTID | ID | NUMBER | | |
| SHAPE | 几何数据 | | | |
| INTENSITY | 烈度 | NUMBER | | 保留 |
| SHAPE_Length | 区域长度 | NUMBER | | |
| SHAPE_Area | 区域面积 | NUMBER | | |

表 5-32　县抗震能力

| 字段名称 | 字段别名 | 字段名称 | 字段长度 | 备注 |
|---|---|---|---|---|
| 表英文名称 | Table_ Xian | | | |
| 表中文名称 | 县抗震能力 | | | |
| 字段名称 | 字段别名 | 字段名称 | 字段长度 | 备注 |
| 地址码 | 地址码 | NUMBER | | |
| 区域 | 区域 | | | |
| 省份 | 省份 | VARCHAR2 | 40 | 保留 |
| 地级市 | 地级市 | VARCHAR2 | 40 | |
| 县区 | 县区 | NUMBER | | |
| 地址名 | 地址名 | VARCHAR2 | 40 | |
| 设防烈度 | 设防烈度 | VARCHAR2 | 40 | |
| VI 完好 | VI 度下完好比例 | NUMBER | | |
| VI 轻微 | VI 度下轻微比例 | NUMBER | | |
| VI 中等 | VI 度下中等比例 | NUMBER | | |
| VI 严重 | VI 度下严重比例 | NUMBER | | |
| VI 毁坏 | VI 度下毁坏比例 | NUMBER | | |
| VII 完好 | VII 度下完好比例 | NUMBER | | |
| VII 轻微 | VII 度下轻微比例 | NUMBER | | |
| VII 中等 | VII 度下中等比例 | NUMBER | | |
| VII 严重 | VII 度下严重比例 | NUMBER | | |
| VII 毁坏 | VII 度下毁坏比例 | NUMBER | | |
| VIII 完好 | VIII 度下完好比例 | NUMBER | | |
| VIII 轻微 | VIII 度下轻微比例 | NUMBER | | |
| VIII 中等 | VIII 度下中等比例 | NUMBER | | |
| VIII 严重 | VIII 度下严重比例 | NUMBER | | |
| VIII 毁坏 | VIII 度下毁坏比例 | NUMBER | | |
| IX 完好 | IX 度下完好比例 | NUMBER | | |

| IX 轻微 | IX 度下轻微比例 | NUMBER | | |
|---|---|---|---|---|
| IX 中等 | IX 度下中等比例 | NUMBER | | |
| IX 严重 | IX 度下严重比例 | NUMBER | | |
| IX 毁坏 | IX 度下毁坏比例 | NUMBER | | |
| X 完好 | X 度下完好比例 | NUMBER | | |
| X 轻微 | X 度下轻微比例 | NUMBER | | |
| X 中等 | X 度下中等比例 | NUMBER | | |
| X 严重 | X 度下严重比例 | NUMBER | | |
| X 毁坏 | X 度下毁坏比例 | NUMBER | | |
| 面积 | 面积 | NUMBER | | |

## 5.10  系统安装配置说明

### 5.10.1  系统运行环境

使用 Windows7、Windows8、Windows10 操作系统环境,需要安装 VS2017 RunTime 和 SteamVR。

### 5.10.2  软件安装

1)运行 EQRS.msi 安装文件,如图 5-158 所示。

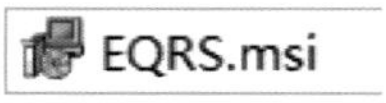

图 5-158  系统安装包

2)显示地震应急救援虚拟仿真系统的安装界面,点击下一步,如图 5-159 所示。

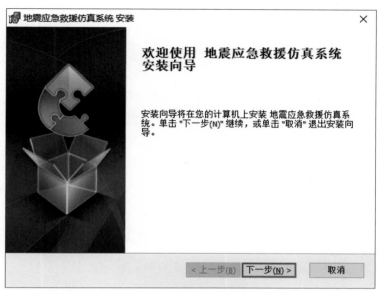

图 5-159　系统安装界面

3)选择地震应急救援虚拟仿真系统的安装路径,点击下一步,如图 5-160 所示。

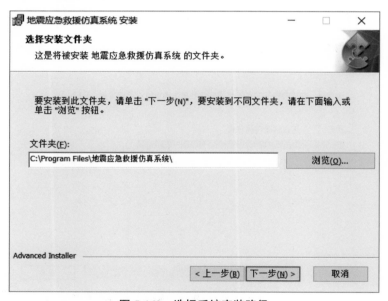

图 5-160　选择系统安装路径

4）点击安装，开始安装系统，如图 5-161 所示。

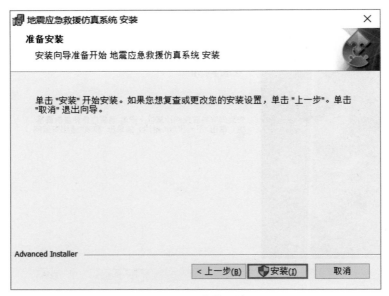

图 5-161　安装系统

5）点击安装按钮后系统显示安装进度条，等待系统安装完成，如图 5-162 所示。

图 5-162　安装进度显示

6）系统安装完成后，点击完成按钮，结束安装，如图 5-163 所示。

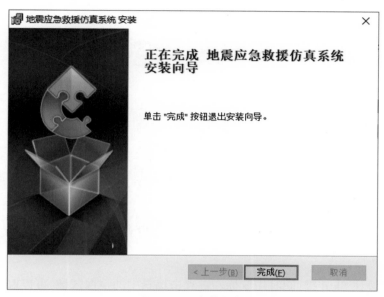

**图 5-163　安装完成**

7）从开始菜单启动地震应急救援虚拟仿真系统，如图 5-164 所示。

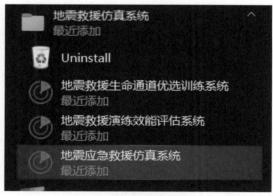

**图 5-164　开始菜单**

## 5.10.3　软件快捷键操作说明

1. 视点移动

视点水平移动：按住鼠标左键左右移动。

视点前后移动：按住鼠标左键前后移动。

2. 视角控制

视点水平旋转角：按住鼠标中键左右移动。

视点俯仰角:按住鼠标中键前后移动。

3. 视点拉近拉远

拉近:按住鼠标右键向前移动。

拉远:按住鼠标右键向后移动。

4. 飞近

双击鼠标左键,视点飞近鼠标点击的点。

5. 飞远

双击鼠标右键,视点飞远鼠标点击的点。

6. 建筑物属性查询

在场景中用鼠标左键点击建筑物,建筑物信息显示栏中会显示该建筑物的相关信息。

7. 建筑物选取

在场景中按住 Shift 键,同时用鼠标左键点击建筑物,可以使建筑物处于选中状态。之后,可对选中的建筑物进行救援安全评估。

8. 取消建筑物选取

在场景中按住 Shift 键,同时用鼠标左键点击场景中的空白区域,可以取消建筑物的选中状态。

9. 视点复位

按下空格键(Space),视点会自动回到视点原点位置。

10. 网格模型和实体模型切换

在场景主视图中按 W 键,就会在实体模型、网格模型、点模型三种模式之间切换。

11. 建筑物信息查询

点击视图,再点击建筑物信息,显示或者隐藏建筑物信息栏,如图 5-165 所示。

| 建筑物信息 | |
|---|---|
| 属性 | 值 |
| 结构 | 钢混 |
| 居委会 | |
| 街道 | 长江路8 |
| 建筑时间 | |
| 层数 | 25 |
| 用途 | 酒店 |
| 现状 | 完好 |

**图 5-165　建筑物信息显示**

### 5.10.4　VR 配置环境

1. 首次设置 VIVE Pro2

在使用 VIVE Pro 2 之前,需要先进行设置,包括安装 VIVE 和 SteamVR 软件、设置硬件以及定义使用范围区。

1)从 www.vive.com/setup 下载设置文件,然后运行设置文件。

2)按照演示安装软件并设置硬件。

2. 头戴式设备

(1)设备介绍

VIVE Pro 2 头戴式设备是进入虚拟现实环境的窗口,其配备有可被定位器追踪的感应器。

1)头戴式设备正面和侧面的功能说明如图 5-166 所示。

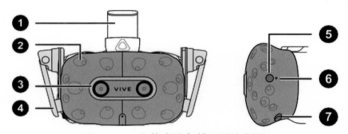

**图 5-166　头戴式设备的正面和侧面**

1—头戴式设备头带;2—追踪感应器;3—相机镜头;4—耳机;5—头戴式设备按钮;6—状态指示灯;7—镜头距离按钮

2)头戴式设备的底部和内侧的功能说明如图 5-167 所示。

**图 5-167　头戴设备的底部和内侧**

1—鼻部衬垫;2—镜头距离按钮;3—麦克风;4—瞳孔间距(IPD)旋钮;5—面部衬垫;6—距离感应器;7—镜头

(2)穿戴方法

1)穿戴 VIVE Pro 2 头戴式设备前,可通过逆时针转动调节旋钮来松开头带,然后掀开顶部的魔术贴条,如图 5-168 所示。

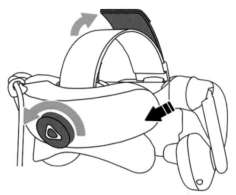

图 5-168　松开头戴式设备

2）将头戴式设备戴在眼部的位置再将头带套在后脑上，如图 5-169 所示。

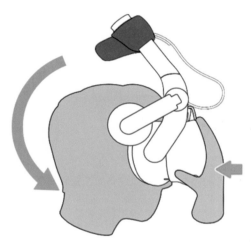

图 5-169　头戴式设备佩戴

3）顺时针转动调节旋钮，使头戴式设备贴合且舒适，再贴好顶部的魔术贴条，如图 5-170 所示。

图 5-170　调节松紧

4）将耳机调整到耳朵上舒适的位置，然后往耳朵的方向按压耳机，使其固定就位，如图5-171 所示。

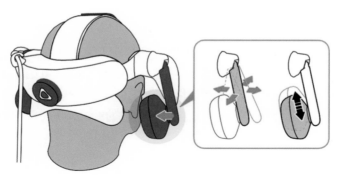

**图 5-171　调节耳机位置**

5）确保头戴式设备连接线穿过头戴式设备背面的线夹，并且垂挂于背后，如图5-172 所示。

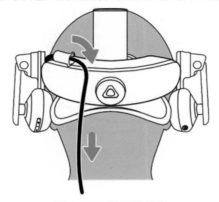

**图 5-172　整理连接线**

3. VIVE 串流盒

（1）VIVE 串流盒介绍

VIVE Pro 2 头戴式设备需要通过 VIVE 串流盒（2.0）和 VIVE 头戴式设备连接线（2.0）连接到电脑。VIVE 串流盒的接口如图5-173 所示。

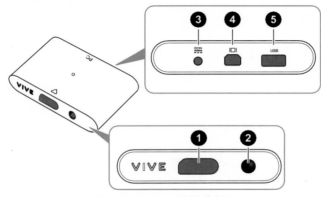

**图 5-173　VIVE 串流盒接口**

1—头戴式设备连接线端口；2—电源按钮；3—电源端口；4—DisplayPort 端口；5—USB 3.0 端口

（2）将头戴式设备连接到电脑（图 5-174）

1）将 USB 3.0 数据线、DisplayPort 连接线和电源适配器的连接线连接到串流盒上对应的插槽。

2）将电源适配器插入电源插座。

3）将 USB 3.0 数据线的另一端插入电脑的 USB 端口。

4）将 DisplayPort 连接线的末端连接到同时连接有显示器的电脑显卡上的 DisplayPort 端口。请勿将 DisplayPort 连接线连接到主板的端口上。

5）将头戴式设备的连接线接头（具有三角形标记的一端）插入具有相应三角形标记的 VIVE 串流盒端口。

6）按电源按钮，启动 VIVE 串流盒。

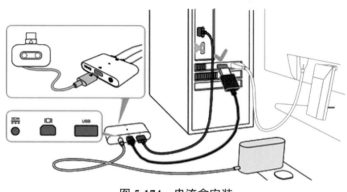

**图 5-174　串流盒安装**

4. 操控手柄

用户通过操控手柄与虚拟现实世界中的对象互动。操控手柄具有可被定位器追踪的追踪感应器，如图 5-175 所示。

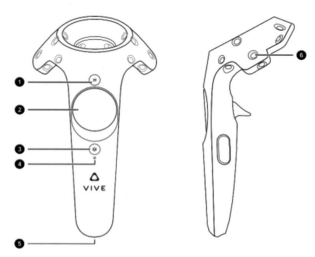

**图 5-175　操控手柄**

1—菜单按钮；2—触控板；3—系统按钮；4—状态指示灯；5—Micro-USB 端口；6—追踪感应器

## 5.11　系统应用范例

### 5.11.1　范例演练内容

1. 基本情况

1）训练目标：搜救局部垮塌住宅下的压埋人员。

2）考察要点：搜索和营救技术流程、狭小空间支撑和破拆技术流程、人员检伤分类、伤员紧急救治和处理流程、伤员转运流程。

3）参训人员：救援小队队长 1 名、队员 3 名、结构专家 1 名。

2. 废墟场景参数

局部倒塌的 6 层砖混住宅中有压埋人员 2 人，分别在 1 楼和 3 楼。1 楼局部出现座层，承重墙体和构造柱垮塌，现浇楼板破碎、垮塌；3 楼局部承重墙体严重开裂，未全部垮塌，部分构造柱开裂，现浇楼板局部塌落。

3. 周边环境参数

1）设置 1：房屋所在小区道路较宽阔，周边无临近垮塌的房屋，周边无加油站等次生灾害源，房屋周围有可用的消防栓，供电正常，通信正常。

2）设置 2：房屋所在小区道路较宽阔，周边无临近垮塌的房屋，周边 100 米内有一加油站，房屋周围的消防栓损坏泄漏，供电中断，通信正常。

3）设置 3：房屋所在小区道路狭窄，大型救援车辆无法抵达，周边邻近有成片垮塌的房屋，周边无次生灾害源，房屋周围的消防栓损坏泄漏，供电中断，通信中断。

### 5.11.2　阶段一：演练准备阶段

在演练准备阶段，导调席位根据演练预案，通过救援演练导调控制子系统设定地震，构建救援场景，进行角色任务设置，启动仿真。

#### 5.11.2.1　真实感训练场景构建

1. 宏观灾区场景构建

城市中建筑物较为密集，小型城市的建筑物有几万栋，中型城市的建筑物可以达到几十万栋以上。要对这么多建筑进行灾害场景显示，无法全部通过三维建模的方式来实现，必须以批量的自动化方式进行宏观场景构建。

地震应急救援虚拟仿真系统在对大范围的宏观灾区场景中的受灾建筑物构建时，采取块体模型的方式，即显示建筑物基本的外形轮廓和纹理贴图，通过颜色来区分建筑物的破坏状态。

宏观灾区场景生成包括四个步骤。

（1）环境基础数据采集

环境基础数据采集的数据主要包括城市所在区域的 DEM 高程数据、卫星影像数据、航拍影像数据、建筑物信息等。其中，建筑物信息见表 5-33。

表 5-33　建筑物信息

| 序号 | 信息字段 | 信息含义 | 备注 |
|---|---|---|---|
| 1 | SHAPE | 轮廓数据 | |
| 2 | OBJECTID | 建筑物 ID | |
| 3 | DISCODE | 建筑物编码 | |
| 4 | ADDRESS | 建筑物地址 | |
| 5 | DISTRICT | 建筑物所属区 | |
| 6 | BYEAR | 建造年代 | |
| 7 | STRTYPE | 结构类型 | |
| 8 | STORY | 层数 | |
| 9 | USAGES | 用途 | |
| 10 | CONDITION | 现状 | |
| 11 | UPDATED | 信息更新时间 | |
| 12 | SHAPE_Length | 建筑物长度 | |
| 13 | SHAPE_Area | 建筑物面积 | |

注：其中 SHAPE 字段存储建筑物外轮廓的多边形数据。

（2）建筑物块体模型自动生成

通过采集到的建筑物外轮廓数据以及建筑物层数等信息，系统自动生成建筑物的块体模型，并从建筑物纹理库中自动根据建筑物的层数和用途，匹配建筑物的纹理数据，最终生成建筑物的块体三维模型。

（3）建筑物破坏状态显示

生成结果如图 5-176 所示。

图 5-176　采用块体模型的建筑物破坏状态

2.搜索区场景构建

搜索区场景构建的目的是在局部的搜索区范围内,构建更为精细的三维建筑物模型。搜索区通常覆盖几个小区的范围。通过三维建模工具对搜索区范围内的建筑物进行建模,每一个建筑物都有五级破坏状态(完好、轻微破坏、中等破坏、严重破坏、毁坏),系统根据建筑物毁伤计算模型的计算结果调用对应的模型进行显示,如图 5-177 至图 5-181 所示。

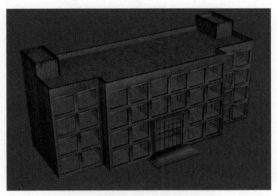

图 5-177　完好建筑模型

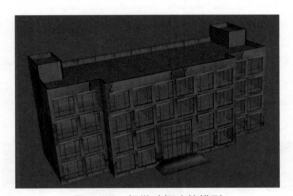

图 5-178　轻微破坏建筑模型

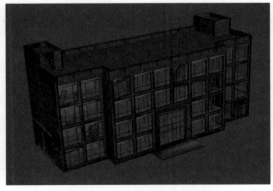

图 5-179　中等破坏建筑模型

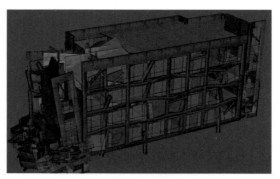

图 5-180　严重破坏建筑模型

图 5-181　毁坏建筑模型

3. 典型救援场景构建

典型救援场景构建的目的是构建高精度的地震废墟场景,用于救援队进行搜救训练。典型救援场景可以真实地模拟建筑物的倒塌状态、人员压埋状态以及救援过程中导调设定的余震、漏电、漏气等突发因素,最大程度地模拟真实的地震救援场景。构建出的外部和内部典型救援场景如图 5-182 和图 5-183 所示。

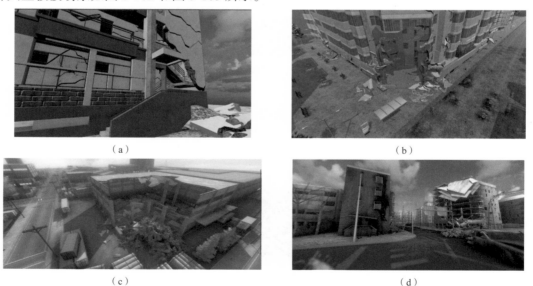

（a）　　　　　　　　　　　　　　　　　（b）

（c）　　　　　　　　　　　　　　　　　（d）

图 5-182　典型救援场景（外部）

（a）场景 1　（b）场景 2　（c）场景 3　（d）场景 4

图 5-183　典型救援场景（内部）

4. 废墟破坏场景构建流程和建模规范

（1）废墟破坏模型建模构建流程

1）构建流程包括素材采集—模型制作—贴图制作—场景塌陷、命名、展 UV 坐标—灯光渲染测试—场景烘焙—场景调整导出共 7 个步骤。全部采用 3D MAX 软件建立模型,确保模型通用化,方便以后的软件升级和拓展应用。

2）当一个模型制作完成后,它所包含的基本内容包括场景尺寸和单位。此外,模型归类、塌陷、命名、节点编辑,纹理、坐标、纹理尺寸、纹理格式、材质球等必须符合制作规范。因此,程序控制管理对于构建归类清晰、面数节省、制作规范的模型文件是十分必要的。

（2）地震废墟建模规范

1）在建模之前,要先进行建模素材的准备,将素材按照不同的建筑结构类型、层数、用途、修建年代进行分类。素材包括建筑物结构 CAD 图纸、建筑物倒塌废墟图片、影像资料。

2）在没有特殊要求的情况下,尺寸单位统一用 mm（毫米）。

3）删除场景中多余的面。在建立模型时,看不见的地方不用建模,对于看不见的面也可以删除,主要是为了提高贴图的利用率,降低整个场景的面数,以提高交互场景的运行速度。例如,删除 Box 底面、贴着墙壁物体的背面等。

4）保持模型面与面之间的距离。推荐最小间距为当前场景最大尺度的二千分之一。模型与模型之间不允许出现共面、漏面和反面,应将看不见的面删除。在建模初期一定要注意检查共面、漏面和反面的情况。

5）可以复制的物体尽量复制。对于一个有 1 000 个面的物体,烘焙 ① 并复制 100 个所消耗的资源,基本上和烘焙一个物体所消耗的资源一样多。

6）建模时最好采用 Editable Poly 面片建模,这种建模方式在最后烘焙时不会出现三角面现象。如果采用 Editable Mesh,在最终烘焙时可能会出现三角面的情况。

7）对于一个部件模型,在经过建模、贴纹理之后,然后就是将模型塌陷,这一步工作也是为了下一步的烘焙做准备。

8）零件模型应依据实物,尽量保持所有零部件、工具均单独建模。

————————
① 烘焙:一种把光照信息渲染成贴图的方式。

9）用十字交叉树或简模树法构建树木模型。在种植树木的时候，要考虑到与周围建筑的关系。

10）模型的级别是指模型的精细程度。在建模时要根据建筑所处的具体位置、重要程度判断该建筑所需的模型级别。可以将建筑分为五个等级。其中，一级为最高等级，五级为最低等级。单个物体面数要控制到 8 000 以下。

11）镜像的物体需要修正。对于用镜像复制的方法创建的新模型，需要用修改编辑器修正。

12）烘焙的物体黑缝解决办法。在烘焙的时候，如果图片不够大，往往会在边缘产生黑缝。如果做鸟瞰楼体有难度，可以把楼体合并成一个多重材质的物体，然后对楼体进行整体完全烘焙。对于建筑及地形，须检查模型的贴图材料平铺的比例。对于较远的地表（或者草地），可以考虑用一张有真实感的图来平铺。

### 5.11.2.2    导调席登录

1）输入导调席的用户名和密码，进行席位登录，如图 5-184 所示。

图 5-184    席位登录

2）身份认证成功后，系统弹出导调席位登录成功的提示，如图 5-185 所示。

图 5-185    导调席位登录成功

3）登录成功后,系统显示导调席主界面,如图 5-186 所示。

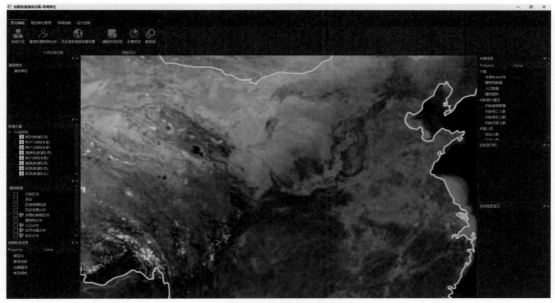

图 5-186　导调席主界面

### 5.11.2.3　震情设定

1. 地震设定

在地震设定对话框中,设置地震的发生时间( 2021/12/10 23：17 )、震级( 7.5 )、震中位置( 经度 108.234° 和纬度 35.7389° )、震源深度( 14 km ),如图 5-187 所示。

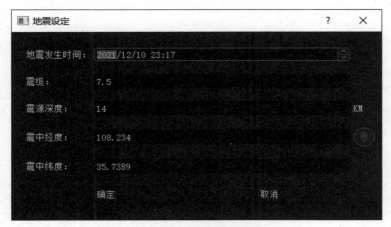

图 5-187　地震设置对话框

**2. 生成地震动影响场**

地震设定完成后,系统自动生成地震动影响场,如图 5-188 所示。

**图 5-188　地震动影响场**

**3. 演练想定编辑**

在演练想定编辑阶段设置演练场景和演练任务。演练场景包括宏观灾区场景设置、搜索区场景设置和作业区场景设置三部分,分别对应宏观大范围场景、局部搜索区场景和训练作业场景三个不同分辨率的场景环境。

(1)宏观灾区场景设置

从想定编辑工具栏中选取宏观灾区场景,调出创建宏观场景对话框,如图 5-189 所示;选取典型的宏观灾区场景(如小城市场景),点击确定,加载所选宏观灾区场景,如图 5-190 所示。

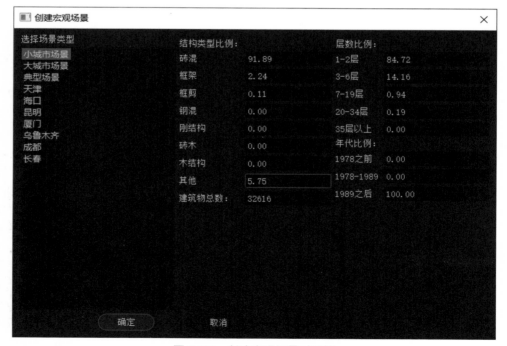

**图 5-189　创建宏观场景对话框**

图 5-190　宏观场景显示

（2）生成搜索区建筑物

从想定编辑工具栏中点击搜索区建筑物生成按钮,弹出选择建筑物对话框;从结构类型列表中选择建筑物结构,从建筑物列表中选择要添加的搜索区建筑物,如图 5-191 所示;然后在三维场景中选择要添加建筑物的位置,生成一个搜索区建筑物,如图 5-192 所示;重复以上步骤,加载多个搜索区建筑物。

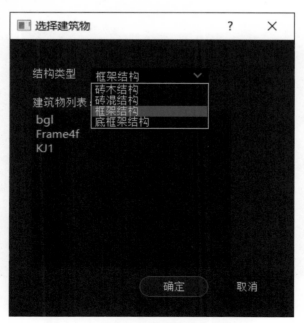

图 5-191　选择框架结构的搜索区建筑物

图 5-192　在场景中放置搜索区建筑物

（3）设置典型作业场景

从想定编辑工具栏中点击典型作业场景设置按钮，弹出典型建筑物设置对话框，再选择学校救援场景，如图 5-193 所示。

图 5-193　设置典型作业场景

### 5.11.2.4　演练任务设置

在演练任务设置阶段，根据演练目标，制定救援演练预案。

1. 编辑预案

从角色席位管理工具栏中点击编辑预案按钮，弹出预案选择对话框；选择预案模板 Word 文档，进行预案编辑，如图 5-194 所示；编辑完毕后保存关闭。

ā地震 XXX　　2021 年 12 月 3 日

**地震救援演练预案**

**训练目标：**搜救局部垮塌住宅下的压埋人员。

**考察要点：**搜索和营救技术流程、狭小空间支撑和破拆技术流程、人员、伤员紧急救治和处理流程、伤员转运流程。

**参演人员：**救援小队队长 1 名，队员 3 名，结构专家 1 名。

**废墟场景参数**

局部倒塌的 6 层砖混住宅，有压埋人员 2 人，分别在 1 楼和 3 楼。1 楼坐层，承重墙体和构造柱垮塌，现浇楼板破碎、垮塌。3 楼局部承重墙开裂，未全部垮塌，部分构造柱开裂，现浇楼板局部塌落。

**周边环境参数**

**设置 1：**房屋小区道路较宽阔，周边无临近垮塌的房屋，周边无加油站等灾害源，房屋周围有可用的消防栓，供电正常，通讯正常。

**设置 2：**房屋小区道路较宽阔，周边无临近垮塌的房屋，周边 100 米内有加油站，房屋周围的消防栓损坏泄漏，供电中断，通讯正常。

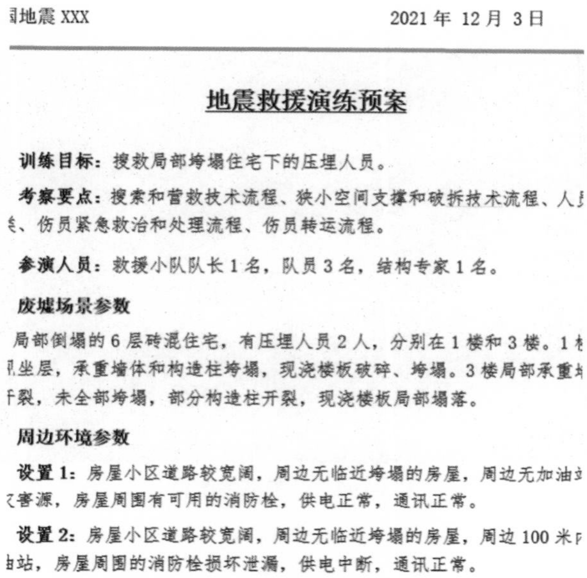

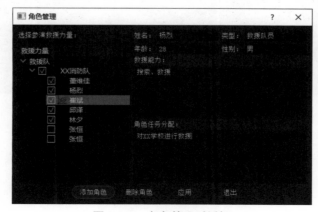

图 5-194　地震救援预案编辑

2. 预案下发

从角色席位管理工具栏中点击预案下发按钮，将编辑好的预案下发到各个参训席位。

3. 角色管理

可以根据救援演练科目，创建救援演练角色。角色主要包括以下几类：群众、社会救援力量、现场专业救援力量、指挥中心人员等。例如，创建消防队，添加消防队包含的角色。角色设置完成后，可以在演练任务设定模块中为各角色分配任务。

在角色管理对话框中，可管理参与演练的救援力量以及进行救援力量任务分配，如图 5-195 所示。

图 5-195　角色管理对话框

4.演练席位管理

可在席位管理对话框中,根据演练科目,如演练席位,设置救援队长席位、专家席位、搜索队员席位,救援队员等,可以同时添加多个角色,如图 5-196 所示。

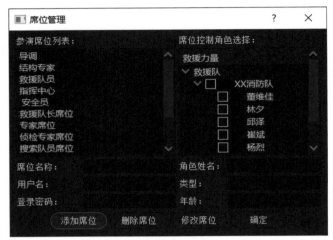

图 5-196　设置演练席位

### 5.11.2.5　情景注入

导演席可根据演练任务的需要,在演练前设置演练情景注入要素,如:余震、火灾、漏水、漏电等各种突发因素。在演练过程中,也可以进行动态情景注入。

1.余震设定

在余震设定对话框中进行余震设定,如图 5-197 所示。

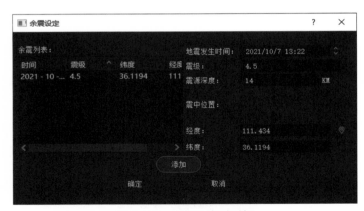

图 5-197　余震设定对话框

2.情景注入

在情景注入对话框中设置情景事件,如图 5-198 所示。例如,注入火灾情景后的结果如图 5-199 所示。

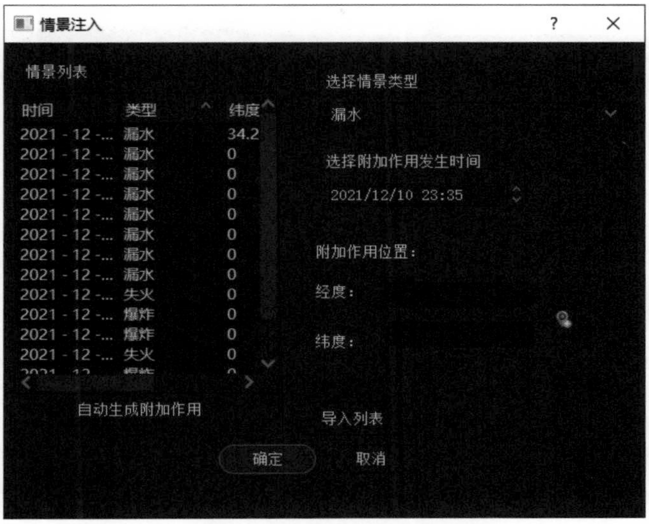

图 5-198　情景注入对话框

图 5-199　注入失火情景

### 5.11.2.6　运行控制

在完成震情设定、演练想定编辑、演练任务设置三个步骤后,可以通过运行控制功能,启动仿真,进行救援演练。

点击运行控制工具栏中情景触发按钮,启动仿真,触发各类设置好的震情和注入情景,如图 5-200 所示。

情景触发后,可以通过点击情景重构按钮,重新复位救援场景;通过点击加速按钮,可以加快仿真运行的步长;通过点击减速按钮,可以减小仿真运行的步长;通过点击视图选择按钮,查看标准视图、真实感图、真实感动态图、最终破坏图。

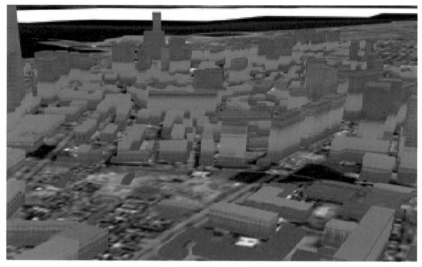

图 5-200　　情景触发

### 5.11.3　阶段二:演练指挥调度阶段

在演练指挥调度阶段,指挥中心席位和救援队长席位分别登录搜救动态指挥与调度仿真子系统和救援演练模拟仿真训练子系统,进行救援力量调度和行动准备。

#### 5.11.3.1　席位登录

1. 指挥中心席位登录

输入指挥中心席位的用户名和密码,如图 5-201 所示。

图 5-201　　指挥中心席位登录

身份认证成功后,系统弹出指挥中心席位登录成功提示,如图 5-202 所示。

图 5-202　　指挥中心席位登录成功提示

登录成功后,系统进入指挥中心席位主页面,如图 5-203 所示。

**图 5-203　指挥中心席位主页面**

2. 救援队长登录

输入救援队长席位的用户名和密码,如图 5-204 所示。

**图 5-204　救援队长席位登录**

身份认证成功后,系统弹出救援队长席位登录成功提示,如图 5-205 所示。

**图 5-205　救援队长席位登录成功提示**

登录成功后,系统进入救援队长席位主页面,如图 5-206 所示。

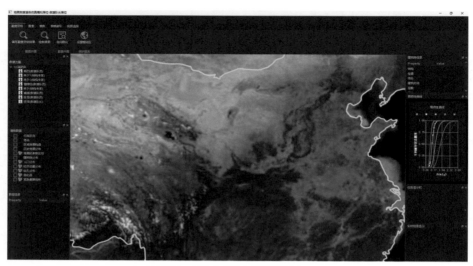

图 5-206　救援队长席位主页面

3. 救援队员席位登录

救援队员席位的登录过程同救援队长席位。

4. 结构专家席位登录

结构专家席位的登录过程同救援队长席位。

### 5.11.3.2　救援指挥

指挥中心席位在收到灾情信息后,根据受灾情况,进行救援力量调集。

1. 灾情分析

指挥中心席位根据震情信息(图 5-207)、灾情信息(图 5-208),对救援态势进行整体分析(图 5-209),下达救援力量调集指令。

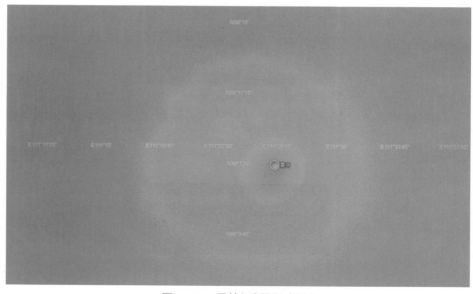

图 5-207　震情(地震影响场)

图 5-208　灾情（高危街区）

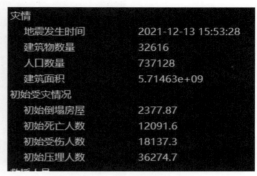

图 5-209　救援态势信息

**2. 救援力量和物资调度**

指挥中心席位根据灾情信息，对需要的救援力量、救援物资和救援设备进行判断，发送救援物资和救援力量调度指令，如图 5-210 所示。

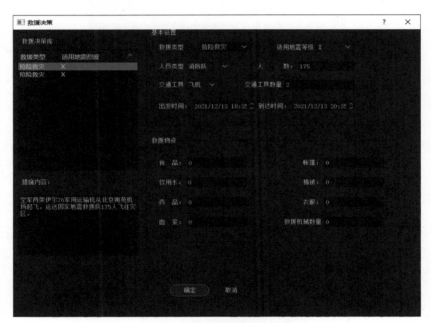

图 5-210　救援力量和物资调度

### 5.11.3.3　行动准备

1）救援队长席位在获得灾情信息后，应设专人跟踪灾情。【通过软件获得实时灾情信息】

2）救援队长席位接到出动命令后，应完成下列行动准备工作：

①确定组队、装备、物资配置方案，如图 5-211 所示；【从装备、物资列表中选择】

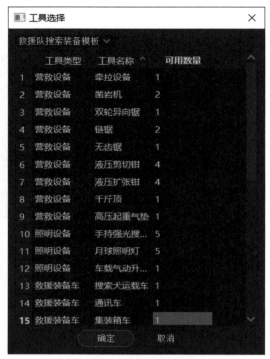

**图 5-211　救援装备选择**

②确认队员、搜救犬及装备状态;【选择搜救犬】

③确定机动方式和行动路线;【通过软件交互】

④确定运输工具的种类、数量及运输先后顺序。【选择运输工具】

3)救援队到达现场之前,队长应根据灾区的各种信息制订并适时修改救援行动计划,主要包括:

①现场形势评估;【通过软件实时信息显示界面和资料交互界面,发布现场形势评估结论】

②需求评估;【通过软件实时信息显示界面和资料交互界面,发布现场形势评估结论】

③一般情况应对措施;【通过救援方案设置界面,进行应对措施设置】

④意外情况处置措施。【通过救援方案设置界面,处置意外情况】

## 5.11.4　阶段三:现场救援阶段

在现场救援阶段,由救援队长席位指挥结构专家和救援队员进行救援准备、现场搜索、现场营救、现场医疗救护、撤离等救援行动。在整个救援过程中,导调席位可以通过情景注入、信息注入等方式,对救援进程进行干预。

### 5.11.4.1　现场搜救导调干预

在现场救援阶段,可以通过导调系统对搜救演练的进程进行干预,可通过多种情景注入,模拟救灾现场的各类突发事件,达到更贴近真实的救援场景模拟效果。

1. 演练进程控制

在现场救援阶段,导调席位可以动态添加余震,进行演练干预,如图 5-212 所示。

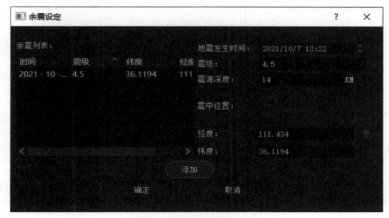

图 5-212　余震设定

在现场救援阶段,导调席位可以动态注入各种突发事件,干预演练进程,如图 5-213 所示。

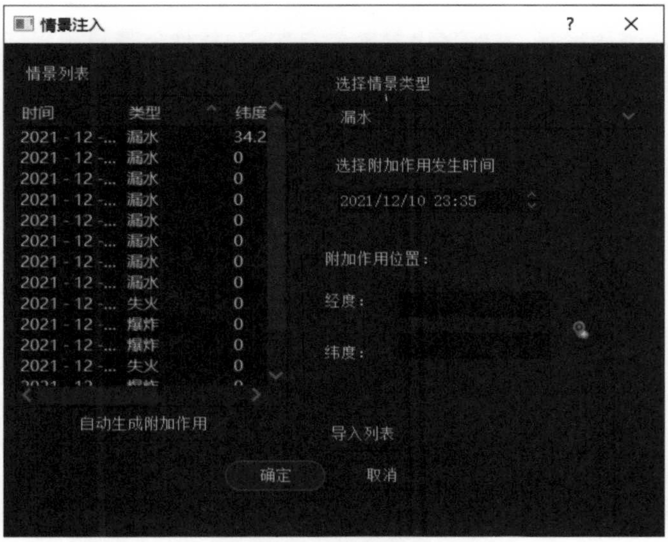

图 5-213　情景注入

在现场救援阶段,导调席位和指挥中心席位可以向救援队动态下达救援任务指令,如图 5-214 所示。

图 5-214　救援任务导调

#### 5.11.4.2　救援准备

1. 现场场地评估

救援队进入工作场地前,应对工作场地及其周边环境的危险性进行评估,主要内容包括:【通过全景浏览废墟场景、查阅场景参数信息等,在软件信息显示界面和资料交互界面,发布评估信息】

1)受损建(构)筑物对施救的可能影响;

2)危险品及危险源;

3)崩塌、滑坡、泥石流、洪水、台风等潜在危险因素。

结构专家应对建(构)筑物进行结构评估,应当考虑以下内容:

1)用途;

2)估计人数;

3)结构类型、层数;

4)承重体系、基础类型;

5)空间与通道分布;

6)倒塌类型及主要破坏部位;

7)二次倒塌风险;

8)施救可能对结构稳定性产生的影响。

结构专家席位通过操作场景中的虚拟人,对废墟进行浏览,如图 5-215 所示。浏览完毕后,从表格填写工具栏中选择"工作场地评估表",进行填写,如图 5-216 和表 5-34 所示。【通过软件资料交互界面,上传草图,在系统的资料库中查找并下载相关表格后填写】

图 5-215　结构专家对废墟进行浏览

图 5-216　表格填写工具栏

表 5-34　工作场地评估表

| 救援队名称 | | | | |
|---|---|---|---|---|
| 工作场地名称及位置 | | | | |
| 环境危险性评估<br>（在□上画√） | 煤气泄漏 | □有 □无 | 其他危化品泄漏 | □有 □无 |
| | 易燃易爆 | □有 □无 | 台风 | □有 □无 |
| | 崩塌 | □有 □无 | 滑坡 | □有 □无 |
| | 泥石流 | □有 □无 | 洪水 | □有 □无 |
| | 周边建（构）筑物稳定性 | □稳定<br>□不稳定 | 周边易损建（构）筑物对施救的影响 | □有 □无 |
| | 水管破裂 | □有 □无 | 其他 | |
| 建筑物基本信息 | 建筑物名称 | | | |
| | 地址 | | | |
| | 用途 | | | |
| | 估计人数 | | 受困人数 | |
| | 结构类型 | | | |
| | 层数 | 地上 | | 地下 |
| | 基础类型 | | | |
| | 承重体系 | | | |
| | 空间与通道分布 | | | |

续表

| 结构评估 | 倒塌形成的空间类型 | |
|---|---|---|
| | 主要破坏部位 | |
| | 二次倒塌 | |
| | 施救可能对结构稳定性产生的影响 | |
| 行动建议 | 人员装备配置 | |
| | 特别注意事项 | |
| | 其他 | |

| 评估人： | 绘图人： | 　　　年　　月　　日　　时　　分 |
|---|---|---|

工作场地评估表填写完毕后,结构专家调用草图绘制功能绘制现场草图,如图 5-217 所示。

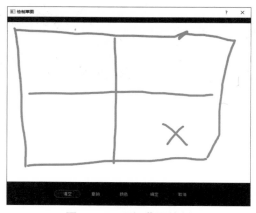

图 5-217　现场草图绘制

2. 工作场地划分

救援队长应根据结构评估的结果,确定工作场地的优先等级(表 5-35)并划分工作场地(表 5-36),设置警戒区。工作场地优先等级划分方法如图 5-218 所示。

表 5-35　工作场地优先等级表

| 优先等级 | 受困者的生存状况 | 空间类型 | 结构稳定程度 |
|---|---|---|---|
| 1 | 受困者存活 | | 稳定或不稳定 |
| 2 | 不能确定受困者状态 | 小空间 | 稳定 |
| 3 | 不能确定受困者状态 | 小空间 | 不稳定 |
| 4 | 不能确定受困者状态 | 狭小空间 | 稳定 |
| 5 | 不能确定受困者状态 | 狭小空间 | 不稳定 |
| 6 | 受困者存活 | | 极不稳定 |
| 7 | 不能确定受困者生存状态 | | 极不稳定 |
| 8 | 没有受困者幸存 | | |

表 5-36　工作场地优选等级划分

| 优先等级划分因素 | 特征描述 |
| --- | --- |
| 小空间 | 可容纳一成年人的空间,在这种空间中,受困者致伤概率小于狭小空间,生存概率较大 |
| 狭小空间 | 很难容纳一个成年人的空间,在这种空间中,受困者被限制在固定姿势,致伤概率较大,生存概率较小 |
| 稳定 | 受损建构物结构稳定,不需要额外的安全支撑 |
| 不稳定 | 建构筑物结构不稳定,需要通过支撑和移除作业,使结构稳定才能开展救援 |
| 极不稳定 | 建构筑物严重受损,极易发生二次倒塌 |
| 可进入性 | 接近受困者或狭小空间的困难程度 |

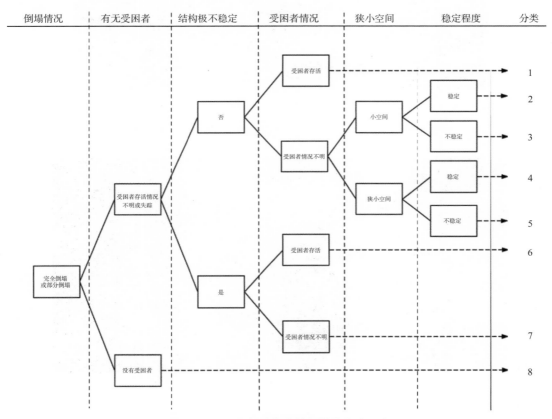

图 5-218　工作场地优先等级划分方法示意

### 5.11.4.3　现场搜索

救援队员开展搜索行动时,应将人工搜索、犬搜索和仪器搜索等方式结合使用,按顺序开展。以下按人工、犬和仪器搜索的顺序进行介绍。

1. 人工搜索

在进行人工搜索前,一般先询问知情者,了解相关信息,再利用看、听、喊、敲等方法寻找受困者,如图 5-219 所示。

图 5-219　人工搜索

救援人员对现场周围的群众进行询问,了解可能的压埋情况,如图 5-220 所示。

图 5-220　询问情况

人工搜索需要的装备见表 5-37。

表 5-37　人工搜索的装备

| 装备名称 | 数量 | 装备名称 | 数量 |
|---|---|---|---|
| 对讲机 | 2 台 | 定位旗 | 2 套 |
| 书写工具 | 1 套 | 漏电探测棒 | 1 根 |
| 测距仪 | 1 台 | 有毒气体探测仪 | 1 台 |
| 喷漆 | 2 罐 | 可燃气体探测仪 | 1 台 |
| 扩音喇叭 | 1 个 | 敲击锤 | 1 把 |
| 口哨 | 1 个 | 望远镜 | 1 台 |
| 照相机 | 1 台 | 手电筒 | 1 个 |

从搜索一般需要队长和 3 名队员。队长对废墟情况进行评估,制订搜索计划、路线,登记被困人员位置以及其他情况;1 号队员开展漏电探测、可燃、有毒气体侦检;2 号队员发出呼叫搜救信号;3 号队员发出敲击搜救信号。人工搜索的操作流程见表 5-38。

**表 5-38 人工搜索的操作流程**

| | |
|---|---|
| 操作要求 | 组长对废墟情况进行评估,制订搜索计划、路线,登记被困人员位置以及其他情况,并协同 1 号、2 号、3 号队员对废墟进行搜索 |
| | 1 号队员在废墟现场利用漏电探测棒、可燃、有毒气体探测仪进行漏电侦检,可燃、有毒气体侦检,并协助组长对废墟进行搜索 |
| | 2 号队员利用扩音喇叭对废墟进行呼叫(有没有人? 我们是 ×× 消防救援队,听到请回应)发出搜救信号,并协助组长对废墟进行搜索 |
| | 3 号队员利用敲击锤对瓦砾或邻近建筑物构件敲击(3~5 声)发出搜救信号,并协助组长对废墟进行搜索 |
| | (1)呼叫搜索<br>1)螺旋形搜索时,4 名搜索人员围绕搜索区等间排列,间隔 8 m 左右,搜索半径 5 m 左右,围绕搜索区按顺时针同步向前走动至首尾重合。线性搜索时,4 名搜索人员依照 1 号队员、2 号队员、3 号队员、组长的顺序一字分开,间隔 3~4 m,从开阔区一边平行向前推进,一次推进 1.5~2 m,通过整个开阔区域至另一边,可以从反方向反复搜索。<br>2)搜索时,1 号队员对废墟表面进行漏电侦检,可燃、有毒气体侦检,2 号、3 号队员依次发出搜救信号后,搜索人员俯身紧贴地面保持安静,仔细捕捉幸存者响应的声音,并辨别信号的方向。若不止一个搜索员听到回音,可由 3 名搜索人员判定的方向交会,确定幸存者的位置。<br>3)搜索过程中,搜索区及其邻近地区需要保持场地安静。呼叫搜索时间一般保持 5~10 分钟。<br>4)初步确定幸存者的位置后,现场做搜索标识并同时标记在搜索草图上。<br>(2)空间搜索<br>1)1 号队员、组长、2 号队员、3 号队员依次进入建筑物内部后,向右转,右侧贴墙向前搜索,逐个房间进行搜索,直到全部房间或空间搜索完毕,再回到起始点。<br>2)如果搜索人员忘记或迷失方向,全体向后转,并按位于同一墙体的左侧向前进即可返回进入时的位置。<br>3)在陌生环境和黑暗环境下,最安全的行动是靠呼叫和触摸搜索,搜索宜围绕空间贴墙转圈搜索,如空间较大还需沿空间对角线搜索。<br>4)在进入不知情房间前,用手背贴门试探温度,如感到热,尽量不要打开房门,远离该房间;如必须进入,搜索人员应弯腰前倾,将身体的中心落在后腿上,避免打开门时在较大压差下将人推进门内。<br>5)在黑暗房间内移动时,搜索人员将一只手举起放在身前,轻轻握拳,手背向上,感觉前进方向的障碍物,采用脚不要离地向前拖动方式,身体的重量应当由后脚支撑,直到前脚探测到向前移动安全。<br>(3)网格搜索<br>1)网格搜索需要较多的搜索人员,在搜索区草图上,将搜索区域分成若干个网格,每个网格由 6 名搜索人员(志愿者,救援人员均可)组成搜索组,通过呼叫搜索被困者,避免各网格搜索组相互干扰。<br>2)所有未能确定遇难者的位置都应该标记在该网格上,同时向搜索队领队报告,对于该网格,如必要可由搜索犬和专门监听仪器进一步搜索。<br>(4)其他人工搜索<br>当废墟不安全或未经处理,搜索人员无法进入废墟搜索时,可采取"周边搜索"方法,4 名搜索人员围绕着瓦砾堆边缘等间排列顺时针同步转动,直至首尾重合,并进行呼叫搜索技术动作 |

**2. 犬搜索**

实施犬搜索时,应采用多条犬的方式进行。系统模拟多条犬在废墟进行移动搜索,在目标人员位置附近进行吠叫模拟,如图 5-221 所示。

图 5-221　犬搜索

3. 仪器搜索

进行仪器搜索时,应根据现场环境选择声波/振动、光学、热成像等探测仪器,如图 5-222 所示。常用的仪器搜索装备见表 5-29。

图 5-222　仪器搜索

表 5-39　仪器搜索装备

| 装备名称 | 数量 | 装备名称 | 数量 |
| --- | --- | --- | --- |
| 对讲机 | 2 台 | 定位旗 | 2 套 |
| 书写工具 | 1 套 | 测距仪 | 1 台 |
| 喷漆 | 2 罐 | 手电筒 | 1 个 |
| 雷达生命探测仪 | 1 台 | 声波生命探测仪 | 1 台 |
| 光学生命探测仪 | 1 台 | 望远镜 | 1 台 |

仪器搜索需要操作人员 4 人（组长、1~3 号队员）。组长对废墟情况进行评估，制订搜索计划，划分仪器搜索区域，登记被困人员位置以及其他情况，与 1 号队员编为 A 组；1 号队员操作仪器主机进行定点搜索；2 号队员操作仪器主机进行定点搜索；3 号队员协助 2 号队员开展仪器搜索。主要操作程序见表 5-40。

**表 5-40　仪器搜索操作程序**

| 操作程序 | 组长对废墟情况进行评估，制订搜索计划，划分仪器搜索区域，登记被困人员位置以及其他情况，与 1 号队员编为 A 探测组并利用仪器对废墟搜索 |
|---|---|
| | 1 号队员辅助组长划分仪器搜索区域，与组长编为 A 探测组并利用仪器（雷达、光学）对废墟进行搜索 |
| | 2 号与 3 号队员编为 B 探测组并利用仪器（声波）协同 A 探测组对废墟进行搜索 |
| | （1）声波生命探测仪<br>1）B 探测组的 3 号队员负责分布拾振器，2 号队员利用麦克风和耳机进行喊话监听。<br>2）环形排列搜索：将拾振器围绕搜索区域等间布设，拾振器间距一般不宜大于 5 m，长度不超过信号电缆长度，最多为 6 个传感器进行搜索。<br>3）半环形排列搜索：将搜索区分成两个半环形区域，分两次进行搜索。<br>4）平行排列搜索：将搜索区分成若干个平行排列分别进行搜索，排列间隔为 5~8 m。<br>5）十字排列搜索：在搜索区布设相互垂直的搜索排列，每条排列单独进行搜索。<br>6）搜索时可直接发出的搜救信号（呼叫或敲击 5 次后，现场保持安静），通过探测响应信号测定其位置。<br>7）如探测到幸存者的呼救或响应信号，通过各拾振器接收到信号的强弱（理论上信号最强、声音最大的那个传感器距幸存者最近）判断幸存者位置。<br>8）将所有传感器尽量安置在相同建筑材料上并且与建筑构件的耦合条件要一致 |

**4. 综合搜索**

除了上述三种搜索模式外，还可以进行综合搜索。可通过,综合搜索训练使参训人员熟练掌握综合搜索技术，以提高在复杂救援环境中的搜索效率和定位精度。综合搜索所需的装备见表 5-41。

**表 5-41　综合搜索装备**

| 装备名称 | 数量 | 装备名称 | 数量 |
|---|---|---|---|
| 对讲机 | 4 台 | 定位旗 | 2 套 |
| 书写工具 | 1 套 | 漏电探测棒 | 1 根 |
| 测距仪 | 1 台 | 有毒气体探测仪 | 1 台 |
| 喷漆 | 2 罐 | 可燃气体探测仪 | 1 台 |
| 扩音喇叭 | 1 个 | 敲击锤 | 1 把 |
| 口哨 | 1 个 | 望远镜 | 1 台 |
| 照相机 | 1 台 | 手电筒 | 1 个 |
| 雷达生命探测仪 | 1 台 | 声波生命探测仪 | 1 台 |
| 光学生命探测仪 | 1 台 | 犬 | 3 条 |

综合搜索的人员和任务分工如下。

1）人员组成：操作人员 4 人（组长、1~3 号队员）；引导员 3 人；3 只搜索犬（犬 1，犬 2，犬 3）。

2）任务分工：采用综合搜索的技术要求对废墟进行搜索侦检。组长对废墟情况进行评估，制订搜索计划，划分仪器搜索区域，登记被困人员位置以及其他情况；1 号队员进行人工或仪器搜索；2 号队员进行人工或仪器搜索；3 号队员进行人工或仪器搜索；犬 1 进行主要搜索；犬 2 进行辅助搜救；犬 3 进行机动搜救。

综合搜索的操作程序见表 5-42。

表 5-42　综合搜索操作程序

| 操作程序 | 1 号队员在废墟现场利用漏电探测棒、可燃、有毒气体探测仪进行漏电侦检，可燃、有毒气体侦检，并协助组长对废墟进行人工搜索；仪器搜索时与组长编为 A 探测组对废墟进行搜索 |
| --- | --- |
| | 2 号队员利用扩音喇叭对废墟进行呼叫（有没有人？我们是 ×× 消防救援队，听到请回应）发出搜救信号，并协助组长对废墟进行人工搜索；仪器搜索时与 3 号编为 B 探测组协同 A 探测组对废墟进行搜索 |
| | 3 号队员利用敲击锤对瓦砾或邻近建筑物构件敲击（3~5 声）发出搜救信号，并协助组长对废墟进行人工搜索；仪器搜索时与 2 号编为 B 探测组协同 A 探测组对废墟进行搜索 |
| | 犬 1 对废墟情况进行主要搜索和自由搜索 |
| | 犬 2 辅助犬 1 进行验证性搜索 |
| | 犬 3 机动待命，随时准备替换犬 1 和犬 2 开展搜索 |
| | 犬、仪器联合搜索程序如下。<br>1）在第一时间抵达救援现场，如现场尘土烟雾大，应首先采用电子仪器进行大面积搜索定位，当条件允许时，采用犬搜索进一步确定被困人员位置。对无响应受害者，或声音或振动传播条件不利的环境下，应首先采用犬进行搜索定位，然后通过光学仪器进一步观察被困者状态及受害者所处的环境和压埋情况。<br>2）对气温较高或其他不适宜犬搜索的环境，应首先采用声波 / 振动生命探测仪进行大面积搜索定位，然后通过光学仪器进一步观察被困者状态及受害者所处的环境和压埋情况。<br>3）对大型混凝土式结构，首先应采用声波 / 振动生命探测仪定位，而不是犬 |

搜索人员在确定受困者位置后应立即报告队长，从表格填写工具栏选择"搜索情况表"并填写，移交营救组实施救援。搜索人员对搜索过的工作场地应按图 5-223 和图 5-224 的方法做出标记。

表 5-43　搜索情况表

| 救援队名称 | | | | | |
| --- | --- | --- | --- | --- | --- |
| 工作场地名称及位置 | | | | | |
| 开始时间 | | | | | |
| 结束时间 | | | | | |
| 搜索方法 | 人工 | 搜救犬 | 仪器 | 综合 | 其他 |
| | | | | | |

| 搜索结果 | 受困者 | 数量 | | | | | |
| --- | --- | --- | --- | --- | --- | --- | --- |
| | | 位置 | 表层 | | 浅层 | | 深层 | |
| | | 状态描述 | | | | | | |
| | | | | | | | | |
| | | | | | | | | |
| | | | | | | | | |
| | 遇难人员 | 数量 | | | | | |
| | 财物 | 数量 | | | | | |
| | 其他 | | | | | | |
| 标记 | 搜索标记 | | | 明显标志物 | | | | |
| 行动建议 | 营救通道建议 | | | | | | |
| | 人员 / 装备配置 | | | | | | |
| | 特别注意事项 | | | | | | |
| | 其他 | | | | | | |
| 负责人：　　　填表人： | | | | | | 年　月　日　时　分 | |

**图 5-223　绘制搜索标识**

图 5-224　放置搜索标识

### 5.11.4.4　现场营救

在营救阶段,主要考核救援指挥人员在营救废墟内部被困人员时,在开辟救生通道、扩展救生空间、转移被困人员三个阶段,能否选择正确的救援措施、能否正确选择救援措施所需要的救援工具,以及救援措施实施的作业点位置设置、救援任务的安排是否合理等。

营救人员在开展营救行动前,宜根据工作场地的优先等级选择救援措施(图 5-225),主要包括:

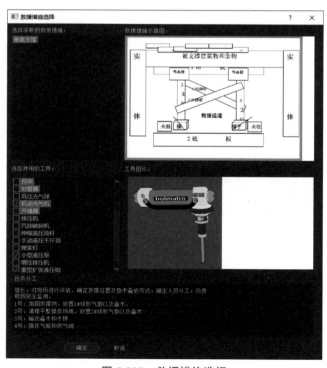

图 5-225　救援措施选择

1）接近受困者的通道和紧急撤离路线；

2）结构稳定性评估和加固措施；

3）拟采用的营救设备和技术方法；

4）医疗救援措施；

5）意外事件应对措施。

确定救援措施后，具体的营救训练搜救废墟环境仿真远程通过生命通道优选子系统完成，参训救援队员佩戴 VR 头盔，通过搜救废墟环境仿真与生命通道优选子系统模拟的沉浸式救援场景，进行救援过程训练。下面以单点顶撑和垂直支撑两个训练科目进行介绍。

1. 单点顶撑训练科目

（1）列队集合

系统提示进行安全评估，用户用手柄射线点击安全或不安全，进入下一步，如图 5-226 所示。

图 5-226　列队集合

（2）安全评估

系统提示进行安全评估，用户使用手柄射线点击是或否，进入下一步，如图 5-227 所示。

图 5-227　安全评估

（3）前往观察点

用户用手柄射线移动位置至观察点（图 5-228），观察结束后即进入下一步。

图 5-228　前往观察点

到达观察点后,首先进行安全评估( 图 5-229 );然后,前往下一个观察点( 图 5-230 )。

图 5-229　到达观察点

图 5-230　前往下一个观察点

（4）环视周围

环视周围,即进入下一步,如图 5-231 所示。

图 5-231　环视周围

（5）结束观察

安全评估结束后即进入下一步，如图 5-232 所示。

图 5-232　结束观察

（6）确定使用技术

选择单点支撑技术，使用手柄射线进入下一步，如图 5-233 所示。

图 5-233　选择单点支撑技术

（7）任务分工

选择单点支撑后，收到任务分工，单击收到或拒绝，进入下一步，如图 5-234 所示。

图 5-234　任务分工

（8）选择气垫

在选取工具页面上，使用手柄射线移动，前往装备选取现场，进行装备选择，如图 5-235 所示。

图 5-235　选取工具页面

（9）选择气垫

使用手柄射线选取相应装备，如图 5-236 所示。

图 5-236　选择气垫

（10）拿起气垫前往现场

使用手柄抓取按钮，抓取气垫，前往救援现场，如图 5-237 所示。

图 5-237　拿起气垫

（11）放置气垫

将气垫拿到合适位置后，即可松开手柄放置气垫，如图 5-238 所示。

图 5-238　放置气垫

（12）选择气瓶

在选取工具页面上，选择气瓶，如图 5-239 所示。

图 5-239　选择气瓶

（13）放置气瓶

将气瓶拿到合适位置后，即可松开手柄放置气瓶，如图 5-240 所示。

图 5-240　放置气瓶

（14）选择软管

在选取工具页面上，选择软管，如图 5-241 所示。

图 5-241　选择软管

（15）连接软管

用软管连接气瓶，如图 5-242 所示。

图 5-242　连接气瓶

（16）打气

使用手柄射线单击充气按钮开始充气，如图 5-243 所示。

图 5-243　充气

（17）选择木板

当系统提示放置木头（图 5-244）时，在选取工具面板中，选择木板，如图 5-245 所示。

图 5-244　放置木头提示

图 5-245　选择木板

（18）拾取木板

拿起木板前往救援现场，如图 5-246 所示。

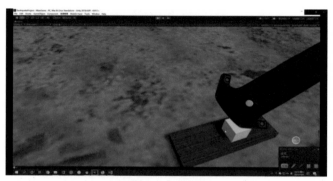

图 5-246　拾取木板

（19）放置木板

根据系统提示放置木板，如图 5-247 所示。

图 5-247　放置木板

（20）救援提示

系统提示进行救援，使用手柄射线点击救人按钮即开始对压埋人员实施救援，如图 5-248 所示。

图 5-248　救援提示

（21）救援人员到场

点击救人按钮后，救援人员到场，如图 5-249 所示。

图 5-249　救援人员到场

（22）开展救援

救援人员到场后，即开展救援，如图 5-250 所示。

图 5-250　开展救援

（23）救援结束

救援结束后，系统弹出救援结束页面，如图 5-251 所示。

图 5-251　救援结束

2. 垂直支撑训练科目

（1）填写安全评估表格

使用手柄射线点击复选框即可对评估项目打钩，如图 5-252 所示。

图 5-252　填写安全评估表格

（2）接收安全评估提示

根据系统提示判断是否安全，使用手柄射线点击安全或不安全，进入下一步如图 5-253 所示。

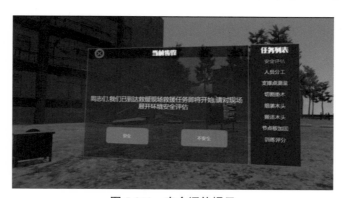

图 5-253　安全评估提示

（3）人员分工

使用手柄射线点击人物模型，选择队员并进行分工，如图 5-254 所示。

图 5-254　人员分工

（4）现场测量

根据系统提示对现场进行测量，如图 5-255 所示。

图 5-255　现场测量

（5）选择测量工具

选择激光测距仪，使用手柄抓取按钮抓取装备，如图 5-256 所示。

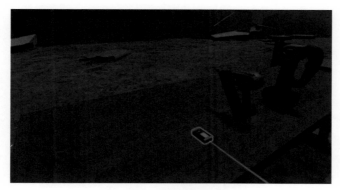

图 5-256　选择激光测距仪

（6）支撑点测量

使用激光测距仪测距，根据提示使用装备进行测量，如图 5-257 所示。

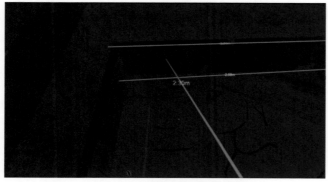

图 5-257　使用激光测距仪测量

（7）切割顶板和支柱提示

系统提示选择工具对木头进行切割，如图 5-258 所示。

图 5-258　切割木头提示

（8）切割顶板和支柱

选择手持电锯进行木头切割，如图 5-259 所示。

图 5-259　手持电锯切割

（9）组装组板提示

系统提示组装组板进行加固，如图 5-260 所示。

图 5-260　组装组板提示

（10）组装组装板

拿起木头前往组装现场,选取物体之后按照提示搬运组装板部件,将部件摆放到相应位置,再根据提示用气钉栓安装组装板,分别如图 5-261 至图 5-263 所示。

图 5-261　开始组装组装板

图 5-262　搬运组装板

图 5-263　提示气钉枪安装组装板

（11）安装节点板

按照系统提示使用气钉枪对节点板进行加固,如图 5-264 所示。

图 5-264　安装节点板

（12）搬运组装板

抬起组装板并搬运到指定位置，分别如图 5-265 和图 5-266 所示。

图 5-265　抬起组装板

图 5-266　搬运组装板

（13）安装内外侧撑杆

拿起内外撑杆，用气钉枪固定内外撑杆对物体进行加固，分别如图 5-267 至图 5-269 所示。

**图 5-267　拿起内外撑杆**

**图 5-268　拿气钉枪**

**图 5-269　固定内外撑杆**

3. 填写相关表格

营救人员应根据受困者的位置和状态以及倒塌建(构)筑物的特点,选用合适的方法和工具进行救援并填写"营救情况表"(表 5-44),并绘制现场草图。当有人员救出时,还应填写"受困者救出信息表"(表 5-45)和"遇难人员处置信息表"(表 5-46)。在完成营救行动后,应绘制救援行动标记。当确认救援环境会对救援队员生命造成威胁时,应暂停作业,并采取相应措施。在发现文物、文件、财物、武器后、应记录并移交有关部门。

表 5-44 营救情况表

| 救援队名称 | | | | | | | | | | | |
|---|---|---|---|---|---|---|---|---|---|---|---|
| 工作场地名称及位置 | | | | | | | | | | | |
| 开始时间 | | | | | | | | | | | |
| 结束时间 | | | | | | | | | | | |
| 营救方案 | 人员 | 指挥 | | 营救 | | 专家 | | 医疗 | | 保障 | |
| | 装备 | 照明 | | 机械 | | 破拆 | | 顶撑 | | 支撑 | |
| | | 绳索 | | 移除 | | 其他 | | | | | |
| | | | | | | | | | | | |
| | | | | | | | | | | | |
| | 轮班时间 | 班组 | | | 队伍 | | | 其他 | | | |
| | 安全措施 | | | | | | | | | | |
| 营救过程 | 方案确定 | | | | | | | | | | |
| | 打开通道 | | | | | | | | | | |
| | 接近受困者 | | | | | | | | | | |
| | 医疗处置 | | | | | | | | | | |
| | 移出受困者 | | | | | | | | | | |
| 特别事项 | | | | | | | | | | | |
| 行动启示 | | | | | | | | | | | |
| 负责人： | 填表人： | | | | | | 年 月 | 日 | 时 | 分 | |

表 5-45 受困者救出信息表

| 救援队名称 | | | | | | | | |
|---|---|---|---|---|---|---|---|---|
| 工作场地名称及位置 | | | | | | | | |
| 序号 | 姓名 | 性别 | 年龄 | 救出时间 | 营救时限 | 救出状态 | 移交单位 | 接收人 |
| | | | | | | | | |
| | | | | | | | | |
| | | | | | | | | |
| | | | | | | | | |
| | | | | | | | | |
| | | | | | | | | |
| | | | | | | | | |
| | | | | | | | | |
| | | | | | | | | |
| | | | | | | | | |
| | | | | | | | | |
| | | | | | | | | |
| | | | | | | | | |

**续表**

| | | | | | | | | |
|---|---|---|---|---|---|---|---|---|
| | | | | | | | | |
| | | | | | | | | |

负责人：　　　　填表人：　　　　　　　　　　　　　　　　年　月　日　时　分

表 5-46　遇难人员处置信息表

| 救援队名称 | | | | | | | | |
|---|---|---|---|---|---|---|---|---|
| 工作场地名称及位置 | | | | | | | | |
| 序号 | 姓名 | 性别 | 年龄 | 救出时间 | 营救时限 | 救出状态 | 移交单位 | 接收人 |
| | | | | | | | | |
| | | | | | | | | |
| | | | | | | | | |
| | | | | | | | | |
| | | | | | | | | |
| | | | | | | | | |
| | | | | | | | | |
| | | | | | | | | |
| | | | | | | | | |
| | | | | | | | | |
| | | | | | | | | |
| | | | | | | | | |
| | | | | | | | | |
| | | | | | | | | |

负责人：　　　　填表人：　　　　　　　　　　　　　　　　年　月　日　时　分

### 5.11.4.5　现场医疗救护

医疗救援人员应对受困者进行安抚并进行紧急医疗处置,指导和配合营救人员将其安全救出。以包扎伤肢医疗救治训练科目为例进行介绍。

1. 流程一:检伤分类

救援队员采用 SART 检伤分类方法和运用检伤分类卡(红、黄、绿、黑),按照伤员能否行走、呼吸情况、能否触及脉搏、能否听命令做简单动作的顺序对伤情进行评估。根据伤情评估结果,对伤员进行检伤分类。

(1)判断伤员能否行走

首先,系统发出验伤提示,如图 5-270 所示。然后,用户点击虚拟交互面板上的开始询问按钮,询问伤员目前的身体状况,如图 5-271 所示。

图 5-270　验伤提示

图 5-271　判断伤员能否行走

（2）判断伤员呼吸情况

用户点击虚拟交互面板上的开始测试按钮,测试伤员的呼吸情况,如图 5-272 所示。

**图 5-272　测试伤员的呼吸情况**

　　测试开始后,系统会倒计时 30 秒,测得 30 秒内伤员的呼吸频率并判断伤员呼吸是否正常,如图 5-273 和图 5-274 所示。

**图 5-273　测试伤员的呼吸频率**

图 5-274　判断伤员呼吸是否正常

（3）测试伤员的脉搏

在虚拟场景中，用户用手指轻触伤员的颈动脉（至少持续 3 秒），判断伤员的脉搏情况，如图 5-275 所示。

图 5-275　判断伤员的脉搏情况

（4）判断伤员能否做简单的动作

用户单击虚拟交互面板上的抬手指令和手放下指令按钮对伤员下令，判断伤员能否按照命令做简单的动作，如图 5-276 所示。

**图 5-276　判断伤员能否听命令做动作**

（5）悬挂验伤分类卡

在虚拟场景中拿起桌子上的黄色分类卡挂在伤员手臂上，如图 5-277 和图 5-278 所示。

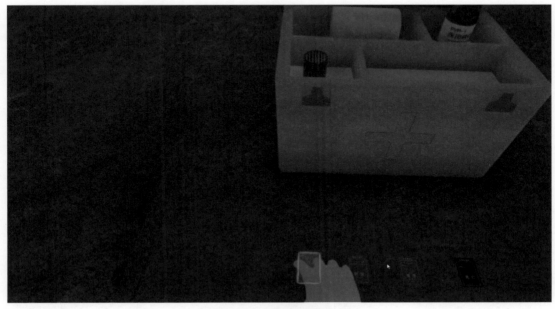

**图 5-277　拿起检伤分类卡**

图 5-278　悬挂检验分类卡

2. 医疗救治

（1）伤肢消毒

在虚拟场景中拿起桌子上的棉签蘸一下碘伏，并涂抹到伤员的伤肢上进行消毒，如图 5-279 和图 5-280 所示。

图 5-279　蘸取碘伏

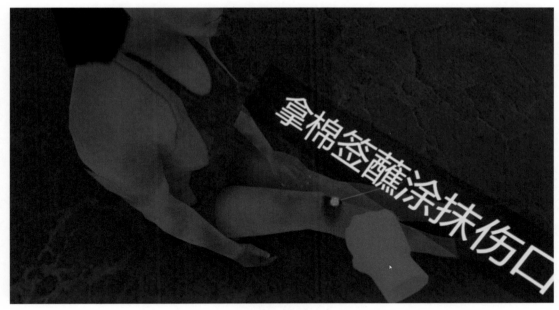

图 5-280　伤肢消毒

（2）包扎伤肢

在虚拟场景中拿起桌子上的绷带对伤肢进行包扎，如图 5-281 和图 5-282 所示。

图 5-281　拿取绷带

图 5-282　包扎伤口

（3）检查伤者足背动脉搏动

在虚拟场景中用手指轻触伤员的足背动脉，检查其足背动脉搏动情况，如图 5-283 所示。

图 5-283　检查足背动脉搏动

3. 抬上担架送往医院

点击送往医院按钮，将患者抬上担架并送往临时医院，如图 2-284 和图 5-285 所示。

图 5-284　抬上担架

图 5-285　送往医院

　　医疗救援人员应对已救出的伤员进行检查和医疗处置，并填写"现场医疗处置记录表"（表 5-47）。医疗救援人员应将伤员和"现场医疗处置记录表"移交给接收部门。

表 5-47　现场医疗处置记录表

| 救援队名称 | | | | | | | |
|---|---|---|---|---|---|---|---|
| 姓名 | | 年龄 | | 性别 | | 编号 | |
| 身份证号码(选填) | | | | | 救出时间 | | |
| 联系方式 | | | | | 送到时间 | | |
| 初步诊断结果和伤情评估 | | | | | | | |
| 治疗措施 | | | | | | | |
| 后送治疗意见及建议 | | | | | | | |
| 主任(主治)医生签字: | | | | 年　月　日　时　分 | | | |

### 5.11.4.6　撤离

具备下述条件之一,可申请转场。

1)救援队负责的工作场地中的受困者已经全部找到,其中幸存者已经救出,反复搜索确认未发现生命迹象。

2)接到抗震救灾指挥机构的转场命令。

救援队转场前应向地方人民政府的抗震救灾指挥机构提出申请,填写"转场/撤离申请表"(表 5-48)并得到批准后方可转场。

救援队在抗震救灾指挥机构宣布救援结束后,可向地方人民政府抗震救灾指挥机构提出申请,填写"转场/撤离申请表",得到批准后方可撤离。

表 5-48　转场/撤离申请表

| 救援队名称 | | | | | |
|---|---|---|---|---|---|
| 联络信息 | | 联络人姓名 | 联络人手机 | 值班电话 | 电台频率 |
| | | | | | |
| 到达时间 | | 年　月　日　时　分 | | | |
| 接受任务来源 | | | | | |
| 行动基地地点 | | | | | |
| 转场/撤离原因 | | | | | |
| 救援行动结果 | | | 工作场地1 | 工作场地2 | 工作场地3 |
| | 搜索受困者数量 | | | | |
| | 救出受困者数量 | | | | |
| | 转移遇难者数量 | | | | |
| | 医疗救援数量 | | | | |
| 预计转场/撤离时间 | | | | | |
| 负责人: | | | 年　月　日　时　分 | | |

救援队撤离时,应向地方人民政府抗震救灾指挥机构提交"任务总结报告"。

## 5.11.5　阶段四:任务总结阶段

在任务总结阶段应撰写任务总结报告,宜按下列内容和顺序撰写。

1. 任务概况

1)事件发生时间、地点;

2)事件类型;

3)事件其他信息简述。

2. 救援队基本情况

1)出队规模;

2)人员构成;

3)组织结构。

3. 救援行动物资投入

1)救援装备;

2)后勤保障物资;

3)资金。

4. 救援行动重要节点

1)接到命令时间;

2)启动时间;

3)集结时间;

4)出发及到达时间;

5)现场灾情信息采集与评估时间;

6)搭建营地时间;

7)救援工作场地确定时间;

8)开始救援时间;

9)转场／撤离时间。

5. 机动方式

1)交通工具种类及数量;

2)交通工具的调配及路线。

6. 现场救援

1)救援成果,包括人员搜救成果、重要物资抢救成果和其他任务的成果;

2)救援装备使用效果;

3)后勤保障方式;

4)救援队状况,包括救援队在现场的工作状态以及事故、伤害,疾病、死亡等情况;

5)救援经典过程和案例分析,包括救援队科学施救方法、攻克难关过程、典型案例;

6)行动基地勘选与效果。

7. 经验、教训与建议

1）任务特点；

2）简要评述；

3）经验教训，包括：救援工作管理、技术培训、启动方式、信息管理、装备配置、救援技术、救援作业、组织形式及协作模式等方面取得的经验教训；

4）救援效能评价与建议；

5）相关问题思考和建议。

# 参考文献

[1] 白仙富,聂高众,戴雨芡,等.基于公里网格单元的地震滑坡人员死亡率评估模型:以 2014 年鲁甸 MS6.5 地震为例 [J].地震研究,2021,44(1):87-95.

[2] 曹占广,陶帅,胡晓峰,等.国外兵棋推演及系统研究进展 [J].系统仿真学报,2021,33 (9):2059-2065.

[3] 曹泽林.基于 FK 法的三分量宽频带强地震动场合成 [D].哈尔滨:哈尔滨工业大学, 2020.

[4] 陈雪龙,卢丹,代鹏.基于粒计算的非常规突发事件情景层次模型 [J].中国管理科学, 2017,25(1):129-138.

[5] 陈洪富,孙柏涛,陈相兆,等.HAZ-China 地震灾害损失评估系统研究 [J].土木工程学 报,2013,46(S2):294-300.

[6] 陈丽,冯润明,姚益平.联合建模与仿真系统研究 [J].电光与控制,2007,14(4):10-12.

[7] 陈鹏,张继权,孙滢悦,等.城市内涝灾害应急救援兵棋推演研究 [J].水利水电技术, 2018,49(4):8-17.

[8] 陈鹏,张继权,严登华,等.基于 GIS 技术的城市暴雨积涝数值模拟与可视化:以哈尔滨 市道里区为例 [J].灾害学,2011,26(3):69-72.

[9] 陈鹏,张继权,孙滢悦,等.城市内涝灾害居民应急避难兵棋推演理论与方法 [J].人民长 江,2016,47(14):7-11.

[10] 承敏钢,江冰,李丽芳.基于兵棋推演理论的城市危机应急管理体系设计 [J].环境与发 展,2014,26(5):103-106.

[11] 邓砚,苏桂武,聂高众.中国地震应急地区系数的初步研究 [J].灾害学,2008,23(1): 140-144.

[12] 丰彪,文里梁,王自法,等.基于三维 GIS 技术的地震灾情场景模拟系统 [J].世界地震 工程,2010,26(1):114-120.

[13] 傅琼,赵宇.非常规突发事件模糊情景演化分析与管理:一个建议性框架 [J].软科学, 2013,27(5):130-135.

[14] 付长华,吴健,郭祥云,等.基于复合方法的天水盆地宽频带地震动模拟 [J].地质力学 学报,2017,23(6):882-892.

[15] 付娉娉.基于情景推演的非常规突发事件应急决策研究 [D].哈尔滨:哈尔滨工业大 学,2014.

[16] 郭艳敏.基于知识元的非常规突发事件情景模型及生成 [D].大连:大连理工大学, 2011.

[17] 高孟潭,俞言祥,张晓梅,等.北京地区地震动的三维有限差分模拟 [J].中国地震, 2002,18(4):356-364.

[18]　高孟潭. 国家防震减灾能力提升与挑战 [J]. 城市与减灾, 2017( 2 )：1-7.

[19]　高孟潭. 大震巨灾风险防控仍面临严峻挑战 [J]. 中国应急管理报, 2020( 7 )：5-8.

[20]　高孟潭. 中国地震区划技术的发展与展望 [J]. 城市与减灾, 2021( 4 )：7-12.

[21]　谷国梁. 基于三维 GIS 技术的地震灾情模拟系统研究 [D]. 北京：中国地震局地震预测研究所, 2012.

[22]　国家地震局震害防御司. 中国历史强震目录：公元前 23 世纪—公元 1911 年 [M]. 北京：地震出版社, 1995.

[23]　中国地震动参数区划图：GB 18306—2015[S]. 北京：中国标准出版社, 2015.

[24]　地震灾害预测及其信息管理系统技术规范：GB/T 19428—2014[S]. 北京：中国标准出版社, 2015.

[25]　韩志军, 柳少军, 唐宇波, 等. 计算机兵棋推演系统公共数据的建模与 VV&C 研究 [J]. 系统仿真学报, 2011, 23( 12 )：2783-2787.

[26]　韩志军, 柳少军, 唐宇波, 等. 计算机兵棋推演系统研究 [J]. 计算机仿真, 2011, 28( 4 )：10-13.

[27]　韩博, 陆新征, 许镇, 等. 基于高性能 GPU 计算的城市建筑群震害模拟 [J]. 自然灾害学报, 2012, 21( 5 )：16-22.

[28]　韩博. 基于 GPU-CPU 协同计算的城市区域建筑震害预测 [D]. 北京：清华大学, 2014.

[29]　黄辉, 杨佳祺, 吴翰, 等. 基于系统动力学的震后救援药品动态需求研究 [J]. 灾害学, 2016, 31( 4 )：171-175.

[30]　胡晓峰. 美军训练模拟 [M]. 北京：国防大学出版社, 2001.

[31]　胡进军, 张辉, 张齐. 基于四川西昌中强震数据的区域地震动预测模型 [J]. 振动与冲击, 2021, 40( 2 )：279-286.

[32]　姜卉, 黄钧. 罕见重大突发事件应急实时决策中的情景演变 [J]. 华中科技大学学报（社会科学版）, 2009, 23( 1 )：104-108.

[33]　金伟新. 大型仿真系统 [M]. 北京：电子工业出版社, 2004.

[34]　姜伟, 陶夏新, 陶正如, 等. 有限断层震源模型局部参数定标律 [J]. 地震工程与工程振动, 2017, 37( 6 )：23-30.

[35]　贾群林, 陈莉. 中国地震应急救援事业的发展与展望 [J]. 城市与减灾, 2021( 4 )：51-58.

[36]　贾晗曦, 林均岐, 刘金龙. 全球地震灾害发展趋势综述 [J]. 震灾防御技术, 2019, 14( 4 )：821-828.

[37]　孔维学. 美国 ADMS 灾难管理模拟系统 [J]. 现代职业安全, 2011, 111( 11 )：107-108.

[38]　罗全波, 陈学良, 高孟潭, 等. 近断层速度脉冲地震动的三维有限差分模拟 [J]. 地震工程学报, 2019, 41( 6 )：1630-1636, 1678.

[39]　雷秋霞. 地震救援力量部署辅助决策系统研究 [D]. 成都：西南交通大学, 2012.

[40]　李震, 洪赢政, 孙春辉. 浅谈常用搜索救援手段及特点 [C]. 中国消防协会科学技术年会, 2012.

[41] 李湖生,刘铁民.突发事件应急准备体系研究进展及关键科学问题 [J].中国全生产科学技术,2009,5(6):5-10.

[42] 李竞,冀铮.重大事故移动监测和指挥平台 AKY-MCP 的设计与实现 [J].中国安全生产科学技术,2009,5(6):77-80.

[43] 李学军,王锐华.联合作战兵棋推演系统研究 [C] // 中国电子学会电子系统工程分会第五届军事信息软件与仿真学术研讨会论文集.北京:电子工业出版社,2006:16-19.

[44] 李宁,赵存如.美军联合作战系统分析 [J].军事运筹与系统工程,2008,21(4):67-71.

[45] 李勇建,乔晓娇,孙晓晨,等.基于系统动力学的突发事件演化模型 [J].系统工程学报,2015,30(3):306-318.

[46] 李文举.指挥控制系统的发展与展望 [J].现代导航,2018,9(6):462-465.

[47] 李云龙,姚芬.基于 HLA 的对抗性 $C^4ISR$ 仿真训练系统 [J].指挥信息系统与技术,2012,3(5):5-9,26.

[48] 刘晶晶,宁宝坤,吕瑞瑞,等.震后典型建筑物倒塌分类及救援特点分析 [J].震灾防御技术,2017,12(1):220-229.

[49] 刘爱华.城市灾害链动力学演变模型与灾害链风险评估方法的研究 [D].长沙:中南大学,2013.

[50] 刘启元,吴建春.论地震数值预报:关于我国地震预报研究发展战略的思考 [J].地学前缘,2003,2003(S1):217-224.

[51] 刘启方.1556 年华县大地震地震动场模拟 [J].自然灾害学报,2020,29(5):1-10.

[52] 刘进.应急管理兵棋推演系统若干关键技术的研究与实现 [D].济南:山东大学,2014.

[53] 刘海明,陶夏新.预测汶川 8.0 级大地震地震动的震源模型 [J].土木工程学报,2013 46(S1):139-145.

[54] 梁俊伟.基于能量的随机有限断层法研究 [D].南昌:南昌航空大学,2015.

[55] 马英涛,张小平,马跃,等.应急演练方案动态推演系统 [J].计算机系统应用,2013,22(2):64-67.

[56] 牛莉博,王登营,崔鹏飞,等.兵棋推演在核应急救援领域的应用探析 [J].中国应急管理科学,2021(6):65-70.

[57] 欧微,李卫军.基于深度学习的兵棋实体决策效果智能评估模型 [J].军事运筹与系统工程,2018,32(4):29-34.

[58] 曲国胜.汶川特大地震专业救援案例 [M].北京:地震出版社,2009.

[59] 宋玉豪.兵棋推演在公共卫生防疫领域的应用 [J].舰船电子工程,2020,40(10):13-17.

[60] 苏桂武,RODGERS J,田青,等.参与式渭南地震情景构建:中国地震风险对策的行动研究示范 [J].地震地质,2020,42(6):1446-1473.

[61] 石崇林,张茂军,吴琳,等.基于密度的计算机兵棋推演数据快速聚类算法 [J].系统工程与电子技术,2011,33(11):2428-2433.

[62] 石崇林.基于数据挖掘的兵棋推演数据分析方法研究 [D].长沙:国防科学技术大学,

2012.

[63] 舒其林. 非常规突发事件的情景演变及"情景 - 应对"决策方案生成 [J]. 中国科学技术大学学报, 2012, 42(11): 936-941.

[64] 孙柏涛. 城市震害三维模拟系统的实现方法 [J]. 地震工程与工程振动, 2010, 30(5): 1-8.

[65] 孙晓丹, 陶夏新. 宽频带地震动混合模拟方法综述 [J]. 地震学报, 2012, 34(4): 571-577.

[66] 孙秀明, 安丽娜, 彭碧波. 虚拟现实技术在灾害救援演练中的应用价值 [J]. 中华灾害救援医学, 2017, 5(10): 584-586.

[67] 唐荣江, 朱守彪. 不同摩擦本构关系对断层自发破裂动力学过程的影响 [J]. 地球物理学报, 2020, 63(10): 3712-3726.

[68] 王俊, 刘红桂, 周昱辰. 地震预警技术的应用与展望 [J]. 防灾减灾工程学报, 2021, 41(4): 874-882.

[69] 王桂起, 刘辉, 朱宁. 兵棋技术综述 [J]. 兵工自动化, 2012, 31(8): 38-41, 45.

[70] 王晓明. 面向计算机兵棋推演的决策支持系统的研究 [D]. 北京: 北京邮电大学, 2019.

[71] 王卓识, 李宁, 史红军. 新形势下地震监测预报发展的思考 [J]. 科学技术创新, 2019, 2019(35): 32-33.

[72] 王慧敏, 刘高峰, 佟金萍, 等. 非常规突发水灾害事件动态应急决策模式探讨 [J]. 软科学, 2012, 26(1): 20-24.

[73] 王静爱, 史培军, 王平, 等. 中国自然灾害时空格局 [M]. 北京: 科学出版社, 2006.

[74] 王旭坪, 杨相英, 樊双蛟, 等. 非常规突发事件情景构建与推演方法体系研究 [J]. 电子科技大学学报(社科版), 2013, 15(1): 22-27.

[75] 王海云. 近场强地震动预测的有限断层震源模型 [D]. 哈尔滨: 中国地震局工程力学研究所, 2004.

[76] 王国新. 强地震动衰减研究 [D]. 哈尔滨: 中国地震局工程力学研究所, 2001.

[77] 吴开来, 林旭川, 陆新征, 等. 城市建筑群震害仿真中 RC 框架模型的骨架线及其参数研究 [C]// 中国力学学会. 第 26 届全国结构工程学术会议论文集(第 I 册). 北京:《工程力学》杂志社, 2017: 502-505.

[78] 魏本勇. 中国地震监测预警预报体系现状概述 [J]. 中国减灾, 2018(15): 20-21.

[79] 魏柏林. 地震预报成功与失败的讨论 [J]. 华南地震, 2021, 41(4): 145-150.

[80] 许镇, 陆新征, 韩博, 等. 城市区域建筑震害高真实度模拟 [J]. 土木工程学报, 2014, 47(7): 46-52.

[81] 徐德诗, 孙雄, 陈虹, 等. 中国地震应急救援工作综述 [J]. 国际地震动态, 2004(6): 1-7.

[82] 徐学文, 王寿云. 现代作战模拟 [M]. 北京: 科学出版社, 2001.

[83] 熊琛, 许镇, 陆新征, 等. 城市区域建筑群地震灾害场景仿真的高真实感可视化方法研究 [J]. 土木工程学报, 2016, 49(11): 45-51.

[84] 熊琛, 许镇, 陆新征, 等. 适用于城市高层建筑群的震害预测模型研究 [J]. 工程力学, 2016, 33(11): 49-58.

[85] 肖文辉. 非常规突发事件知识元获取及知识元网络模型 [D]. 大连: 大连理工大学, 2013.

[86] 袁一凡, 田启文. 工程地震学 [M]. 北京: 地震出版社, 2012.

[87] 杨泽, 李志强. 基于 ArcGIS 和 3DS Max 的砖平房震害三维可视化方法研究 [J]. 地震地质, 2007, 29(3): 680-686.

[88] 于彦彦. 三维沉积盆地地震效应研究 [D]. 哈尔滨: 中国地震局工程力学研究所, 2016.

[89] 杨玉成. 豫北安阳小区现有房屋震害预测 [J]. 地震工程与工程振动, 1985(3): 39-53.

[90] 杨珏, 黄慧红, 杨柳, 等. 大面积停电应急抢修兵棋演练系统建模与分析 [J]. 供用电, 2020, 37(1): 80-84.

[91] 殷兴良. EADSIM 仿真系统概况介绍 [J]. 现代防御技术, 1993(2): 47-52.

[92] 尹之潜. 地震灾害及损失预测方法 [M]. 北京: 地震出版社, 1995.

[93] 于济恺. 基于 City Engine 平台的砌体结构震害三维模拟 [D]. 哈尔滨: 中国地震局工程力学研究所, 2017.

[94] 余世舟, 赵振东, 钟江荣. 基于 GIS 的地震次生灾害数值模拟 [J]. 自然灾害学报, 2003, 12(4): 100-105.

[95] 袁晓芳, 田水承, 王莉. 基于 PSR 与贝叶斯网络的非常规突发事件情景分析 [J]. 中国安全科学学报, 2011, 21(1): 169-176.

[96] 张培震, 邓起东, 张竹琪, 等. 中国大陆的活动断裂、地震灾害及其动力过程 [J]. 中国科学: 地球科学, 2013, 43(10): 1607-1620.

[97] 张辉, 刘奕. 基于"情景-应对"的国家应急平台体系基础科学问题与集成平台 [J]. 系统工程理论与实践, 2012, 32(5): 947-953.

[98] 张晓妹. 基于 BIM 的建筑群震害模拟可视化平台的设计与实现 [D]. 青岛: 青岛理工大学, 2018.

[99] 张永领, 陈璐. 非常规突发事件应急资源需求情景构建 [J]. 软科学, 2014, 28(6): 50-55.

[100] 张永领. 基于层次分析法的应急物资储备方式研究 [J]. 灾害学, 2011, 26(3): 120-125.

[101] 张谨, 杨律磊. 动力弹塑性分析在结构设计中的理解与应用 [M]. 北京: 中国建筑工业出版社, 2016.

[102] 张磊等. 面向突发事件应急决策的情景建模方法 [J]. 系统工程学报 2018, 33(1): 1-12.

[103] 周红, 吴清, 吕红山, 等. 利用混合法合成成都断层宽频地震动 [J]. 震灾防御技术, 2018, 13(4): 764-774.

[104] 赵凤新, 张郁山. 人造地震动反应谱拟合的窄带时程叠加法 [J]. 工程力学, 2007(4): 87-91, 45.

[105] 赵沁平. 分布式虚拟战场环境: 现代战争的实验场 [J]. 系统仿真学报, 2001, 13( 11 ): 1-7.

[106] 郑山锁. 城市地震灾害损失评估: 理论方法、系统开发与应用 [M]. 北京: 科学出版社, 2019.

[107] 周柏贾. 分布式虚拟仿真地震应急演练技术研究 [D]. 北京: 中国地质大学, 2013.

[108] 朱元锋, 李伟. 兵棋经典实战运用大扫描 [J]. 环球军事, 2008( 12 ): 41-44.

[109] 中国地震局. 关于 2016 年度《大中城市地震灾害情景构建》重点专项项目申报的通知 [EB/OL].( 2018-12-29 ).http://www.iem.net.cn/detail.html?id=1450.

[110] 中国地震信息网. 5.12 汶川 8.0 级地震 [EB/OL].( 2012-02-08 ). http: //www.csi.ac.cn/ publish/main/21/671/20120208191649536628367/index.html.

[111] 中国地震信息网. 2010 年 4 月 14 日青海玉树 7.1 级地震 [EB/OL].( 2012-02-08 ). http://www.csi.ac.cn/publish/main/21/671/20120208195105146900174/index.html.

[112] ALLAN R M, MELGAR D. Earthquake early warning: advances, scientific challenges, and societal needs[J]. Annual review of earth and planetary sciences, 2019, 47: 361-388.

[113] ALGERMISSEN S T. A study of earthquake losses in the San Francisco Bay Area: Data and analysis[R]. US Department of Commerce, National Oceanic & Atmospheric Administration, Environmental Research Laboratories, 1972.

[114] AKI K, RICHARDS P. Quantitative Seismology[M]. New York, USA: University Science Books, 2002.

[115] AKINCI A, AOCHI H, HERRERO A, et al.. Physics-based broadband ground-motion simulations for probable $M_w \geqslant 7.0$ earthquakes in the Marmara Sea region ( Turkey )[J]. Bull seismol soc am, 2017, 107( 3 ):1307-1323.

[116] ABRAHAMSON N A, YOUNGS R R. A stable algorithm for regression analyses using the random effect model[J]. Bull seismol soc Am, 1992, 82( 2 ): 505-510.

[117] ABRAHAMSON N A, SOMERVILLE P C. Effects of the hanging-wall and footwall on ground motions recorded during the Northridge earthquake[J]. Bull seismol soc Am, 1996, 86( 1 ): 93-99.

[118] ABRAHAMSON N A, ATKINSON G M, Boore D M. Comparisons of the NGA ground-motion relations[J]. Earthq spectra, 2008, 24( 1 ): 45-66.

[119] ANDREWS D J. Rupture propagation with finite stress in antiplane strain[J]. J geophys res, 1976, 80( 20 ): 3575-3582.

[120] ATKINSON G M, BOORE D. New ground motion relations for eastern North America[J]. Bull seismol soc Am, 1995, 85( 1 ): 17-30.

[121] ANDERSON J G, HOUGH S E. A model for the shape of the fourier amplitude spectrum of acceleration at high frequencies[J]. Bull seismol soc Am, 1984, 74( 5 ):1969-1993.

[122] ACI 318-08, Building code requirements for structural concrete ( ACI 318-08 ) and Commentary ( 318R-08 )[R]. Farmington Hills, MI, USA: American Concrete Institute,

2008.

[123] BA Z N, WU M T, LIANG J W. 3D dynamic responses of a multi-layered transversely isotropic saturated half-space under concentrated forces and pore pressure[J]. Applied mathematical modelling, 2020,80: 859-878.

[124] BOORE D M. Stochastic simulation of high-frequency ground motions based on seismological models of the radiated spectra[J]. Bull seismol soc Am,1983,73( 6 ): 1865-1894.

[125] BAO H, BIELAK J, Ghattas O, et al. Large-scale simulation of elastic wave propagation in heterogeneous media on parallel computers[J]. Comput method appl M,1998, 152 ( 152 ): 85-102.

[126] BIELAK J, GRAVES R W, OLSEN K B, et al. The Shakeout earthquake scenario: verification of three simulation sets[J]. Geophys j int,2010,180( 1 ): 375-404.

[127] BEELER N M, TULLIS T E, GOLDSBY D L. Constitutive relationships and physical basis of fault strength due to flash heating[J]. J geophys res,2008, 113( B1 ): B01401.

[128] BERESNEV I A, ATKINSON G M. Modeling finite-fault radiation from the ω-nspectrum[J]. Bull seismol soc Am, 1997, 89( 3 ): 608-625

[129] BERESNEV I A, ATKINSON G M. FINSIM- AFORTRAN program for simulating stochastic acceleration time histories from finite faults[J]. Seismol res lett, 1998, 69( 1 ): 27-32.

[130] BERESNEV I A. Stochastic finite-fault modeling of ground motions from the 1994 Northridge, California, earthquake. I. Validation on rock sites[J]. Bull seismol soc Am, 1998b,88( 6 ):1402-1410.

[131] BRUNE J N. Tectonic stress and the spectra of seismic shear waves from earthquakes[J]. J geophys res, 1970,75( 26 ): 4997-5009.

[132] Bennington R W. Joint Simulation System ( JSIMS ): an overview[C]// Proceedings of IEEE 1995 National Aerospace and Electronics Conference, 1995: 802,804-809.

[133] BOLLING R H. The joint theater level simulation in military operations other than war[C]// Winter simulation conference proceedings, IEEE, 1995: 1134-1138.

[134] BUDGE L, STRINI R, DEHNCKE R, et al. Synthetic theater of war ( STOW )97 overview[C]// Simulation interoperability workshop, 1998.

[135] COMPBELL K W, BOZOZRGNIA Y. NGA ground motion model for the geometric mean horizontal component of PGA, PGV, PGD and 5% damped linear elastic response spectra for periods ranging from 0.01 s to 10 s[J]. Earthq spectra,2008,24( 1 ): 139-171.

[136] CHALJUB E, MOCZO P, TSUNO S, et al. Quantitative comparison of four numerical predictions of 3D ground motion in the Grenoble valley, France[J]. Bull seismol soc Am, 2010,100( 4 ): 1427-1455.

[137] CHEN K T, KUO Y S, SHIEH C L.Rapid geometry analysis for earthquake-induced and rainfall-included landslide dams in Taiwan[J].Journal of mountain science, 2014, 11(2):

360-370.

[138]  CUI Y, OLSEN K B, JORDAN T H, et al. Scalable earthquake simulation on petascale supercomputers[C]// Proceedings of the 2010 ACM/IEEE international conference for high performance computing, networking, storage and analysis, SC'10. Washington, DC, USA: IEEE Computer Society, 2010: 1-20.

[139]  CERJAN C, KOSLOFF D, RESHEF M. A nonreflecting boundary condition for discrete acoustic and elastic wave equations [J]. Geophysics, 1985, 50: 705-708.

[140]  CHALJUB E, DIMITRI K, VILOTTE J P. The spectral element method: an efficient tool to simulate the seismic response of 2-D and 3-D geological structures[J]. Bull seismol soc Am, 1998, 88( 2 ): 368-392.

[141]  CREMPIEN J G F, ARCHULETA R J. UCSB method for simulation o broadband ground motion from kinematic earthquake sources[J]. Seismol res let, 2014, 86( 1 ): 61-67.

[142]  CAUSSE M, CHALJUB E, COTTON F, et al. New approach for coupling $k^{-2}$ and empirical Green's functions: application to the blind prediction of broad-band ground motion in the Grenoble basin[J]. Geophys j int, 2009, 179( 3 ): 1627-1644.

[143]  CIMELLARO G, DOMANESCHI M, MAHIN S, et al. Exploring simulation tools for urban seismic analysis and resilience assessment. [C]// Compdyn 2017 6th eccomas thematic conference on computational methods in structural dynamics and earthquake engineering, 2017.

[144]  DIMITRI K, TROMP J. Introduction to the spectral element method for three-dimensional seismic wave propagation [J]. Geophys j royal astro soc, 1999, 139( 3 ): 806-822.

[145]  DIETERICH J H. Time-dependent friction and the mechanics of stick-slip[J]. Pure and applied geophysics, 1978, 116( 4 ): 790-806.

[146]  DREGER D, TINITI E, CIRELLA A. Slip velocity function parameterization for broad-band ground motion simulation[J]. J geophys res, 2007, 78( 2 ): 308.

[147]  DAEKEN R, MCOWELL P, JOHNSON E. Projects in VR: the Delta3D open source game engine[J]. IEEE Computer Graphics & Applications, 2005, 25( 3 ): 10-12.

[148]  Dunnigan J F. The complete wargames handbook[M]. New York: Quill, 1997.

[149]  FU H, HE C, CHEN B, et al. Nonlinear earthquake simulation on Sunway TaihuLight: enabling depiction of 18-Hz and 8-meter scenarios[C]//Proceedings of the international conference for high performance computing, 2017: 1-2.

[150]  FRANKEL A, VIDALE J. A three-dimensional simulation of seismic waves in the Santa Clara Valley, California, from a Loma Prieta aftershock[J]. Bull seismol soc Am, 1992, 82( 5 ): 2045-2074.

[151]  FEMA. Multi-hazard loss estimation methodology earthquake model. HAZUS-MH 2.1 Technical Manual[R]. Washington, DC, USA: Federal Emergency Management Agency

（FEMA），2012.

[152] GRAVES R W. Simulating seismic wave propagation in 3D elastic media using s tag-gered-grid finite differences [J]. Bull seismol soc Am，1996，86（4）：1091-1106.

[153] GRAVES R W，Pitarka A. Broadband ground-motion simulation using a hybrid ap-proach[J]. Bull seismol soc Am，2010，100（5A）：2095-2123.

[154] GRAVES R W，PITARKA A. Kinematic ground：motion simulations on rough faults in-cluding effects of 3D stochastic velocity perturbations[J]. Bull seismol soc Am，2016，106（5）：2136-2153.

[155] GOTTSCHAMMER E，OLSEN K B. Accuracy of the explicit planar free-surface bound-ary condition implemented in a fourth-order staggered-grid velocity-stress finite-differ-ence scheme[J]. Bull seismol soc Am，2001，91（3）：617-623.

[156] GALLOVIC F，BROKESOVE J. On strong ground motion synthesis with $k^{-2}$ slip distri-butions[J].J seismol，2003，8：211-224.

[157] GALLOVIČ F，BROKEŠOVÁ J，The $k^{-2}$ rupture model parametric study：example of the 1999 Athens earthquake[J]. Studia geophys et geod，2004，48（3）：589-613.

[158] GATTI F，TOUHAMI S，LOPEZ-CABALLERO F，et al. Broad-band 3-D earthquake simulation at nuclear site by an all-embracing source-to-structure approach[J]. Soil dyn earthq eng，2018，115：263-280.

[159] Haag R. The year 2000：A Framework for speculation on the next thirty-three years.by Herman Kahn；Anthony J. Wiener[J]. American journal of sociology，1968，74（2）：200-201.

[160] HANDLEY V K，SHEA P M，MORANO M. An introduction to the joint modeling and simulation system（JMASS）[C]// Proceedings of the fall 2000 simulation interoperability workshop，2000：1-7.

[161] HADOM G H，HOFFMAN-RIEM H，BIBER-KLEMM S，et al.Handbook of transdisci-plinary research[M]. Dordrecht：Springer，2008.

[162] HOPPER M G，LANGER C J，SPENCE W J，et al. A study of earthquake losses in the Puget Sound，Washington，area[J].US geol surv open-file rep，1975，75（375）：298.

[163] HUDNUT K W，WEIN A M，COX D A，et al. The haywired earthquake scenario：We can outsmart disaster[R]. US Geological Survey，2018.

[164] HANKS T C，KANAMORI H. A moment magnitude scale[J]. J geophys res：solid earth，1979，84（B5）：2348-2350.

[165] HANKS T C. $F_{max}$[J]. Bull seismol soc Am，1982，72（6）：1867-1879.

[166] HIBER H M，THOMAS J R. Collocation，dissipation and "overshoot" for time integra-tion schemes in structural dynamics[J].Earthqe eng struct dyn，1978，6（1）：116.

[167] HEINECKE A，BREUER A，RETTENBERGER S，et al. Petascale high order dynamic rupture earthquake simulations on heterogeneous supercomputers[C]// Proceedings of the

international conference for high performance computing. Piscataway, NJ, USA: IEEE Press,2014:3-14.

[168]  HERMANN V, KEASER M, CASTRO C E. Non-conforming hybrid meshes for efficient 2-D wave propagation using the Discontinuous Galerkin Method[J].Geophys j int, 2011,184( 2 ): 746-758.

[169]  HARTZELL S, LEEDS A. Simulation of broadband ground motion including nonlinear soil effects for a magnitude 6.5 earthquake on the Seattle fault, Seattle, Washington[J]. Bull seismol soc Am,2002, 92( 2 ): 831-853.

[170]  HARTZELL S H. Earthquake aftershocks as Green's function[J]. Geophy res lett, 1978, 5( 1 ):1-4.

[171]  HARTZELL S, LIU P, MENDOZA C, et al. Stability and uncertainty of finite-fault slip inversions: Application to the 2004 Parkfield, California, earthquake[J]. Bull seismol soc Am,2007, 97( 6 ): 1911-1934.

[172]  HISADA Y. A theoretical omega-square model considering spatial variation in slip and rupture velocity. part 2: case for a two-dimensional source model[J]. Bull seismol soc Am, 2001, 91( 4 ): 651-666.

[173]  IDA Y. Cohesive force across the tip of a longitudinal-shear crack and Griffith's specific surface energy[J]. J geophys res,1972, 77( 20 ): 3769-3685.

[174]  IRIKURA K, MIYAKE H. Prediction of strong ground motions for scenario earthquakes[J]. J geogr,2001, 110( 6 ): 849-875.

[175]  JOSHI A, MIDORIKAWA S. A simplified method for simulation of strong ground motion using finite rupture model of the earthquake source[J]. J seismol, 2004, 8( 4 ): 467-484.

[176]  JOHANSEN H, RODGERS A, PETERSSON N A, et al. Toward exascale earthquake ground motion simulations for near-fault engineering analysis[J].Comput sci eng, 2017, 19( 5 ):27-37.

[177]  KANEKO Y, LAPUSTA N, AMPUERO J P. Spectral-element modeling of spontaneous earthquake rupture on rate and state faults: effect of velocity- strengthening friction at shallow depths[J]. J geophys res,2008, 113( B9 ):1207-1211.

[178]  KARIMZADEH S, ASKAN A, ERBERIK M A, et al.Seismic damage assessment based on regional synthetic ground motion dataset: a case study for Erzincan, Turkey[J]. Nat hazards,2018, 92: 1371-1397.

[179]  KOMATITSCH D, VILOTTE J P. The spectral element method: an efficient tool to simulate the seismic response of 2D and 3D geological structures[J]. Bull seismol soc Am, 1998,88( 2 ):368-392.

[180]  KOMATITSCH D, LIU Q, TROMP J, et al. Simulations of ground motion in the Los Angeles basin based upon the spectral-element method[J].Bull seismol soc Am, 2004, 94

（1）：187-206.

[181]　KOMATITSCH D, ERLEBACHER G, ADDEKE D G, et al. High-order finite-element seismic wave propagation modeling with MPI on a large GPU cluster[J].J comput phys, 2010, 229（20）：7692-714.

[182]　KAMAE K, IRIKURA K, PITARKA A.A technique for simulating strong ground motion using hybrid Green's functions[J]. Bull seismol soc Am, 1998, 88（2）：357-367.

[183]　KASSARAS I, KALANTONI D, BENETATOS C, et al.Seismic damage scenarios in Lefkas old town（W. Greece）[J]. Bulletin of earthquake engineering, 2015, 13（12）：3669-3711.

[184]　KATAYAMA T. The technique and use of earthquake damage scenarios in the Tokyo metropolitan area[R]// Uses of earthquake damage scenarios. California：GeoHazards International, 1992.

[185]　LEE S J, CHAN Y C, KOMATITSCH D, et al. Effects of realistic surface topography on seismic ground motion in the Yangminshan region of Taiwan based on the spectral-element method and LiDAR DTM[J].Bull seismol soc Am, 2009, 99（2A）：681-93.

[186]　LU X, LU X Z, SEZEN H, et al. Development of a simplified model and seismic energy dissipation in a super-tall building [J].Eng struct, 2014, 67：109-122.

[187]　LEVANDER A R. Fourth-order finite-difference P-SV seismograms[J].Geophysics, 1988, 53（11）：1425-1436.

[188]　LIU P, ARCHULETA R J, HARTZELL S H.Prediction of broadband ground-motion time histories：Hybrid low/high-frequency method with correlated random source parameters[J].Bull seismol soc Am, 2006, 96（6）：2118-2130.

[189]　LIN Y, ZONG Z, LIN J, et al.Across-fault ground motions and their effects on some bridges in the 1999 Chi-Chi earthquake[J]. Advances in bridge engineering, 2021, 2（1）：67-74.

[190]　MERTENS S.The corps battle simulation for military training[C].Proceedings of the 25th conference on winter simulation. New York：Association for Computing Machinery. 1993：1053-1056.

[191]　MICHAEL D, DETTINGER M D.Design and quantification of an extreme winter storm scenario for emergency preparedness and planning exercises in California[J]. Natural hazards, 2012, 60（3）：1085-1111.

[192]　MA S, LIU P. Modeling of the perfectly matched layer absorbing boundaries and intrinsic attenuation in explicit finite-element methods[J].Bull seismol soc Am, 2006, 96（5）：1779-1794.

[193]　MIRANDA E, TAGHAVI S.Approximate floor acceleration demands in multistory buildings. I：formulation[J].J struct eng, 2005, 131（2）：203-211.

[194]　MAI P M, BEROZA G C. A spatial random field model to characterize complexity in

earthquake slip[J]. J Geophys Res, 2002, 107( B11 ): ESE 10.

[195]　MOTAZEDIAN D, ATKINSON G. Dynamic corner frequency: a new concept in stochastic finite fault modeling[J]. Folia medica,1996, 38( 2 ):49-55.

[196]　MOTAZEDIAN D. Stochastic finite-fault modeling based on a dynamic corner frequency[J]. Bull seismol soc Am, 2005,95( 3 ):995-1010.

[197]　MENA B, DURUKAL E, ERDIK M. Effectiveness of hybrid Green's function method in the simulation of near-field strong motion: an application to the 2004 Parkfield earthquake[J].Bull seismol soc Am, 2006, 96( 4B ): 183-205.

[198]　MUNEO, HORI, TSUYOSHI, et al. Current state of integrated earthquake simulation for earthquake hazard and disaster[J]. J seismol,2008,12( 2 ):307-321.

[199]　MOCZO P, KRISTEK J, VAVRYUK V, et al. 3D heterogeneous staggered-grid finite-difference modeling of seismic motion with volume harmonic and arithmetic averaging of elastic moduli and densities[J]. Bull seismol soc Am,2002, 92( 8 ):3042-3066.

[200]　MOCZO P, KRISTEK J, HALADA L. The finite-difference method for seismologists[D]. Bratislava: Comenius University,2004.

[201]　MARCINKOVICH C, OLSEN K. On the implementation of perfectly matched layers in a threedimensional fourth-order velocity-stress finite difference scheme[J]. J geophys res, 2003, 108( B5 ):2276.

[202]　MIKUMO T, MIYATAKE T. Dynamical rupture process on a three-dimensional fault with non-uniform frictions and near-field seismic waves[J]. Geophys j int, 1978, 54( 2 ): 417-438.

[203]　NEWMARK N M. Method of computation of structural dynamics[J]. J eng mech, 1959, 85( 1 ): 67-94.

[204]　OZAKI A, FURUICHIH M, TAKAHASHI K, et al. Design and implementation of parallel and distributed wargame simulation system and its evaluation[C]. New York: IEEE. IEICE/IEEE joint special issue on autonomous decentralized systems and systems' assurance,2001:1376-1384.

[205]　OHMINATO T, CHOUET B A. A free-surface boundary condition for including 3D topography in the finite-difference method[J]. Bull seismol soc Am,1997,87( 2 ):494-515.

[206]　OLSEN K B. Simulation of three-dimensional wave propagation in the Salt Lake Basin[D].Salt Lake City: University of Utah,1994.

[207]　OLSEN K B. Magnitude 7.75 earthquake on the San Andreas fault: three-dimensional ground motion in Los Angeles[J]. Science,1995,270:1628-1632.

[208]　OLSEN K B, MADARIAGA R, ARCHULETA R J. Three-dimensional dynamic simulation of the 1992 landers earthquake[J]. Science,1997, 278( 5339 ): 834-838.

[209]　PERLA P P. The art of wargaming: a guide for professionals and hobbyists[M]. Maryland:Naval Inst Pr.,1990.

[210]　PERLA P. The art of wargaming[M]. Annapolis, Maryland: Naval Institute Press, 2012.

[211]　PERRY S, JONES L, COX D. Developing a scenario for widespread use: best practices, lessons learned[J]. Earthquake spectra, 2011, 27( 2 ): 263-272.

[212]　PIKE P. Tactical simulation ( TACSIM )[J]. Retrieved nov, 2005( 15 ): 2005.

[213]　PAOLUCCI R, MAZZIERI I, SMERZINI C, et al. Physics-based earthquake ground shaking scenarios in large urban areas[M]//Perspectives on European earthquake engineering and seismology, vol 1. Springer. 2014: 331-359.

[214]　PAOLUCCI R, GATTI F, INFANTINO M, et al.Broad-band ground motions from 3D physics-based numerical simulations using artificial neural networks[J]. Bull seismol soc Am, 2018, 108( 3A ): 1272-1286.

[215]　PITARKA A, GRAVES R, IRIKURA K, et al. Performance of Irikura recipe rupture model generator in earthquake ground motion simulations with Graves and Pitarka hybrid approach[C]//The 1st workshop on best practices in physics-based fault rupture models for seismic hazard assessment of nuclear installations (BestPSHANI), 2015.

[216]　RIVAS-MEDINA A, MARTINEI-CUEVAS S, QUIROS LE, et al. Models for reproducing the damage scenario of the Lorca earthquake[J]. Bulletin of earthquake engineering, 2014, 12( 5 ): 2075-2093.

[217]　U.S. Geological Survey. A study of earthquake losses in the Salt Lake City, Utah Area[R].Open-File Report, 1976: 76-89.

[218]　RODGERS A J, PETERSSON N A, PITARKA A, et al. Broadband (0-5 Hz) fully deterministic 3D ground-motion simulations of a magnitude 7.0 Hayward fault earthquake: Comparison with empirical ground-motion models and 3D path and site fects from source normalized intensities[J]. Seismological research letters, 2019, 90(3): 1268-1284.

[219]　RODGERS A J, PITARKA A, PANKAJAKSHAN R, et al. Regional-scale 3D ground-motion simulations of Mw 7 earthquakes on the Hayward fault, Northern California resolving frequencies 0-10 Hz and including site-response corrections[J]. Bull seismol soc Am, 2020(110): 2862-2881.

[220]　ROBERTSSON J O. A numerical free-surface condition for elastic/viscoelastic finite-difference modeling in the presence of topography[J]. Geophysics, 1996, 61( 6 ): 1921-1934.

[221]　ROTEN D, OLSEN K B, PECHMANN J C. 3D Simulations of M7 earthquakes on the Wasatch Fault, Utah, Part II: broadband ( 0-10 Hz ) ground motions and nonlinear soil behavior[J]. Bull seismol soc Am, 2012, 102( 5 ): 2008-2030.

[222]　RUINA A. Slip instability and state variable friction laws[J]. J geophys res, 1983, 80 ( B12 ): 10359-10370.

[223]　SAVAGE W. Scenario for a magnitude 7.0 earthquake on the Hayward fault[M]. Berkeley: EERI, 1996, HF-96.

[224]　SCAWTHORN C R. Fire following earthquake, the shake out scenario[M]. California:

USGS：Science for changing world，2008.

[225]　ALLEN G，SMITH R，1994. After action review in military training simulations[C]. Proceedings of Winter simulation conference. San Diego：Society for Computer Simulation International，1994.

[226]　STUPAZZINI M，PAOLUCCI R，IGEL H. Near-fault earthquake ground-motion simulation in the grenoble valley by a high-performance spectral element code[J]. Bull seismol soc Am，2009，99（1）：286-301.

[227]　SMERZINI C，VILLANI M. Broadband numerical simulations in complex near-field geological configurations：the case of the 2009 Mw 6.3 L'Aquila earthquake[J]. Bull seismol soc Am，2012，102（6）：2436-2451.

[228]　SEYHAN E，STEWART J P，GRAVES R W. Calibration of a semi-stochastic procedure for simulating high-frequency ground motions[J]. Earthq spectra，2013，29（4）：1495-1519.

[229]　SHAHJOUEI A，PEZESHK S. Synthetic seismograms using a hybrid broadband ground-motion simulation approach：application to Central and Eastern United States[J]. Bull seismol soc Am，2015，105（2A）：686-705.

[230]　TABORDA R，BIELAK J. Ground motion simulation and validation of the 2008 Chino hills，California，earthquake[J]. Bull seismol soc Am，2013，103（1）：131-56.

[231]　TABORDA，R，BIELAK J. Ground-motion simulation and validation of the 2008 Chino hills，California，earthquake using different velocity models[J]. Bull seismol soc Am，2014，104（4）：1876-1898.

[232]　TU T，YU H，RAMÍREZ-GUZMÁN L，et al. 2006. From mesh generation to scientific visualization：an end-to-end approach to parallel supercomputing[C]. SC'06 Proceedings of the 2006 ACM/IEEE conference on supercomputing. Tampa：IEEE Computer Society，2006：1-13.

[233]　TRIFUNAC M D，UDWADIA F E. Parkfield，California，earthquake of June 27，1966：a three-dimensional moving dislocation[J]. Bull seismol soc Am，1974，64（3-1）：511-533.

[234]　TINTI E，FUKUYAMA E，PIATANESI A，et al. A kinematic source-time function compatible with earthquake dynamics[J]. Bull seismol soc Am，2005，95（4）：1211-1223.

[235]　WHITAMAN R V，MCCLURE F E. Estimating losses from future earthquakes：panel report[M]. Washington DC：National Academies Press，1989.

[236]　WITTMAN R L，Jr. OneSAF：A product line approach to simulation development[R]. Bedford：MITRE，2001.

[237]　WITTMAN R L，COURTEMANCHE A J. The OneSAF product line architecture：an overview of the products and process[J/OL]. Citeseer，2004. http://simulationaustralasia.com/files/upload/pdf/research/038-2002.pdf.

[238] WILSON E L. A computer program for dynamic stress analysis of underground structures[C]//SESM Report No 68-1, Division of Structural Engineering Mechanics. Berkeley: University of California.

[239] WALD D J, GRAVES R W. The seismic response of the Los Angeles basin, California[J].Bull seismol soc Am,1998, 88( 2 ):337-56.

[240] XU Z, WU Y, LU X, et al. Photo-realistic visualization of seismic dynamic responses of urban building clusters based on oblique aerial photography[J]. Advanced engineering informatics, 2020( 43 ): 101025.

[241] XIONG C, LU X, LIN X, et al. Parameter determination and damage assessment for THA-based regional seismic damage prediction of multi-story buildings[J]. J earthq eng, 2016,21( 3-4 ):461-485.

[242] XIONG C, LU X, GUAN H, et al. A nonlinear computational model for regional seismic simulation of tall buildings[J]. Bulletin of earthquake engineering, 2016, 14( 4 ): 1047-1069.

[243] YAMASHITA T, MUNEO H, KAJIWARA K. Petascale computation for earthquake engineering[J]. Computig in science engineering, 2011,13( 4 ): 44-49.

[244] ZEDO D. Corps battle simulation[J]. PEOSTRI,2004( 2 ):2004.

[245] ZAHRADNIK J, MOCZO P, HRON F. Testing four elastic finite-difference schemes for behavior at discontinuities[J]. Bull seismol soc Am,1993, 83( 1 ):107-129.

[246] MU D, BREUER A N, TOBIN J, et al. AWP-ODC Open Source Project[C]. 2016 SCEC Annual Meeting. Los Angeles: Southern California Earthquake Center, 2016: 6663.

[247] PETERSSON N A, SJÖGREEN B. Wave propagation in anisotropic elastic materials and curvilinear coordinates using a summation -by-parts finite difference method[J]. Journal of computational physics, 2015( 299 ):820-841

[248] KÄSER M, DUMBSER M. An arbitrary high-order discontinuous Galerkin method for elastic waves on unstructured meshes: I. the two-dimensional isotropic case with external source terms[J]. Geophysical journal international,2006, 166(2): 855-877.

[249] MAZZIERI I, M STUPAZZINI, R GUIDOTTI, et al. SPEED: Spectral elements in elastodynamics with discontinuous Galerkin: a non-conforming approach for 3D multiscale problems[J]. International journal for numerical methods in engineering. 2013, 95 ( 12 ): 991-1010.